U0163653

湖北省学术著作
Hubei Special Funds for Academic Publications 出版专项资金

"十三五"湖北省重点图书出版规划项目

地球空间信息学前沿丛书 丛书主编 宁津生

高分辨率遥感影像灾害目标损毁信息提取技术

眭海刚 刘俊怡 徐川 马国锐 孙开敏 涂继辉 著

WUHAN UNIVERSITY PRESS
武汉大学出版社

图书在版编目(CIP)数据

高分辨率遥感影像灾害目标损毁信息提取技术/眭海刚等著.—武汉:武汉大学出版社,2022.2

地球空间信息学前沿丛书/宁津生主编

湖北省学术著作出版专项资金资助项目 “十三五”湖北省重点图书出版规划项目

ISBN 978-7-307-22714-9

Ⅰ.高… Ⅱ.眭… Ⅲ.高分辨率—遥感图像—图像处理—研究 Ⅳ.TP751

中国版本图书馆 CIP 数据核字(2021)第 232755 号

责任编辑:杨晓露　　责任校对:汪欣怡　　版式设计:马　佳

出版发行:**武汉大学出版社**　(430072　武昌　珞珈山)

(电子邮箱:cbs22@whu.edu.cn 网址:www.wdp.com.cn)

印刷:湖北恒泰印务有限公司

开本:787×1092　1/16　印张:17　字数:400 千字　插页:2

版次:2022 年 2 月第 1 版　2022 年 2 月第 1 次印刷

ISBN 978-7-307-22714-9　定价:89.00 元

版权所有,不得翻印;凡购买我社的图书,如有质量问题,请与当地图书销售部门联系调换。

眭海刚

武汉大学二级教授，博士生导师，国家高层次人才计划入选者，湖北省“双创战略团队”带头人，湖北“3551光谷人才计划”入选者，担任多个专业技术专业组专家。长期从事遥感信息提取和实时遥感智能服务等方面的理论研究、产品研发和工程应用研究。先后主持国家自然科学基金、国家重点研发计划、国家973计划、国家重点863计划、国家863主题项目等国家项目和省级项目等60余项。获国家科技进步奖一等奖2项、二等奖3项，教育部技术发明奖一等奖1项、教育部科技进步奖一等奖1项、军队科技进步奖一等奖2项、测绘科技进步奖一等奖3项。主持研制了自然灾害遥感监测与评估系统、卫星在轨智能处理系统、智慧城市时空信息云平台、地理信息动态更新与变化监测系统、机载在线实时处理系统等产品，是国产GIS软件吉奥之星的开创者之一。

序

自然灾害始终与人类社会如影随形，人类的发展史就是人类与自然灾害不断进行抗争的历史。近年来重大自然灾害频发，给世界各国造成了重大经济损失和人员伤亡。我国是全世界自然灾害最严重的国家之一，事件种类多、影响地域广、发生频率高、造成损失重。国家防灾减灾救灾事关人民的生命财产安全，事关社会的和谐稳定。空间信息技术是支撑防灾减灾救灾的核心手段，在自然灾害应急中发挥着越来越重要的作用。

及时准确、全面直观地获取灾害信息已经成为综合减灾、抢险救灾、科学决策的前提和基础，飞速发展的遥感技术为自然灾害应急响应提供了有力的技术支撑，在高分辨率对地观测系统重大专项的支持下，我国自主获取高分辨率观测数据的能力得到全面提升，有力保障了防灾减灾救灾的重大需求。遥感灾害监测评估已从传统的区域监测和宏观统计评估发展到了精细的目标监测和定量评估，如何从高分辨率遥感影像上快速准确地提取建筑物、道路、水体等典型灾害目标的损毁信息是其核心，也是国际研究的热点与难题。

本书作者眭海刚教授牵头的研究团队多年来一直致力于遥感影像智能信息提取与应急服务等方面的研究。在国家相关部委一系列大型科研项目的支持下，经过多年不断地创新开拓，他们在多源遥感影像应急监测、提取和应用方面取得了重要成果，积累了丰富的理论和实践经验。作者团队已经与国家减灾中心等部门联合建立了业务化运行的自然灾害遥感监测评估系统，实现了对地观测数据直接融入国家防灾减灾业务链条，有力支撑了我国重大自然灾害的专家研判会商、损毁实物量评估、现场调查与灾情核查等重要工作。在2020年7月长江中下游洪涝和2021年7月河南特大洪涝监测中，团队向国办“全国空间信息系统”提交了多份遥感监测信息报告，为相关部门及时了解灾情提供了良好的信息服务。

本书是作者十多年来从事灾害遥感监测与评估研究的成果结晶，也是一本系统介绍灾害目标损毁信息提取理论和技术的著作。希望本书作者的研究团队能再接再厉，不断创新，为我国防灾减灾领域的发展作出更大贡献。

李德仁

2021年10月于珞珈山

前　言

进入21世纪以来，我国的自然灾害形势日益严峻，重大自然灾害频发，给我国社会经济与人民生命财产带来了巨大损失。自然灾害监测与评估对高分辨率对地观测技术的需求日益迫切，利用高分数据资源开展灾害常规和应急监测与评估等是实现国家减灾委、应急管理部“天-地-现场”一体化灾害立体监测体系的重要举措，对于促进对地观测技术在国家减灾救灾工作中发挥更大的应用效益，满足我国减灾与灾害应急处置工作需要，减轻自然灾害造成的人员与经济损失，创建和谐社会具有重要意义。

自然灾害中的主要灾害目标，如建筑物、道路、水体等，是重要的承灾体，其损毁信息提取对于灾后的抢险救助、灾后评估以及恢复重建等具有重要意义。自然灾害类型众多、损毁形式多样、遥感成像条件和环境多变，遥感影像灾害目标损毁“认知”难，如何利用高分遥感影像实现典型灾害目标的高精度损毁提取是遥感应急领域的研究热点，也是国际难题。面向国家综合防灾减灾高分应用的重大需求，根据灾害目标的复杂程度和不同特点，利用高分辨率遥感数据，采用不同的方法和技术流程，实现减灾评估业务重点关注的灾害目标及其损毁信息的精确提取，可直接支撑灾害监测、预评估、灾害损失实物量评估和综合评估。

在高分辨率对地观测系统重大专项“高分灾害监测与评估信息服务应用示范系统(一期)”(项目编号：03-Y30B06-9001-13/15)研究成果的基础上，本书总结了近年来在灾害目标及其损毁提取方面的研究成果，从灾害目标损毁特征分析、灾害损毁信息提取、灾害遥感监测与评估应用等方面，阐述了高分遥感影像灾害目标精确提取的学术思想、关键技术及其实现过程。

全书内容共7章。第1章论述了高分遥感影像灾害目标精确提取的需求背景、理论基础和国内外研究进展。第2章重点分析了高分辨率遥感影像典型灾害目标及损毁特征。第3章针对成像条件和环境的多变性使得灾前/灾后影像变化成为难以确定的难题，研究了灾前/灾后遥感影像配准技术、遥感影像辐射一致性处理技术，提出了顾及视觉注意模型的对象级变化检测方法、基于机器学习的灾害损毁区域检测方法。第4章针对房屋损毁类型复杂，房屋扭曲/变形、房屋高度变化等损毁提取难的问题，从建筑物二维损毁提取到三维损毁提取、从建筑物半自动提取到自动提取出发，研究了光学遥感影像建筑物损毁提取方法。同时，分析了极化SAR影像在地震引起的倒塌房屋损毁信息提取方面的方法与应用。第5章利用灾前矢量提供的先验信息快速、高效地检测出道路上的损毁断裂区，重点研究了灾后高分辨率影像的道路损毁提取方法，提取出灾后道路损毁区域，提升了灾后信息获取的自动化程度；针对SAR影像中的阴影、叠掩、相干斑噪声等现象，造成实际未变化道路被误检测为损毁信息，形成虚警的问题，研究了遥感SAR影像道路损毁信息提取技术，提出了一种基于 GIS 与贝叶斯网络的高分辨率 SAR 影像道路损毁提取方法。第 6 章从光学、SAR 传感器的不同角度出发，研究了遥感影像洪水信息提取方法。第 7 章在上述理论研究的基础上，研发了自然灾害遥感监测与评估系统，并开展了典型应用。本书内容上力求做到深入浅出、通俗易懂，不仅具有一定的深度和广度，而且反映了学科的新动向、新问题，介绍了学科前沿的新成果和新内容。

本书作者组成的研究团队近年来一直从事遥感图像的应用处理，已从事多年自然灾害目标提取方法研究，学术思想活跃，理论基础扎实，实践经验丰富。本书可作为遥感图像目标提取及相关学科的各类专业技术人员进行科学研究、教学、生产和管理等工作的参考书。

本书的写作得到了李德仁院士的大力鼓励和支持，在百忙中阅读此书并为本书作序，在此表示衷心感谢！书中的部分成果是参与项目研究的徐新、杜志强、刘超贤、陈光、董亮等人的研究成果，在此表示衷心感谢！由于作者的水平有限，书中难免有错误和不足之处，真诚希望读者不吝赐教，提出改进意见。

作　者

2021 年 2 月

目　　录

第 1 章　绪论 …… 1
1.1　概述 …… 1
1.2　国内外研究现状 …… 3
1.2.1　遥感影像建筑物损毁信息提取研究现状 …… 3
1.2.2　遥感影像道路损毁信息提取研究现状 …… 9
1.2.3　遥感影像洪水灾害信息提取研究现状 …… 11
1.3　遥感灾损信息提取技术及系统发展现状 …… 16
1.4　面临的挑战与发展趋势 …… 18
1.4.1　面临的挑战 …… 18
1.4.2　发展趋势 …… 19

第 2 章　高分辨率遥感影像典型灾害目标损毁特征分析 …… 22
2.1　高分辨率光学影像典型灾害目标及损毁特征分析 …… 22
2.1.1　高分辨率光学影像道路目标及损毁特征分析 …… 22
2.1.2　高分辨率光学影像建筑物目标及损毁特征分析 …… 24
2.1.3　高分辨率光学影像水体目标特征分析 …… 31
2.2　高分辨率 SAR 影像典型灾害目标及损毁特征分析 …… 33
2.2.1　高分辨率 SAR 影像的道路目标及损毁特征分析 …… 33
2.2.2　极化 SAR 数据损毁建筑特征分析 …… 39
2.2.3　高分 SAR 影像洪水特征分析 …… 44

第 3 章　基于灾前/灾后光学影像变化检测的灾害损毁区域提取 …… 45
3.1　灾前/灾后遥感影像配准技术 …… 45
3.1.1　异源影像分割与配准一体化方法 …… 47
3.1.2　迭代反馈的异源影像多尺度线特征自动配准方法 …… 55
3.1.3　基于视觉显著特征的快速粗配准 …… 57
3.2　遥感影像辐射一致性处理技术 …… 65
3.2.1　相对辐射校正原理与方法 …… 65
3.2.2　基于联合散点图线性分析的相对辐射一致性处理 …… 72
3.2.3　基于低通滤波(LPF)的相对辐射一致性处理 …… 80
3.2.4　基于小波变换与低通滤波(WLPF)的相对辐射一致性处理 …… 88

3.3　顾及视觉注意模型的对象级变化检测…… 91
3.3.1　基于熵率的最优超像素分割…… 92
3.3.2　基于显著性和随机森林的对象级变化检测…… 94
3.4　基于语义场景变化的灾害损毁区域检测…… 97
3.4.1　视觉词袋模型概述…… 99
3.4.2　场景分类…… 101
3.4.3　灾害损毁区域检测…… 103

第4章　遥感影像建筑物损毁信息提取…… 106
4.1　基于灾前/灾后影像的建筑物二维损毁信息提取…… 106
4.1.1　基于灾前高分辨率影像的建筑物信息提取…… 107
4.1.2　基于变化检测的震后倒塌建筑物提取…… 121
4.1.3　基于核函数的建筑物损毁信息提取…… 127
4.2　三维矢量数据辅助下的建筑物损毁信息提取…… 133
4.2.1　数据基本处理…… 133
4.2.2　建筑物对象分割…… 134
4.2.3　建筑物损毁隶属度计算…… 135
4.2.4　基于SVM的建筑物损毁验证…… 139
4.3　多视遥感影像三维损毁信息提取…… 140
4.3.1　建筑物顶面和立面的分割提取…… 140
4.3.2　建筑物顶面损毁提取…… 143
4.3.3　建筑物立面损毁提取…… 149
4.3.4　建筑物多维损毁提取…… 154
4.4　基于全极化SAR的倒塌房屋损毁信息提取…… 156
4.4.1　图像检索内容构造…… 157
4.4.2　新样本提取…… 157
4.4.3　基于矩阵学习的极化SAR倒塌房屋提取…… 158

第5章　遥感影像道路损毁信息提取技术…… 160
5.1　道路矢量数据与遥感影像的配准…… 160
5.1.1　基于特征点的配准…… 161
5.1.2　基于特征线的配准…… 161
5.2　矢量数据引导的光学影像道路疑似损毁信息提取…… 161
5.2.1　基于L-D(Learning-Detection)的疑似损毁路段检测…… 162
5.2.2　基于级联分类器的疑似损毁道路图元检测…… 165
5.2.3　矢量数据引导损毁路段的追踪检测…… 170
5.2.4　基于上下文的道路损毁验证…… 173
5.3　矢量数据引导的SAR影像道路疑似损毁信息提取…… 176

5.3.1 基于GIS与水平集分割的疑似道路损毁区检测 …… 178
5.3.2 基于改进D1算子的疑似道路损毁区检测 …… 178
5.3.3 水平集分割与改进D1算子检测结果的融合 …… 179
5.3.4 基于贝叶斯网络的道路损毁信息判定 …… 180
5.4 遥感影像道路损毁信息交互式提取 …… 184
5.4.1 道路边缘检测 …… 184
5.4.2 边缘预处理 …… 187
5.4.3 道路损毁提取 …… 188
5.4.4 弯曲道路损毁提取策略 …… 192

第6章 遥感影像洪水范围提取技术 …… 195
6.1 基于多尺度水平集分割的光学影像水体信息提取 …… 195
6.1.1 水平集基本理论 …… 195
6.1.2 基于多尺度CV模型的水体提取方法 …… 197
6.2 基于多尺度统计模型的单极化SAR影像水体精确提取 …… 199
6.2.1 基于Gamma分布的水平集分割模型 …… 199
6.2.2 改进的零水平集函数 …… 202
6.3 基于极化水平集函数的全极化SAR影像水体信息提取 …… 206
6.3.1 基于Wishart分布和坡度信息的全极化SAR水平集水体分割模型 …… 207
6.3.2 基于GIS矢量信息的零水平集初始化方法 …… 209
6.3.3 基于散射特性的水体提取优化处理 …… 209
6.4 SAR影像洪水信息提取与配准一体化方法 …… 213
6.4.1 基于光学和SAR影像分割的洪水范围提取 …… 213
6.4.2 GIS信息辅助下的洪水提取与配准一体化方法 …… 213
6.4.3 实验验证 …… 215

第7章 重大自然灾害遥感监测与评估应用 …… 217
7.1 自然灾害遥感监测与评估系统 …… 217
7.2 典型应用案例 …… 224
7.2.1 云南省鲁甸县地震灾害应用 …… 224
7.2.2 青海省玉树县地震应用 …… 230
7.2.3 2020年王家坝汛期洪灾应用 …… 237

参考文献 …… 249

第1章　绪　　论

1.1　概述

自然灾害具有自然和社会两重属性，是人类过去、现在、将来所面对的最严峻的挑战之一。中国是世界上自然灾害最为严重的国家之一，灾害种类多、分布地域广、发生频率高、灾害损失重。进入21世纪以来，我国平均每年因各类自然灾害造成约4亿人(次)受灾，倒塌房屋220万间，紧急转移安置超过1000万人，造成直接经济损失3400余亿元。减灾是一项复杂的自然-社会、技术-经济系统工程，必须以现代科学技术为依托，把依靠科学技术作为减灾的根本途径。对地观测技术是提升自然灾害监测预评估、灾害评估、应急响应和恢复重建能力的客观需要和重要手段。

遥感技术兴起于20世纪60年代，其集合了空间、电子、计算机、生物学和地学等学科的最新成就。自1972年美国第一颗地球资源卫星成功发射并获取了大量地球表面的卫星图像后，遥感技术就开始在世界范围内迅速发展和广泛应用。这不仅揭开了人类从外层空间观测地球的序幕，也为人类更好地认识国土资源、监测环境灾害以及分析全球气候变化等提供了新的途径。

遥感除了具有概括性、宏观性、直观性等特点，还可从多波段、多时相及全天候角度获得全球观测数据，具有全球观测的能力，因此在重大自然灾害监测中是其他技术不可替代的。遥感灾害监测与评估在灾前预警预报、灾中灾情监测、损失评估、安排救灾以及灾后减灾与重建中发挥着重要作用。遥感(Remote Sensing，RS)和地理信息科学(Geographic Information Science，GIS)、全球导航系统(Global Position System，GPS)结合后将有助于解决灾害减灾的两个核心问题，即快速而准确地预报致灾事件，以及对灾害事件造成灾害的地点、范围和强度进行快速评估。预报的改进取决于对灾害事件及其机制的更加确切的了解，而灾害的监测评价基于地球观测系统的完善和信息的迅速、准确获取。遥感技术将会更好地为防灾、救灾和减灾提供决策支持，在快速掌握准确、全面、客观、直观的灾情信息的基础上具备以下特点：

(1)遥感具有较强的灾害预警、预测、风险普查功能：对潜在灾害，包括灾害发生时间、范围、规模等进行预测，为有效防灾做准备；

(2)遥感监测技术可动态监测各种灾害，特别是洪水、干旱、地震等重大灾害的发生情况；

(3)遥感技术具有救灾及时性的特点，当重大灾害发生时，快速准确地提供灾情信息，是紧急救援所必须掌握的资料；

(4)遥感技术是灾后重建工作的重要科学依据，灾害遥感技术准确的灾情评估是灾后重建最主要的依据之一。

高分辨率遥感卫星的快速发展，使遥感技术在光谱分辨率、空间分辨率、时间分辨率等方面都有巨大的进步，已经形成高光谱、高空间分辨率、全天时、全天候、实时/准实时的对地观测能力。我国高分专项系列卫星已经陆续发射，急需将高分获取的对地观测数据迅速、有效地应用于防灾减灾业务，形成高分防灾减灾规模化应用能力。

灾害目标损毁检测最终的目的是为灾后的应急响应和重建工作提供信息支撑。灾后目标损毁检测应用需求分为两个阶段：第一个阶段是灾害发生早期，为了给救援和应急响应提供及时准确的信息，损毁检测并不需要获取详细的损毁信息，而是需要获取大区域范围内的建筑物损毁区域图，这种损毁信息图可以提供及时准确的建筑物损毁位置信息，便于救援人员及时赶往事发地展开救援。这一阶段损毁信息提取主要关注的要点是损毁区域和快速检测，并不需要获取详细的损毁信息。第二个阶段是灾害发生后期，为了赈灾和灾后重建的需要，损毁检测需要获取详细的损毁信息，特别是损毁等级信息，这样可以为决策部门进行灾后安置和重建提供重要的信息支撑。这一阶段损毁检测主要关注的要点是高精度损毁信息提取和损毁等级判定。如图 1-1 所示为灾后建筑物损毁的多样性。

(a) 由地震引起的建筑物整体沉降如右图，在左边遥感影像上建筑物顶面完好

(b) 海啸引起的建筑物立面损毁

(c) 飓风引起的建筑物立面损毁

图 1-1　建筑物损毁的多样性

1.2 国内外研究现状

1.2.1 遥感影像建筑物损毁信息提取研究现状

建筑物的损毁检测方法是受到传感器技术、摄影测量技术与计算机视觉等技术的深刻影响而不断发展的。伴随着遥感技术的多平台化、影像分辨率的提高以及人工智能技术的飞速发展，新的建筑物损毁检测方法不断涌现，损毁信息的提取精度也得以不断提高。通过总结国内外相关的研究成果，将建筑物的损毁信息提取主要分为以下几个阶段：

(1)萌芽期(20世纪60年代以前)。虽然早在1906年旧金山大地震时，Laurence利用风筝搭载照相机拍摄了地震灾区损坏情况的综合照片，但是这只是一些基础的尝试。该阶段受限于相关观测手段，主要是通过人工现场勘察进行建筑物损毁的具体评估，反馈区域灾情。该方法耗时耗力，损毁信息的检测效率较低。

(2)推动期(19世纪60年代至19世纪90年代)。20世纪60年代开始，以美国、俄罗斯为首的西方国家大力发展航天事业，卫星遥感技术得到快速发展。中低分辨率的光学卫星遥感影像逐渐开始应用到灾情评估与调查中来。而到了20世纪90年代，ERS-1、Radarsat等一系列的雷达卫星成功发射。从1995年的日本神户地震开始，SAR遥感技术以其全天时全天候的稳定对地观测的优势逐渐在灾情评估中受到青睐。但是该阶段建筑物损毁信息检测方法主要是直接的目视解译。受限于影像分辨率，计算机图像处理相关技术的应用难以实现。

(3)加速期(2000年至今)。国外SPOT、QuickBird、IKONOS等一系列高分辨率商业遥感卫星的发射，为灾后损毁评估技术提供了新的数据支持。而机器学习方法、面向对象的分析技术也被引入高分辨率影像的信息提取中，这些都为建筑物损毁信息提取注入了新的生机与活力。而随着机载航空遥感平台的迅速发展，基于倾斜摄影技术与激光雷达技术的灾后损毁评估取得了卓越的进步。通过采集地面对象的三维信息、刻画地形地貌特征来完成建筑物的三维重建，实现了建筑物的精细化的损毁评估。此外，近年来，遥感大数据与人工智能方法开始在建筑物损毁检测中得到尝试应用。基于多源数据的协同配合，跨平台、多任务协同的空天地一体化损毁检测成为这一阶段研究的重要方向。

近20年来，损毁建筑物信息提取成为研究的热点之一，遥感技术的快速发展使其在建筑物识别、灾害调查和快速预评估方面发挥出越来越重要的作用。建筑物倒塌是自然灾害中最为严重的一种破坏形式，直接造成灾区生命财产的损失。灾区建筑物的破坏监测对灾情速报、灾害等级划分、灾害评估、应急抢险、次生灾害监测和灾后重建规划等具有重要的指导意义。

1.2.1.1 光学遥感影像建筑物毁伤信息提取现状

国内外许多学者利用遥感影像对建筑物损毁检测做了大量工作，图1-2统计了从1998年到2020年基于不同的数据源所发表的关于建筑物损毁检测的论文数量。目前建筑物损毁检测的方法主要体现在如下几个方面：

1)基于目视解译的方法

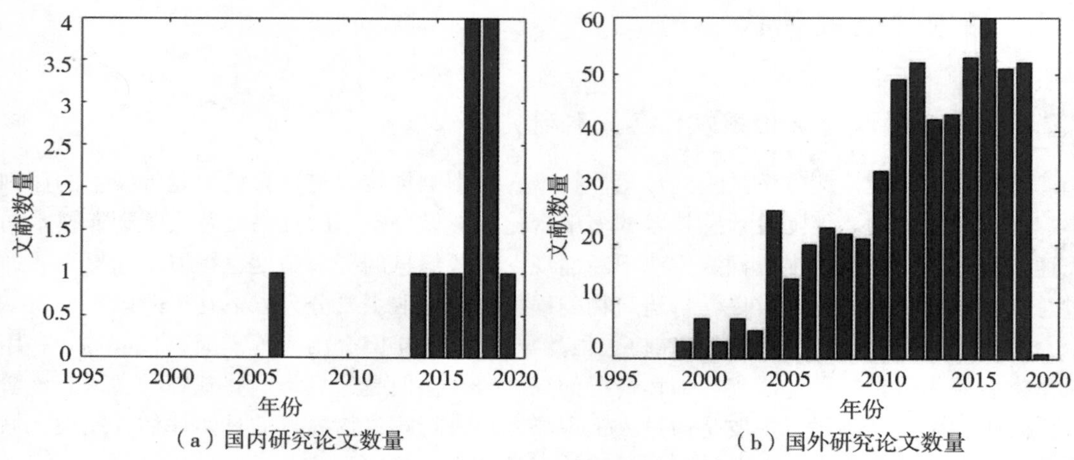

（a）国内研究论文数量　　（b）国外研究论文数量

图 1-2　从 1998 年到 2020 年光学建筑物损毁检测论文数量统计图

基于目视解译的方法是人借助于各种辅助软件（例如 ArcGIS 等）对受灾地区的遥感影像进行判读，检测出损毁的建筑物，最后利用辅助软件进行整体统计和评估。该方法虽然需要耗费较多时间，且需要专业的人员进行处理，但由于其解译精度高且可靠性好，因此仍然是目前最广泛使用的建筑物损毁检测方法（Adams et al.，2012；Lei et al.，2010）。这种方法的典型文献报道有：Adams 等（2012）利用灾前和灾后的 QuickBird 影像去检测伊朗巴姆地震中的建筑物损毁区域，为紧急救援和路径规划提供决策。Yamazaki 等（2005）利用灾前和灾后的 QuickBird 影像对伊朗巴姆地震中的建筑物进行了多级损毁检测，获得了四种建筑物的损毁等级。

2）利用单张灾后影像的建筑物损毁检测方法

考虑到很多地区灾前遥感影像尤其是高分辨率遥感影像的缺失，基于灾前灾后变化检测实现的建筑物损毁检测的难度相对较大。而相较之下灾后遥感影像数据的获取相对较为容易，因此基于灾后遥感影像的建筑物损毁检测逐渐成为近年来的研究热点。

通常是基于灾前的建筑物矢量信息对各类遥感影像进行解译分类，提取建筑物损毁信息。由传统的基于像元级别的提取方法，发展到现在主流的基于面向对象技术的提取方法，同时结合影像的各种特征，包括几何结构、形状、边缘、纹理、颜色等，对建筑物损毁信息进行提取。由于灾前数据特别是邻近灾前的数据难以获取以及配准等问题，因此该方法是最适合实际生产应用的一种损毁检测方法（Vetrivel et al.，2015；董燕生等，2014；赵妍等，2016）。该类方法的典型文献报道有：Turker 等（2008）和 Tong 等（2013）利用灾前的矢量数据和灾后光学影像进行建筑物损毁检测，他们都通过建筑物与其阴影的解算关系来判定建筑物损毁，不同之处在于前者仅仅判定了完全损毁建筑物，后者进行了多级损毁判定。Gerke 等（2011）利用灾后倾斜影像对建筑物进行多级损毁检测，主要思路是通过倾斜影像的立体匹配获得的数字高程模型（Digital Elevation Model，DEM）数据结合影像信息，提取多维的建筑物损毁特征，并基于 SVM 分类器进行多级损毁判定。何美章等

(2015)利用灾后的 LiDAR 数据进行建筑物的多级损毁检测，主要思路是利用三维形状的等高线簇作为特征来提取建筑物顶面的损毁信息，从而达到对建筑物进行多级损毁判定。程希萌等(2016)和翟玮等(2016)通过灾后的航空影像对建筑物进行损毁检测，他们的主要思路是通过遥感影像解译分类后，提取建筑物的损毁信息，最后利用机器学习进行分类获取损毁区域。李强等(2018)利用局部拉普拉斯算子将灾后高分辨率遥感影像分为平滑表面类和粗糙表面类，然后，根据灾害前建筑物数字线划图提取灾害后未损毁建筑物，得到检测结果。

近年来伴随着遥感平台的多样化以及人工智能等前沿技术的飞速发展，对于遥感影像，基于震后单时相遥感影像的损毁建筑物的典型纹理、形状、灰度等特征，利用机器学习等人工智能方法的相关模型实现损毁评估目前逐渐成为研究的热点，借助计算机实现建筑物损毁信息的半自动甚至全自动提取同样成为可能。

3)利用两/多时相遥感影像的建筑物损毁信息提取方法

利用两/多时相遥感影像的建筑物损毁信息提取，其核心思想是遥感变化检测，通过灾害前后遥感影像变化区域对比，提取建筑物损毁信息(Tong et al.，2012；Sui et al.，2014)。由于变化的区域不一定就是发生了损毁的区域，因此需要进行损毁判定。该方法一般分为两步：变化检测和损毁检测。由于有灾前数据作为参考，因而此方法较为精确。该类方法的典型文献报道有：Tong 等(2012)利用立体影像对进行建筑物损毁检测，该方法的主要思路：由于灾后建筑物损毁的显著特征为高程的变化，因此利用灾前灾后建筑物的高程差进行损毁检测是最简洁有效的解决方法；Sui 等(2014)利用多视航空影像进行建筑物损毁检测，该方法利用了灾前基础地理信息数据和灾后多视航空影像立体匹配得到的高程差作为损毁疑似区域，并通过影像损毁特征的提取进一步判定建筑物损毁。

尽管目前提出的变化检测方法非常多，各国学者从不同的角度出发归纳出不同类型的分类方法，并且各类变化检测方法已经在诸多领域中得到了成功的应用，但是，在将其应用到建筑物损毁检测方面时，依然存在以下一些问题：

(1)数据源的限制。遥感影像的变化检测方法往往是基于同一传感器不同时相的遥感影像实现的。但是在实际地震灾害的应急监测评估中，获得同一传感器的遥感数据的难度相当之大。

(2)数据质量的要求严格。大部分变化检测方法的应用效果实际上受遥感影像数据本身的质量影响较大，例如空间分辨率、有/无云、辐射度差异、配准精度等。

(3)先验信息的缺失。遥感影像的变化检测只能算作建筑物损毁检测的第一步，单纯的基于遥感影像的变化检测难以实现损毁信息的准确提取。而且在缺乏震区损毁信息的实地调查资料的情况下，这种单纯基于建筑物影像实现的评估缺乏一定的说服力。

4)利用数据融合的方法对建筑物进行精细化的整体检测

近年来随着高分辨率卫星遥感、无人机航空遥感、合成孔径雷达(Synthetic Aperture Radar，SAR)以及激光(Light Detection and Ranging，LiDAR)等对地观测技术的发展，地表对象信息的获取手段不断丰富。而不同遥感数据在地物目标识别上都存在一些缺陷，例如高分卫星遥感获取的建筑物影像的立面与结构特征表现不够、航空影像的空间范围有限、SAR 遥感与 LiDAR 遥感影像的相关图像处理技术不成熟等。因此，充分发挥不同遥感数据源的优势，实现多源数据协同服务，已然成为震后损毁检测新的发展方向。

利用数据融合的方法对建筑物进行精细化的整体检测(Brunner et al., 2010; Gerke et al., 2011; 胡本刚, 2013)，例如LiDAR与影像的融合、SAR和光学影像的融合以及卫星影像与航空影像的融合等，其核心思想是利用多源信息的优势互补和融合检测建筑物的损毁。由于多源数据融合可以提取更多的建筑物损毁特征，因而该方法主要应用于建筑物详细损毁信息提取和多级损毁判定方面。该类方法的典型文献报道有：胡本刚(2013)利用灾后的LiDAR和遥感影像融合对建筑物进行损毁检测，该方法的主要思路是通过对LiDAR数据的三维建模提取建筑物顶面损毁信息，并与影像中的损毁特征相融合检测建筑物损毁；Brunner等(2010)利用了灾前的光学影像和灾后的SAR影像作为数据进行建筑物损毁检测，该方法的主要思路为通过比较灾前和灾后影像中的损毁特征进行损毁检测；Kakooei和Baleghi(2017)利用了卫星影像、倾斜航空影像和无人机影像对建筑物进行损毁检测，该方法的主要思路是通过提取建筑物表面多种损毁特征以及建筑物的阴影特征进行多级损毁检测。

总体来看，目前的研究成果还存在以下问题：

(1)观测手段存在局限性。在所有地物目标中，建筑物是具有非常显著立体特征的目标，但是现有的方法较多利用下视卫星影像、下视航空影像或者LiDAR数据，这些数据仅能观测到建筑物局部特征，如顶面信息或者高程信息，再加之地物目标之间的遮挡等因素，导致建筑物的其他细节信息难以观测，因而从根源上难以获取较为完整的建筑物损毁信息，造成现有方法对检测精度的影响。

(2)损毁的等级检测和判定较为单一。目前大多数方法研究主要关注的是建筑物的完全损毁和严重损毁两个损毁等级，较少关注中度或者轻微损毁等级的检测。实际应用中对震后的建筑物损毁精细评估需要更加详尽的损毁程度信息，因而如何精确进行损毁等级分类亟待解决。

(3)损毁特征的维度不全。虽然建筑物损毁特征提取已从传统的单一特征向多特征融合的方向发展，但是还存在特征维度上的单一性和提取特征的不全面性，目前运用较多的方法是LiDAR为数据源的三维特征，而较少涉及多维度特征融合以及表面纹理损毁特征，特别是立面纹理。由于建筑物属于立体地物，特征维度提取的不全面将难以满足高精度损毁检测的需要，因此只有全面提取建筑物的多维损毁特征才能更加详尽地判定建筑物不同损毁程度的差异。

(4)损毁等级的判定方法缺乏自适应性。由于建筑物损毁特征具有复杂多样的特点以及不同损毁等级判定的边界不确定性，目前绝大多数综合判定的方法主要基于建筑物损毁特征的阈值进行判定，而阈值设定的优劣直接影响到最后损毁检测和评估的精度，判定方法不具有普适性，因此建立具有自适应性的损毁等级判定模型和方法具有很大的挑战性。

1.2.1.2 SAR影像建筑物损毁信息提取现状

图1-3统计了1998—2020年基于不同的数据源所发表的关于SAR影像建筑物损毁检测的论文数量。目前SAR建筑物损毁检测的方法主要体现在如下几个方面：

1)基于目视解译的SAR影像建筑物损毁信息提取方法

汶川地震后，由于灾区天气状况较差，卫星光学遥感无法有效获得遥感影像，高分辨

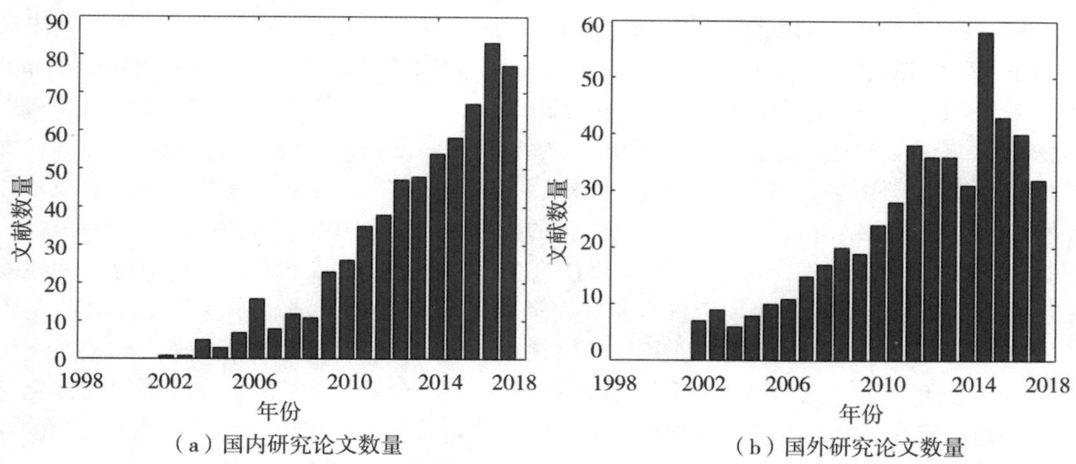

(a) 国内研究论文数量　　(b) 国外研究论文数量

图 1-3　1998—2018 年 SAR 影像建筑物损毁检测论文数量统计图

率 SAR 影像第一次凸显出巨大的优势。学者们从目视解译标志、不同参数影像上震害的特征方面进行了深入研究。邵芸等(2008)利用 1m 分辨率的 COSMO-SkyMed 影像和 TerraSAR-X 影像通过目视解译手段评估了建筑物损毁程度，他们主要从建筑物排列关系、阴影、纹理等特征方面来识别建筑物倒塌信息。Wang 等(2009)利用 0.5m 分辨率的机载 SAR 影像比较全面地分析了汶川地震的建筑物、工业设施、交通系统、滑坡等损毁影像特征；在建筑物震害方面，他们通过建筑物散射模拟，结合 SAR 影像和地面调查照片，对完全倒塌、部分倒塌、内部破坏但外观完好等三类建筑进行了比较，他们主要考虑了建筑物的阴影、边缘、街道和道路分布模式等特征。张继贤等(2010)采用自主研发的 SARMapper 软件进行成像处理、极化合成、纠正等处理后，对倒塌居民地、学校等震害进行了目视解译，发现房屋倒塌在雷达影像上可以得到明确判读，受损的道路、桥梁、大坝、一些基础设施和电力塔等也表现明显。通过与光学影像解译对比，发现 SAR 影像对草库伦及其周边居民地、铁塔等地物和设施表现出很强的解译优势；同时，他们还指出仅利用震后单时相的 SAR 影像进行判读是非常困难的，可以利用光学遥感的历史数据进行对比分析。

2) 基于灾后 SAR 影像的建筑物损毁检测方法

尽管目视解译的方法目前依然是建筑物损毁信息评估的最主要方法，而且其解译精度较高，但考虑到雷达遥感影像成像的特殊性，其通常对解译人员的专业知识要求相对较高、工作量也比较大。因此目前国内外相关学者尝试基于震后 SAR 影像的纹理、极化等特征进行损毁信息的自动或半自动提取。Dong 等(2011)使用汶川地震后获取的都江堰城区高分辨率 TerraSAR-X 影像，分析了不同破坏等级建筑物的后向散射系数特征，指出若有震前震后的 SAR 影像，可以通过变化检测得到比仅利用震后单时相强度影像更精确的结果。玉树地震之后，Li 等(2012)提出了基于三个极化参数的 H-α-ρ 方法，其中，H 代表熵(entropy)，反映的是目标散射的随机程度，α 代表目标的平均散射机制类型(average scattering mechanism)，ρ 为圆极化相关系数（circular polarization correlation coefficient）。首先根据参数 H 和 α 识别出裸露的地标，然后用参数 ρ 区分完好房屋和倒塌房屋。利用高分辨率光学影像解译结果对这种方法进行了验证，得出该方法的总体精度为 81%，Kappa 系数为 0.71，取得了较高的精度。李坤等(2012)分析 SAR 图像中常用的纹理差值和灰度差值对各类地表变化的敏感程度，提出了敏感特征向量的概念，综合利用灰度差值和纹理差值作为变化检测的评判因子；然后，在敏感特征向量的基础上，利用主成分分析技术和 K 均值聚类技术相结合实现对灾区地表变化的检测。该方法中定义差值图为比值对数图，以抑制 SAR 图像斑点噪声影响。两组 ALOS SAR 实验数据的结果显示：从虚警率和检测率两个方面衡量，该算法要优于仅基于灰度差值的变化检测方法。陈启浩等(2017)基于玉树地震后的 Radarsat-2 极化数据和日本大地震后的 ALOS-1 极化数据，考虑到建筑物倒塌前后在 SAR 影像上会表现出散射与纹理特征的差异，综合利用相干分解得到的极化特征以及基于灰度共生矩阵得到的纹理特征来实现非建筑物、完好建筑物与损毁建筑物的划分。结果验证了极化特征与纹理特征结合的方法在建筑物损毁检测中的有效性。

3)基于两/多时相变化检测的 SAR 影像建筑物损毁提取方法

基于 SAR 强度特征的变化检测方法与光学遥感中的变化检测方法类似，主要利用地震前后 SAR 影像后向散射强度特征的差异来提取震害信息。一般来说，完好建筑物由于角反射效应在 SAR 影像上会显示相对较强的后向散射。相反，损毁的房屋因雷达波被散射到不同方向而显示相对较弱的后向散射，据此可以识别建筑物受损情况。Yonezawa 等(2002)利用同震影像对的相干和震前影像对的相干构建了归一化差分相干指数，对归一化差分指数影像选取合适的阈值进行分割，可以较好地区分完好房屋和倒塌房屋。他们还按照此方法用 Radarsat-1 影像研究了 2001 年印度古吉拉特地震，也发现了去相干现象，但去相干度小于日本神户地震和我国台湾 921 地震。Ito 和 Hosokawa(2003)提出了一种基于时间相干比的建筑物损毁信息提取方法。相干是两幅单视复图像之间的相关函数，是干涉程度指数，它受空间去相干、时间去相干、热噪声去相干等因素的影响。时间相干比方法用震前震后两幅 SAR 影像的相干除以震前两幅影像的相干得到相干比，从而去除空间去相干和热噪声去相干的影响。以 ERS 影像对 1995 年日本神户地震进行研究，结合地面调查数据，发现时间相干比与震害累积概率之间存在显著的线性关系。Matsuoka 和 Yamazaki(2004)提出了一种新的检测方法，将震前震后影像的后向散射系数差和灰度相关系数进行线性组合，构成一个新的指数，据此判别建筑物受损情况，以 1995 年日本神户地震为例，验证了这种方法的有效性。Matsuoka 和 Yamazaki(2005)将这种方法应用于 2003 年伊朗巴姆地震时，发现在有些区域出现了相反的情况，即后向散射系数不降反升。他们认为这与微波波束的入射方向、建筑物的排列方向和建筑物的密集程度之间的关系有关。为了考虑这种相反的情况，Matsuoka 等(2007)对这种方法进行了简单的改进，引进一个新的判别参数，据此可以提取出这两种情况下的损毁信息，通过与地面调查数据和高分辨率光学影像的目视解译结果对比，证明这种方法是有效的。但是根据这种方法利用 Radarsat-1 数据对 2004 年日本新潟地震进行分析时，发现无法有效提取出建筑物倒塌信息，他们认为这是由于新潟地震的房屋密集度和倒塌率都太低的缘故。Mansouri 等(2005)利用 ENVISAT 影像研究了 2003 年巴姆地震的震害，他们没有使用常见的影像复相干，而使用了互功率(cross-power)，互功率是相干定义式中的分母。经过试验，发现互功率相对于相干和强度相关来说，能得到精度更高的结果。

基于特征的变化检测相对来说对配准没有太严格的要求，Gamba 等(2006)提出综合基于边缘特征的变化检测与基于像素的变化检测的新方法，用合成 SAR 影像和真实 SAR 影像做实验，均显著提高了变化检测的精度。Hosokawa 等(2007)对时间相干比方法进行了改进，首先根据地震三要素和距离衰减方程估计地面受灾范围，然后在此范围之上使用时间相干比方法。用这种改进的方法对 1995 年神户地震进行了试验，结果证明改进的方法比单一的时间相干比方法精度更高。Gamba 等(2007)在联合强度特征和相干特征的变化检测之上，引进辅助的 GIS 图层以限定感兴趣区的范围，这种方法在 2003 年巴姆地震中获得了初次应用，并进一步应用在 2003 年阿尔及利亚地震和 2007 年秘鲁地震中。为了利用工程地震信息，Hosokawa 等(2009)提出一种综合地震信息和遥感变化检测震害信息的提取方法。首先根据震级和距离衰减方程估算出地面烈度，根据经验关系求出房屋受损分布，然后利用 SAR 影像的后向散射系数之差提取震害信息，将以上信息进行“与”操作得出最后的受损情况分布。Brunner 等(2010)提出一种结合震前光学影像和震后 SAR 影像的异源数据变化检测方法。先用震前光学影像提取建筑物形态特征参数，然后结合震后 SAR 影像的成像参数模拟出震后的理论 SAR 影像，利用模拟 SAR 影像与真实 SAR 影像的归一化互信息量来分析二者的相似性，从而区分完好房屋和倒塌房屋。使用震前的 QuickBird 影像和震后的 TerraSAR-X 影像、COSMO-SkyMed 影像对汶川地震后映秀镇实验了这种方法，能有效提取建筑物损毁信息。刘云华等(2010)用 ENVISAT 数据对 2008 年汶川大地震进行了研究，结果显示强度特征和相干特征均能识别出受灾地区。直接利用震前、震后的 SAR 幅度图像做比值处理来做变化检测，在紫坪铺水库周边效果比较突出，能识别水体范围及震前震后水位的变化；而利用 SAR 干涉图像的失相干分析在都江堰城区等平原地区效果较明显，并且建筑物的破坏程度与相干系数变化指数的大小高度相关。Dekker(2011)用高分辨率的 TerraSAR-X 和 COSMO-SkyMed 影像进行了海地地震建筑物损毁变化检测研究，包括基于规则网格的平均损毁变化检测和基于单栋建筑物的详细损毁检测，主要使用 SAR 影像的归一化强度差和相关系数特征。结果显示，基于规则网格的平均损毁评估能得到一个相对准确的结果，而基于单栋建筑物的损毁评估结果不太理想；在变化检测时，建筑物类型和影像获取时间间隔对结果也有较大影响。

1.2.2 遥感影像道路损毁信息提取研究现状

灾后道路损毁信息提取的目的是为了找到道路损毁和堵塞的区域，对道路的可通行性进行判断，其目的与道路提取有很大的区别，其采取的理论和方法则与道路提取有着一定的相关性，但是由于灾后数据和场景复杂，灾后道路损毁信息提取仍处于探索阶段。

1.2.2.1 光学影像道路损毁信息提取研究现状

根据灾害发生后进行损毁提取所采用数据的不同，将道路损毁信息提取分为基于灾后单时相的道路损毁提取和基于多时相多源数据的道路损毁提取。图 1-4 统计了 1998—2018 年基于不同的数据源所发表的关于光学影像道路损毁检测的论文数量。

1)基于灾后单时相的道路损毁提取

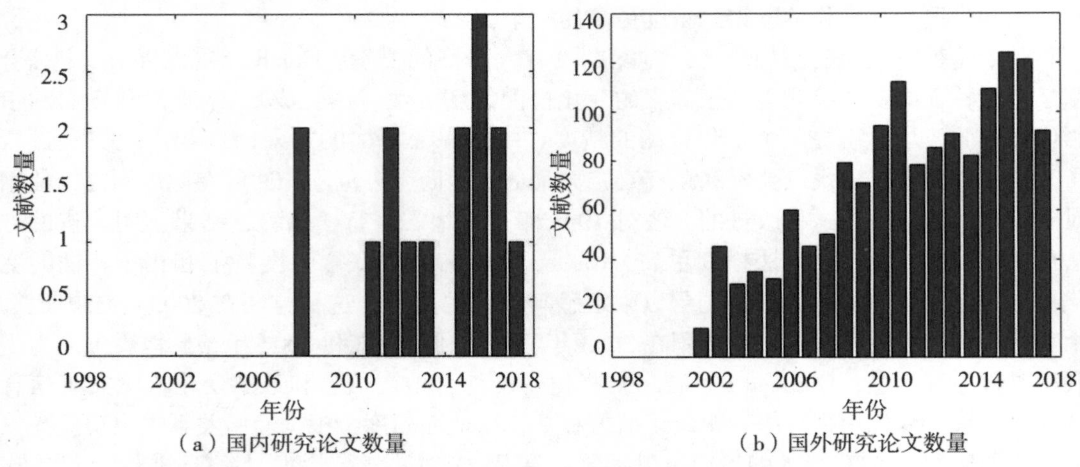

（a）国内研究论文数量　　（b）国外研究论文数量

图 1-4　1998—2018 年光学影像道路损毁检测论文数量统计图

基于灾后单时相的道路损毁提取主要是使用目视判读和分类的方法，分类主要根据不同地物在震后光谱特征的变化响应不同进行识别损毁。目视判读方法虽然精度高，但劳动强度大，也比较耗时。秦军等(2010)对无人机真彩色图像进行纠正之后利用目视判读的方式提取出灾害信息，然后利用道路损毁类别、损毁尺度、损毁百分比 3 个因子作为评价指标对道路的损毁级别进行评定。韩用顺等(2009)利用航空和卫星影像作为主要影像源，并结合环境背景资料和历史灾害资料对地震引起的滑坡泥石流、堰塞湖、地裂缝等灾害进行目视解译，最后对道路的损毁信息进行判读。

常用的分类方法有最大似然法、多特征法、面向对象法等。魏宇峰等(2010)利用支持向量(SVM)的分类对道路损毁进行了提取。刘明众等(2014)采用面向对象法分割影像，根据道路分割对象的光谱信息、几何信息和空间信息建立知识库，然后依据知识库中的法则来获取影像中的道路。虽然分类的方法提高了效率，但是因受灾后影像场景复杂，有时候精度不高，同时此方法常常会借助于易康等面向对象的分类软件进行，应用不方便。

2)基于多时相多源数据的道路损毁提取

基于多时相的道路损毁提取主要利用灾前、灾后数据，采用变化检测的方式进行损毁提取。这类方法根据震前、震后光谱特性的改变来检测灾害造成的损毁情况。常用的算法包括相减法、比值法、相关系数法、主成分分析法、分类后对比法、多时相直接分类法等。也有学者在灾前和灾后影像上分别进行道路提取，对结果进行变化检测分析，求出损毁区域。对多时相影像进行分别提取时也依赖单时相的方法。这类方法数据获取不易，灾前灾后影像的配准和分辨率融合也都直接影响变化检测的结果。

Li 等(2011)为了提取城区房屋倒塌导致的道路损毁，结合灾前的道路地图数据，根据不同目标光谱和纹理特征的不同，利用面向对象分类的方法提取出灾后影像道路的损毁区域。为了增强检测的置信度，该文还提取了道路损毁区旁的房屋损毁信息，并根据房屋损毁信息对之前的道路损毁提取结果进行修正。基于多源数据的道路损毁提取，主要利用道路矢量、DEM、LiDAR 等数据进行辅助道路损毁提取。在 GIS 矢量存在下，可以在灾后影像上进行灾害体提取，与灾前矢量进行叠加提取道路损毁。也可以利用 GIS 的数据辅助在灾后影像上进行边缘提取，检测出完好道路，进行矢量变化检测提取道路损毁。马海建等(2013)在矢量数据的支撑下，利用 Hough 变换提取直线，利用道路的平行性对道路损毁进行了提取。王艳萍等(2012)利用道路的多种特征进行面向对象的分割，结合矢量信息对干扰进行剔除，最终得到道路损毁区域。任玉环等(2009)对灾后灾害体进行面向对象的分类提取，与灾前矢量进行叠加，提取出了损毁区域。王文龙等(2010)利用机载 LiDAR 点云生成 DSM 后对其进行面向对象分割，并进行损毁的提取。另外有学者利用单波段的高分辨率光学影像作为数据源，结合 GIS 数据对灾前和灾后的道路分布采取不同的提取方式，然后对两者的提取结果进行比照最终得出损毁的路段(秦其明，2012)。其中灾前影像道路提取的低层处理采取的是边缘检测方法，然后用 Hough 变换进行局部道路连接，最后采取 Ribbon-snake 进行道路编组。而对灾后的影像用基于多特征的模糊隶属算法提取道路区域，然后采取区域编组和合并的算法实现影像中道路覆盖区域的完整提取。

综上所述，道路损毁提取主要分为目视解译和利用计算机自动或者半自动的提取两种方式，其主要利用的数据源又以多光谱的光学影像为主，而利用单波段的全色影像和 SAR 影像作为数据源的提取方式则很少见。

1.2.2.2 SAR 影像道路损毁信息提取研究现状

纵观近年来各国学者对道路损毁提取的研究，大多数学者使用多光谱的光学影像作为数据源来进行道路损毁提取，或采取目视判读的方式对各种损毁进行判读，或利用变化检测的方法提取道路的损毁信息。但是在灾害发生时期通常伴随着阴雨天气，用光学影像进行道路损毁提取则可能受到天气的影响比较大，从而在抢险救灾决策中受到很大的限制。SAR 由于其特殊的成像机理，能够克服天气和光照条件的影响，对目标区域进行全天候、全天时、大范围的观测。因此在灾害发生之后，利用 SAR 影像来提取道路、找出道路损毁区域具有重要的意义。图 1-5 统计了 1998—2018 年基于不同的数据源所发表的关于 SAR 影像道路损毁检测的论文数量。

虽然利用 SAR 影像进行道路损毁提取有着较大的优越性，能够克服不利天气的影响，但是利用 SAR 影像来提取道路损毁则很少有学者涉足。诸如道路因为地震形成的裂缝，在 SAR 影像上仅仅表现出该部分区域道路亮度略有增加，这种情况的轻微损毁则难以从 SAR 影像上进行判别。而且由于 SAR 影像的成像机理造成的相干斑干扰和叠掩阴影现象增加了道路损毁提取的困难。

总的来说，单幅 SAR 影像相对于光学影像来说，其光谱特征不如多光谱光学影像丰富，且受到严重的相干斑噪声的影响，很多干扰信息可能导致道路的断裂而被检测为变化区域。因此在提取出变化信息之后，有必要对这些区域进行进一步的分析和判断。

1.2.3 遥感影像洪水灾害信息提取研究现状

水体分布信息的准确获取对于洪水监测与灾害评估、地理信息更新、水资源调查、流域综合治理、水利规划等领域具有重要的意义。由于遥感具有时效性、经济性等特点，使之成为提取水体最广泛、最有效的手段之一。近年来高分辨率影像的迅猛发展给遥感信息

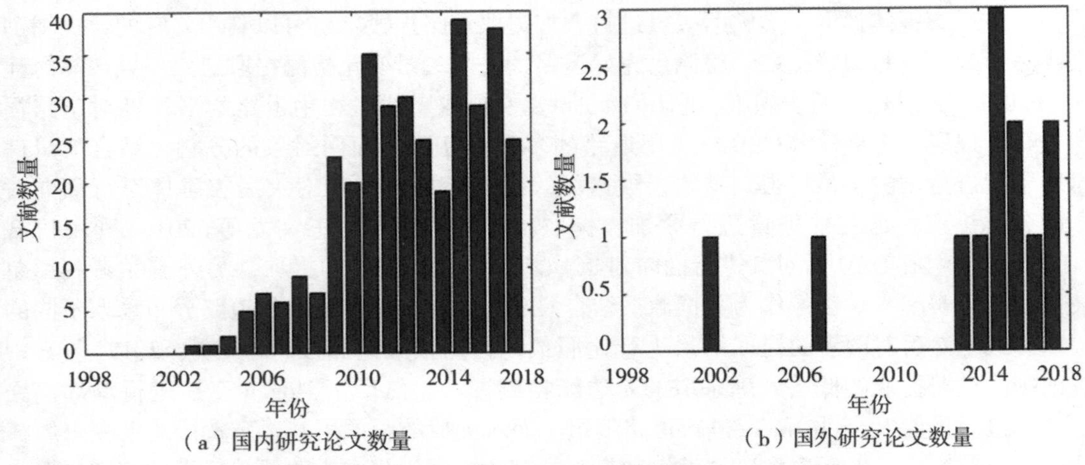

（a）国内研究论文数量　　（b）国外研究论文数量

图 1-5　1998—2018 年 SAR 影像道路损毁检测论文数量统计图

提取提供了更多更好的数据支持，但同时也带来了巨大挑战。目前，在洪灾之后，利用遥感影像提取洪水范围等信息，大多是基于高分辨率遥感影像或者航空影像，但是随着影像分辨率的提高，影像上"同谱异物，同物异谱"的现象广泛存在，影像上存在有与水体表现特征类似的各种地物，如阴影、浓密植被、沥青路面等，加之受光照条件、地形因素、复杂环境、影像质量等的影响，使得从遥感影像上自动提取水体信息是一个非常困难的问题。另一方面，在灾害发生或者其他应急响应情况下，水体信息提取在时效性上有很高的要求，现有的水体信息提取方法难以满足实际应用的需求。此外，在高分辨率影像上怎么才可以实现快速且精确的洪灾信息提取已经成为制约其产业化的一个瓶颈。

1.2.3.1　光学影像洪水灾害信息提取研究现状

现有的光学遥感影像洪水范围提取方法主要分为以下五类：特征分割方法、模式分类方法、轮廓线检测方法、面向对象方法以及多源数据综合分析方法。图 1-6 统计了 1998—2018 年基于不同的数据源所发表的关于光学影像洪水灾害信息提取的论文数量。

1）基于特征分割方法的光学影像洪水信息提取

特征分割方法又包括自上而下的知识驱动和自下而上的数据驱动两类，知识驱动型依据地物特征构建先验模型和知识规则来指导分割，如水平集演化方法；数据驱动型根据数据自身的灰度分布特征进行分割，如单波段阈值法、特征指数法、色彩空间转换法等，其中特征指数法是通过多光谱波段运算获取反映水体与背景反差的指数，进而利用直方图阈值分割得到提取结果，典型的水体特征指数如归一化水体指数（Normalized Difference Water Index，NDWI）、改进的归一化差异水体指数（Motified Normalized Difference Water Index，MNDWI）、新型水体指数（New Water Index，NWI）等，其模型简单，并且有不错的提取结果。周成虎等（1999）提出了谱间关系法，谱间关系法的主要原理是通过分析在 TM 影像上的 7 个波段水体的波谱特性，发现与其他地物相比，水体具有独特的谱间关系，即对于 Landsat TM 遥感影像的 7 个波段，具有波段 2 加波段 3 大于波段 4 加波段 5 的特征。

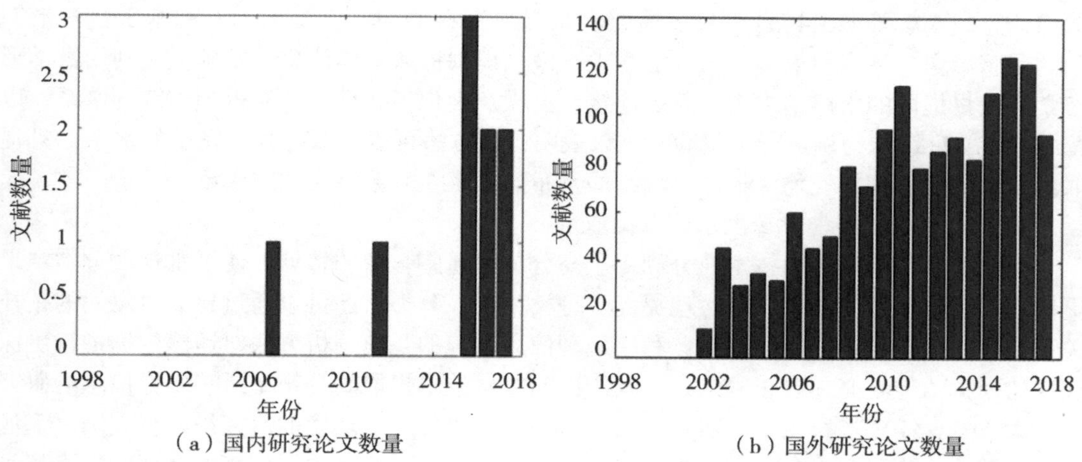

（a）国内研究论文数量

（b）国外研究论文数量

图 1-6 1998—2018 年光学影像洪水灾害信息提取论文数量统计图

证明了利用谱间关系法可以将水体与阴影区分开。徐涵秋(2005)在对 Mcfeeters 提出的归一化差异水体指数研究分析的基础上，对构成归一化差异水体指数的波长组合进行了修改，提出了改进后的归一化差异水体指数，并将该指数在水体类型不同的遥感影像中进行了大量的实验，结果表明大部分实验获得了比归一化差异水体指数更好的效果，尤其在提取城镇范围内的水体上效果最优。

2)基于模式分类方法的光学影像洪水信息提取

模式分类方法首先对原图像进行特征提取，构造特征向量，然后利用神经网络、支撑向量机(SVM)等机器学习方法将原始图像中的每个像素点分类为水体与背景两类对象，从而实现对水体的提取。陈静波等(2013)构建了光谱特征和空间特征相结合的城市水体提取知识决策树。首先，利用短波红外波段提取暗地物；其次，分别利用浓密植被在近红外波段和沥青路面在红波段中的反射率剔除这两类暗地物；再次，利用空间密度特征剔除建筑物阴影；最后，根据面积特征对水体进行识别补充。胡晓东等（2011)提出了图谱迭代反馈模型，结合空间聚合图特征和非线性谱映射结果的优点，设计图谱迭代反馈机制，并通过自适应信息计算方法自动地调整提取参数，逐步地计算逼近正确的专题区域边界。结合水体提取案例，在分析当前较为有效的水体提取方法基础上，选取 ETM 影像作为数据源，提出图谱迭代反馈的自适应水体信息提取理论与方法。何海清等(2017)在利用遥感水体光谱特性的同时，融入深度学习算法，提出归一化差分水体指数与深度学习联合的遥感水体提取方法。

3)基于轮廓线检测方法的光学影像洪水信息提取

轮廓线检测方法通过边缘检测获得水体的岸线边缘，然后对边缘进行编组获取水体的主体区域，最后采用纹理跟踪、区域生长等方法对检测到的水体区域进行合并，该类方法由于充分考虑了地物的边缘特征，其提取结果的轮廓定位精度较高。何智勇等(2004)首先利用小波技术对图像进行去噪和膨胀处理，并提出以一种多窗口线性保持技术对线性水体进行保持，最后利用水体信息的地学特征，对图像进行联合特征去噪，最终获取了水体影像信息。李辉等(2011)针对目前遥感水系提取存在的问题，提出了一种基于数学形态学的遥感影像水系提取方法。该方法在光谱模式识别提取水体信息的基础上，利用数学形态学方法将提取的水体结果进行断线连接、去噪及细化等处理，从而得到连续的水系。以 Landsat ETM+影像为例进行了实验，结果表明，该方法可以提取连续、完整的水系；且提取的水系精度与现势性均优于国家测绘局发布的 1：25 万数字线划图水系。

4)面向对象的光学影像洪水信息提取

面向对象的信息提取技术充分利用了高分辨率遥感影像的特点，使洪水提取分类结果更接近于目视判读的结果，有效地提高了分类精度；分类后还可以通过建立对象间的拓扑关系来反映地理实体之间的关系，利用地理信息系统的空间分析方法对遥感数据进行更深层次的挖掘。但是必须要正视的是，利用面向对象技术提取高分辨率遥感影像信息的研究还不太成熟，需要进行更多的研究，而且目前国内水体、水环境的研究纷纷将太湖、滇池等大型湖泊作为研究对象，却很少研究关注高海拔、多山并且地形环境复杂地区的小型水体，缺乏该地区遥感影像提取小型水体信息的研究项目和文献资料。因此针对不同地区的遥感水体信息提取，并在已经形成的诸多水体信息提取方法中，研究一种朴实更加通用的方法是很有必要的，也是很有研究意义和价值的。田新光(2007)采用多尺度分割，面向对象信息提取技术，结果总精度为 90.73%，Kappa 系数为 0.8907，证明了面向对象方法提取信息具有很高的提取精度。曹凯等(2007)对 SPOT-5 城区影像的水体进行了提取研究，实验对遥感影像进行分割利用的是基于多尺度影像分割方法，并且还利用了对象所包含的光谱、形状及纹理等特征来确定地物识别中所需的各种特征参数，通过规则的建立，得到了较好的提取效果。

5)多源数据综合的光学影像洪水信息提取

多源数据综合分析方法充分利用水体在不同数据源中的特征，如 SAR(合成孔径雷达)、GIS(地理信息系统)数据等，通过多源数据之间的相互验证确定最终水体提取结果，比依靠单一数据源的方法有更高的正确率。陈秀万(1997)等在 GIS 的基础上开发出洪水灾情分析模型 FLOODAM，能够较精确、快速地获取洪水淹没范围内的灾害情况；陈德清等(2002)利用 GIS 反演出最大淹没水深的原理，分别对迁东地区的水库型淹没区和滩地淹没区进行了讨论和分析，为洪灾评估提供了参考数据；李发文等(2004)采用“膨胀算子”分析了洪水淹没区域的连通性，并在 GIS 数据的基础上，依据体积法计算原理，计算出了研究区域的淹没水深和淹没范围。毕京佳等(2016)针对洪水发生时刻卫星影像数据缺乏的情况，提出了一种延时估测洪水淹没范围的方法。首先采用植被指数法和土壤含水量变化法提取洪水发生前、后植被及土壤遗留下的变化和痕迹，然后利用 DEM 高程数据进行淹没推算，估测洪水淹没的最大范围。

尽管以上方法在试验中取得了较好的提取结果，但是面对实际应用的需求时依然存在以下不足：第一，很多方法针对特定的试验数据取得了较好的效果，但缺少对各类数据处理的普适性；第二，提取方法模型中的参数需要手动调节，或者模型训练样本需要人工选择，使得提取算法的自动化程度偏低；第三，对于多源数据综合分析的方法，其前提假设是多源数据已经过严格的配准，而实际处理过程中所面对的多源数据均存在位置和坐标系的差异，需要手动选择控制点并执行几何纠正处理。综上可以看出，面对水体在遥感影像上的多样化表现和复杂背景干扰时，现有的水体提取方法都存在普适性差、人工干预多等问题。

1.2.3.2 SAR 影像洪水信息提取研究现状

洪水区域监测的目标是对洪水多发区或洪水淹没区水体的自动提取，对 SAR 影像洪水信息提取而言，图 1-7 统计了 1998—2018 年基于不同的数据源所发表的关于 SAR 影像洪水灾害信息提取的论文数量。

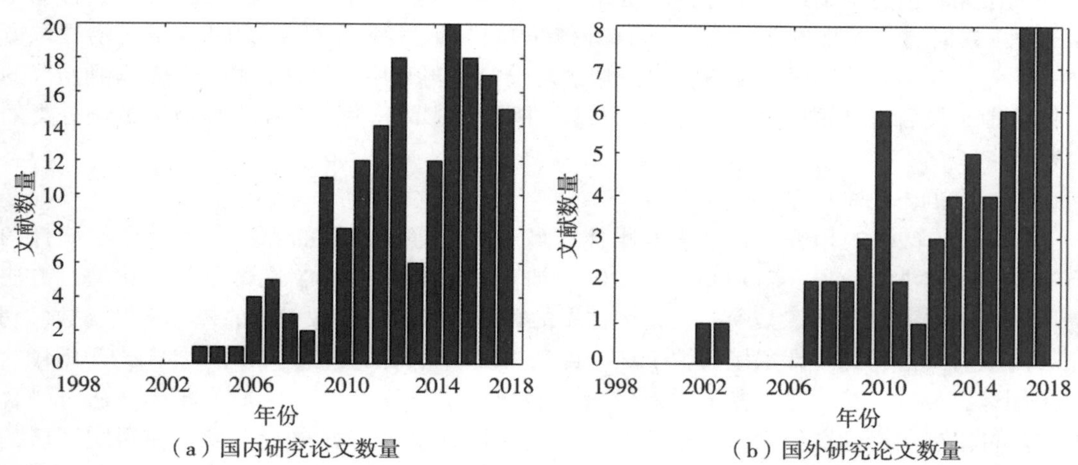

图 1-7 1998—2018 年 SAR 影像洪水灾害信息提取论文数量统计图

1)基于水体模型的 SAR 方法

Schumann 等(2007)研究了一种水体模型 REFIX 来进行洪水预防和洪涝灾害管理。REFIX(Regression and Elevation-based Flood Information Extraction)是基于回归分析和高分辨率 DEM 来提取水体深度和水体范围的模型。

2)基于边缘的 SAR 影像洪水信息提取方法

Niedermeier 等(2000)提出一种利用边缘检测算法提取海岸线的方法。该方法首先小波变换检测出所有边缘，接着采用块跟踪算法确定水体与陆地的边界，再通过局部边缘选择与合并对海岸线进行改进，最后，利用主动轮廓法进一步改善提取结果。Horritt 等(2010)提出一种基于统计的主动轮廓模型方法进行洪水边界提取。该方法有效地使用了色调和纹理信息，取得了较好的提取结果。

3)基于分割的 SAR 影像洪水信息提取方法

Liu 等(2004)提出一种基于自适应阈值分割的海岸线提取方法。该方法采用列文伯格算法(Levenberg-Marquardt)和 Canny 边缘检测方法加速迭代高斯曲线拟合过程的收敛，同时，采用编组和标记的方法对提取结果进行跟踪，剔除干扰地物。

4)基于分类的 SAR 影像洪水信息提取方法

Mason 等(2010)提出一种半自动洪水检测方法。该方法利用监督分类方法将城区分为水体和非水体两类，再利用迭代的区域扩张和标记方法得到洪水范围，利用德国宇航局 SETES(SAR end-to-end simulator)和 LiDAR 数据协同剔除叠掩和阴影的影响。Klemenjak(2012)利用 Terra-SAR X 波段数据研究了河流网络的自动提取算法，该方法是基于数学形态学，使用自动选择的样本进行分类得到了河流区域的信息，具有灵活、适应大规模范围检测的特点。水体的后向散射通常较低，这使得 SAR 图像的灰度直方图会出现明显的两个波峰，然而使用这种直方图的方法必须加入人工选择的曲线优化参数。

5)先验信息辅助的 SAR 影像洪水信息提取方法

利用先验信息辅助进行水体提取也是研究的一个热点。Brivio 等(2002)提出一种基于 GIS 矢量数据的洪水监测方法。Martinis 等(2009)提出一种基于高精度 DEM 的洪涝提取方法。首先，利用直方图阈值的方法对图像进行分割，再利用多尺度分割进一步得到精确的水体范围，最后将高精度 DEM 加入分类过程中用来提取密集植被和森林地区被误分类的洪水。

6)混合的方法

Giustarini(2012)研究了自动提取水体区域和水体等级反演的算法，利用图像统计的方法自动确定洪水边界。Giustarini 等(2013)研究利用 TerraSAR-X 图像基于变化检测方法提取城区洪水淹没范围。其中，该方法首先估算开阔水域后向散射值的概率密度函数，利用后向散射阈值得到开阔水域的种子点，再利用区域生长的方法提取出水体。光学图像与 SAR 图像融合的方法，主要是通过图像融合和图像信息互补的方法提取水体。通过融合的方法可以削弱光学图像中云雾的影响，同时增强 SAR 图像的光谱信息，使得阴影区的细节得到反映，从而获取更加有效的信息。杨存建等(2001)通过 RADARSAT SWA SAR 图像和 LANDSAT TM 图像上的互补信息，利用水体和阴影进行复合处理，从而从 SAR 图像中半自动地提取洪水范围。

综上所述，目前 SAR 图像洪水水体提取主要还是集中在基于分割与分类的方法上，同时，由于阴影、道路等暗目标易与水体混淆，使得从 SAR 图像中准确提取水体较为困难，DEM、GIS 等多种基于辅助信息的方法也成为研究的热点。

1.3 遥感灾损信息提取技术及系统发展现状

随着遥感技术的快速发展，尤其是空间分辨率正在以每 10 年一个数量级的速度提高，对同一个地面目标进行重复观测的时间间隔日益缩短，其在自然灾害监测、评估、预警等各个方面的应用日趋成熟。目前遥感灾害技术及信息化系统已逐步完善，并在世界范围内(包括 2008 年汶川地震、2010 年海地地震、2011 年日本大地震、2018 年美国加州大火、2020 年长江洪涝等)的多次重大自然灾害中发挥了重大作用。

国外发达国家由于财力、物力雄厚，利用其在遥感方面的基础及应用研究实力优势已开展了大量的、相对较为系统的研究，建立了比较完善的灾害监测、信息处理和救灾应急系统。其中在灾害应急响应方面，美国的“紧急事务管理系统”、欧洲尤里卡计划的“重大紧急事件智能管理系统”和日本的“灾害响应系统”，实现了多源数据的处理和综合应用，以及应急管理技术的体系集成与辅助决策支持；而在灾损检测与评估方面，美国的国家多灾种评估系统实现了针对地震、洪水和飓风灾害开展灾害损失评估、风险评估，包括地震评估模块、洪水评估模块和飓风评估模块；日本的菲尼克斯灾害管理系统是目前日本最完善的防灾应急系统。我国经过十几年的艰苦努力，在遥感灾害损失评估系统的建立方面也取得了较大的进展。结合我国多灾种的实际情况，根据不同地区的实际应用需求，分别面向不同灾害类型，落地研制了多种灾害损失评估系统。其中，“综合减灾空间信息服务应用示范”项目综合利用高分辨率遥感数据处理、信息服务和卫星导航等多种空间信息技术，开展“天—地—现场”一体化遥感数据获取、现场信息采集、多源数据综合应用等方面的示范，重点包括灾害监测、灾情预评估、房屋倒损与生命线损毁评估、灾情综合评估等。而国家级中心应用示范综合利用高分辨率遥感数据、灾害现场监测和采集数据，开展灾害监测、灾情预评估、房屋生命线损毁、灾情综合评估以及面向多层级用户的灾害信息服务等示范，并与国家灾情信息管理系统、灾害应急值守系统等业务运行系统无缝衔接，融入国家灾害管理业务链条，提升灾害管理科学决策水平。

伴随着高分遥感技术以及多传感器的快速发展，灾损信息提取的技术也得到了很大提升，从现场人工勘察到空地遥感解译，从半自动检测到全自动检测，从二维损毁提取到三维损毁分析，利用空天地遥感手段进行灾损信息的提取逐渐得到了深度应用，其发展历程可划分为以下典型阶段：

(1)萌芽期：20 世纪 60 年代以前。虽然早在 1906 年的旧金山大地震，Laurence 利用风筝搭载照相机拍摄了地震灾区损坏情况的综合照片，但这只是一些基础的尝试。该阶段受限于观测手段，主要是通过人工现场的勘察进行损毁信息的具体评估，反馈区域灾情。该方法耗时耗力，损毁信息的检测效率很低。

(2)推动期：20 世纪 60-90 年代。20 世纪 60 年代开始，以美国、俄罗斯为首的西方国家大力发展航天事业，卫星遥感技术得到快速发展，中低分辨率的光学卫星遥感影像逐渐开始应用到震后灾情评估与调查中来。到了 20 世纪 90 年代，ERS-1、Radarsat 等一系列的雷达卫星成功发射，从 1995 年的日本神户地震开始，SAR 遥感技术以其全天时全天候的稳定对地观测的优势逐渐在灾情评估中受到青睐。但是该阶段建筑物损毁信息检测方法主要是直接的目视解译。受限于影像分辨率，计算机图像处理相关技术的应用难以实现。

(3)发展期：2000—2010 年。随着国外 SPOT、QuickBird、IKONOS 等一系列高分辨率商业遥感卫星的发射，为震后损毁评估技术提供了新的数据支持。而机器学习方法、面向对象的分析技术也被引入高分辨率影像的信息提取中，这些都为建筑物损毁信息提取注入了新的生机与活力。伴随着高分辨率卫星技术取得的发展，基于机器学习和面向对象的遥感影像半自动分析方法开始尝试应用于灾损检测。

(4)加速期：2010 年以来至今。随着卫星遥感分辨率的极速提升以及机载航空遥感平台的迅速发展，基于高分辨率卫星影像、机载倾斜摄影测量技术与激光雷达技术的震后损毁评估取得了卓越的进步，特别是后者可通过采集地面对象的三维信息、刻画地形地貌特征来完成建筑物的三维重建，以期实现建筑物的精细化的损毁评估。此外，近年来，遥感大数据与人工智能方法开始在建筑物损毁检测中得到初步应用，基于多源数据的协同配合，跨平台、多任务协同的空天地一体化损毁检测成为这一阶段研究的重要方向，实现多维度、全自动的智能化损毁检测方法加速推进。

目前，国内外许多学者利用不同遥感方法对灾损信息提取做了大量工作，主要方法包括：①基于目视解译与人机交互的方法。其思路是人借助于各种辅助软件(例如 ArcGIS 等)对受灾地区的遥感影像进行判读，检测出损毁信息，最后利用辅助软件进行整体统计和评估；同时随着遥感技术的发展，基于损毁目标在遥感影像上所表征的光谱与纹理等特征，结合专家的先验知识，通过人机交互来实现损毁信息提取逐渐成为目前应用的主流方式。这些方法总的来说工作量大、效率低、人工成本高；②利用两/多时相遥感影像的灾害损毁信息提取方法。在灾前灾后影像数据充足的情况下，应用遥感影像变化检测技术实现建筑物损毁对象的提取是最常用的方法。常见的检测方法包括差值法、比值法、主成分分析法等，近年来，伴随着对地观测技术与人工智能技术的飞速发展，基于高分辨率遥感影像的自动目标识别与变化检测技术都得到了极大提高。变化检测技术的进步在一定程度上也为灾害损毁检测提供了发展契机。但变化检测只是实现损毁信息提取的基础，具体损毁区域及损毁信息的提取还需要进一步的分析；③利用灾后影像的灾害损毁检测方法。其核心思想是通过对遥感影像解译分类，提取灾害损毁信息。尤其针对高分辨率的卫星影像，利用其丰富、典型的光谱和纹理特征提取灾后损毁信息；而针对 SAR 影像，利用其表现出的典型回波特征差异，可以更好地提取目标的灾损信息。近年来，伴随着人工智能等前沿技术的飞速发展，结合深度学习等人工智能方法进一步挖掘到的灾损的高层特征，利用计算机实现灾害损毁信息全自动提取目前逐渐成为研究的热点；④利用航空/卫星立体像对或 LiDAR 数据来对受损目标进行三维灾损检测。一方面，灾后受损目标顶面立面多角度的光谱、纹理以及其他几何形态特征的精准获取有助于全方位、多特征地捕捉受灾目标的损毁信息；另一方面，通过捕捉丰富、精细的三维信息(基于多视角倾斜影像的三维模型重建或直接基于 LiDAR 的三维精准信息提取)，比较分析检测目标的结构特征变化，可以较好地对受灾目标结构损毁(如倾斜、沉降)进行检测；⑤多源数据融合的方法。利用多种混合数据源，比如将 LiDAR 数据、GIS 矢量先验知识等，与遥感影像数据结合用于灾害前后损毁信息提取，其核心思想是利用多源信息的优势互补融合提取灾害损毁信息。比如基于灾前目标矢量数据和灾后的多视角倾斜影像，对不同受损目标三维点云进行了三维分割，利用提取的震后建筑物的三维特征，应用分类的方法对震后建筑物的损毁情况进行识别等，这些都说明了多源数据融合在损毁检测中的价值。

1.4 面临的挑战与发展趋势

1.4.1 面临的挑战

近年来，随着全球气候变化的影响，全球极端天气、极端自然灾害会变得越来越频发，对重大自然灾害的有效监测和应急响应已经成为世界范围内共同面对的挑战。一方面，灾害相关的信息总量和数据种类均大幅度提升，灾害大数据对数据整合、处理和分析的能力提出了更高要求(Grolinger et al., 2013)；另一方面，应急任务产品的高精度和高时效性迫切要求灾害信息服务将最有效的数据迅速提供给最需要的救灾角色(van Borkulo et al.，2006；眭海刚等，2020）。因此，针对重大自然灾害监测和应急响应的迫切需要，灾损信息的自动化、实时化、智能化提取及服务已经成为国内外防灾减灾领域的关注焦点之一，尽管灾损信息提取技术已有很大的进展，但仍面临如下挑战：

1）灾后遥感影像自动实时处理能力不足

时效性是灾害应急响应和抢险救灾的灵魂，利用遥感技术及时、准确、全面、直观地获取灾区应急响应信息是进行灾害应急响应科学指挥决策的前提和基础，其核心是将遥感数据获取、定位、测量、处理、应用一体化集成并在时效上达到准实时甚至实时的目标。围绕灾害应急监测与灾损评估，目前常用的相关软件系统难以满足灾害应急时效性的要求，尤其是在面对非常规的灾后海量遥感数据分析与处理方面存在着计算资源需求庞大、不具备规模化的处理能力、系统自动化程度低等问题。

2）灾害损毁信息提取精细化程度不够

现有的利用多源遥感数据进行灾害损毁检测的方法已经取得了一定的进展，但在灾害目标的精细损毁检测方面依然存在很大挑战，主要包括：①从实际应用方面来讲，以往的很多研究关注大面积严重损毁特征以及损毁区域的提取，缺少对精细化损毁目标以及损毁特征的深入研究；②由于传统的卫星影像都是基于下视遥感影像数据，绝大多数只能获得单一视角的灾损目标影像特征，缺乏完整的灾损信息；③利用无人机倾斜摄影的方式能够实现对建筑物多立面、多角度的损毁特征观测，但是该方法却容易受到其他地物的遮挡，尤其在城市建筑物密集区域。因此，如何发挥空天地多平台遥感监测的优势、如何实现灾损目标全方位/多维度的识别、如何提升对精细损毁目标的检测能力依然充满挑战。

3）灾害损毁信息提取智能化水平不足

灾害损毁形式多样，成像条件和环境多变，遥感影像灾害目标损毁“认知”难，如何实现典型灾害目标的智能化损毁提取需求是我们面临的一个重大挑战。影像配准、变化检测、灾损识别是灾害目标损毁提取的关键，然而异源传感器数据之间存在的成像机理、成像模式等不同带来的影像辐射和几何上的巨大差异，以及成像条件和环境的多变性使得灾前/灾后影像变化难以确定，造成损毁区域高精度提取困难。同时，房屋、道路、水体等灾害目标损毁类型复杂，特别是房屋扭曲/变形、高度变化等损毁需要三维信息支持，使得目标损毁面临着检测不全面、检测精度受特征维度的影响。

4）多目标多灾种损毁检测能力不足

灾害往往会导致不同受灾目标损毁特征差异较大，但传统研究偏重于建筑物和道路等目标。例如建筑物灾损以建筑物的面积、顶面和立面纹理变化为主，道路灾损以路面掩埋、路基塌陷以及路基开裂为主，但对桥梁、基础设施等其他目标的研究较少。同时，不同灾种对同一目标损毁也会产生差异，例如洪涝灾后除部分冲击破坏外，建筑物多表现为浸泡后的表面轻微损毁，而震后的建筑物表现为复杂的表面和结构损毁。目前针对地质灾害的目标损毁做得研究比较多（如震后建筑物损毁研究），对于火灾、洪涝灾害、风暴潮等其他灾害对多目标灾损信息提取的深入研究相对较少。

1.4.2 发展趋势

遥感技术以其巨大的优势在减灾救灾中发挥了重要作用，已成为灾害预防、监测、救援和损失评估等工作中不可或缺的技术和信息支持手段。但在积累成功经验的同时，遥感灾损信息的全自动监测与提取距离真正的落地应用还有一定差距，面临着许多挑战，未来遥感技术在灾害损毁监测与提取方面将向以下几个方向发展：

1）灾损监测手段的多样性

不同灾害对同一地物的影响会存在明显差异，而且即使针对同一种自然灾害，不同类型的目标也会表现出不同的灾损特征。针对灾损特征的差异性，利用跨平台、多样化的灾损监测手段逐渐成为灾损检测的重要发展趋势。现有的观测数据类型日趋多样化，以高空间、时间和辐射分辨率为特征的新航天、航空以及地基遥感数据被广泛接收及应用（Dowman et al.，2016）；新型传感器、移动设备、智能装备的普及为众包观测提供有效手段和平台，为减灾提供多源上报信息（Nativi et al.，2015）；日益发达的社交媒体技术也为灾害监测提供了“人人都是测量者”的手段，从而可以实现全方位灾害数据的快速获取。随着灾损监测手段的多样化，如何提高数据的有效清洗、时空关联、深度融合、高效检索等管理效能，为灾损精准、快速提供有效、必要且高质量的数据资源，实现灾害信息的充分利用，已成为综合减灾领域、大数据管理领域等关注的焦点。

2）灾后损毁信息提取的精准性

随着传感器技术的发展和遥感影像分辨率的提高，空天地遥感协同观测为精细化的损毁目标感知提供了丰富的数据支持；与人工智能技术的深入融合又促使灾后损毁信息提取的精细化程度不断提升。灾害损毁检测的方法发展将从利用低分辨率进行粗损毁检测发展到利用高分辨率进行精确多级损毁检测，跨平台、多角度、全方位的精准损毁信息提取研究逐渐成为目前研究和关注的新热点。具体表现为：①从区域损毁评估到个体损毁检测。传统的大区域整体损毁评估、大面积垮塌等严重损毁特征检测研究广泛且较为成熟，对单目标/实体的破损、塌陷、倾斜或者裂缝等精细损毁检测将成为核心关注；②从二维损毁特征到三维损毁特征。传统的二维影像特征不足以表征目标的真实结构损毁情况，如倾斜、沉降等损毁特征，因此损毁特征将从利用二维损毁特征向三维损毁特征发展，进而发展到二、三维特征融合的损毁检测方法；③从表面损毁发现到内部损毁识别。灾后未倒塌建筑物不仅包含外层表面的损毁特征，其内部存在的损伤细节也直接关系到建筑物的真实损毁情况评估。因此，损毁细节特征将从关注表面的影像特征逐步发展为对建筑物内部构件的损毁特征检测。

3）灾损应急响应的时效性

现有的空天地单一遥感手段开展灾损应急响应往往存在观测能力缝隙、整体链路过长、自动化处理水平不够等问题，严重影响了灾损应急响应的时效性。近年来，通过构建一种面向应急任务的“边飞-边传-边处理-边分发”的遥感协同监测快速应急响应模式，实现了应急响应的流程优化和响应链路缩短；研制星载/机载在轨智能处理系统，可实现分钟级的在轨/在线处理，大大提升了遥感应急信息获取的时效性（眭海刚等，2020）。但是，在如何快速实现空天地协同观测与组网通信、灾损信息在轨自动提取等方面还有较大挑战。一个值得关注的技术是通导遥一体的天基信息实时服务系统（positioning，navigation，timing，remote sensing，communication，PNTRC）（李德仁等，2017）。该系统可以克服现有天基信息系统覆盖能力有限、响应速度慢、体系协同能力弱的问题，对地观测卫星星座与通信卫星、导航卫星和飞机等空间节点通过动态组网，利用实时导航增强、精密授时、快速遥感以及天地一体移动宽带通信传输等技术建立天基空间信息网络，可实现分钟级的灾害应急响应，将成为未来发展的趋势。

4)灾损信息服务的智能性

目前灾损信息服务方面的研究集中在如何实现对地观测传感网动态环境下“在适当时间(right time)将适当信息(right information)及时发送给正确地点(right place)的指定接收者(right person)”(即4R)的应急实时服务，以实现灾损信息的智能聚合服务和按需服务，自适应满足不同终端、不同用户、不同主题的服务需求。近年来利用遥感、大数据、GNSS、5G、物联网等新兴技术，通过构建“天-地-现场”一体化灾害信息报送、管理、发布以及共享应用等业务的综合信息服务平台，以实现空间应急服务水平和能力提升，来满足灾后智能化的应急服务需求，已经成为研究和应用的主流技术。但在具体应用中常常存在灾害影响区接收不到信息造成人员伤亡和财产损失的“over warning”现象以及灾害影响区外的人员接收到相关信息的“under warning”现象。如何从应急遥感大数据中智能挖掘“小信息/知识”，并能实现灾害时空信息的智能持续服务仍是国际难题，需要引起长期关注。

第2章　高分辨率遥感影像典型灾害目标损毁特征分析

灾害是由孕灾环境、致灾因子、承灾体与灾情共同组成的复杂的地球表层异变系统，灾情是孕灾环境、致灾因子和承灾体相互作用的产物(史培军，1991)。因此，灾害遥感监测就是对灾害系统的各组成要素进行监测。其中，致灾因子包括台风、洪涝、崩塌、滑坡、泥石流、雪、冰凌、火、沙尘等对象，而承灾体则是以灾害损失评估业务为核心，总结多年来灾害损失评估业务经验，依据《特别重大自然灾害损失统计调查制度》中规定的人员受灾、房屋受损、居民家庭财产损失、农业损失、工业损失、服务损失、基础设施损失、公共服务系统损失、资源与环境损失等灾情统计指标，结合遥感影像解译特点，构建灾害监测要素。通过分析灾害要素体系，为开展灾害目标识别、信息挖掘等技术方法研究和应用提供指导。

2.1　高分辨率光学影像典型灾害目标及损毁特征分析

2.1.1　高分辨率光学影像道路目标及损毁特征分析

道路是国家经济和军事的动脉，是交通运输和物资输送的重要保障，在军事和民用上都有很重要的意义。然而当各种灾害突发之时，道路作为生命线就可能被阻断。例如洪涝、滑坡、泥石流等自然灾害都可能导致道路的堵塞，使得派遣救援人员和往灾区运送救援物资受到极大的阻碍，给抢险救灾带来巨大的不便。灾害突发情况下，在短时间内开展应急响应，包括对灾区道路损毁地方进行提取，掌控道路损毁区域的位置、长度和分布，是抢险救灾最先关注的问题之一。通过为灾区的救援提供第一手资料，为生命线的打通给予决策支持有重要意义。

随着遥感卫星和无人机技术的发展，现在影像分辨率越来越高，获取越来越容易，同时高分辨率影像记录的细节信息更加丰富，利于进行灾后损毁信息的提取和解译，因此高分辨率卫星或者航空影像成为灾后最有效的获取灾情信息的来源，可以在地面调查不充分或者不方便的时候，根据影像上获取的信息对受灾情况进行迅速评定，为应急救灾提供决策辅助。

震后道路的损毁按成因可分为直接灾害引起的和次生灾害引起的两种。分析道路损毁的成因有助于我们进行道路损毁特征的分析。

(1)地震直接引起的。由于地震引起的地貌剧烈的震动，可以直接导致路基的下沉或翻起、断裂、侧移等对路面本身造成的破坏，致使一些国道、省道和县道严重破坏，不但影响救援的进行，也会造成一定的经济损失。

(2)次生灾害引起的。次生灾害主要是由地震引起的滑坡、泥石流以及房屋树木倒塌等，导致了道路的交通受阻。滑坡是指山坡上的土体岩体等，受大地震动、外力碰撞、雨水浸泡原因的影响，在重力作用下，部分或整体地向下滑动的自然现象。泥石流与滑坡有着很大的相似性，不同之处在于泥石流是含有大量泥沙及石块的特殊洪流，其含水量比滑坡更大。滑坡和泥石流是在山区经常爆发的自然灾害，除了房屋等设施可能被滑坡泥石流摧毁而带来巨大的人员和财产损失之外，道路也可能被滑坡或者泥石流毁坏，从而导致道路堵塞车辆无法通行。由于滑坡泥石流冲刷到道路上，导致了道路的光谱特征和纹理特征发生了变化，表现为与滑坡泥石流相近的光谱特征，亮度会增加，路面的纹理也变得杂乱。道路的边界信息遭到完全破坏或者部分破坏，周围山体也裸露出来。在地震发生之后，很多房屋都可能发生了倒塌，其中部分在道路两旁的房屋的倒塌可能导致道路堵塞。

在高分辨率遥感影像上道路灰度均匀、结构规整、排列有序。毁灭性的地震使路面裂纹、错位、下沉或悬浮，坍塌、滑坡和泥石流等次生灾害形成的岩土体在路表面累积。总之，灾后的道路被破坏，在高空间分辨率的遥感影像上特征发生了显著的改变。这些表现在以下几个方面：

1)光谱特性变化

路面材料和表面粗糙度决定了它的光谱特性，路面被破坏后将导致道路表面粗糙度或表面反射特性的变化，导致灾前灾后或者同一幅影像损毁处和未损毁处道路的光谱特征变化明显，具体表现为：

(1)道路的灰度、纹理均匀性产生改变，有损坏的部分和未被破坏部分之间的差异突出；

(2)路基、表面的物理结构被破坏，引发道路灰度降低；

(3)次生灾害如滑坡、崩塌堆积物导致的道路损毁处与非损毁处往往表现出不同的光谱特性。

2)几何特征变化

遥感图像中的道路通常几何特征具有一定的连续性和规则性，由于灾害的发生导致道路本身的结构和道路表面的结构发生了改变，从而导致道路的几何特征也发生了变化，主要表现为：

(1)道路连续性遭到破坏，完好道路产生断裂，影像上既有完好道路又有损毁道路，二者错落分布；

(2)道路完好部分依然保持完好平行性特征，被破坏部分的平行性遭到破坏，具体表现为单边线消失或者双边线消失；

(3)由于道路本身结构造成的损毁，会导致道路的宽度发生变化。

3)拓扑特征变化

道路呈网形布局，相互连通，一般不会中断或消失。道路破坏将会引起拓扑结构的改变，导致一些孤立的、无法连接的路段，网络结构被毁坏，连通性降低。

4)上下文特征

上下文特征根据对道路损毁处的作用主要分为两类：一类是提供验证证据，当各种灾害体如滑坡、泥石流、堰塞湖等如发生在道路周边，一般是验证道路损毁发生，基于此，有相当一部分学者对灾害体的提取进行了研究，通过灾害体来反向找道路损毁处。另一类是干扰因素，由于建筑物、树木、高架桥等阴影或者其本身也会引起道路几何、纹理、灰度等特征的变化，是一种损毁虚警，需要进行剔除。

2.1.2　高分辨率光学影像建筑物目标及损毁特征分析

地震发生后，建筑物损毁形式是非常复杂和多样的，因此利用遥感技术对建筑物进行损毁检测的首要任务是了解建筑物各种损毁形式和损毁程度在遥感影像中的表现形式，以及不同的表现形式如何利用计算机视觉特征进行损毁特征的描述和提取。

EMS-98 是 1998 年版的欧洲地震烈度表，该表利用图形和文字描述了建筑物的损毁特征和等级，是目前研究者普遍采用的一种建筑物损毁等级判定标准。但它主要以图文形式来描述损毁等级，因而无法较好地直接利用遥感影像进行损毁等级判定，因此如何将 EMS-98 标准转化为定量描述和表达模型是多级损毁判定需要解决的最根本性问题。本小节将从建筑物损毁等级(EMS-98)和建筑物的结构特点出发，建立不同损毁等级下的建筑物损毁影响因子，以及这些影响因子在遥感影像中的特征描述和表达，为后续建筑物多级损毁检测的研究提供良好的理论支撑。

2.1.2.1　建筑物的损毁因子

建筑物损毁检测从传统仅仅检测完全倒塌的建筑物，逐步发展为精细化损毁检测，即检测建筑物的损毁程度。目前建筑物不同损毁程度的分级标准主要采用了 1998 欧洲强震标准(EMS-98)，如表 2-1 所示，该标准把建筑物损毁分为了五级：基本完好，轻微损毁，中度损毁，严重损毁和完全损毁。从表 2-1 中的图形可以看出，建筑物一般多为立方体或者近似立方体的形式。从表 2-1 的文字描述可以理解出：损毁的特征主要表现为建筑物的高度变化、面积变化、倾斜度变化和表面纹理变化，灾后建筑物的损毁最本质的表现就是高度和面积发生变化，但从遥感影像中对建筑物高度和面积的观测并不直观，因此需要借助于具有三维空间信息的 LiDAR 数据才能较好地观测到，或者利用建筑物的高程与其阴影之间的解算关系才能获取。当建筑物属于中度和轻微损毁时，主要表现的是其表面纹理的破坏，而建筑物的纹理信息又可以分为顶面纹理和立面纹理信息，顶面纹理信息在各种高分辨率遥感影像中可以很直接地观测到，但是立面纹理信息只有在倾斜航空影像中才能观测到。由上面的分析不难看出，遥感技术可以观测到建筑物损毁的关键信息主要表现在建筑物的高程、面积、倾斜度、顶面纹理和立面纹理。因此这些关键信息的不同组合就可以用来判定建筑物的不同损毁程度。

根据建筑物的结构特征和 EMS-98 中不同的损毁等级，从遥感技术观测建筑物能力的角度出发，我们建立了决定建筑物不同损毁等级的五个损毁因子，分别为高程损毁因子、面积损毁因子、倾斜度损毁因子、顶面纹理损毁因子和立面纹理损毁因子，利用这些损毁因子的不同组合可以判定出建筑物的不同损毁等级。表 2-2 说明了各种损毁因子和不同的损毁等级之间的关系。

表 2-1　　1998 年的欧洲地震列浓度表的震害损毁建筑物分级标准

砌体结构	钢筋混凝土	损毁等级和描述
	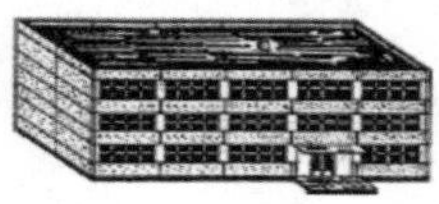	1 级：基本完好 没有结构损坏，或者出现轻微非结构方面的损坏
	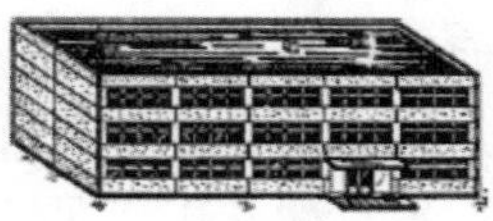	2 级：轻微损毁 结构轻微破坏，或者顶面和立面出现轻微损坏
	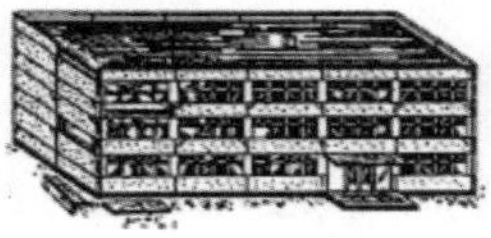	3 级：中等损毁 结构轻微破坏，或者顶面和立面出现较为严重的损坏
	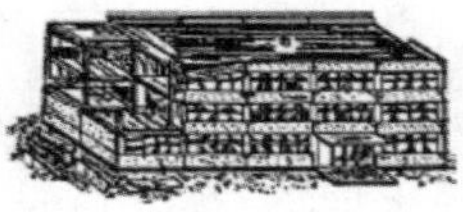	4 级：严重损毁 结构出现严重破坏，或者顶面和立面出现垮塌
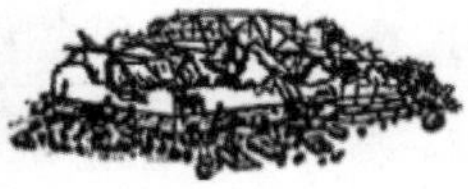		5 级：完全损毁 结构出现完全破坏

表 2-2　　损毁因子与损毁等级之间的关系

损毁因子	损毁等级	说　明
高程损毁因子	完全损毁、严重损毁	当建筑物高度小于 2.5m 时，建筑物就应该属于完全损毁
面积损毁因子	完全损毁、严重损毁	虽然高程可以判定完全损毁，但是有时候损毁堆积物高程会超过 2.5m，因此需要利用面积来共同判定
倾斜度损毁因子	轻微和中度损毁	建筑物仅仅发生轻微倾斜，只会引起轻度或者中度损毁，如果倾斜严重，建筑物将倒塌
顶面纹理损毁因子	轻微和中度损毁	当只有顶面纹理出现损毁，一般只会属于轻度或者中度损毁
立面纹理损毁因子	轻微和中度损毁	当只有立面纹理出现损毁，一般只会属于轻度或者中度损毁

2. 1. 2. 2　建筑物损毁因子在遥感数据中的表征

建筑物的损毁因子不同的组合将决定建筑物的损毁等级，我们就需要分析不同的损毁因子在遥感数据中的特征，并建立特征表达模型，为后续的建筑物分级损毁检测和判定提供良好的技术支撑。

1. 高程损毁因子

由于建筑物是典型的立体地物目标，因此遥感影像的地物识别中，建筑物的高程是建筑物区别于其他地物的最重要的特征，也是建筑物损毁检测中的关键特征，多种建筑物损毁等级检测中都需要用到此特征，而建筑物的高程也是建筑物在遥感数据中描述和提取最简单的特征。从遥感数据中提取建筑物的高程主要有两种方式：一种方式是直接提取，利用三维点云或者立体像对直接提取；另一种方式是间接获取，通过遥感影像中建筑物与其阴影之间的解算关系间接提取。下面我们将从这两种高程的提取方法上来描述建筑物的高程损毁因子特征表达。

1)基于三维数据的高程损毁因子

遥感数据中的 LiDAR 和立体像对都是利用遥感技术来采集地面目标的三维信息，LiDAR 直接利用 GPS 和激光的回波信号来获取地物的三维信息，立体像对是利用影像不同角度观测的视差获得地物的三维信息，利用这两种数据源，我们可以直接得到建筑物的高程信息。而建筑物损毁后，高程主要呈现两种表现形式：第一种是完全损毁后建筑物的高程一般低于一个阈值；第二种为严重损毁，建筑物只是高程比损毁前发生了变化，并未完全倒塌。因此基于建筑物的高程获取建筑物损毁信息可以从两个方面来描述：一方面可以基于建筑物的高程变化获取，另一方面可以基于建筑物阈值获取。设 H_0 为建筑物原始高程，H_1 为损毁后的建筑物高程，高程损毁因子 D_h 可以定义如下：

$$D_h = \begin{cases} \dfrac{H_1}{H_0}, & H_1 \geqslant 2.5 \\ 0, & H_1 < 2.5 \end{cases} \tag{2-1}$$

由于人居住的建筑物高度一般不会低于 2. 5m，因此当损毁后的建筑物高度 H_1 小于 2. 5m 时，即高程损毁因子 D_h 设置为 0，表示建筑物已经完全损毁；当损毁后的建筑物高度 H_1 大于 2. 5m 时，表示建筑物疑似损毁，这时需要利用建筑物在损毁前后的高程比值才能判定建筑物是否损毁。由于城市多层建筑物的层高一般为 2. 5m 左右，因此当高程损毁因子 D_h 低于 2. 5m 时，我们可以粗略估计建筑物高程发生完全损毁，当高层大于 2. 5m 时，表示建筑物可能有单层或者多层下沉式损毁。

2)基于阴影的高程损毁因子

卫星影像和航空影像中有丰富的建筑物纹理信息，缺少建筑物高程信息，因此无法直接进行建筑物高程的损毁检测，于是有研究者们提出利用建筑物的阴影来进行建筑物的高程损毁检测(Turker et al. , 2008；Tong et al. , 2013)。由于建筑物对太阳光线的遮挡形成了许多阴影区域，因此研究者往往利用建筑物的高程与其阴影之间的解算关系来间接获取建筑物高程信息。类似基于三维数据的高程损毁因子，我们可以利用阴影区域阈值和阴影的变化来获取高程损毁因子。

在基于建筑物阴影获取高程损毁因子之前，我们首先介绍一下建筑物阴影、建筑物高程和太阳高度角之间的关系。如图 2-1(a)所示，α 是太阳高度角，β 为太阳方位角，H 为建筑物的高度，L 为建筑物阴影的长度，那么 L、H 和 α 之间的关系为：

$$L = H \times \cot\alpha \tag{2-2}$$

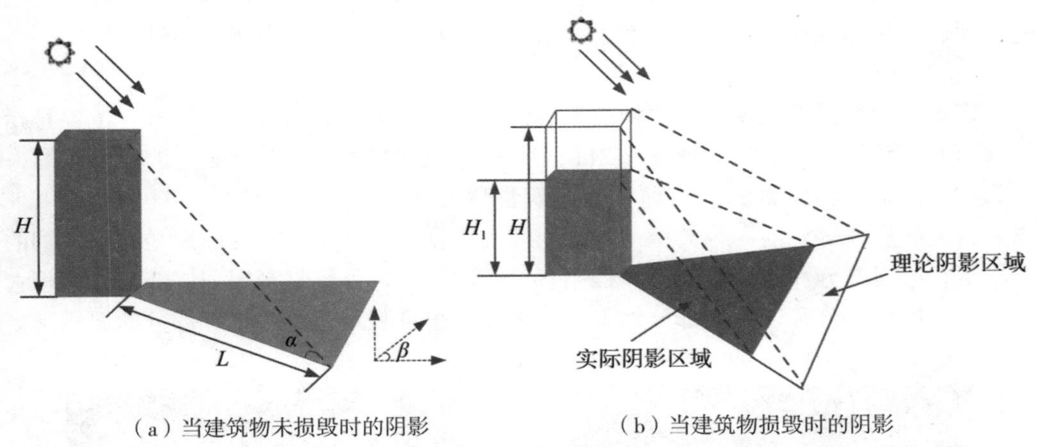

（a）当建筑物未损毁时的阴影　　（b）当建筑物损毁时的阴影

图 2-1　利用阴影进行损毁检测的原理图

从图 2-1(a)中建筑物阴影形成的机理我们可以发现，利用阴影区域变化作为建筑物的高程损毁因子存在一个问题，不同时间的影像中的同一个建筑物的阴影由于太阳高度角不同，会产生不同大小的阴影区域，因此不能直接利用灾害前后影像中建筑物阴影变化来判定建筑物损毁。Tong 等(2013)提出了一个较好的利用阴影判定建筑物损毁的解决方法，该方法的思路为：在同一个太阳高度角下获取建筑物在灾前和灾后的阴影面积，利用阴影面积的变化判定建筑物的损毁。具体流程为：灾前建筑物的阴影不在灾前的影像中提取，而是假设灾前建筑物的阴影在灾后的太阳高度角下生成，即利用灾前建筑物矢量、高度、面积和灾后影像对应的太阳高度角估算得到灾前建筑物的阴影，这称为理论阴影区域，而建筑物的实际阴影区域可以在灾后的影像中利用视觉特征提取，由于建筑物的理论阴影和实际阴影是通过同一太阳高度角得到的，因此根据图 2-1(b)所示的原理可以知道建筑物理论阴影区域和实际阴影区域应该近似重合在一起，这样就可以利用灾前和灾后的阴影区域面积变化来估计建筑物的高程变化。设 XOY 直角坐标系下，理论阴影区域为凸多边形，顶点坐标分别为 (x_1, y_1)，(x_2, y_2)，…，(x_i, y_i)，…，(x_n, y_n)，利用下面的公式求出建筑物的理论阴影区域面积为：

$$S = \frac{1}{2}((x_1y_2 - x_2y_1) + (x_2y_3 - x_3y_2) + (x_3y_4 - x_4y_3) + \cdots + (x_{n-1}y_n - x_ny_{n-1}) + (x_ny_1 - x_1y_n)) \tag{2-3}$$

假设当建筑物高程为 2.5m 时，建筑物阴影面积利用式(2-2)、式(2-3)计算为 S_0，设 S_1 为建筑物在灾前产生的理论阴影区域面积，S_2 为建筑物在灾后产生的实际阴影区域面积，高程损毁因子 D_h 可以定义如下：

$$D_h = \begin{cases} \dfrac{S_2}{S_1}, & S_2 > S_0 \\ 0, & S_2 \leqslant S_0 \end{cases} \tag{2-4}$$

由于阴影的获取需要有特殊天气条件，而且高程和阴影之间的解算关系也存在一定的误差，因此这种方式建立高程损毁因子在精度和鲁棒性方面都存在不可靠性。

2. 面积损毁因子

建筑物的顶面损毁主要涉及两种类型的损毁：一种类型为结构性的损毁，主要是指建筑物顶面的形状发生了变化，如图 2-2(a)所示，建筑物的顶面部分发生了垮塌；另一种类型为纹理性损毁，如图 2-2(b)所示，建筑物顶面整体结构是完整的，只是局部出现了破损或者大的裂缝等。前一种类型适合利用三维数据进行检测，主要原因是在建筑物的矢量引导下，垮塌部分和未垮塌部分高程会有一定的差异，很容易判定完好部分的面积；而在影像中，垮塌部分和未垮塌部分处于一个平面，很难判定建筑物完好部分的面积。

（a）结构损毁

（b）纹理损毁

图 2-2　建筑物顶面损毁示意图

本节主要讨论的是前一种结构性的损毁，关于后一种纹理性的损毁，将在后续部分讨论。本节的建筑物顶面结构性损毁检测一般在三维点云中处理，利用三维信息获取灾后建筑物顶面面积，与灾前建筑物顶面面积进行比较，就可以得到建筑物面积损毁因子。设灾前建筑物顶面的面积为 S_1，灾后建筑物顶面的面积为 S_2，那么顶面损毁因子为：

$$D_s = \begin{cases} \dfrac{S_2}{S_1}, & S_1 \geqslant 25 \\ 0, & S_1 < 25 \end{cases} \tag{2-5}$$

根据实际情况，一般建筑物的面积不会小于 25m^2，因此建筑物的面积阈值设为 25m^2，如果灾后面积小于 25m^2，表明建筑物发生了完全损毁。

3. 倾斜度损毁因子

灾害发生后，部分建筑物损毁形式表现为发生了倾斜，但未倒塌，这种损毁形式只能在三维点云中才能观测到。建筑物的倾斜度一般利用三维点云中建筑物顶面的法向量来度量，如图 2-3 所示，设建筑物顶部的平面为 $\overrightarrow{a}$，垂直于顶面的法向量为 $\overrightarrow{n_1}$，垂直于水平面的法向量为 $\overrightarrow{n_2}$，那么建筑物的倾斜度计算公式如下：

$$\mathrm{IA}=\frac{\overrightarrow{a}\cdot\overrightarrow{n_1}}{|\overrightarrow{a}|\times|\overrightarrow{n_1}|} \tag{2-6}$$

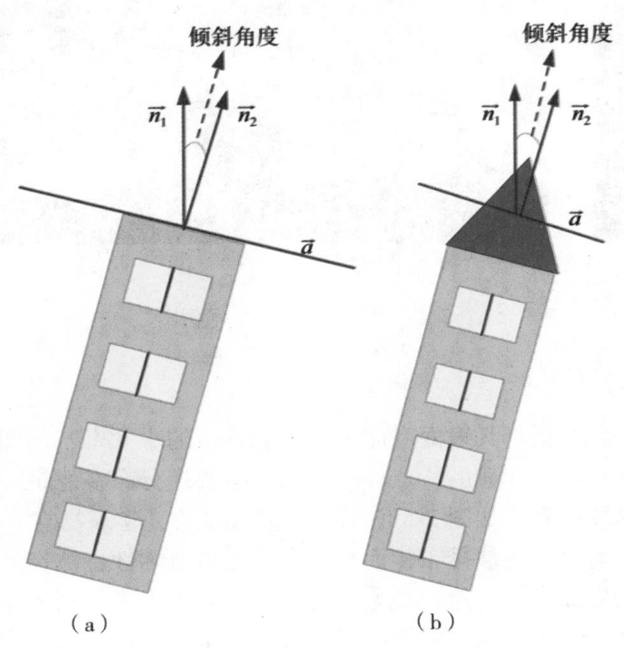

图 2-3 建筑物倾斜示意图

当建筑物如图 2-3(b)所示为尖顶时，需要对建筑物的顶部先进行平面拟合，然后再利用公式 (2-6)作倾斜度计算。建筑物的倾斜损毁因子就利用 IA 来进行度量，因此建筑物的倾斜损毁因子为：

$$D_I=\mathrm{IA} \tag{2-7}$$

4. 顶面纹理损毁因子

建筑物顶面的纹理损毁是指顶面的结构未发生损毁，而局部区域出现了破坏，如图 2-4 所示，出现了破洞、大的裂纹、碎石或者破损等，并且这些破坏的区域具有形状各异，且在顶面的分布零散的特点。如果要对顶面纹理损毁进行检测，实际上就是要检测顶面的各种形式的损毁区域，然后统计损毁区域的总面积，根据损毁面积的大小来判定顶面纹理损毁程度，得到顶面纹理损毁因子。假设顶面各种损毁区域集合为 $A=\{A_1, A_2, A_3, \cdots, A_n\}$，损毁区域的面积集合为 $S=\{S_1, S_2, S_3, \cdots, S_n\}$，那么顶面纹理损毁因子定义如下：

$$D_{rt} = \frac{\sum_{i=1}^{n} S_i}{S_0} \tag{2-8}$$

其中，S_0为顶面总面积，损毁因子为损毁区域面积与总面积的比值，比值越大，表示损毁的程度越严重。

（a）

（b）

图 2-4　建筑物顶面损毁示例图

5. 立面纹理损毁因子

建筑物立面的显著特征是其表面有序地分布着许多的小元素，例如门、窗、阳台和管道等，这些小元素具有两个明显的特点：一是均匀整齐地分布在建筑物立面，二是这些小的要素基本都为对称性元素。如图 2-5 所示，当灾害过后，建筑物立面发生损毁就表现为立面表面的元素不再均匀整齐地排布，而且表面的元素对称性也被打破，建筑物立面从纹理角度来看，变成了凌乱。因此建筑物立面的纹理损毁因子可以利用描述立面元素在立面排布的规则程度来度量，立面越乱，规则度越差，表示损毁程度越严重。设表面纹理的规则度函数为 $R(\boldsymbol{I})$，$\boldsymbol{I}$ 为立面元素分布矩阵，$R(\cdot)$ 用来度量元素分布函数，那么立面的损毁因子表达式为：

$$D_{ft} = R(\boldsymbol{I}) \tag{2-9}$$

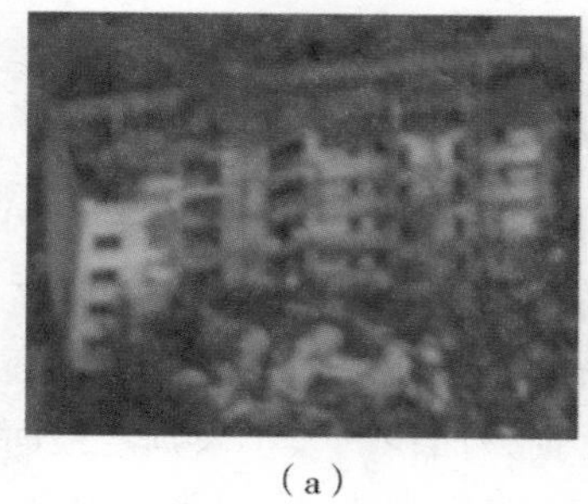

（a）

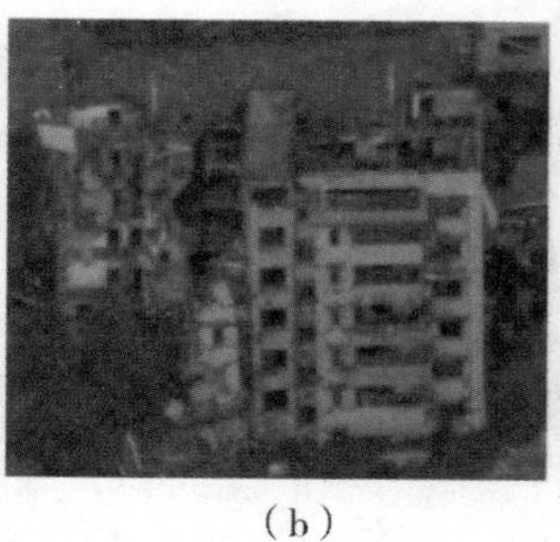

（b）

（c）

图 2-5　建筑物立面损毁实例图

2.1.3 高分辨率光学影像水体目标特征分析

在高分辨率遥感影像上，不同的地物之间有其独有的特征，正因为如此，从包含各类地物的遥感信息中提取水体才能够得以实现。因此，从高分辨率遥感影像中提取水体信息，必须去研究和了解水体在遥感影像上区别于其他类型地物的特征，进行水体目标的特征分析。

2.1.3.1 水体的反射率特性

整体而言，水体对各种波长的电磁波都具有较低的反射率，能够很大程度地吸收能量，主要表现为随着波长的不断增加，对能量的吸收增多，反射率下降，但在蓝绿波段会有一个小的反射波峰，水体在该波段具有相对较高的反射率(4%~5%)，再随着波长的增加，水体的反射能力迅速下降，红光波段反射率下降2%~3%，在近红外波段，几乎表现为对能量的全吸收，因此我们常常在单波段近红外影像上看到水体表现为黑色。水体表面的平静或者光滑程度不同，其反射率也不同。纯净且平静的水体反射率非常低，但是波浪会使得该水体的局部具有很高的反射率，其图像的直接表现是局部发亮即具有很高的亮度。水体泥沙含量不同其反射率也不同，随着浊水浑浊度的增加，水体在整个可见光谱段的反射亮度都会增加，水体由暗变得越来越明亮。由此可见，水体的反射率不是固定的，而是受多种因素的综合影响。而对于大多数用户来讲，这些因素是不可预知的。

水中的悬浮物主要是有机悬浮物和无机悬浮颗粒，其中有机悬浮物主要指植物性浮游生物，主要指各种藻类，而无机悬浮颗粒包括泥沙、黏土以及浮游生物死亡分解后的有机碎屑和淤泥的微小悬浮颗粒等物质，而悬浮物的种类及数量是衡量水质污染程度的重要参数，也是造成水体浑浊和水体呈现不同颜色的主要原因。当水中的无机悬浮颗粒浓度较大并且颗粒直径较大时，对红光波段和近红外波段的反射能力会相应增强，使得反射波峰和表现全吸收特性的波长区间后移，这个现象称为红移，如图2-6所示。

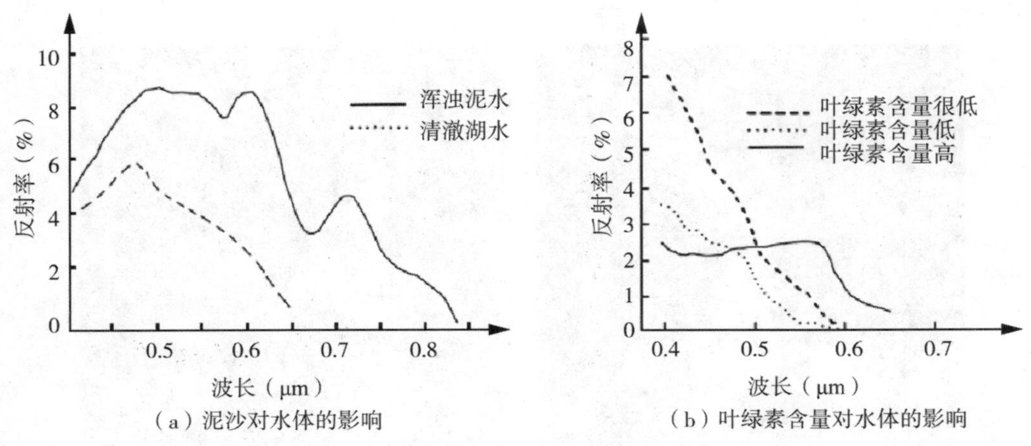

（a）泥沙对水体的影响　（b）叶绿素含量对水体的影响

图2-6 水体在不同波段的反射特性

2.1.3.2　水体在高分辨率影像上的光谱特征

在高分辨率遥感影像上，水体的光谱特性主要是通过透射率，而不仅是通过表面特征确定的，它包含了一定深度水体的信息，且这个深度及反映的光谱特性是随时空而变化的。水色(水体的光谱特性)主要决定于水体中浮游生物含量(叶绿素浓度)、悬浮泥沙含量(混浊度)、营养盐含量(黄色物质、溶解有机物质、盐度指标)以及其他污染物、底部形态(水下地形)、水深等因素。由于这些因素的影响，在高分辨率水体上会造成水体内部灰度不均匀，影响水体提取精度。此外，存在"同物异谱，同谱异物"现象，比如道路、裸土易与水体混淆，也会影响最终的水体提取精度，如图 2-7 所示。

图 2-7　水体在"资源三号"影像上的光谱特征表现

由于水在红外波段的强吸收，水体的光学特征集中表现在可见光在水体中的辐射传输过程。它包括界面的反射、折射、吸收、水中悬浮物质的多次散射(体散射特征)等。这些过程及水体"最终"表现出的光谱特征又是由以下因素决定的：水面的入射辐射、水的光学性质、表面粗糙度、日照角度与观测角度、气-水界面的相对折射率以及在某些情况下还涉及水底反射等。图 2-8 显示了不同水体在高分 2 号影像上，近红外波段和可见光波段的光谱表征。

(a) 可见光影像

(b) 近红外波段影像

图 2-8　高分 2 号影像上不同的水体光谱表征

2.1.3.3 不同类型水体在高分辨率影像上的形状特征

在遥感影像上，比如建筑物、道路、树木等，在影像中都具有某些特定的形状，而这些形状对于这些目标的自动检测是很有用的。比如，建筑物经常呈方形、矩形等其他规则形状，这些形状特征常被用来提取建筑物、检测建筑物。道路经常呈线性型，这一特征被用来检测道路网络；树冠一般呈碟形等。然而，对于一种流体的水体而言，它自身没有固定形状，但其图像却呈现出其“容器”的形状。

水体的形状也是人眼识别水体的重要特征。自然状态下形成的水体边界具有很明显的不规则性，比如河流，而人工建造或者改造过的水体一般具有明显的人工痕迹(比如或多或少的规则边界)。自然状态的河流，多具有分支，形成树状结构，而湖泊的边界则很不规则，随机性强。这些特征，在自然界中的众多地物类型中，具有很强的标识功能。图 2-9 显示了不同类型的水体在遥感影像上的表征。

图 2-9 不同类型的水体在遥感影像上的形状特征及其对应的地面照片

2.2 高分辨率 SAR 影像典型灾害目标及损毁特征分析

2.2.1 高分辨率 SAR 影像的道路目标及损毁特征分析

由于道路表面较为光滑，后向散射的回波较弱，通常在 SAR 影像上呈现出暗的长条带特征。在低分辨率 SAR 影像上道路宽度所占像素较少，影像上呈线条状暗线；在高分辨率 SAR 影像上道路宽度所占像素较多，影像上呈现出长矩形状的暗条带。同时作为一种地物目标，高分辨率 SAR 影像上的道路也具有道路的几何、拓扑和上下文关系等特征。Vosslman 等(1995)将道路的物理特征归纳为以下几个方面：

(1)辐射特征：道路内部灰度均匀，道路两旁和内部灰度差异较大；

(2)几何特征：道路的曲率有一定的限制，其宽度和方向在一定范围内变化较小；

(3)拓扑特征：道路一般不会无故中断，不同的道路进行交会可以形成道路网；

(4)功能特征：道路一般连接村庄和城镇；

(5)关联特征：即道路中一般会有树木、车辆等标志。

在这些特征中，除了辐射特征，其余的都属于道路本身的属性，与传感器的类型没有直接关系。道路内部的灰度比较平稳，表面光滑，属于镜面反射，一般情况下呈线状暗区。SAR 影像中的道路可以认为是两侧灰度值较大的区域之间连续狭长的灰度值较小的中间区域，这就意味着沿道路曲线方向，道路像素灰度值平方和最小。道路的识别能力和道路平滑程度、路面宽度与图像分辨率的比值有关。如果路面宽度小于图像分辨单元，则邻近地域的回波将侵入道路所在的无回波区，这时，可以借助路边地域回波形成的线形标记识别道路；如果路面宽度大于图像分辨单元，则道路在图像上表现为具有一定宽度的黑色直线。而道路周围地物，尤其是城区道路周围的房屋，具有两个相互垂直的光滑表面(如房屋墙面与地表面)或有三个互相垂直的光滑表面(如建筑物的凹部与地表面)时，会产生角反射器效应，在影像上表现为亮点或亮区域。因此道路比其两边的地物在 SAR 影像上的色调要暗。在几何特性上，在高分辨率影像上具有两条相互平行的边缘，宽度在一定范围之内，变化比较小，并且变化很慢。而在中、低分辨率影像上通常表现为很窄的细长线，道路表面曲率变化不大，在影像中具有一定长度，不会无故中断，但由于车辆、树木或建筑物以及 Speckle 等的影响，道路边缘可能并非完全连续，中间会出现一些断裂。

对于高分辨率的 SAR 影像来说，虽然细节程度的提高有利于道路的分析，但是同时大量的细节信息也会增加道路提取的复杂度。像道路旁边的树木、建筑物，道路的交叉口以及道路之间可能存在的隔离带都有可能干扰道路的提取。总的来说在高分辨率 SAR 影像上道路的辐射特征有如下表现：

(1)由于道路比较光滑，道路在高分辨率 SAR 影像上通常呈暗条带状区域。

(2)由于不少道路之间存在隔离带，因此在暗条带中间还可能存在一条亮线。

(3)道路内部灰度较为均匀，且和道路两侧的亮度相差较大，可以形成较为明显的边缘特征。

(4)由于 SAR 的斜视成像特点，一些山地起伏区域和道路旁的树木、建筑物会造成阴影叠掩现象，而造成道路的断裂甚至一段道路被遮挡掉。

(5)由于 SAR 的相干成像方式，高分辨率 SAR 影像上的道路及其背景会受到相干斑噪声的干扰。

道路损毁提取首先要提取出影像上道路断裂的位置，然后对这些疑似损毁区进行判断。检测出道路的断裂位置既有可能是由各种灾害造成的真实损毁，也有可能属于各种干扰造成的虚假检测。因此除了对 SAR 影像上道路的特征进行分析之外，对各种可能造成的道路断裂的原因进行分析也是必要的。

滑坡泥石流、房屋倒塌、洪水淹没等自然灾害都能造成道路的损毁和堵塞，本节将主要分析这几类灾害造成的道路损毁在SAR影像上表现出的特征。

1)滑坡泥石流引起的道路损毁分析

滑坡是指斜坡上的土体或者岩体，受河流冲刷、地下水活动、雨水浸泡、地震以及人工切破等因素的影响，在重力作用下，沿着一定的软弱面或者软弱带，整体或者分散地顺坡向下滑动的自然现象。泥石流与滑坡有着很大的相似性，不同之处在于泥石流是含有大量泥沙及石块的特殊洪流，其含水量比滑坡更大。滑坡和泥石流是在山区经常爆发的自然灾害，除了房屋等设施可能被滑坡泥石流摧毁而带来巨大的人员和财产损失之外，道路也可能被滑坡或者泥石流所冲毁，从而导致道路堵塞车辆无法通行。

滑坡和泥石流由于含有大量大小不一的岩石，使得地表变得更加粗糙，粗糙度增大导致雷达反射信号增强。在SAR影像上被滑坡和泥石流覆盖的地表表现出漫反射特性，雷达反射波的增强使得该区域的亮度随之增加。泥石流由于含有更多的水分，因此泥石流区域在SAR影像上的亮度会略低于滑坡区域。另外在纹理方面，由于滑坡泥石流岩石泥沙分布的不规则性，其纹理也较为粗糙。道路在高分辨率SAR影像上呈现出暗条带的特征，中间暗两边亮，且其内部纹理均匀，道路两边和背景之间有着较为明显的边缘。但是一旦道路被滑坡泥石流所破坏，道路的双边缘就会消失，而且被损坏区域亮度会增加，且纹理变得更加粗糙。图2-10、图2-11分别显示了滑坡和泥石流造成的道路损毁在光学和SAR影像上的特征。

(a)光学图像

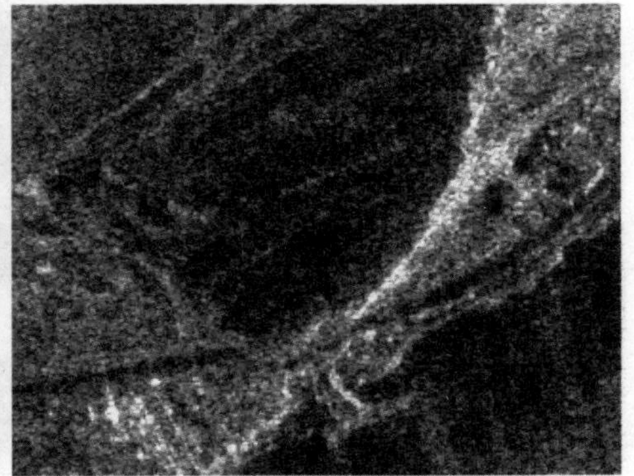

(b)SAR图像

图2-10 滑坡导致道路堵塞在光学和SAR影像上的表现

2)房屋倒塌造成道路损毁的特征分析

在地震发生之后，很多房屋可能发生了倒塌，其中部分在道路两旁的房屋倒塌可能导致道路堵塞。房屋属于SAR影像上比较明显的地物，数年来各国的学者提出了各种理论和方法提取SAR影像上的房屋信息，比如金鼎尖等(2012)分析了灾前和灾后房屋在SAR影像上的不同特征，并基于SAR影像分形特征对建筑物震害信息进行了自动提取。

(a) 光学图像

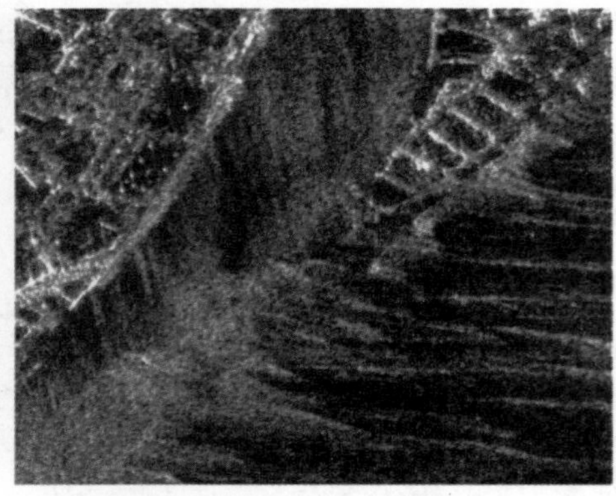
(b) SAR图像

图 2-11　泥石流导致道路堵塞在光学和 SAR 影像上的表现

然而如果房屋完全倒塌，其倒塌区域将覆盖大量分布不均匀的瓦砾。瓦砾在局部形成角反射器而使得雷达反射信号增强，因此房屋倒塌后会形成大量散乱的高亮点。其整体灰度与未倒塌前房屋的平均灰度相似，但是纹理更加粗糙。完全倒塌的房屋在 SAR 影像上表现出的特征如图 2-12 所示，其中图 2-12(a)为光学影像，图 2-12(b)为 SAR 影像，红色箭头表示雷达波照射方向。

(a)　　(b)

图 2-12　房屋完全倒塌后在 SAR 影像上的特征(金鼎坚，2012)

因此，如果是建筑物倒塌造成的道路堵塞，道路内部均匀的暗条带区域将被破坏，取而代之的是纹理粗糙，存在着大量散乱亮点的区域。

3)洪水淹没造成道路损毁的特征分析

洪水是常见的自然灾害之一，因为暴雨天气或者地震引发的堰塞湖都可能造成道路阻塞而影响车辆的通行。水体由于表面光滑，对雷达波的反射呈现出镜面反射的特性，因此在 SAR 影像上呈现出低亮度区域。近年来国内外学者针对 SAR 影像的洪水提取提出了各种可行的方法，其中大部分是基于分割和分类的方法。如果洪水淹没了道路，那么道路在SAR影像上原本呈现出中间亮两边暗的特征将会消失，取而代之的是一片灰度低、纹理均匀的区域。

各种主要灾害引起的道路损毁特征总结如表2-3所示。

表2-3　**各种灾害引起的道路损毁特征总结**

道路损毁原因	灰度特征	纹理特征
滑坡	较亮	粗糙
泥石流	较亮，但比滑坡亮度略低	较粗糙
房屋倒塌	散乱的高亮点	十分粗糙
洪水淹没	暗区	均匀

由于SAR影像特殊的成像机理以及道路本身的复杂性，很多干扰信息也会造成道路的断裂而被当作变化信息提取出来。

1)叠掩

由于SAR侧视成像的特点，一些高大的建筑物和地形起伏造成的叠掩都可能引起道路的断裂，如图2-13所示。

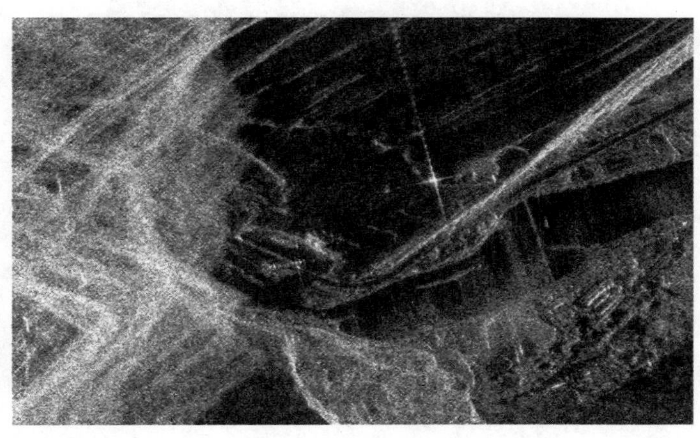

图2-13　叠掩覆盖的道路

2)桥梁

道路经过水体之上的时候，由于水体和道路都属于灰度较暗的区域，因此可能造成道路和背景融为一体无法分辨。这样在以道路矢量数据作为基准检测道路变化信息的时候，有很大可能被检测为道路的断裂区域，如图2-14所示。

3)交叉路口

在检测道路的时候，道路通常被当作具有中间暗两边亮特征的长矩形区域，但是各种

（a）　（b）

图 2-14　道路经过水体之上时可能无法识别

交叉路口由于其特征具有多样性，所以在提取道路的时候道路交叉路口可能会被检测成为断裂区域。图 2-15 为 SAR 影像上的交叉路口示例。

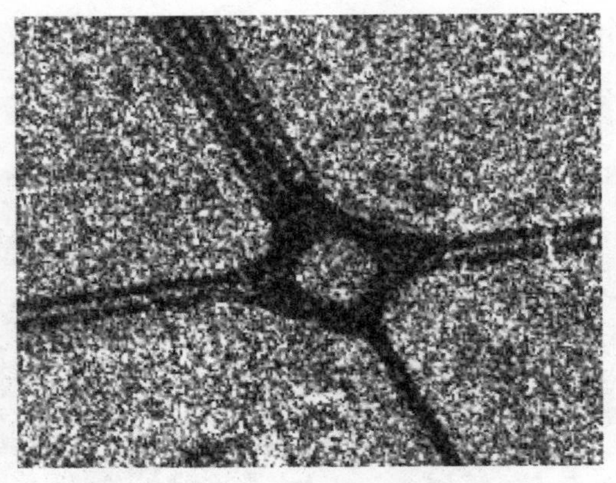

图 2-15　交叉路口可能会被检测成为断裂区域

4）道路施工

道路可能因为各种原因需要翻修、扩宽或者其他操作，这些在道路上的施工都会造成影像上的道路呈现出不同于普通道路的特征，因此也有可能被检测为断裂区域。

5）隔离带的二面角反射

很多道路之间存在着隔离带，在低分辨率 SAR 影像上隔离带可能无法呈现出来，但是在高分辨率影像上隔离带则可能影响道路损毁的提取结果。尤其是当隔离带方向和微波入射方向垂直时，其二面角反射效应会对道路的提取造成较大的影响，如图 2-16 所示。

6）相干斑噪声

由于 SAR 相干成像的机理，在 SAR 影像上通常存在着乘性的相干斑噪声，这些噪声改变了道路目标或者其背景的特征，因此可能导致道路出现断裂现象，如图 2-17 所示。

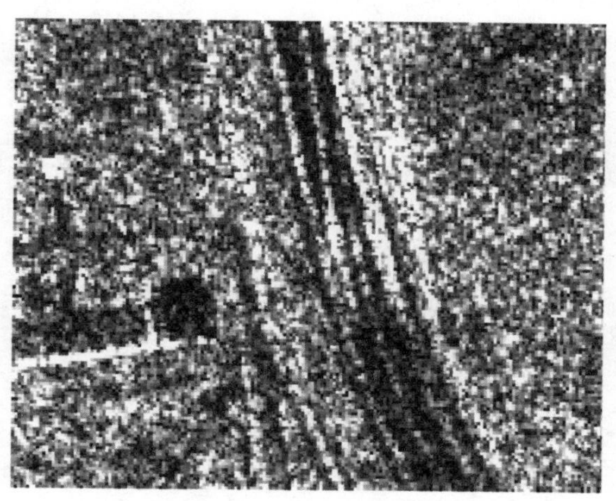

图 2-16　隔离带的二面角反射

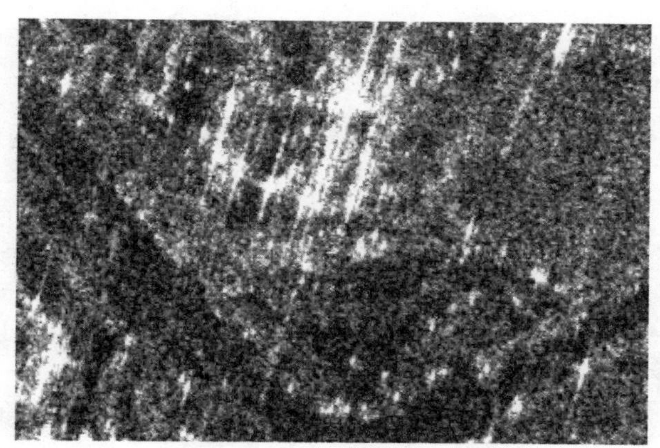

图 2-17　相干斑噪声的影响

7)其他原因

SAR本身的成像质量会对道路的损毁提取产生很大的影响，另外，道路的各种特殊情况也可能造成道路的断裂。比如道路之上的人行天桥、收费站等都可能造成道路的断裂。

2.2.2　极化SAR数据损毁建筑特征分析

在高分辨率图像中，可呈现建筑物的外形及内部结构。规则分布的强散射点、二次反射亮线、建筑阴影暗区构成了高分辨率SAR影像中建筑物的特征。

地震发生后，建筑物发生不同程度的倒塌损毁，建筑物的规则结构受到破坏，规则的二面角反射效应减弱，粗糙度加大，使得回波普遍增强，规则的纹理结构特征消失，雷达图像特征表现为一定区域内的离散的次高亮目标，看不出房屋排列关系和阴影。

而极化数据相对于单极化数据而言，包含有更丰富的信息，利用极化分解等手段分析建成区震前后散射机制的变化，可以提取建成区损毁信息。

2.2.2.1　损毁建筑极化特征分析

震后 SAR 影像上，倒塌建筑物所在区域回波杂乱，色调较暗，规则的叠掩、角反射形成的亮线和阴影等特征消失。利用极化特征来体现损毁建成区的特性可以表现在以下几个方面：损毁区域内反射不对称性加强，基本散射成分变得复杂而且以粗糙的体散射为主，散射随机程度与平均散射机制相对于完好建成区也有较大差别。所以从 PolSAR 数据的极化特性出发，可以利用数据的圆极化相关系数、基本散射成分、散射熵等极化特性来提取损毁建成区。

1. 极化相关系数

1) 归一化圆极化相关系数(NCCC)

NCCC 对于反射不对称结构是有效的特征指标，归一化右旋-左旋圆极化相关系数 $\mathrm{NCCC}=\left|\dfrac{\rho_{\mathrm{RRLL}}}{\rho_0}\right|$，其中圆极化相关系数 $\rho_{\mathrm{RRLL}}=\dfrac{\langle S_{\mathrm{RR}}S_{\mathrm{LL}}^{*}\rangle}{\sqrt{\langle|S_{\mathrm{RR}}|^2\rangle\langle|S_{\mathrm{LL}}|^2\rangle}}$，式中 $S_{\mathrm{RR}}=\dfrac{1}{2}(S_{\mathrm{HH}}-S_{\mathrm{VV}}+2\mathrm{j}S_{\mathrm{HV}})$，$S_{\mathrm{LL}}=\dfrac{1}{2}(S_{\mathrm{HH}}-S_{\mathrm{VV}}-2\mathrm{j}S_{\mathrm{HV}})$。

假定 $\langle S_{\mathrm{HH}}S_{\mathrm{HV}}^{*}\rangle=\langle S_{\mathrm{VV}}S_{\mathrm{HV}}^{*}\rangle=0$，则 $|\rho_0|=\left|\dfrac{\left\langle\left|\dfrac{S_{\mathrm{HH}}-S_{\mathrm{VV}}}{2}\right|^2-|S_{\mathrm{HV}}|^2\right\rangle}{\left\langle\left|\dfrac{S_{\mathrm{HH}}-S_{\mathrm{VV}}}{2}\right|^2+|S_{\mathrm{HV}}|^2\right\rangle}\right|$。由于 ρ_{RRLL} 对于反射不对称结构有较大的值，NCCC 也如此，所以 NCCC 对于损毁和倾斜建筑这些反射不对称结构有很好的区分能力。

2) 圆极化相关系数

圆极化相关系数 ρ_{RRLL} 和地物的粗糙度有关，方位向上小尺度的表面坡度起伏使去极化程度增加，相关系数减少，粗糙度较小的目标和建筑物同样具有高值。对反射对称性目标，圆极化相关系数近似为实数，分布在复单位圆实轴上；而对非反射对称性目标，相关系数是复数。所以对于损毁建成区，圆极化相关系数的幅度及相位对于区分损毁和完好建筑具有一定的应用潜力。

2. 基本散射成分

房屋倒塌后，墙面和地面形成的二面角反射器消失，入射雷达波被散射至各个方向，导致雷达回波减弱，但是在局部可能形成小的角反射器，在图像上表现为杂乱的亮点；叠掩和阴影等特征也会消失或减弱。因此，极化 SAR 图像中损毁建成区内的基本散射成分(体散射为主)与完好建成区内的基本散射成分(二面体散射为主)有较大的差别。通过比较区域内基本散射成分的差异，也可以区分完好建成区和损毁建成区。

3. 散射熵、平均散射角

灾害发生之后，严重损毁建成区内的散射特征发生了极大的改变，不仅体现在基本散射成分的改变上，而且也可以通过散射熵、平均散射角这些特征来体现。基于特征的 Cloude 极化目标分解可获得极化散射熵 H、平均散射角 α。散射熵 H 是散射随机程度的度量，也是去极化程度的度量，低熵意味着以单次散射为主，高熵与体散射和多次散射密切相关，H 的变化范围为 0~1，包含了地物的低熵散射、中熵散射和高熵散射。α 是散射机制的度量，变化范围为 0~90°，角度的变化包含了镜面散射、Bragg 面散射、偶极子散射、二次散射和二面角散射。根据 H 和 α 值的范围，H-α 平面被划分为 9 个区域，各个区域都有相对应的散射机制。损毁建成区与完好建成区的散射随机程度与平均散射机制存在差异，因此严重损毁建成区域与完好建成区可通过其分别在 H-α 平面上的分布区域进行区分。

4. 极化方位角

极化方位角是极化椭圆的倾角，如图 2-18 所示的 θ，星载 SAR 图像中建筑物的朝向角与极化方位角是密切相关联的，可以通过极化方位角来推算建筑物的朝向角。另一方面，对于排列整齐的完好建筑，其区域内的极化方位角具有一致性；而极化 SAR 图像中损毁建筑的极化方位角则不具备一致性，如图 2-19 所示。

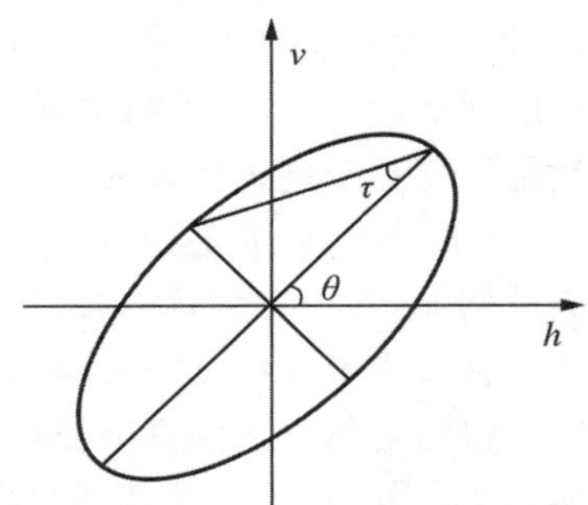

图 2-18 极化椭圆和极化方位角

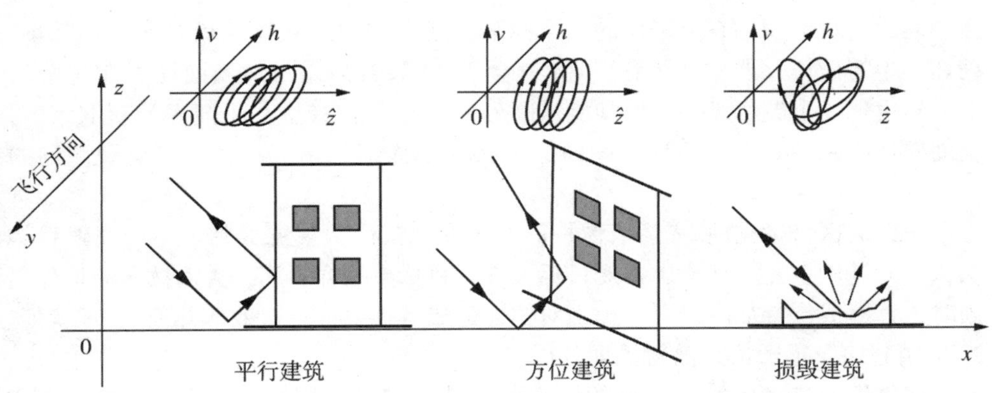

图 2-19 完好和倒塌建筑的极化方位角分布

2.2.2.2 损毁建筑纹理特征分析

纹理是色调变化的空间频率，指的是图像某一区域的粗糙度或者一致性，它和表面粗糙度有关。完好建成区房屋形状规则、色调均匀、纹理相对平滑。倒塌建筑物色调一般较暗，但是在局部形成细小的角反射器在SAR影像上显示为离散的亮点，使得倒塌建筑物在SAR影像上显得粗糙不平。所以利用纹理特征也可以在一定程度上反映SAR损毁建成区的特性。

2.2.2.3　建成区目标损毁的机理研究

1. 城镇建筑及损毁成像特征分析

建筑物的典型特征是具有明显的外形轮廓，多为方形、圆形等规则几何形状的组合形态，呈现有规律的排列形式。墙面与地面之间的二面角反射，以及阳台、窗户、屋顶等附属部件结构构成的三面角反射等，在SAR图像中具有较强的散射强度。在中低分辨率图像中，单个像素可能包含建筑物的大部分，甚至多个建筑。此时单个像素所反映的是单个或多个建筑及其部件、背景的回波综合叠加的结果，仅从图像中很难辨别单个建筑的结构和状态。建筑在图像上一般以区域的形式进行描述。地震发生后，房屋倒塌，地表粗糙度发生变化，体现在SAR图像上是亮点的散射强度以及亮区范围发生变化。

而高分辨率图像可呈现建筑物的外形及内部结构。规则分布的强散射点、二次反射亮线、建筑阴影暗区构成了高分辨率SAR图像中建筑物的特征。从雷达图像特征上来看，城区完好的建筑物呈现比较规则的排列，彼此之间的空间关系符合楼群特征。由于SAR的侧视成像特点，在近距离一般是强度高于地表的迎入射方向墙面的叠掩区；此后因为墙体与地表二面角反射效应而使得房屋一侧的后向散射强度高而呈现“1”或“L”形强回波特征，强回波位置仍然符合房屋的排列关系；在背向雷达入射方向，一般可以看到呈矩形的较清晰阴影区。灾害发生后，建筑物发生不同程度的倒塌损毁，建筑物的规则结构受到破坏，规则的二面角反射效应减弱，粗糙度加大，使得回波普遍增强，规则的纹理结构特征消失，雷达图像特征表现为一定区域内的离散的次高亮目标，看不出房屋排列关系和阴影。因此二面角反射的变化、房屋几何结构的变化以及阴影的变化等特征是高分辨率SAR图像中判断建筑损毁的重要特征。

按照震后宏观地面调查所采用的国家标准，建筑物地震破坏等级有5个：基本完好、轻微破坏、中等破坏、严重破坏和毁坏(刘金玉等，2013)。虽然当前还不能完全从SAR图像上分辨出这5个破坏级别，但却能从高分辨率SAR图像上尽可能多地获取细节信息，从而辅助破坏级别的划分。所以，图像解译必须要详细到建筑物各个可能观测到的细微特征。

通过对建成区目标灾前/灾后成像特征的研究，获得从视觉上判定不同损毁目标的基本方法，在此基础上建立建成区常规目标及损毁目标典型样本库，为后续研究提供基础支撑。同时，针对成像特征的研究，提出对描述建成区损毁信息有效的几何/纹理特征。

2. 城镇建筑及损毁极化散射机理分析

对建筑物等人造目标散射机理的研究很早就引起了各国学者的关注。在Van Zyl于1989年发表的经典文献中，就已经对不同目标散射机理的差异进行了深入探讨，将目标散射机理大致分为奇次、偶次及体散射类型，并列举了上述散射机理对应的实际地物类型(如认为城区中建筑物主要对应偶次散射机理)。Hussin研究了城区的极化散射特性，城区中典型角反射器结构(如建筑物及栅栏等)在不同极化通道及不同入射角下的极化散射特性(Hussin，1995)；Franccschetti等结合几何光学及物理光学方法，研究了城区中典型奇次及偶次散射结构的后向散射特性，并初步分析了上述结构散射对其几何参数的依赖关系。Guillaso以及Boehm等特别针对高分辨极化SAR图像中的建筑物目标，分析了建筑物极化散射的随机性、散射机理特性及干涉特性等(Guillasoet al.，2003)。

在对建筑物极化散射机理进行分析的基础上，研究者们探求利用散射机理特征进行极化SAR图像建筑物提取的可行性。Van Zyl定义了两种典型的判别特征——散射波极化椭圆倾角随入射波极化椭圆倾角的变化趋势，散射波极化旋向随入射波极化旋向的变化趋势。通过提取极化SAR图像像素点对应的上述两种特征，采用简单的匹配策略对像素点的散射机理类型进行分类，实现极化SAR图像分类及人造目标提取等任务。在极化SAR图像解译中，极化分解技术占有重要地位，它可以很好地揭示地物的散射机理，被成功应用于极化SAR图像建筑物提取。使用最多的是基于特征值的分解方法(H/α分解)及Freeman分解(Lee et al.，1999)。Guillaso等学者在提取极化SAR图像建筑物时，首先结合H/α分解和基于复Wishart分布的迭代分类进行散射机理分类，在此基础上提取偶次散射点作为建筑物(Guillaso et al.，2005)。较之H/α分解，Freeman分解基于真实的物理散射模型，其在散射机理分类门限设置等方面具有更好的普适性。Lee等人结合Freeman分解和基于复Wishart分布的迭代处理进行散射机理分类方法研究(Lee et al.，2004)。与传统结合H/α分解和基于复Wishart分布的迭代分类方法不同，该方法的迭代过程仅限制在同类散射机理像素点之间进行，为基于极化分解的建筑物提取提供了另一条技术途径。

法国雷恩大学的Famil及Pottier等人尝试利用时频分析方法提取建筑物(Ferro-Famil，2007)。他们基于二维Gabor变换给出像素点的时频信号模型，在此基础上定义了两个统计描述子，分别揭示了像素点极化散射的平稳性及相干性，基于不同类型目标(建筑物、森林、公园等)在极化散射平稳性及相干性上的差异进行极化SAR图像分类，在此基础上初步实现了建筑物提取。日本Niigata大学的Moriyama等特别关注极化通道相关性特征，定义线极化基及圆极化基下的极化相关系数，并基于上述两个极化相关系数对PiSAR数据中的建筑物进行提取(Moriyama et al.，2004)。美国海军研究实验室(NRL)的Schuler等人也注意到了极化相关系数对于人造目标提取的有效性，他们提出了基于归一化圆极化基相关系数的人造目标提取方法，也获得了较为理想的效果(Schuler et al.，2006)。Ainsworth等针对圆极化相关系数在居民地建筑物检测领域开展了较为深入的研究，提出了针对非对称反射体识别的规范化右旋-左旋圆极化相关系数(Ainsworth et al.，2008)。利用多种机载全极化数据分析表明，此系数可以较好地描述如建筑等人工地物的特征。在此基础上张露等人利用渭南地区ALOS PALSAR极化数据，探索右旋-左旋圆极化相关系数、水平-垂直线性极化相关系数以及规范化的圆极化相关系数在城市及乡镇居民地提取中的应用潜力(张露等，2010)。实验表明右旋-左旋圆极化相关系数是提取城镇居民地信息的重要参数，结合水平-垂直线性极化相关系数能够增加居民地的识别能力，提高居民地的提取精度。Guo等利用全极化Radarsat-2 SAR数据对玉树县城震后倒塌建筑物信息进行提取与分析，利用极化散射熵和平均散射角提取出裸露地表，并根据圆极化相关系数的大小区分倒塌与未倒塌建筑的划分，取得了较好的效果(Guo et al.，2010)。

针对建成区损毁目标的极化散射机理进行研究，寻找对于描述建成区比较有效的极化分解特征，在此基础上研究目标损毁程度对于极化特征的影响，提出有效的损毁目标信息描述特征。

2. 2. 3　高分 SAR 影像洪水特征分析

洪水引发的雨涝灾害致使居民区、农田区等区域被水淹没，由于地表覆盖情况不同，淹没区的水体散射特性会有差异。理想情况下，入射波发射到平静的水面会发生近似的镜面反射现象，SAR 接收到水面的回波信号很少，水体散射强度很低，在这种情况下水体的散射强度接近零，呈现接近黑色的暗色调区域。但是实际水面情况复杂，当洪水覆盖植被区或者水面有较大水浪时，水体表面会变得粗糙，SAR 接收机接收到水面的回波信号变大，根据实际情况，水体的散射强度有差异。

因此在实际情况中，水体的提取和识别有一定难度。实际不同场景下的水体的 SAR 图像如图 2-20 所示，可见平静开阔区的水域灰度值最低，接近于 0 呈现近似黑色；风浪区域水域具有均匀的斑点，整体呈现灰色；被淹没的水田区则还带有水田区地物的轮廓，而不是呈现均匀的灰色特征。因此，场景的复杂性增大了水体信息提取和洪水监测的难度。

（a）正常水体

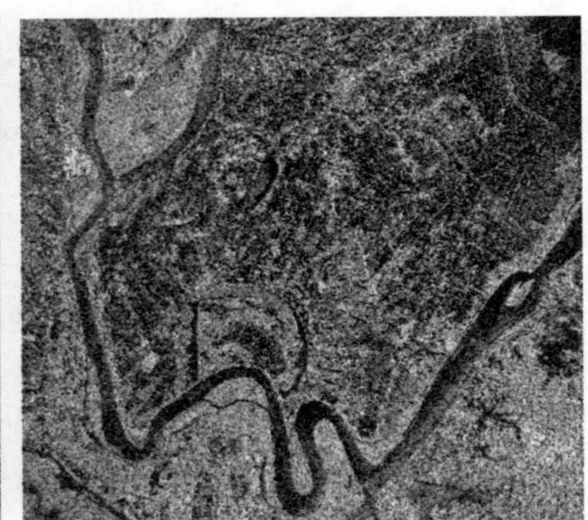

（b）洪水淹没区域

图 2-20　SAR 影像水体目标及洪水特征

第3章　基于灾前/灾后光学影像变化检测的灾害损毁区域提取

变化检测技术是灾害损毁区域提取的有效手段，针对成像条件和环境的多变性使得灾前/灾后影像变化成为难以确定的难题，本章研究了灾前/灾后遥感影像配准技术、遥感影像辐射一致性处理技术，提出了顾及视觉注意模型的对象级变化检测方法、基于机器学习的灾害损毁区域检测方法，并成功地应用于我国多次地震灾害损毁变化信息提取中。

3.1　灾前/灾后遥感影像配准技术

多源遥感图像高精度配准是多时相遥感数据灾害变化检测的基础，然而，多源传感器数据之间存在的成像机理、成像模式等不同带来的影像辐射和几何上的巨大差异，给异源影像高精度、自动配准带来困难。

遥感影像配准方法一般分为两类：基于灰度的配准方法(陆和平等，2009；Suri et al.，2010)和基于特征的配准方法(刘妍，2017；叶沅鑫等，2017)。基于灰度的配准方法大多利用影像的灰度信息，但是由于异源影像不同的成像机理，导致两种影像的灰度之间存在复杂的关系，故大多基于灰度的配准方法很难得到令人满意的配准结果。基于特征的配准方法并不直接对图像的灰度信息进行操作，而是首先从参考图像和待配准图像中提取一些共同特征作为配准基元，然后通过建立配准基元之间的对应关系，求解变换模型参数，完成配准。与基于灰度的配准方法相比，基于特征的配准方法并不直接作用于图像灰度，它表达了更高层的图像信息，这一特性使得基于特征的配准方法对图像的灰度变化、图像变形以及遮挡都有较好的适应能力，更适合于异源遥感影像配准。同时，通过对图像中关键信息的提取，可以大大减少匹配过程的计算量。

然而，基于特征的配准方法依然存在以下问题：①基于影像特征的配准方法很大程度上依赖于影像的特征提取结果，且在特征提取的过程中容易出现特征提取不完备的情况。②目前传感器分辨率越来越高，细节越来越丰富，很难找到一种精度高、普适性强的特征提取方法。③由于异源影像成像特性、时间以及分辨率的不同，造成提取出的特征存在不一致的问题(提取出的特征在一幅影像中存在，在另一幅影像中却不存在)，难以定义一种有效的匹配测度。基于上述的分析，在实际应用中，由于受影像噪声影响大、特征缺乏、特征提取误差等的限制，高精度的异源遥感影像配准难度增大。虽然国内外众多学者取得了很多研究成果，但由于影响影像配准的因素的多样性，以及配准问题的复杂性，没有一种影像配准方法能满足所有影像的配准问题。光靠单一的算法、单一的特征和单一的相似性测度无法解决所有影像的配准问题。因此，针对上述问题，提出了一种不需要任何初始条件的、全自动的多特征多测度的异源遥感影像配准方法，其核心体现在由显著的区域特征和结构特征、普遍的面特征与线特征组成的多特征基元，由改进的 SIFT、形状曲线、Voronoi 图与谱图结合的多测度算子，以及由局部到全局、由粗到精的配准策略。

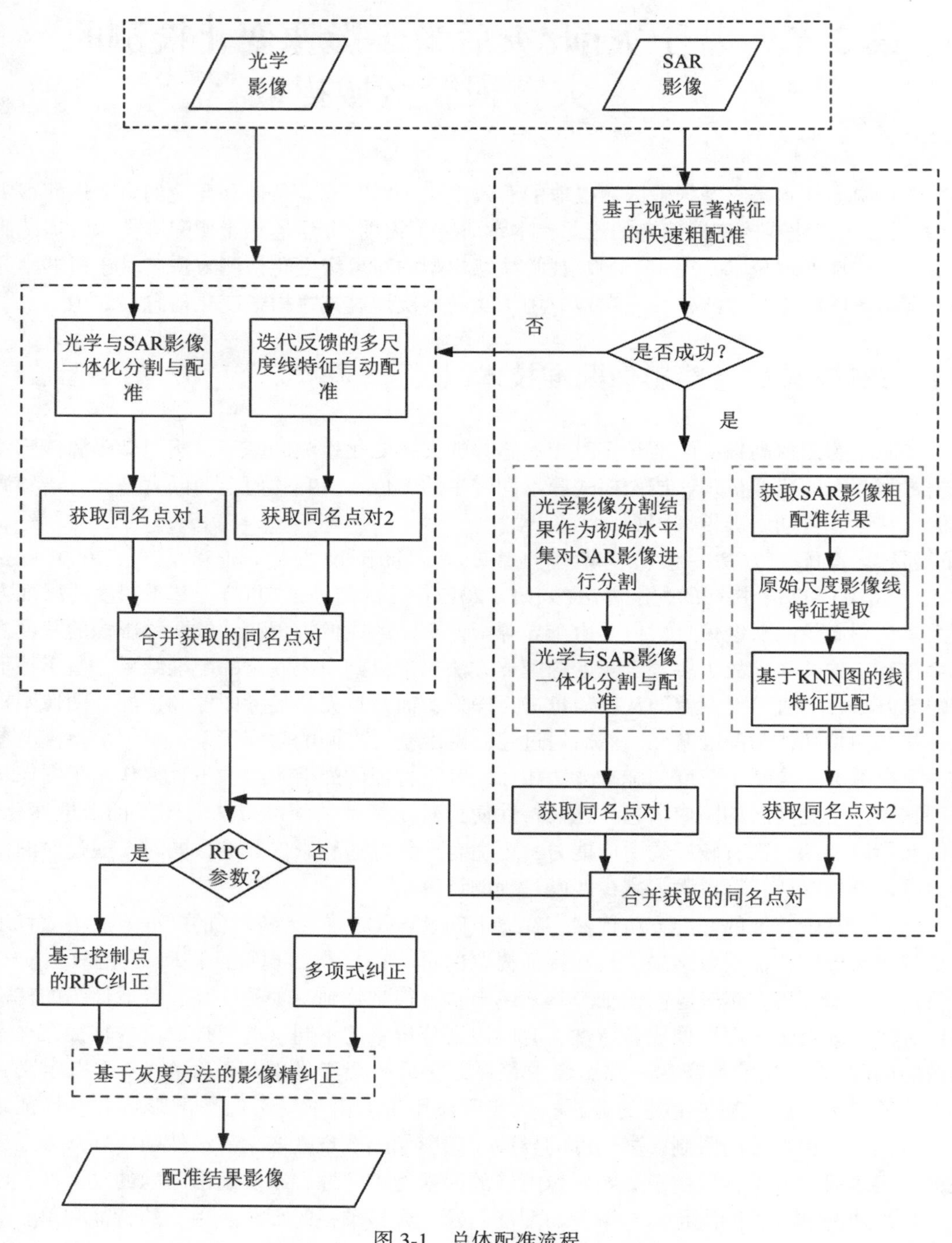

图 3-1　总体配准流程

本章主要提出了一体化分割与配准方法、迭代反馈的多尺度线特征配准方法以及基于显著特征的快速粗配准方法，这些方法都可以独立应用于异源影像的配准，但在实际应用中，需要将上述方法进行综合应用，也就是多特征多测度的综合使用。基于此，本书将上述方法整合在一起，设计了一套多特征多测度的、由粗到精的总体配准方案，如图 3-1 所示：

步骤 1：对基准影像与待配准影像进行基于视觉显著特征的粗配准，如果能得到可靠的同名匹配点，则进行粗纠正，转到步骤 2，否则转到步骤 4；

步骤 2：对基准影像进行水平集分割，利用此分割结果初始化待配准影像水平集函数，进而对待配准影像进行分割以及后续的一体化分割及配准；

步骤 3：对基准影像与待配准影像进行线特征提取，利用粗纠正得到的几何位置关系对线段进行预处理，进而利用 KNN 图对基准影像与待配准影像进行精配准，转到步骤 5；

步骤 4：利用一体化分割与配准方法直接对基准影像与待配准影像进行配准，查找可靠同名点；同时，利用迭代反馈的多尺度线特征配准方法对上述基准影像与待配准影像进行配准，查找可靠同名点；

步骤 5：如果基于分割与配准一体化的方法与迭代反馈的多尺度线特征配准方法都可以获得可靠同名点，则结合上述两种方法得到的同名匹配点对待配准影像进行几何纠正，重采样，进而得到配准结果。

3.1.1　异源影像分割与配准一体化方法

基于特征的配准方法所采用的特征基元一般包含点特征、线特征和面特征。点特征一般包括角点、高曲率点等，通常采用各种角点检测算法提取。然而点特征不易精确定位，且点特征含有的信息有限，匹配困难。线特征和面特征含有更多信息、更为稳定，本节从面特征出发，研究基于分割的光学与 SAR 影像配准方法，然而，基于分割的配准方法存在以下问题：①几乎所有的基于分割的配准方法很大程度上依赖于分割结果。一方面，即使存在成功的分割算法，使得对某些影像得到好的配准结果，但对任意影像而言，将单次分割得到的目标特征，作为影像配准的基元，往往导致配准失败。因此，多次分割与配准策略是需要的。另一方面，即使采取多次分割与配准方法，如果对异源影像利用不同的分割算法，参数调节也是一个复杂又困难的问题。针对此问题提出了一种迭代反馈的分割和配准一体化方法。②在实际情况中，分割后的目标会出现断裂、连接、多对多的现象，无法利用单纯的形状相似性或 SIFT 特征进行描述和匹配，为解决分割目标出现的不完备情况，提出了一种基于全局约束的三角网优化配准方法。图 3-2 所示为分割与配准一体化技术流程图。

这里选取 3 组分别具有不同分辨率、不同场景、不同时间及传感器的光学与 SAR 影像作为实验数据。图 3-3 所示为所有的实验数据，左侧表示光学影像，右侧表示 SAR 影像。

表 3-1 为实验数据的详细描述。

为了验证本节方法的有效性，与以下主流的配准方法进行了比较：

(1)SCM-SIFT：Fan 等(2013)提出了一种考虑空间关系的 SIFT 点匹配方法用于光学

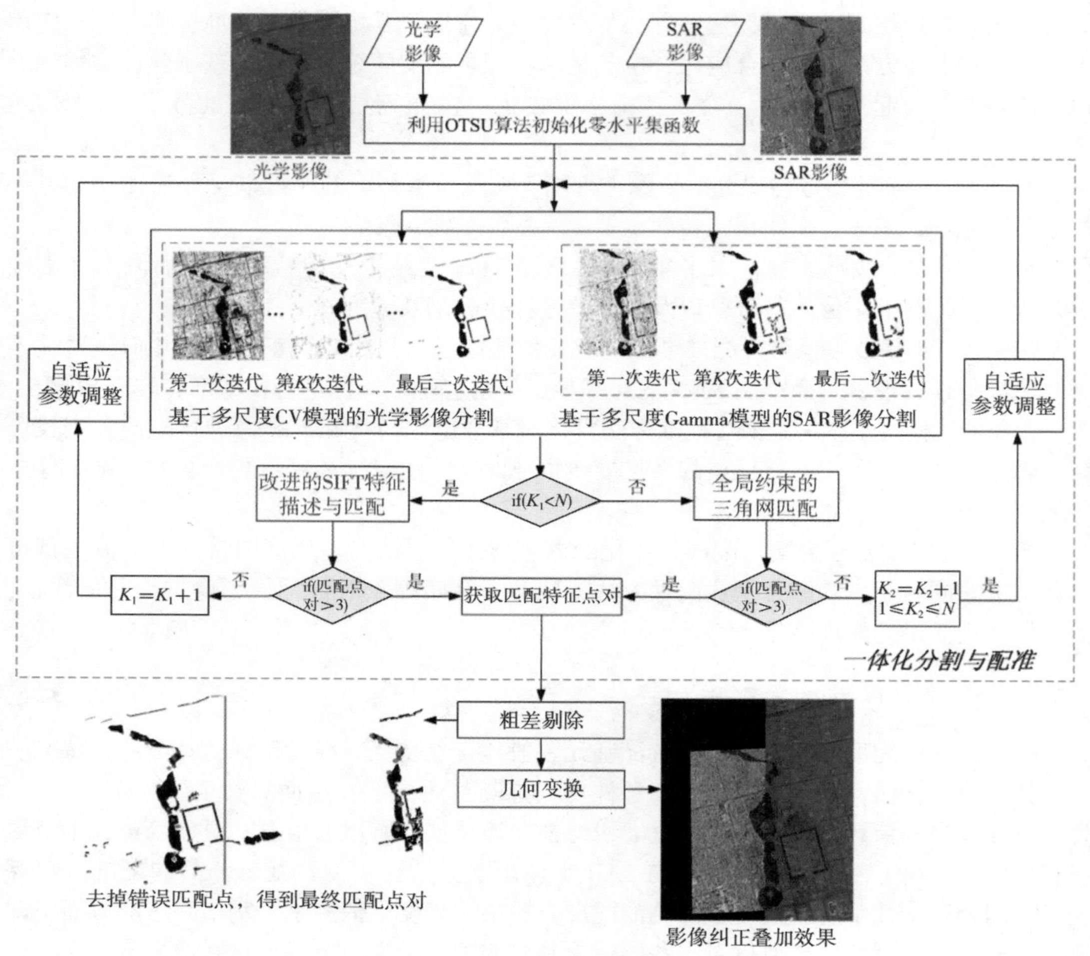

图 3-2　分割与配准一体化技术流程图

与 SAR 影像配准，该算法在对特征点集进行匹配时，考虑空间一致性约束，减少了局外点的干扰。

（2）SIFT-Segment：Gonçalves 等（2011）提出了一种结合分割与 SIFT 的配准方法，该算法利用 OTSU 算法对影像进行分割，在分割后的影像上利用 SIFT 算子进行描述和特征匹配。

对于实验数据 1，由于光学与 SAR 影像的分辨率较高，SAR 影像含有强烈的斑点噪声，且光学与 SAR 影像的灰度差异明显。因此，直接采用 SCM-SIFT 方法配准失败，无同名点可以获取。采用 SIFT-Segment 方法可以获取到 6 对同名匹配点，但没有一对是正确的匹配，如图 3-4（a）所示。采用本章一体化分割与配准方法可以得到 19 对同名点，如图 3-4（b）所示，其中小图左 A、右 A、左 B、右 B 表示对应紫色矩形框中的同名点对。该方法需要调整 3 次参数，即经过 3 次迭代得到配准结果，配准结果叠加显示如图 3-4（c）所示。

(a)实验数据 1：光学影像(左边)，SAR 影像(右边)

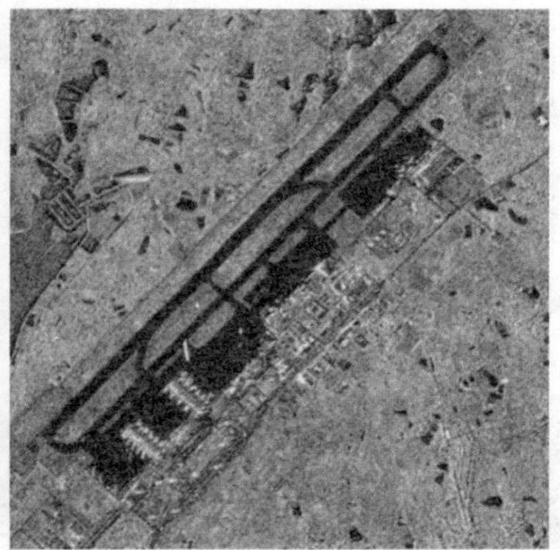

(b)实验数据 2：光学影像(左边)，SAR 影像(右边)

(c)实验数据 3：光学影像(左边)，SAR 影像(右边)

图 3-3　实验数据

表 3-1　　　　　　　　　　**实验数据描述说明**

实验数据	数据描述		
	光学影像	SAR 影像	影像描述
实验数据 1	传感器：SPOT-5 全色波段 分辨率：2.5m 日期：2010 年 9 月 大小：4467×5419 像素	传感器：Radarsat-2 分辨率：3m 日期：2010 年 12 月 大小：4885×5074 像素	该组影像位于中国北京市天安门附近，是一组卫星获取的高分辨率影像，灰度差异明显，尺度差异 1.2 倍
实验数据 2	传感器：Quickbird 分辨率：0.6m 日期：2012 年 11 月 大小：3002×3203 像素	传感器：HJ-1 C 分辨率：5m 日期：2012 年 12 月 大小：646×684 像素	该组影像位于中国湖北省武汉市天河机场，是一组卫星获取的高分辨率影像数据，灰度差异明显，尺度差异 8 倍
实验数据 3	传感器：SPOT-5 全色波段 分辨率：2.5m 日期：2011 年 3 月 大小：527×563 像素	传感器：VV 极化的 TerraSAR-X 分辨率：1m 日期：2012 年 8 月 大小：710×725 像素	该组影像位于中国湖北省武汉市某郊区，是一组卫星获取的高分辨率影像，灰度差异明显，尺度差异 2.5 倍，该地区有大量农田存在，两幅影像存在季节差异。同时，SAR 影像噪声严重

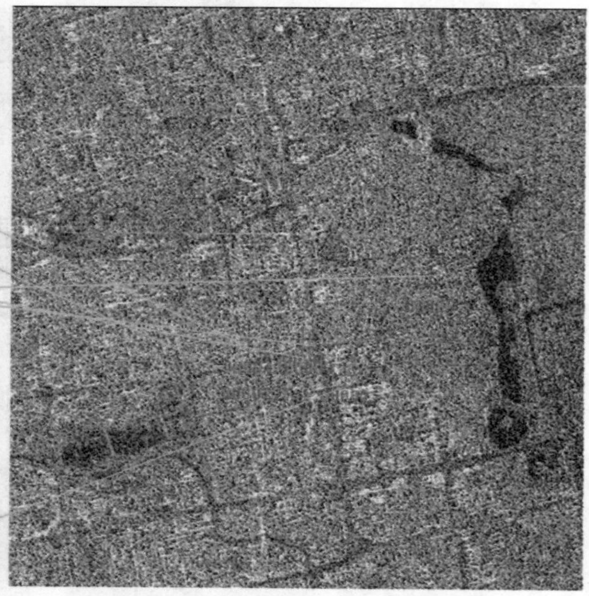

(a)SIFT-Segment 方法查找到的同名匹配点

(b)一体化方法分割结果及查找到的同名匹配点

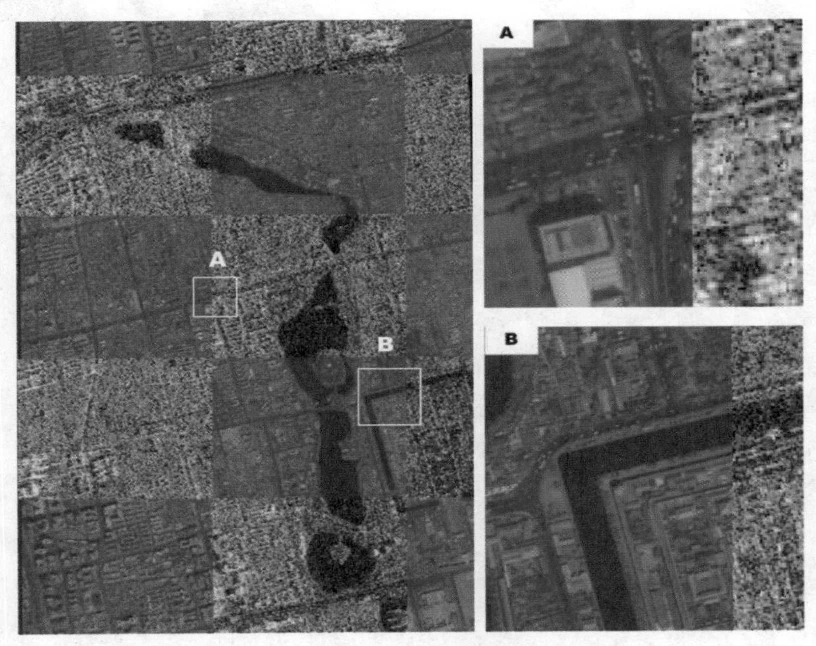

(c)一体化方法配准结果棋盘格叠加显示

图 3-4 实验数据 1：各方法配准结果与比较

对于实验数据 2，采用 SCM-SIFT 方法和 SIFT-Segment 方法都配准失败，无同名点可以获取。对于实验数据 2，采用一体化方法可以得到 21 对同名匹配点，如图 3-5（a）所示，需要迭代 5 次，对应的配准结果如图 3-5(b)所示。

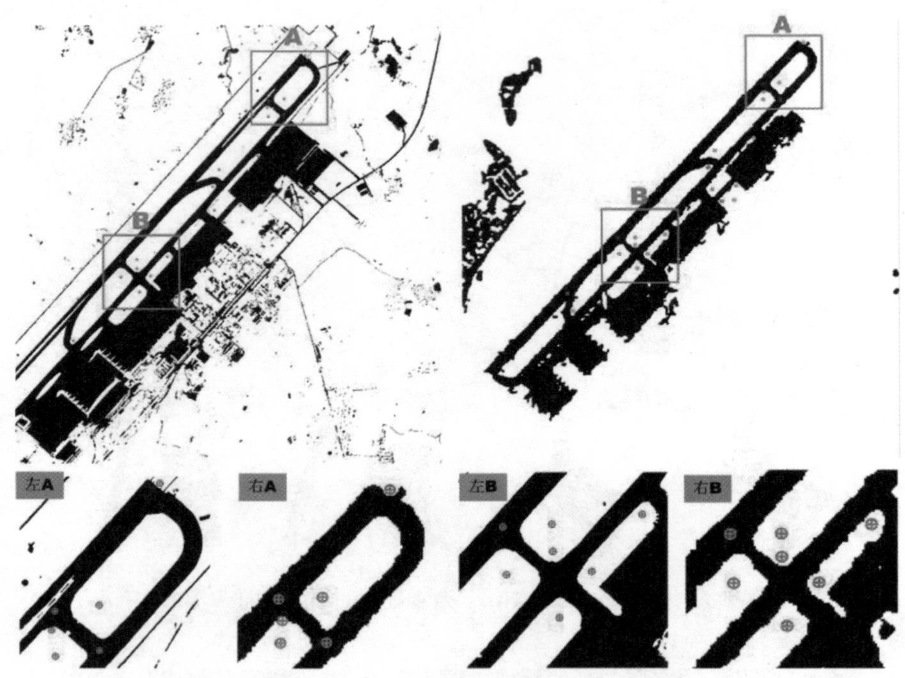

(a)光学影像(左)与 SAR 影像(右)分割结果及查找到的同名匹配点

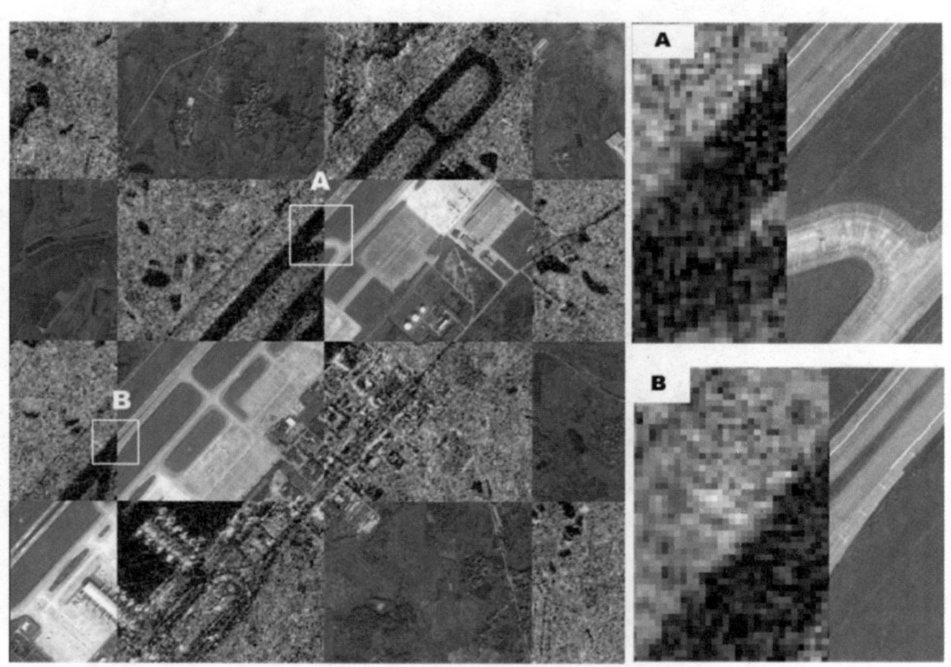

(b)一体化方法配准结果棋盘格叠加显示

图 3-5　实验数据 2：本方法配准结果

对于实验数据3，本章提出的一体化分割与配准方法失效，无法找到正确匹配点，如图3-6(a)所示。因为本组实验数据是包含大量农田的区域，成块分布，每块的形状和灰度基本一致，特征存在多对多的映射，容易找到错误的匹配点，因此，转为全局约束的三角网配准方法。图3-6 (b)所示为找到的第一组匹配质心点对以及构成的虚拟三角形。图3-6 (c)所示为找到的所有的质心匹配点对以及最终构成的三角网。图3-6 (d)所示为SAR影像配准的结果与光学影像叠加后的效果显示，A、B和C区域是局部放大显示。目视判断，光学与SAR影像位置基本吻合，配准结果精确，C区域内出现的道路错位不是由于配准不精确造成的，而是此处光学影像上显示的是田埂的边缘，SAR影像上显示的是田埂旁的道路。

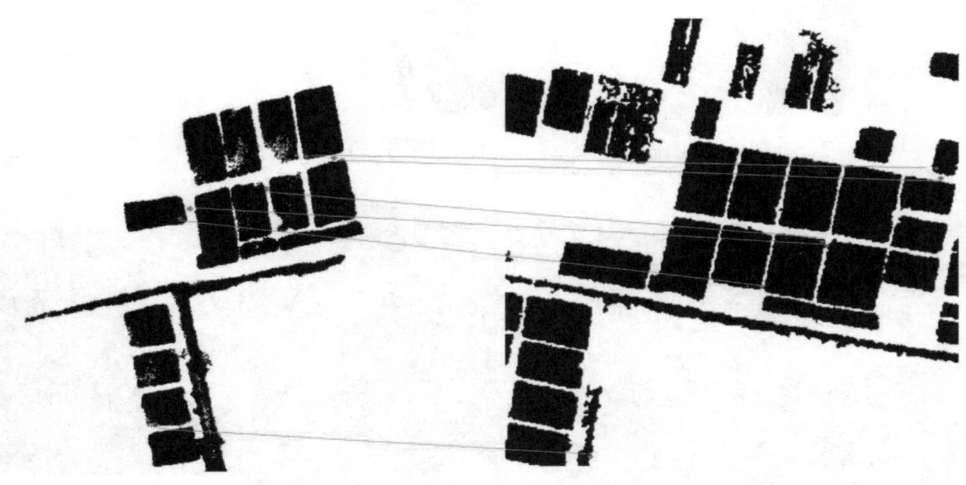

(a)一体化分割与配准结果

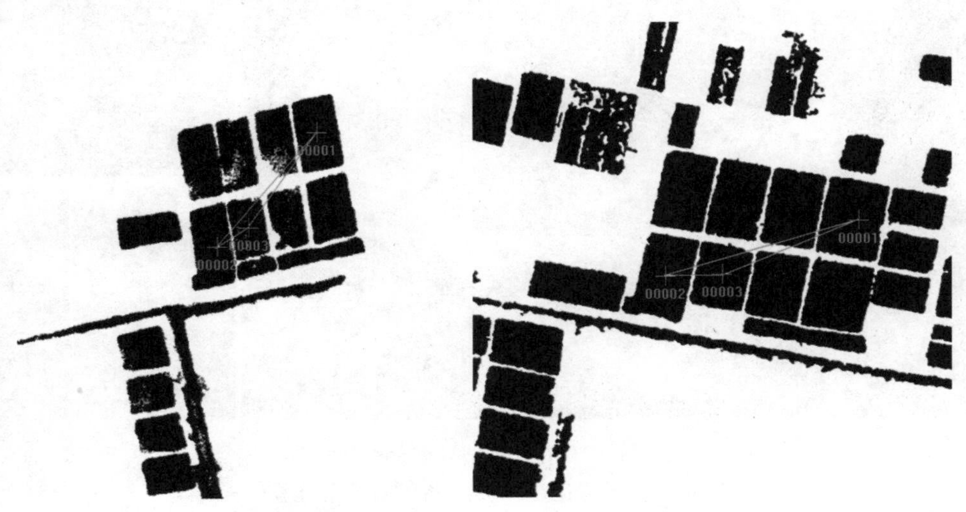

(b)初始匹配质心点对以及得到的第一组基准三角形

图3-6　实验数据3：本方法配准结果与比较(1)

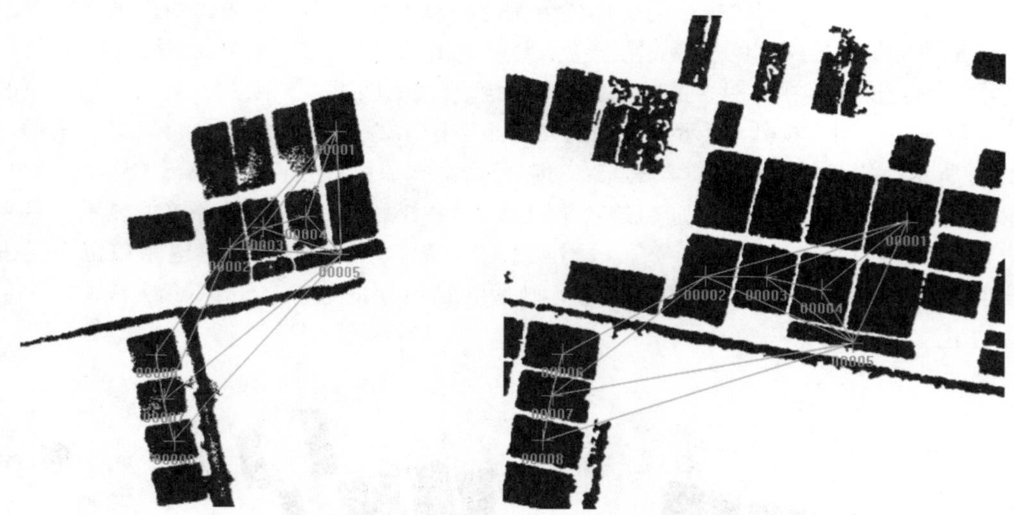

(c)最终匹配质心点对以及构建的三角网

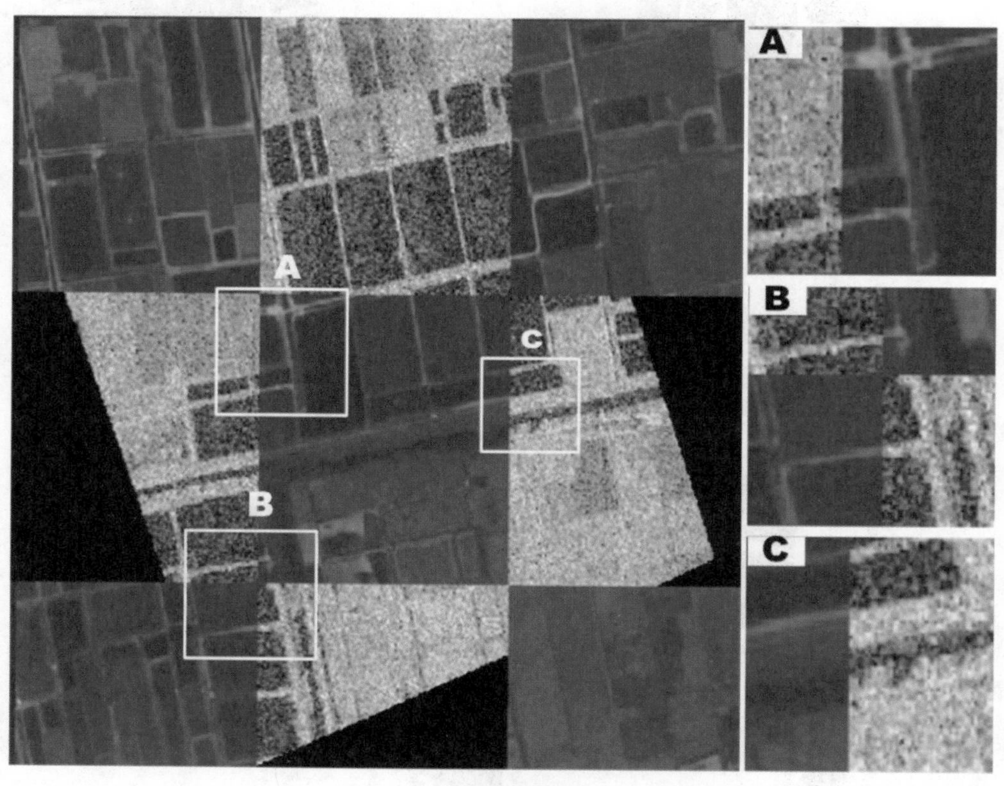

(d)三角网优化配准结果棋盘格叠加显示

图 3-6　实验数据 3：本方法配准结果与比较(2)

为了确保精度评估的可靠性，采用定性和定量两种方法来对配准方法进行评估。第一种是将光学影像与变换后的 SAR 影像进行叠加显示，通过目视观测定性地判断配准精度的高低。第二种是人工选取 20 对均匀分布的检查点，统计检查点的 RMSE 值对配准结果进行定量评估。

如表 3-2 所示，对于所有实验数据，SCM-SIFT 方法和 SIFT-Segment 方法都配准失败，无法获取可靠同名点。因为上述实验数据分辨率都较高，灰度差异明显，且 SAR 影像存在严重斑点噪声。即使 SIFT-Segment 方法通过 OTSU 分割得到一致性特征影像，但是 OTSU 方法并不适用于噪声严重的高分 SAR 影像，分割后的结果存在大量斑点噪声干扰，模糊了一致性特征。本方法可获得可靠同名点，且配准精度在 1 个像素左右，对于中低分辨率的影像可以达到子像素级。

表 3-2　**配准方法精度评估**

实验数据	方法	同名点	RMS_{all}
实验数据 1	SCM-SIFT	0	/
	SIFT-Segment	6	/
	本方法	**19**	**0.996**
实验数据 2	SCM-SIFT	0	/
	SIFT-Segment	0	/
	本方法	**21**	**0.984**
实验数据 3	SCM-SIFT	0	/
	SIFT-Segment	0	/
	本方法	**8**	**1.223**

3.1.2　迭代反馈的异源影像多尺度线特征自动配准方法

遥感影像中并不一定能够提取足够的面特征，如城区影像。因此，基于面特征的配准方法具有一定的局限性。利用线特征进行遥感影像的配准是一种经典且有效的方式，然而，传统的基于线特征的影像配准方法存在以下问题：①线特征在提取过程中容易出现断裂、提取不完整等问题，同名线特征难以获取；②SAR 影像和光学影像上提取的线特征通常在位置、长度等方面存在着较大差异，在这种情况下很难定义一种相似性测度来度量两个特征集间的相似性。③即使得到了同名线特征，也可能存在位置误差。基于此，本节首先提出了一种结合谱图和 Voronoi 图(VSPM)的线段虚拟交点配准算法，该算法能够从全局空间中寻找可能的匹配关系，又能顾及邻近点的局部约束，提高了同名特征查找的准确率，解决了线特征提取过程中出现的多对多、位置存在误差而导致错误匹配的问题。其次，基于线特征的影像配准方法跟所有的基于特征的配准方法一样，存在特征提取结果对配准精度影响大的问题，因此，之前提到的迭代的匹配策略也被引入本节线特征提取与配准中。同时，由于高分辨率遥感影像细节丰富，导致在光学与 SAR 影像上提取的线特征繁多，且位置、长度、数量都不相同，直接在原始尺度上进行线特征配准具有很大难度。因此，为了解决这个问题，本节引入了多尺度配准策略，在粗尺度上提取主要的线特征轮廓等，进行粗配准，利用粗配准后影像之间的几何关系，指导原始尺度影像的配准。

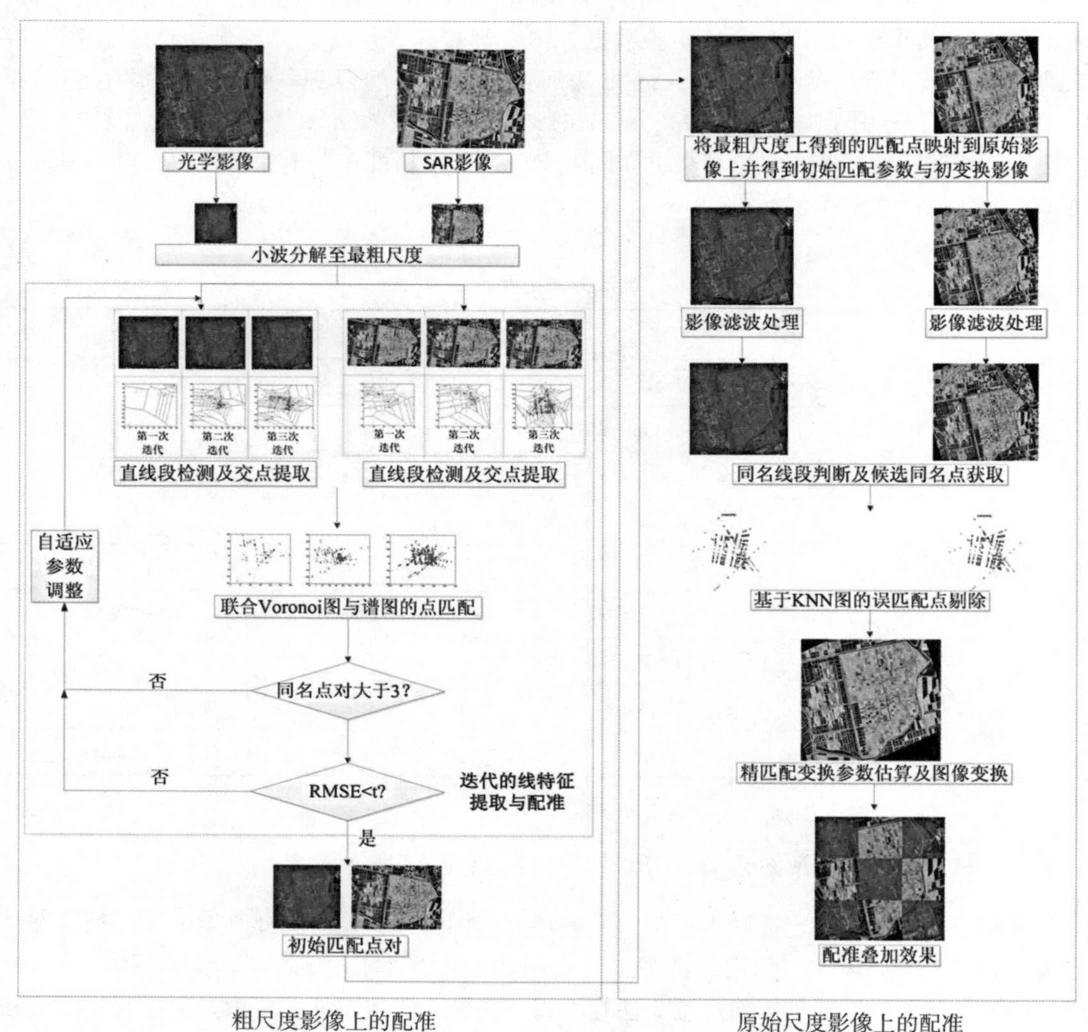

图 3-7　迭代反馈的光学与 SAR 影像多尺度线特征配准流程图

图 3-7 所示为基于线特征的配准方法流程图。假设原始光学影像表示为 $I(\text{opt})$，原始 SAR 影像表示为 $I(\text{SAR})$，利用影像金字塔分解算法，将原始光学与 SAR 影像下采样为影像大小小于 256×256 像素，分别记为 $I_0(\text{opt})$ 和 $I_0(\text{SAR})$。首先，在最粗尺度光学影像 $I_0(\text{opt})$ 和 SAR 影像 $I_0(\text{SAR})$ 上进行直线提取并获取交点集，将所得交点集采用本节提出的 VSPM 点匹配方法获取同名点对，检测获取的同名点对是否符合要求，如果符合，则保

留当前同名点对；否则，自适应调整直线提取参数，重新进行直线提取与点集匹配，直到迭代次数达到一定阈值。接着，将上述粗尺度影像上得到的匹配点对映射到原始的光学与SAR影像中，计算初始变换参数并得到初变换SAR影像 $\tilde{I}$(SAR)。对原始光学影像$\tilde{I}$(opt)与转换后的SAR影像 $\tilde{I}$(SAR)进行滤波处理，其中光学影像采用高斯滤波器进行滤波处理；SAR影像采用Lee滤波器进行滤波处理。在处理后的影像上分别提取直线特征(方法与粗尺度影像上方法相同)，根据得到的初始变换参数来判断同名直线段，进而获得候选同名点对。最后，利用KNN图从结构上得到精确的匹配点对，对匹配点对采用多项式变换模型求解变换参数，得到最终配准结果。

为了验证方法的有效性，分别对光学与SAR影像，可见光与红外影像做了实验分析。实验数据描述如表3-3所示。

表3-3 **数据描述**

实验数据	数据描述		
	基准影像	待配准影像	影像描述
实验数据1	传感器：Quickbird 分辨率：0.6m 日期：2012年11月 大小：3328×3328像素	传感器 TerraSAR-X VV极化 分辨率：1m 日期：2012年8月 大小：1931×1721像素	该组影像位于中国湖北省武汉市沌口体育中心附近，建筑物密集，是一组卫星获取的高分辨率城区影像，灰度差异明显，尺度差异将近2倍，存在大角度的旋转，SAR影像噪声严重
实验数据2	传感器： 分辨率：大约1.5m 日期：2013年4月 大小：1921×901像素	传感器： 分辨率：2.4m 日期：2013年6月 大小：597×476像素	该组影像位于西安阎良机场地区，光学影像与近红外影像是一组卫星获取的高分辨率影像，灰度差异明显，存在较大的旋转

光学与SAR影像配准实验结果如图3-8所示。

可见光与红外影像配准实验结果如图3-9所示。

3.1.3 基于视觉显著特征的快速粗配准

一般认为全局和局部特征对目标的感知和识别都是非常重要的，全局特征一般用来进行粗略的匹配，而局部特征则可以提供更为精细的确认。但是，一个必须提及的现象是：如果存在某种奇特的局部特征，此局部特征会首先被用来确定身份。在遥感影像中，有很多可被用来确定身份的局部特征，比如一些标志性地物，如河流、湖泊、水库、道路、机场跑道、规则建筑等。这些地物在不同的成像波段、成像分辨率和成像模式下均能保持稳定。在可见光波段成像时，图像能反映地物真实的颜色和亮度信息，这些标志性地物在灰度特性上通常与周围地物有显著的区别，可以轻易区分。在SAR传感器成像时，这些地物的几何结构、表面粗糙度、介电常数和电导率等结构特性和电磁散射特性与周围地物也

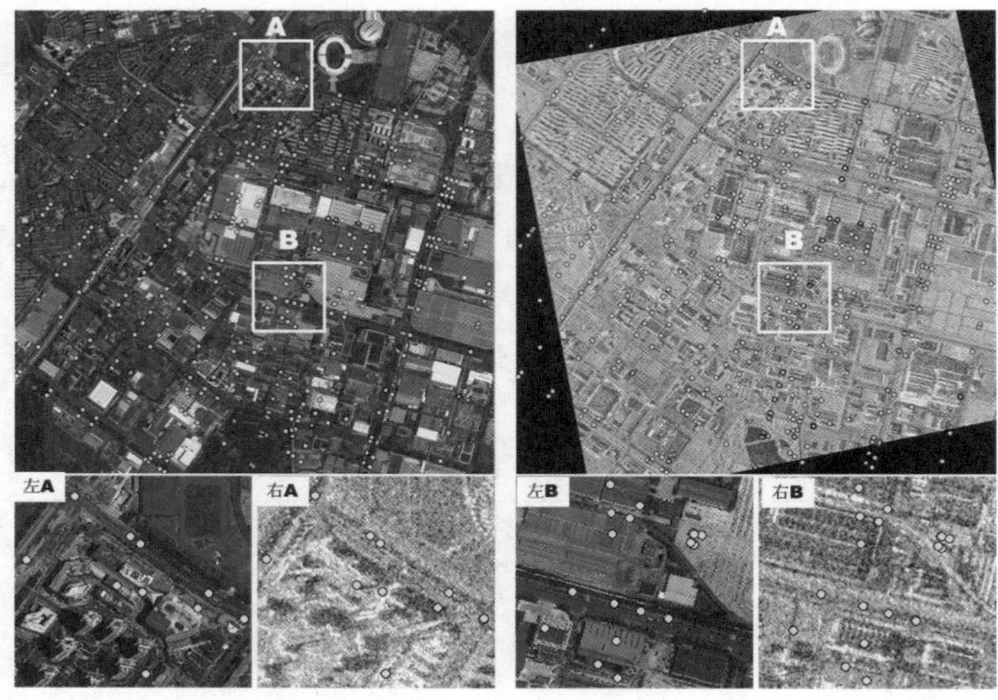

(a)本方法检测得到的匹配点

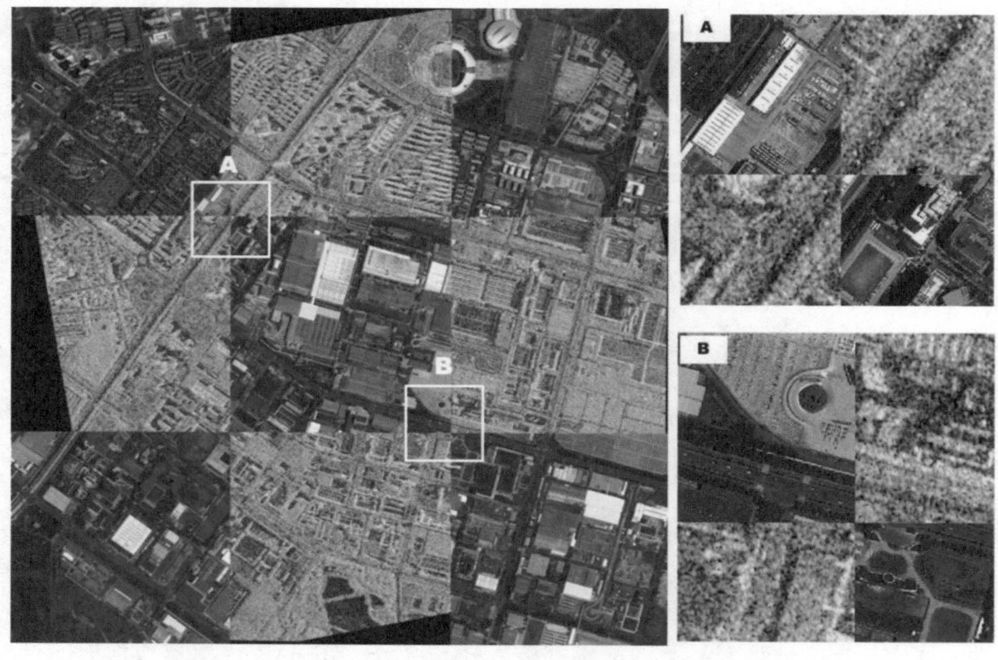

(b)本方法配准结果棋盘格叠加显示

图 3-8　实验数据 1：配准结果与比较

（a）本方法检测得到的匹配线段

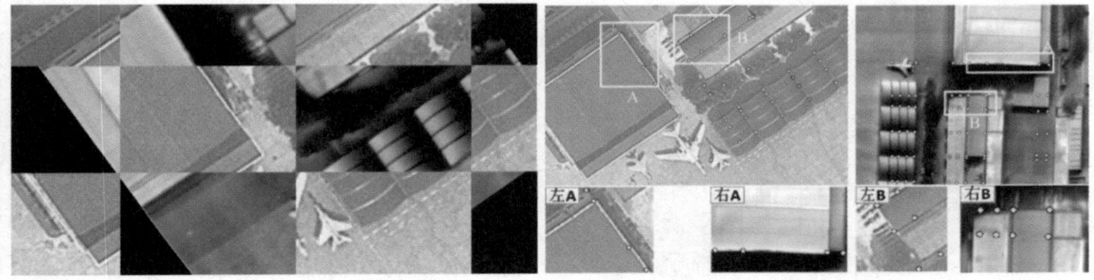

图 3-9 实验数据 2：高分辨率影像，线特征明显

有很大区别，在 SAR 图像中可以轻易区分。上面可以概述为显著的区域结构，同时，遥感影像上还存在显著的几何结构，比如像五角大楼这样的规则建筑。因此，河流、湖泊、规则建筑等标志性地物在成像特性上与周围地物有明显的区别，可以用于光学与 SAR 影像的配准。视觉注意机制研究表明，人类的视觉系统将会首先捕捉到一些视觉显著目标，本章基于视觉注意机制的理论与方法，研究显著目标的提取与快速粗配准。

图 3-10 所示为基于视觉显著特征的快速粗配准方法流程。首先利用 Itti 模型和 TW-Itti 模型分别在光学与 SAR 影像上获取视觉显著图，得到视觉显著图后，利用 OTSU 算法对该显著图进行二值分割，可以获得疑似目标区域(SWR)，通过连通区域跟踪算法，可获得该 SWR 区域的边界。假设该边界为 ϕ_0，则可将此边界 ϕ_0 作为零水平集函数，进而分别对光学与 SAR 影像进行水平集分割，获得分割的面目标集合 A_0 和 A_s 。分别对集合 A_0 和 A_s 中的面目标计算面积，选择面积最大且形状规则的前 10 个面目标 $\{A_{01}, A_{02}, \cdots, A_{10}\}$ 和 $\{A_{s1}, A_{s2}, \cdots, A_{s10}\}$ ，两两进行形状相似性判断，如存在相似的同名面目标，则将其质心点作为同名匹配点；同时，分别对光学与 SAR 影像提取线特征，根据角度、方向、长度、曲率等选取显著线特征，获取上述线特征交点，判断是否存在特殊结构，利用特殊结构的相似性对显著的结构特征进行配准。

为了验证本节方法的有效性，给出了两组不同分辨率、不同特征与场景下的光学与 SAR 影像，如图 3-11 所示。

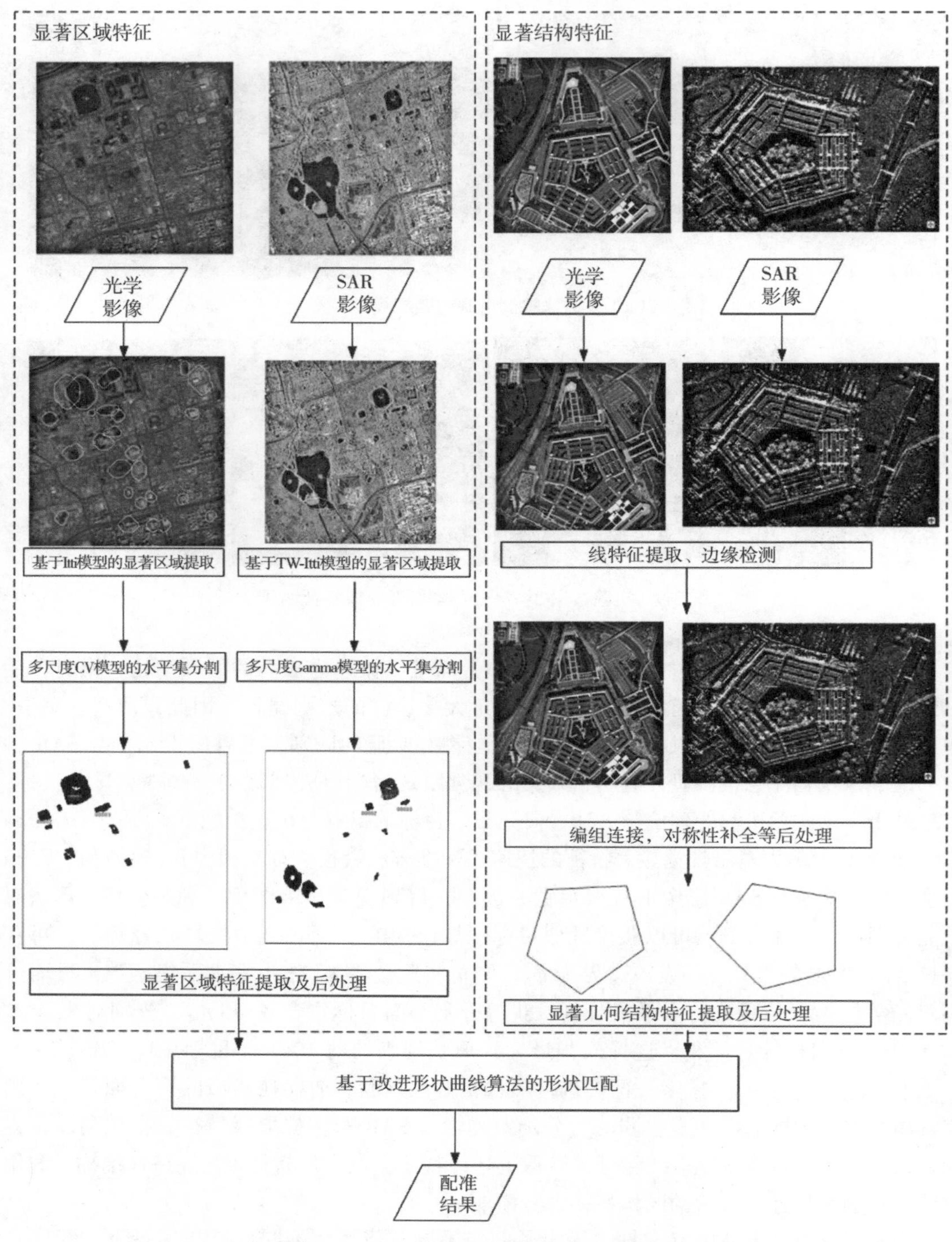

图 3-10　基于视觉显著特征的快速粗配准

（a）实验数据1：光学影像(左边)，SAR影像(右边)

（b）实验数据2：光学影像(左边)，SAR影像(右边)

图 3-11　实验数据

表 3-4 所示为实验数据的描述。

表 3-4　**实验数据描述**

实验数据	数据描述		
	光学影像	SAR 影像	影像描述
实验数据 1	传感器：无人机 分辨率：0.5m 日期：2012 年 4 月 大小：7733×9479 像素	传感器：无人机 分辨率：1m 日期：2012 年 4 月 大小：2272×1636 像素	该组影像位于中国四川省绵阳市郊区龙潭坡附近，是一组无人机获取的高分辨率影像，包含山地、房屋和高速公路

续表

实验数据	数据描述		
	光学影像	SAR 影像	影像描述
实验数据 2	传感器： 分辨率：大约 2m 日期：2013 年 4 月 大小：870×888 像素	传感器：无人机-Ku band 分辨率：1m 日期：2008 年 10 月 大小：1200×800 像素	该组影像是位于美国华盛顿区的五角大楼，因五角形建筑外观而定其名，几何结构特征显著，SAR 影像来源于 sandia 国家实验室网站，网址为 http：//www. sandia. gov/radar/imageryku. html

为了验证本节提出的 TW-Itti 模型对 SAR 影像的有效性，该模型与经典的 Itti 模型进行了对比，同时利用得到的显著图来初始化水平集函数，对影像进行分割。

图 3-12、图 3-13 所示分别为实验数据 1 和实验数据 2 的粗配准结果。

（a）基于Itti模型的光学影像显著区域提取

（b）基于TW-Itti模型的SAR影像显著区域提取

(c)光学影像显著特征同名点查找结果

(d)SAR影像显著特征同名点查找结果

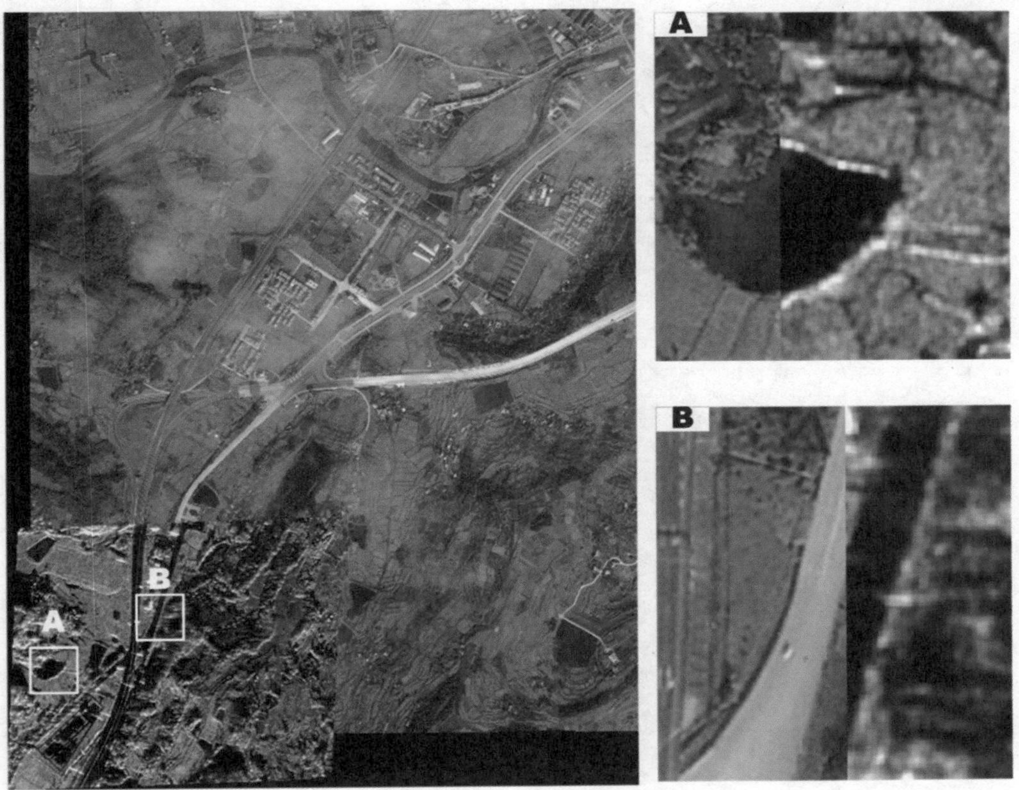

(e)影像粗配准结果叠加显示

图 3-12 实验数据 1：基于形状曲线的显著区域特征粗配准结果

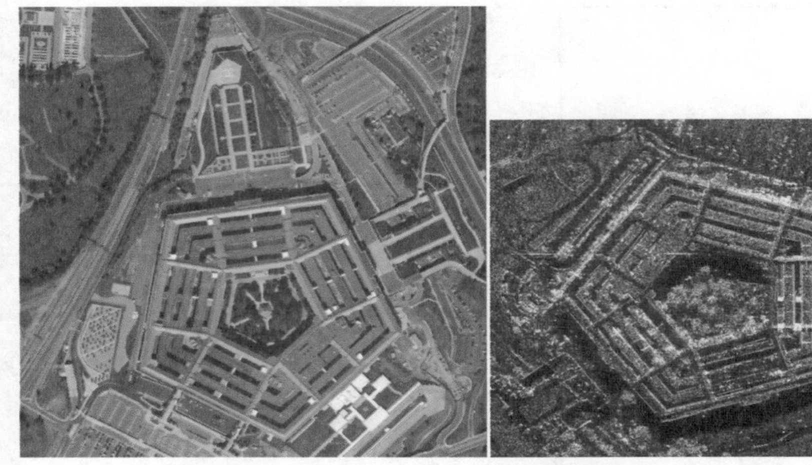

(a)光学影像(左)与 SAR 影像(右)直线提取结果

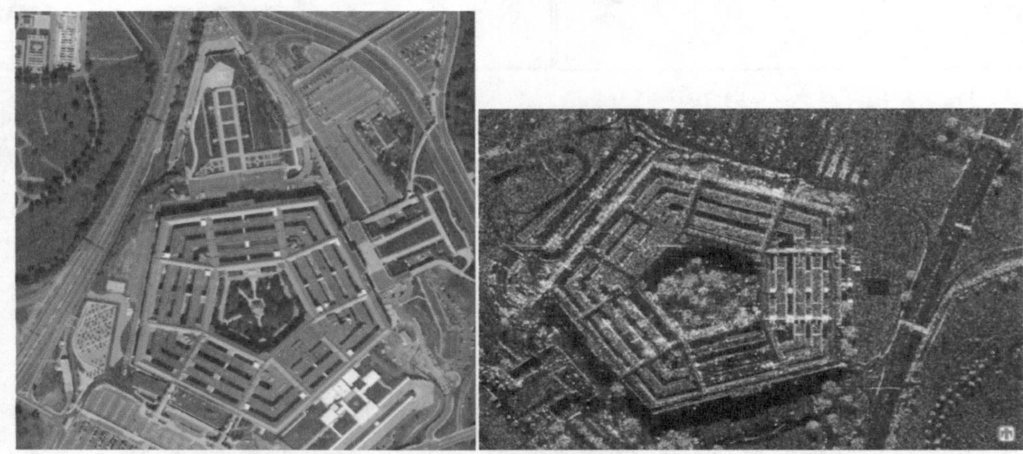

(b)光学影像(左)与 SAR 影像(右)感知编组与后处理结果

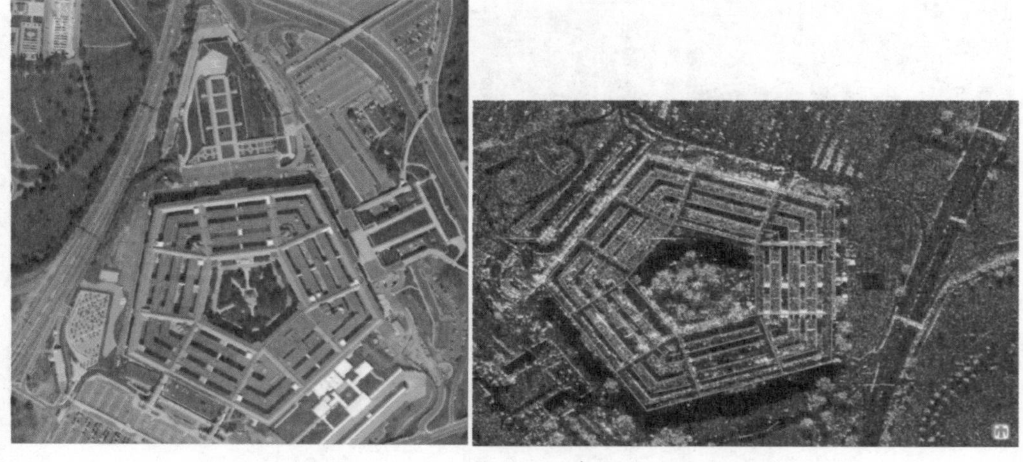

(c)光学影像(左)与 SAR 影像(右)对称性检测与补全结果

(d)基于显著结构的配准结果棋盘格叠加显示

图 3-13 实验数据 2：基于直线构成的几何结构特征粗配准结果

3.2 遥感影像辐射一致性处理技术

由于拍摄季节与日期、太阳高度角、成像角度、气象条件，云、雨、雪等覆盖程度等的差异都会造成影像辐射值差异，显著影响变化检测结果的精度。因此，变化检测之前，需要进行相对辐射校正，以消除两景影像间的辐射差异，便于后续灾前/灾后光学影像变化检测的应用。

如图 3-14(a)、(b)所示分别为南京 2002 年和 2007 年的遥感影像，图上显示两张影像存在明显的辐射差异，对其直接进行差值法变化检测，结果如图 3-14(c)所示，检测精度低，存在大量伪变化。其原因是两幅影像辐射特性不同，辐射基准不一致，影像间辐射值不具有可比性。

基于此，针对灾前/灾后光学影像变化检测的应用，提出了一种基于低通滤波和小波变换的辐射一致性处理方法，并对算法原理和实现方法做了详细阐述；另外针对用于变化检测的遥感影像特点，还提出了一种基于联合散点图线性分析的辐射异质性处理方法。

3.2.1 相对辐射校正原理与方法

3.2.1.1 辐射校正基本原理

辐射校正是指消除或减弱传感器测量值与目标的光谱反射率或光谱辐射亮度的不一致，包括绝对辐射校正和相对辐射校正两种类型。绝对辐射校正主要校正由于传感器的状

（a）南京2002年原始影像　　（b）南京2007年原始影像

（c）直接进行变化检测的错误结果

图 3-14　存在辐射差异的多时相影像直接差值检测结果

态、姿态以及太阳光照、大气扩散和吸收等引起与地物表面辐射特性变化无关的辐射失真。由于测量当前数据的大气参数和地面目标是非常昂贵而且不实际的，尤其对于历史数据以及大范围地域研究几乎不可能，因此实际中多数情况下绝对辐射校正难以实现。变化检测是针对多时相影像进行的，是一种影像间的相对运算，因此不需要参与分析的多时相影像辐射特性绝对正确，只需要各影像间辐射特性相对一致即可。因此在变化检测中，主要使用相对辐射校正，将一幅影像作为参考影像，调整另一幅影像的辐射特性，使之与参考影像匹配（Hall et al.，1991）。

多时相遥感影像相对辐射校正的基本原理是通过调整待校正影像的辐射值，使相同地物在不同时相影像中的光谱反射值相等，也就是“谱不变”。常用的相对辐射校正一般都假定待校正图像的灰度值(Digital Number，DN)与参考图像的 DN 之间存在线性关系：

$$DN_{ref}=a\times DN_{rect}+b \tag{3-1}$$

其中，DN_{ref}是参考图像中目标的 DN 值，DN_{rect}是待校正图像中的 DN 值，a 和 b 分别为增益和偏移。

相对辐射校正一般通过三个步骤来校正两幅影像间的辐射差异：首先选择两幅影像中辐射值没有或很少发生变化的目标区域(称为不变目标)，然后用这些区域的平均 DN 值来估计线性函数的增益和偏移，最后通过估计得到的线性函数实现待校正图像辐射值的校正(钟家强，2004)。

1. 不变目标提取

不同时相遥感图像中的不变目标是一些辐射值不随时间发生变化且具有均匀灰度值的区域。可以通过人工选择或者计算机自动提取多时相遥感图像中的不变目标，所提取的不变目标应该覆盖明亮、中间及暗三种区域，且分布应该均匀。但是实际应用中，一般假设变化部分只占影像的极小比例，因此常把整个影像都作为未变化区域进行线性回归分析，大多数情况也可以获得好的效果。

2. 估计线性变换参数

假设获取的不变目标数目为 M，每个目标标记为 $T_i(1\leqslant i\leqslant M)$，对每个目标 T_i 计算它们在参考图像和校正图像中的平均 DN，并标记为 RDN_i 和 SDN_i，则辐射校正公式为：

$$RDN_i=a\cdot SDN_i+b,\quad (1\leqslant i\leqslant M) \tag{3-2}$$

为估计上述方程中的 a 和 b，一般采用最小二乘法(LS)，但最小二乘法容易受粗差点的影响，而这些粗差点一般来源于发生变化的区域。为了消除粗差点等因素的影响，出现了许多采用稳健的估计方法求解线性参数，如 M-估计、最小均方中值等。

3. 实现相对辐射校正

根据线性回归估计得到的变换参数，通过线性模型等式 $y_k=a_k\cdot x_k+b_k$对待校正图像中的灰度值进行调整，从而实现遥感影像的辐射校正。

3.2.1.2 常用辐射校正方法

常用的相对辐射校正方法按照算法模型大致可以分为两类，一类为非线性校正法，使用最广泛的为直方图匹配法；另外一类为线性回归法，这种方法一般假设待纠正影像的DN 值与参考影像的 DN 值之间存在线性关系。应用效果较好的方法主要有简单影像回归法、伪不变特征法、暗集-亮集法、未变集法等。因此常用的相对辐射校正方法如下：

1. 直方图匹配法(Histogram Matching，HM)

直方图匹配法是通过非线性变换使得待处理图像的直方图与参考图像直方图类似或者一致。一般认为，直方图匹配法对在不同时间获取的同一地区或邻接地区的图像，或者由于太阳高度角或大气影响引起差异的图像很有用，特别是对图像镶嵌和变化检测(孙家抦，1997)。为了使图像直方图获得好的结果，两幅图像应有相似的特性：

(1)图像直方图总体形状应类似；

(2)图像中黑与亮特征应相同；

(3)对某些应用，图像的空间分辨率应相同；

(4)图像上地物分布相同，尤其是不同地区的图像匹配。

但是实际应用发现，大多数情况下利用直方图匹配法得到的辐射校正结果很不理想，主要体现在以下两个方面：

(1)直方图是用一维信息代表二维影像的统计信息，因此直方图和影像不具有一一对应关系，即使经过校正后的两幅影像的直方图完全一样，影像上的地物辐射空间分布特性也可能存在严重差异；

(2)由于直方图匹配方法的处理过程存在直方图元素合并过程，因此经过直方图匹配处理的影像普遍存在灰阶损失的现象。

2. 去雾校正法(Haze Correction，HC)

简单的去雾校正方法假设在目标影像和参考影像中具有零反射的像元具有相同的最小DN值。因此去雾校正方法可以认为是一种偏移校正方法，即：

$$a_k = 1$$

$$b_k = y_{k_{\min}} - x_{k_{\min}} \tag{3-3}$$

式中，$x_{k_{\min}}$ 和 $y_{k_{\min}}$ 是影像 X 和影像 Y 各自第 k 波段的模糊值。需要注意的是，实际应用中 $x_{k_{\min}}$ 和 $y_{k_{\min}}$ 这两个模糊值阈值，一般不是直接使用影像 X 和影像 Y 各自第 k 波段的最小灰度值，而是选取各自直方图中最暗端0.1%像元处的灰度值。

这种方法实质是一种平移校正方法，使得影像的最小灰度值一致。由于算法简单，对于同源传感器影像效果大致还可以，但是对于影像之间辐射分布范围不一致的情况将出现问题。如果一个影像的灰度范围是100~200，另外一个影像的灰度范围是0~100，那么它们之间用HC法效果大致还可以；但是如果另外一幅影像灰度范围是0~255，那么再用HC方法将得不到正确的校正结果。

3. 最小最大值法(Minimum-Maximum Normalization，MM)

这种方法的思路比较简单，目标影像经过辐射调整后，结果影像和参考影像在各波段上分别具有相同的最小值和最大值。因此最小最大值法的系数为：

$$a_k = \frac{y_{k_{\max}} - y_{k_{\min}}}{x_{k_{\max}} - x_{k_{\min}}}$$

$$b_k = x_{k_{\min}} - a_k \cdot x_{k_{\min}} \tag{3-4}$$

其中，$x_{k_{\min}}$，$y_{k_{\min}}$ 是两影像的最小DN值；$x_{k_{\max}}$，$y_{k_{\max}}$ 是两影像的最大DN值。当然，最小最大值法中选择最小最大值的阈值时，一样遵循取直方图高低0.1%像元处的原则。

这种方法的优点是运算简单，且算法思路直观，与影像辐射线性拉伸处理的思路一致，但是该方法用在变化检测中有时候会导致错误的结果。因为不同时相间一般会存在变化，如果在影像DN值低端或者高端出现变化，且变化量大于0.1%，那么这种校正方法就会出现整体偏差，离变化端越近，偏差越大。如果变化出现在DN值中间部分，则没有影响。

4. 均值方差法(Mean-Standard Deviation，MS)

均值方差法的思路是，目标影像经过辐射校正后，结果影像和参考影像在各波段上具有相同的均值和方差。假设 $\bar{x}_k$ 和 $\bar{y}_k$ 是两影像 k 波段的灰度平均值，S_{x_k} 和 S_{y_k} 是相应波段的标准差。那么均值方差法辐射校正系数为：

$$a_k = \frac{S_{y_k}}{S_{x_k}}$$

$$b_k = \bar{y}_k - a_k \cdot \bar{x}_k \tag{3-5}$$

这种方法是应用比较广泛效果也非常好的一种线性回归的相对辐射校正方法，只要两影像辐射特性间大致符合线性关系，使用 MS 法一般会得到比较理想的结果。因为该方法有一定的概率统计理论基础，因此对一些需要辐射校正且要统一影像间的概率统计模型的应用比较合适。

5. 简单回归法(Simple Regression Normalization，SR)

简单回归法辐射校正法利用最小均方回归法对目标影像和参考影像进行回归分析。回归系数由如下最小均方差回归等式得到

$$Q = \sum_{\text{scene}} (y_k - a_k x_k - b_k)^2 = \min \tag{3-6}$$

通过解此等式可以得到辐射校正系数为

$$a_k = \frac{S_{x_k y_k}}{S_{x_k x_k}}$$

$$b_k = \bar{y}_k - a_k \cdot \bar{x}_k \tag{3-7}$$

其中

$$S_{x_k x_k} = \frac{1}{|\text{image}|} \sum_{\text{image}} (x_k - \bar{x}_k)^2$$

$$S_{x_k y_k} = \frac{1}{|\text{image}|} \sum_{\text{image}} (x_k - \bar{x}_k)(y_k - \bar{y}_k) \tag{3-8}$$

并且 image 表示整个影像的像元集合，而 |image| 表示影像中所有像元的数量。

6. 暗集亮集法(Dark Set-Bright Set，DB)

暗集亮集法辐射校正(Hall et al.，1991)和最小最大值不同，使用暗像元集的平均灰度代替真实的最小值，用亮像元集的平均灰度代替真实的最大值。其中暗集和亮集是对目标影像和参考影像进行 KT 变换(Hall et al.，1991)。一般来说，暗集代表深水，而亮集表示高反射地物，如水泥路面和裸露岩石。因此辐射校正系数由如下四个参数决定：$\bar{x}_k^{(d)}$，$\bar{x}_k^{(b)}$，$\bar{y}_k^{(d)}$，$\bar{y}_k^{(b)}$，它们分别是目标影像和参考影像的暗集、亮集平均灰度值。暗集、亮集法辐射校正系数如下：

$$a_k = \frac{\bar{y}_k^{(b)} - \bar{y}_k^{(d)}}{\bar{x}_k^{(b)} - \bar{x}_k^{(d)}}$$

$$b_k = \bar{y}_k^{(d)} - a_k \cdot \bar{x}_k^{(d)} \tag{3-9}$$

7. 伪不变特征法(Pseudo-Invariant Feature，PIF)

伪不变特征法(Salvaggio et al.，1993)主要用于多光谱影像的处理，假设两个时期的目标影像和参考影像中存在辐射特性上没有明显发生变化的目标，如道路、城区。这种方法中，通过分析两影像的近红外和红波段的比值得到伪不变特征掩膜影像和一个近红外阈值。伪不变特征掩膜影像用来确定具有低植被覆盖的像素，近红外阈值用来消除水域像

素。假设两影像中所选择的伪不变集的均值和方差分别为：$\bar{x}_k^{(\mathrm{pi})}$，$\bar{y}_k^{(\mathrm{pi})}$ 和$s_{x_x}^{(\mathrm{pi})}$，$s_{y_k}^{(\mathrm{pi})}$ 。那么 PIF 方法的校正参数为：

$$a_k = \frac{s_{y_k}^{(\mathrm{pi})}}{s_{x_x}^{(\mathrm{pi})}}$$

$$b_k = \bar{y}_k^{(\mathrm{pi})} - a_k \bar{x}_k^{(\mathrm{pi})} \tag{3-10}$$

其中，伪不变特征集定义为：

$$\mathrm{PIF} = \{\mathrm{band_{nir}}/\mathrm{band_{red}} \leqslant T_1 \ \mathrm{AND}\ \mathrm{band_{nir}} \geqslant T_2\}$$

T_1、T_2是阈值，近红外-红波段比值图像的掩膜与近红外波段图像的掩膜利用不同的阈值得到。

8. 不变回归法(No-Change Set Radiometric Normalization，NC)

不变回归法利用影像数据中未发生显著辐射变化的目标计算得到校正参数。当不变集得到后，利用最小方差等式：

$$Q = \sum_{\mathrm{NC}} (y_k - a_k x_x - b_k)^2 = \min \tag{3-11}$$

可以得到校正参数如下：

$$a_k = \frac{s_{x_x y_k}^{(\mathrm{nc})}}{s_{x_k x_k}^{(\mathrm{nc})}}$$

$$b_k = \bar{y}_k^{(\mathrm{nc})} - a_k \bar{x}_k^{(\mathrm{nc})} \tag{3-12}$$

其中，$\bar{x}_k^{(\mathrm{nc})}$ 和 $\bar{y}_k^{(\mathrm{nc})}$ 是均值，

$$\bar{s}_{x_x x_k}^{(\mathrm{nc})} = \frac{1}{|\mathrm{NC}|} \sum_{\mathrm{NC}} (x_x - \bar{x}_k^{(\mathrm{nc})})^2 \tag{3-13}$$

和

$$\bar{s}_{x_x x_k}^{(\mathrm{nc})} = \frac{1}{|\mathrm{NC}|} \sum_{\mathrm{NC}} (x_x - \bar{x}_k^{(\mathrm{nc})})(y_k - \bar{y}_k^{(\mathrm{nc})}) \tag{3-14}$$

是两影像不变集的样本方差和协方差，|NC|是不变集中像素的总个数。

各种常见方法的参数计算见表 3-5：

表 3-5　**几种线性辐射校正方法的参数求解表达式**

相对辐射校正方法	线性等式求解：$y_k = a_k \cdot x_k + b_k$	
	a_k	b_k
去雾校正(HC)	1	$y_{k_{\min}} - x_{k_{\min}}$
最小最大值归一化(MM)	$\frac{y_{k_{\max}} - y_{k_{\min}}}{x_{k_{\max}} - x_{k_{\min}}}$	$y_{k_{\min}} - a_k x_{k_{\min}}$
均值方差归一化(MS)	$\frac{S_{y_k}}{S_{x_k}}$	$\bar{y}_k - a_k \bar{x}_k$

续表

相对辐射校正方法	线性等式求解：$y_k=a_k \cdot x_k+b_k$	
	a_k	b_k
简单回归(SR)	$\frac{S_{x_k y_k}}{S_{x_k x_k}}$	$\bar{y}_k-a_k\bar{x}_k$
暗集亮集法(DB)	$\frac{\bar{y}_k^{(b)}-\bar{y}_k^{(d)}}{\bar{x}_k^{(b)}-\bar{x}_k^{(d)}}$	$\bar{y}_k^{(d)}-a_k\bar{x}_k^{(d)}$
伪不变特征法(PIF)	$\frac{S_{y_k}^{(pi)}}{S_{x_k}^{(pi)}}$	$\bar{y}_k^{pi}-a_k\bar{x}_k^{pi}$
不变集法(NC)	$\frac{S_{x_k y_k}^{(nc)}}{S_{x_k x_k}^{(nc)}}$	$\bar{y}_k^{nc}-a_k\bar{x}_k^{nc}$

对于常规影像处理应用而言，这些相对辐射校正方法简单易于实现，在实际应用中被大量采用。但是由于不同的传感器特性不同，以及不同区域自然景观在遥感影像上的特征不同，即使同一种方法应用于不同的遥感影像时，也会产生不同的效果，因此各种方法的效果不能一概而论，应该视具体应用目的和数据特性采用合适的方法。例如丁丽霞(2005)利用浙江省嘉善县两期TM/ETM+遥感数据，试验了5种相对辐射校正方法，包括图像回归法、伪不变特性法、暗集-亮集法、未变化集辐射归一化法与直方图匹配法，并且运用均方根误差与变动范围这两个统计特征参数比较与评价了5种方法辐射校正后的图像，并用差值法进一步比较了5种方法对变化检测的影响，结果表明，5种相对辐射校正方法都不同程度地改善了动态检测效果。但是也发现，NC、HM、IR法有减弱原始图像变动范围的趋势。变动范围的减小会降低图像频率分布的稀疏程度，对光谱类型的分离性有负面影响，不利于图像解译与分类。

在实际变化检测应用中发现，常规的相对辐射校正方法如果直接应用于变化检测，一般会有如下问题：

第一，辐射校正方法前提条件不成立。常规线性回归相对辐射校正方法一般是假设待处理影像间辐射分布符合线性关系，对于同种传感器的大多数影像而言，这个假设可以近似成立；但是对于不同传感器获得的影像而言，这个假设就不一定成立。另外，即使是同种传感器的多时相遥感影像，如果时间跨度比较大、地表发生变化区域较多、成像条件不一致等，也会使得影像间的辐射分布特性呈非线性关系。如果直接按照线性关系进行处理，会得到错误结果。因此变化检测需要的相对辐射校正应该可以同时兼顾线性与非线性两种情况的辐射差异。

第二，如上所述，非线性相对辐射校正方法中的直方图匹配法在实际应用中效果并不理想，一是会造成影像灰阶损失，二是影像辐射分布被调整乱套。如图3-15(d)所示。

第三，上述所列线性与非线性相对辐射校正方法都是根据影像的整体统计特性进行数学解算，并没有考虑人为的干预。对于有些复杂的影像或应用，需要人工辅助才能完成，在这种情况下常规方法很难得到理想结果。

(a)2003-08-25 SPOT-5 原始影像

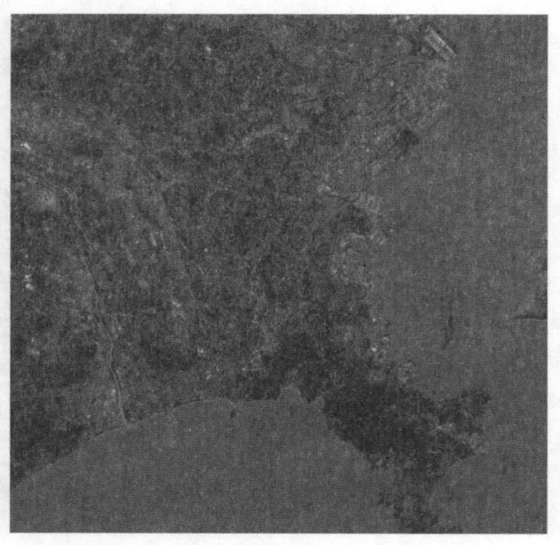

(b)2003-12-07 SPOT-5 原始影像

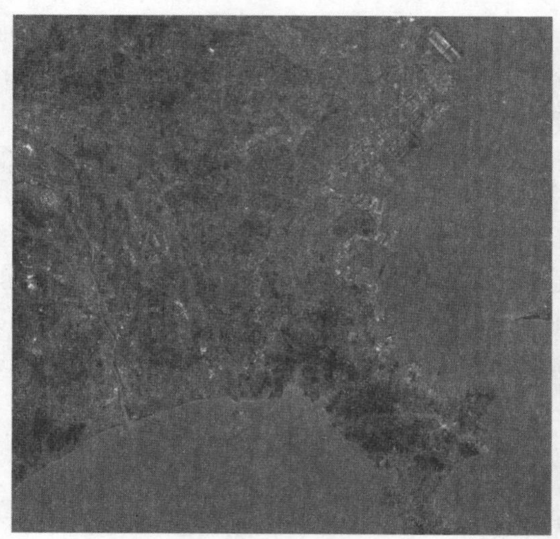

(c)a 影像均值-方差法处理的结果

(d)a 影像利用直方图匹配处理的结果

图 3-15　常规辐射校正处理结果对比

由图 3-15 可以看出，无论是线性回归法还是非线性的直方图匹配法，对存在非线性辐射差异的影像都无能为力。不仅水域的辐射差异没有消除，还使得陆地部分的辐射特性因海域统计值的影响而遭到不同程度的破坏，用这种处理结果直接进行变化检测将得到错误的结果。

3.2.2　基于联合散点图线性分析的相对辐射一致性处理

3.2.2.1　联合散点图原理

在上述相对辐射校正方法中，多数方法的前提是假设影像间的辐射特性总体满足线性关系。经过配准后的多时相遥感影像，如果对应的地物没有发生任何变化，理想情况下影像间对应位置像元灰度值应该完全相同，这是一种最理想的线性关系。现实中这种情况是不可能的，即使地表没有发生任何实质变化，由于成像条件的不同，影像间对应位置的像元光谱也会存在差异。但是总体上两个影像间的辐射特性还是会存在某种有规律的近似线性关系，而且这种近似线性关系可以通过影像联合散点图直观看到。

对于灰度图像而言，影像联合散点图的 X 坐标是时相 1 影像的灰度值范围，一般是 0~255；Y 坐标是时相 2 影像的灰度值范围，同样是 0~255。散点图坐标(x，y)处的值是时相 1 和时相 2 两幅影像上相同位置出现时相 1 灰度为 x，出现时相 2 灰度为 y 的次数，如图 3-16 所示。

如图 3-16(a)、(b)所示，武汉 2002 年和 2004 年两期影像的辐射特性存在明显差别，包括色调、清晰度、明暗度等，而且还存在变化区域。但是由图 3-16(c)、(d)和(e)所示的三个波段的联合散点图可以看出，两期影像间在各波段仍然呈近似线性关系。图中白色斜线即为两影像对应波段间的近似线性关系。

(a)武汉 2002 年影像

(b)武汉 2004 年影像

图 3-16　武汉 2002 年和 2004 年影像波段联合散点图(1)

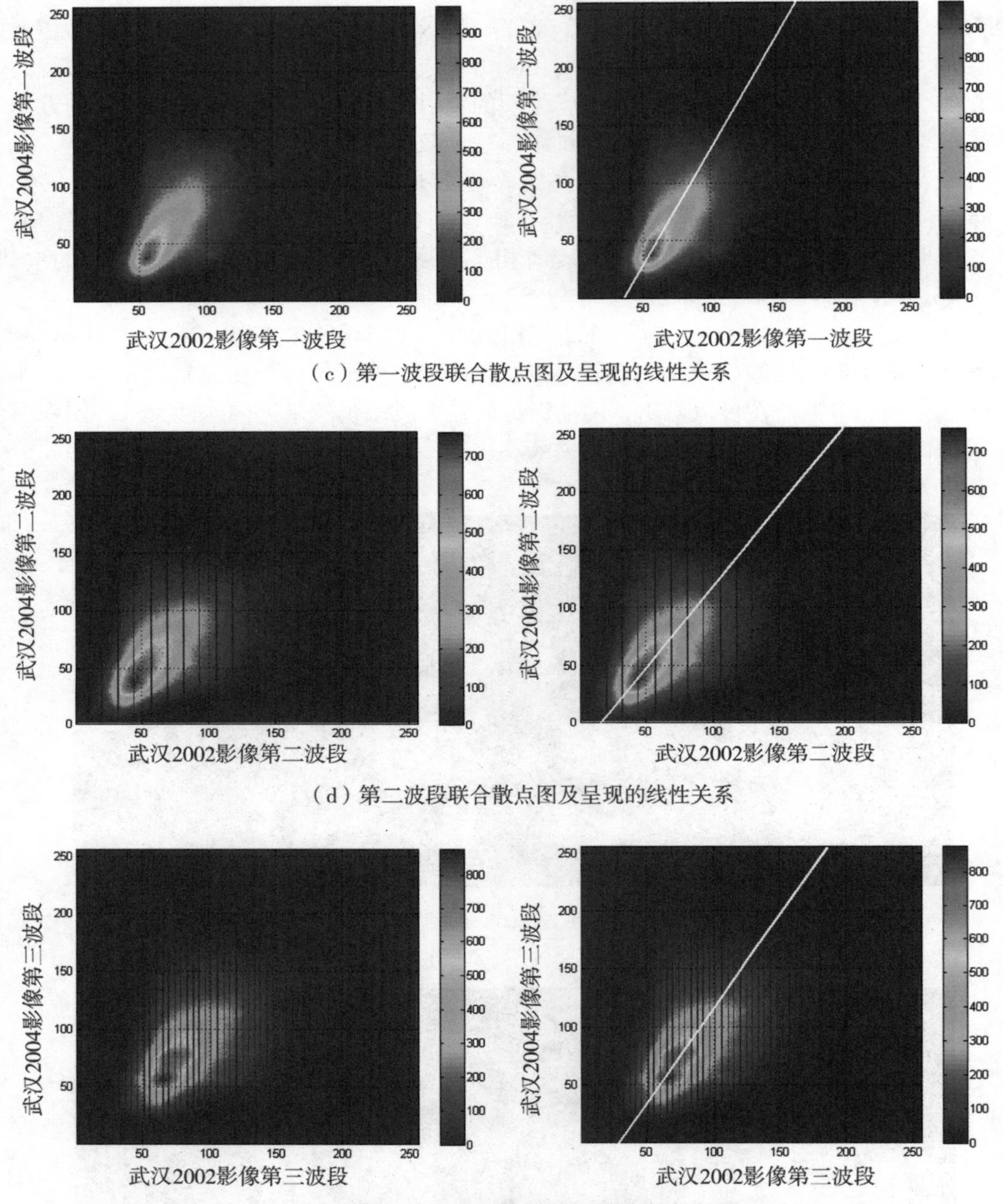

（c）第一波段联合散点图及呈现的线性关系

（d）第二波段联合散点图及呈现的线性关系

（e）第三波段联合散点图及呈现的线性关系

图 3-16　武汉 2002 年和 2004 年影像波段联合散点图(2)

由前所述，线性回归法相对辐射校正首先假设影像间具有近似线性关系，然后对两影像进行参数统计回归分析，拟合出影像间的近似线性关系，最后利用线性关系参数对待处理影像进行辐射校正。这个过程存在两个问题：

第一，影像间是否真的存在线性关系？如果并不存在线性关系，那么利用这种方法得到的结果会存在错误；

第二，影像间即使存在近似线性关系，并不表示所有的像元点都符合线性关系；如果非线性关系的像元也参与统计，最终线性回归得到的结果参数必然存在偏差。

不同时相遥感影像间的非线性差异主要包括两部分，一部分是地表变化区域造成的非线性关系，另外一部分是成像条件不同引起的非线性辐射差异。如果能够在进行线性回归分析时剔除可能引起参数求解干扰的点，那么最终的线性回归得到的值精度将大大增加。为解决这个问题，在线性回归的基础上，借助联合散点图的线性分析，提出了一种基于联合散点图线性分析的辐射校正方法。

3.2.2.2 联合散点图线性分析方法及相对辐射校正

此方法主要利用联合散点图得到影像间的辐射分布线性关系，一是利用人工交互在散点图上确定线性关系；二是程序自动解算。

1. 基于散点图的人工交互确定线性关系

由上一节的图 3-16 武汉 2002 年和 2004 年影像间联合散点图可以看出，如果两幅影像间存在近似线性关系，那么可以用一条斜线大致描述这种线性关系。因此最简单的方法就是由人工交互的方式画出这条描述线性关系的斜线，如图 3-17 所示。

图 3-17 基于联合散点图的人工交互相对辐射校正程序界面

此方法操作简单，辐射校正效果可以根据选取的直线实时调整和预览。此方法最大的优点是发挥操作者的判断能力，无论影像辐射特性有多复杂，操作者可以根据个人经验判断出线性关系，实现相对辐射校正。图 3-18 所示影像，由于水色差异导致整体上明显存在非线性辐射差异，陆地部分明显存在线性关系。基于上述实验说明，采取线性回归法和直方图匹配法都将得到错误的结果，如果辐射校正结果用于变化检测，检测结果也毫无准确性可言。因此，由人工交互方式进行干预，可以得到准确的结果。

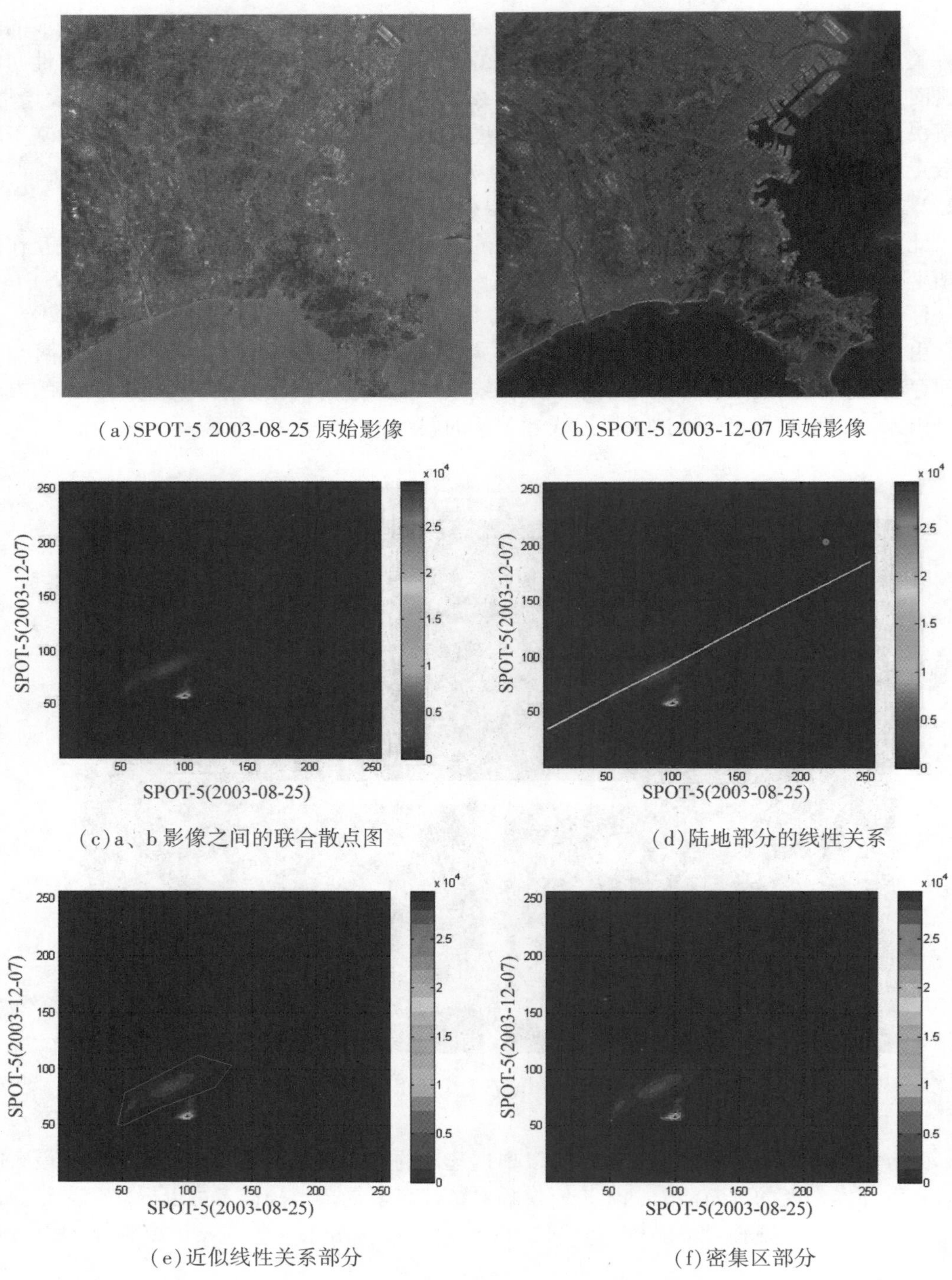

(a) SPOT-5 2003-08-25 原始影像　　(b) SPOT-5 2003-12-07 原始影像

(c) a、b 影像之间的联合散点图　　(d) 陆地部分的线性关系

(e) 近似线性关系部分　　(f) 密集区部分

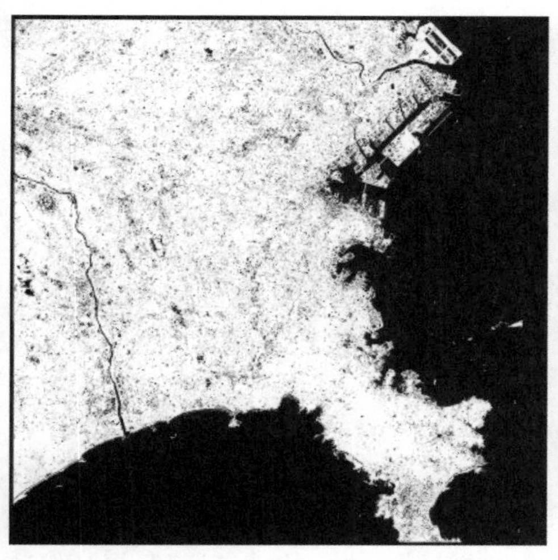
(g)e 中近似线性关系部分对应影像陆地部分

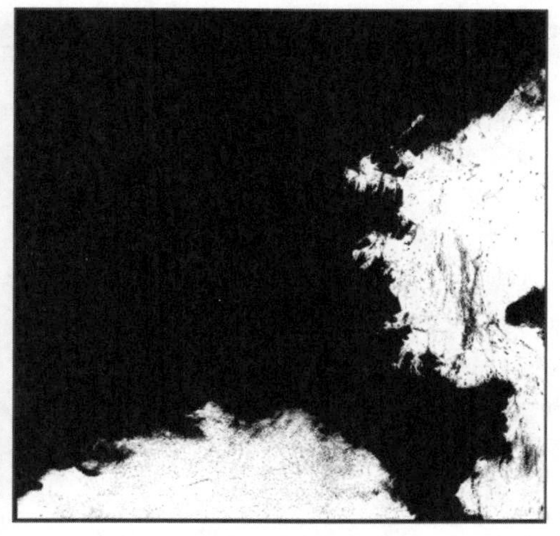
(h)f 中散点图密集区对应海域

(i)只对陆地部分辐射校正的结果

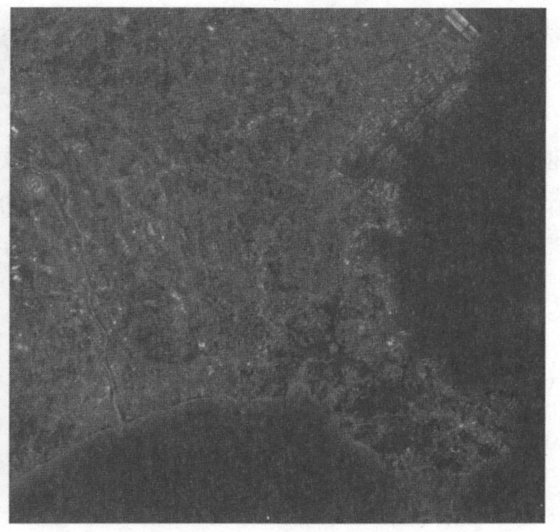
(j)陆地和水域同时处理的结果

图 3-18　特殊影像的联合散点图及线性关系确定方法

如图 3-18(a)、(b)所示，两景 SPOT-5 影像差异主要在水域部分，除水域以外部分大致符合线性关系。图 3-18(c)是两影像的联合散点图，由图中可以看出，散点图分布包括两个主体部分。一部分大致符合线性关系，如图 3-18(d)所示斜线；而另外一部分属于密集分布，且像元数量比例大。参照图 3-18(a)、(b)影像可以看出呈线性关系的属于陆地部分，而密集分布的属于水域部分。这说明两影像整体不具有统一的线性关系。这种影像如果直接用线性回归法或者直方图匹配法进行辐射校正，将得到错误的结果，既然可以由人工判断该影像的辐射特性分布主要包括两部分，如果能够把各部分独立进行辐射校正，应该可以使得各部分按照近似线性关系进行辐射校正。

如图 3-18 所示，联合散点图分为两个部分，左上部分可以看出具有近似线性关系，

用 Ω_L 表示，右下密集区部分用 Ω_W 表示，因此通过如图 3-17 所示界面把这个近似线性关系用一线段表示出来，假设 Ω_L 部分直线方程为

$$y=ax+b \tag{3-15}$$

因此可以得到纠正公式为

$$y_c=\frac{y-b}{a} \tag{3-16}$$

其中，y_c 为图 3-18(c) 中纵坐标对应的影像纠正结果，y 为图 3-18(c) 中纵坐标对应的影像原始影像值。利用公式进行纠正时，只能对 Ω_L 对应的像素进行纠正，而不能对 Ω_W 像素进行处理，因此纠正公式可以改为：

$$\begin{gathered} f_{\text{result}}(i,\ j)=(f_y(i,\ j)-b)/a \\ (i,\ j)\in\{(i,\ j)\mid x=f_x(i,\ j),\ y=f_y(i,\ j),\ (x,\ y)\in\Omega_L\} \end{gathered} \tag{3-17}$$

处理结果如图 3-18(i) 所示。

图中 Ω_W 主体部分比较密集，说明 Ω_W 对应的地物光谱特性比较相似，但是又偏离 45°线，说明存在辐射差异。如果变化检测不对该部分感兴趣，则可以对 Ω_W 部分人工选择近似线性关系进行辐射校正，如图 3-18(j) 所示。

2. 基于散点图的自动线性关系解算

如果在辐射校正前就知道两幅影像的辐射分布特性，那么就可以对属于线性关系的部分独立统计、独立校正。因此首先要由联合散点图提取辐射分布关系，思路是把散点图中的散点密集区域的主体部分提取出来，根据区域的形状来分析其线性关系，同时根据区域来划分哪些像元需要参与线性回归分析。散点图的非主体部分可以视为非线性辐射差异部分，可以不做辐射校正。

首先要从散点图中提取散点密集区域。为了能够从联合散点图中提取影像间的辐射分布关系，提出了如下几种方法对散点图进行分析：

1) 格网线性拟合法

这种方法一般用来对噪声进行估计，其思路是求出散点图的主体和走势。具体方法：

(1) 对散点图进行格网划分；

格网可以随意设定，如 3×3、5×5，因为散点图的大小一般为 256×256，因此也可以将其等分成 8×8、16×16、32×32、64×64 等；一般格网划分的疏密程度影响拟合精度及可行性。格网间隔越大，越容易求解，但是精度越差；格网间隔越小，精度越高，但是求解越难，因为格网为 1×1 时就是原始的散点图了。

(2) 统计每个格网的平均值，并对平均值从大到小进行排序；

(3) 对排序结果截取前面的 n 个最大值，对这 n 个最大值对应的格网进行直线拟合，n 是按照总像元的一定比例得到的。

这种方法的好处是简单，缺点是精度不高，只能得到大致的线性关系。一种改良方法就是逐层精化的方法，也就是用大格网快速提取大致线性关系，然后以该结果为引导，在小格网上进行进一步的求解。用这种方法虽然增加了算法的复杂度，但是的确可以解决实际问题。

另外，这种方法也只能处理影像整体符合线性关系的情况，对于如图 3-19 所示中包含两部分的情况就无能为力了。

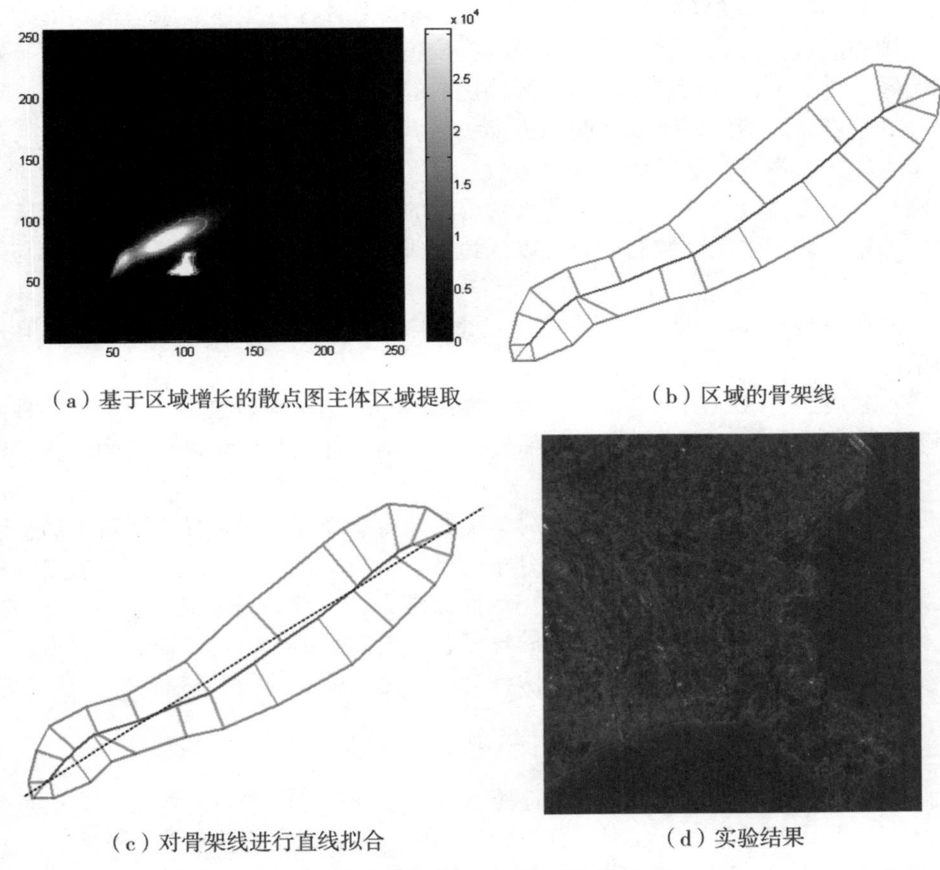

（a）基于区域增长的散点图主体区域提取　　（b）区域的骨架线

（c）对骨架线进行直线拟合　　（d）实验结果

图 3-19　基于区域增长的线性关系求解示意图

2）区域增长分离法

这种方法的思路是利用区域增长的方法把散点图中主体部分提取出来，可以按照主体部分进行前面的线性回归直接得到辐射校正参数，也可以对主体部分进行形状分析获得辐射校正的参数。如果进行区域增长，首先要得到散点图中的局部极大值，因此可以借鉴分水岭变换的思路。具体算法如下：

（1）对散点图进行平滑处理；

（2）求解散点图的梯度图像；

（3）根据梯度图像得到影像中的极大值点；

（4）从得到的极大值点开始进行区域增长，当各增长区域所对应像元总量达到一定比例则停止；

（5）对得到的各区域进行形状分析，一般利用骨架线进行线状分析；

（6）利用各区域的骨架线拟合直线；

（7）对各区域做整体分析，根据各自的初步直线关系，判断是否有区域需要合并；如果有需要合并的，则合并后从(5)开始重新分析；

(8)最终得到主体区域和直线关系，利用直线关系对各自主体区域进行辐射校正，落在主体区域外的视为疑似变化区域，不予辐射校正。

利用区域增长方法进行散点图主体区域提取的方法具有以下几个优点：

第一，精度高。精度高体现在两个方面，一是可以考虑类似如图 3-18 所示联合散点图存在多主体区的情况。这样分区求解参数，精度自然比影像全部参与求解准确。二是无论散点图有一个主体区域还是多个，所求解得到的主体区域都是核心部分，最能够代表影像间辐射关系，偏离主体区域的部分可以认为是非线性部分或者变化部分，不参与线性关系求解。

第二，在一定条件下可以自动解决类似如图 3-19 中的多分布主体的情况，但是具有一定的条件限制。

总之，利用联合散点图可以很方便地实现影像间的相对辐射校正，不失是一种简便的相对辐射校正方法。但是这个方法仍然需要一个前提条件就是假设影像之间的确存在线性关系，或者分区域地符合线性关系。

为了能够在变化检测辐射处理中同时解决线性与非线性辐射差异，所使用的辐射校正方法必须同时考虑整体统计信息和二维分布信息。因此本章提出了一种全新思路的相对辐射校正方法：基于平滑滤波的相对辐射一致性处理方法，该方法不追求辐射结果的最优，满足变化检测的需要即可。由于该方法的思路有别于常规相对辐射校正，又因为该方法主要用于变化检测，因此本节中对该类方法称为用于变化检测的“相对辐射一致性处理”。

3.2.3　基于低通滤波(LPF)的相对辐射一致性处理

遥感影像融合的思路是把高分辨率遥感影像的纹理信息与彩色影像的色彩信息融合在一起，获得一个具有高分辨率纹理信息的彩色影像。也就是说影像融合过程中，彩色影像的高频信息被另外一幅影像的高频信息替换。因此影像融合的原理为辐射校正提供了一种新的解决思路，即基于高低频分离的方法——基于低通滤波的相对辐射一致性处理。

3.2.3.1　算法原理

因为遥感影像中代表辐射亮度分布的主要是影像的低频信息，如图 3-20(d)和图 3-20(g)所示，而影像的纹理细节对应了影像的高频信息，如图 3-20(e)和图 3-20(h)所示，因此影像间的辐射亮度差异主要反映在影像的低频上。如果把需要辐射校正的两幅影像的低频信息调整得大体一致，就可以使得两影像的辐射分布特性达到一致。因此可以得到一种新颖的相对辐射校正的思路：把两幅遥感影像的低频部分提取出来，对待校正影像低频部分进行调整，从而实现影像的相对辐射校正。

如图 3-20(a)、(b)中所示影像即为图 3-16 中的武汉 2002 影像以及武汉 2004 影像。对两影像相同位置进行水平剖面采样，可以得到图 3-20(c)和图 3-20(f)所示的断面线，断面线表示了影像对应行的真实光谱值；图 3-20(d)和图 3-20(g)分别表示两幅影像对应行的低频信息，而图 3-20(e)和图 3-20(h)分别表示高频信息。由上所述，只要把两幅影像对应的低频调整得一致，就可以完成辐射校正。下面首先讨论算法中低频分离问题。

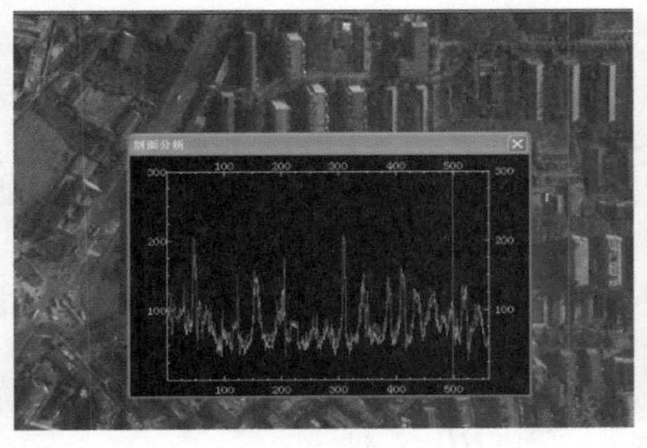

(a)武汉 2002 影像进行水平采样

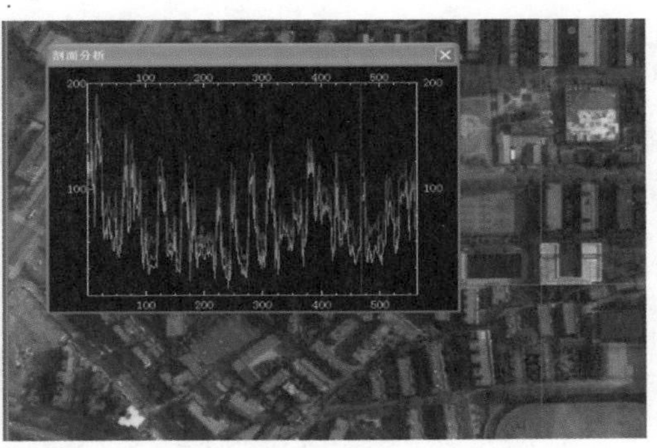

(b)武汉 2004 影像进行水平采样

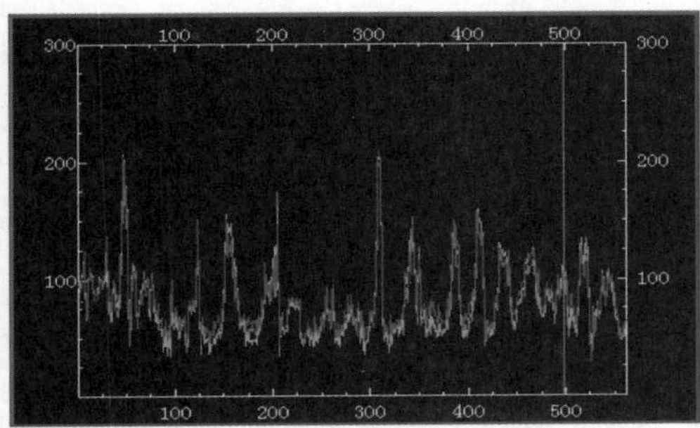

(c)图 a 影像某行剖面图

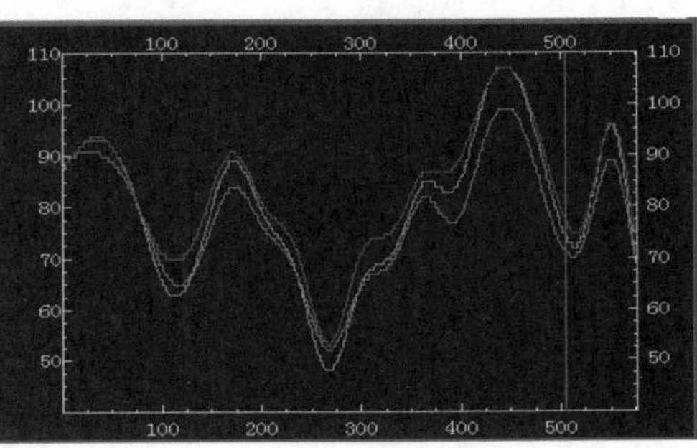

(d)c 图中曲线的低频部分

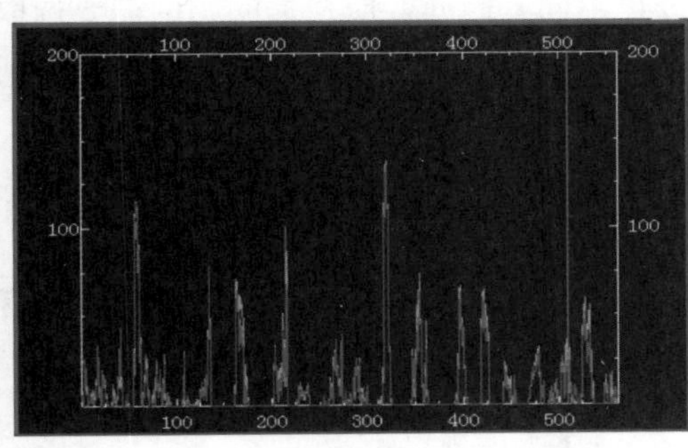

(e)c 图中曲线的高频部分

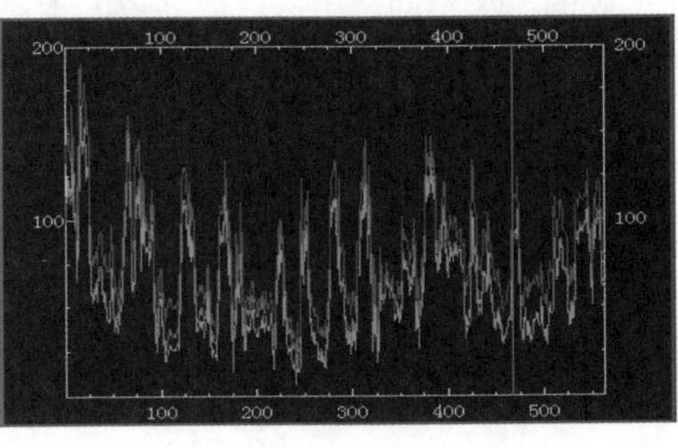

(f)图 b 影像某行剖面图

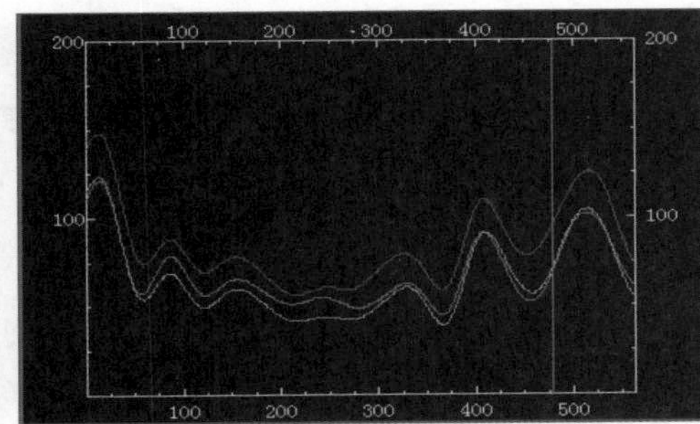

(g)f 图中曲线的低频部分

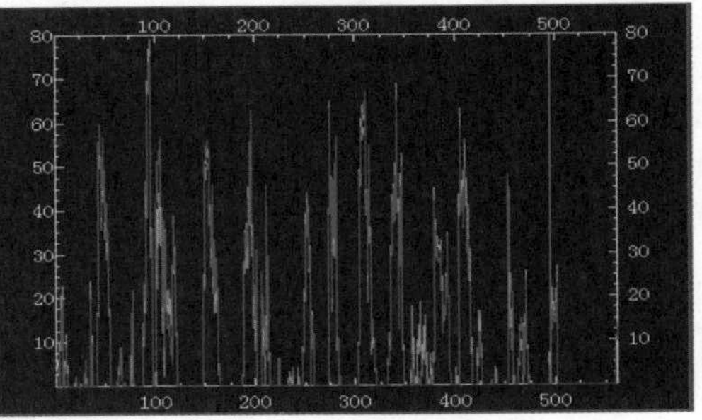

(h)f 图中曲线的高频部分

图 3-20 不同时相影像中对应行剖面图的高低频分布特性

3.2.3.2　滤波器的选择和设计

由上述可以知道，进行相对辐射校正，首先就要提取影像的低频信息。能够获得影像低频信息的方法一般包括变换法和滤波法，变换法一般包括二维傅里叶变换、沃尔什-哈达玛变化、哈尔变换、离散余弦变换、小波变换等；滤波法中最常用的就是空域低通滤波法，典型方法就是邻域平均法。

邻域平均法可看成一个掩膜作用于图像 $f(x, y)$ 的低通空间滤波，掩膜就是一个滤波器，它的响应为 $H(r, s)$，于是滤波输出的数字图像 $g(x, y)$ 可以用离散卷积表示：

$$g(x, y)=\sum_{r=-k}^{k}\sum_{s=-l}^{l}f(x-r, y-s)H(r, s) \tag{3-18}$$

其中，$x, y=0, 1, 2, \cdots, N-1$。

K、l 根据所选择邻域大小来决定，对于 3＊3 的邻域，$k=l=1$。公式中 $H(r, s)$ 为加权函数，习惯上称为掩膜。常用的掩膜有：

$$H_1=\frac{1}{9}\begin{pmatrix}1, & 1, & 1\\1, & 1, & 1\\1, & 1, & 1\end{pmatrix} \tag{3-19}$$

$$H_2=\frac{1}{9}\begin{pmatrix}1, & 1, & 1\\1, & 2, & 1\\1, & 1, & 1\end{pmatrix} \tag{3-20}$$

掩膜的取法不同，中心点或邻域的重要程度也不同，因此，应根据问题的需要选取合适的掩膜。但是不管什么样的掩膜，必须保证全部权系数之和为单位值，这样可以保证输出图像灰度值在许可范围内，不会产生“溢出”现象。

由邻域平均法可以知道，掩膜不同就可以实现不同的均值滤波方法，其中最常用的就是均值滤波器和高斯滤波器。

(1)均值滤波器也是一种最简单的线性滤波器，每一个像元值用其局部邻域内所有值的均值替换，即：

$$g(x, y)=\frac{1}{M}\sum_{r=-k}^{k}\sum_{s=-l}^{l}f(x-r, y-s) \tag{3-21}$$

其中，$x, y=0, 1, 2, \cdots, N-1$。

即所述的式(3-18) 中掩膜 $H(r, s)$ 所有元素为 1。

(2)高斯滤波器是一类根据高斯函数的形状来选择权值的线性平滑滤波器。一维零均值高斯函数为

$$g(x)=\mathrm{e}^{-\frac{x^2}{2\sigma^2}} \tag{3-22}$$

其中，高斯分布参数 σ 决定了高斯滤波器的宽度。对图像处理来说，常用二维零均值离散高斯函数作平滑滤波器。函数表达式为：

$$g[i, j]=\mathrm{e}^{-\frac{i^2+j^2}{2\sigma^2}} \tag{3-23}$$

高斯函数具有五个重要的性质，这些性质使得它在图像处理中特别有用。它们是：

(1)二维高斯函数具有旋转对称性，即滤波器在各个方向上的平滑程度是相同的。一般来说，一幅图像的边缘方向是事先不知道的，因此，在滤波前是无法确定一个方向上比另一方向上需要更多的平滑。旋转对称性意味着高斯平滑滤波器的后续边缘检测中不会偏向任一方向。

(2)高斯函数是单值函数。该性质表明高斯滤波器用像元邻域的加权均值来代表该点的像元值，而每一邻域像元点权值是随该点与中心点的距离单调增减的。这一性质是很重要的，因为边缘是一种影像局部特征，如果平滑运算对离算子中心很远的像元点仍然有很大作用，则平滑运算会使影像失真。

(3)高斯函数的傅里叶变换频谱是单瓣的。这一性质是高斯函数傅里叶变换等于高斯函数本身这一事实的直接推论。影像常被不希望的高频信息所污染(噪声和纹理)。而所希望的影像特征(如边缘)，既含有低频分量，又含有高频分量。高斯函数傅里叶变换的单瓣意味着平滑图像不会被不需要的高频信号所污染，同时保留了大部分的所需信号。

(4)高斯滤波器宽度(决定着平滑程度)是由参数 σ 表征的，而且 σ 和平滑程度的关系是非常简单的。σ 越大，高斯滤波器的频带就越宽，平滑程度就越好。

(5)由于高斯函数的可分离性，大高斯滤波器可以得以有效的实现。二维高斯函数卷积可以分两步来进行，首先将影像与一维高斯函数进行卷积，然后将卷积结果与方向垂直的相同一维高斯函数卷积。因此，二维高斯滤波的计算量随滤波模板宽度成线性增长而不是成平方增长。

这些性质表明，高斯平滑滤波器无论在空间域还是在频率域上都是十分有效的低通滤波器。其中最重要的就是高斯函数的可分离性和联级高斯函数。高斯函数的可分离性很容易表示为：

$$\begin{aligned} g(i,\ j) * f[i,\ j] &= \sum_{k=0}^{m-1}\sum_{l=0}^{n-1} g[k,\ l] f[i-k,\ j-l] \\ &= \sum_{k=0}^{m-1}\sum_{l=0}^{n-1} \mathrm{e}^{-\frac{k^2+l^2}{2\sigma^2}} f[i-k,\ j-l] \\ &= \sum_{k=0}^{m-1} \mathrm{e}^{-\frac{k^2}{2\sigma^2}} \left\{ \sum_{l=0}^{n-1} \mathrm{e}^{-\frac{l^2}{2\sigma^2}} f[i-k,\ j-l] \right\} \end{aligned} \tag{3-24}$$

括号里的和式是输入图像 $f[i,\ j]$ 与一维水平高斯函数的卷积。

此和式的结果是一个二维图像，该图像在水平方向上被模糊化，将该图像作为输入与相同的一维垂直高斯函数进行卷积，使得图像在垂直方向上也被模糊化。由于卷积是服从结合律和交换律的，因此卷积次序可以颠倒，即可以先进行垂直卷积，将其结果作为输入再进行水平卷积。

与高斯函数有关的一个性质就是高斯函数与自身的卷积会产生一个与 σ 成比例的高斯函数，该性质在一维情况下很容易地表达出来，具有散布参数为 σ 的两个高斯函数的卷积是一个具有散布参数为 $\sqrt{2}\sigma$ 的高斯函数，这一结果也适用于二维的情形。这说明，如果一幅图像用散布参数为 σ 的高斯函数滤波，以及相同的图像用散布函数为 $\sqrt{2}\sigma$ 的高斯函数滤波，那么可以不与较大散布参数的高斯函数进行滤波，而是用相同散布参数的滤波器对上一次滤波结果再进行一次滤波就可以得到预期的图像。这就意味着在计算图像的多种尺度平滑时，计算量能得到显著减少。在具有不同散布参数 σ 的高斯函数联级运算中，也可以得到类似结果。

高斯函数的最佳逼近由二项式展开的系数决定：

$$(1+x)^n = \binom{n}{0} + \binom{n}{1}x + \binom{n}{2}x^2 + \binom{n}{n}x^n \tag{3-25}$$

换言之，用杨辉三角形(也称 Pascal 三角形)的第 n 行作为高斯滤波器的一个具有 n 个点的一维逼近，例如，五点逼近为

1	4	6	4	1

它们对应于杨辉三角形的第 5 行。这一模板被用来在水平方向上平滑图像。由高斯函数的可分离性质可知，二维高斯滤波器能用两个一维高斯滤波器逐次卷积来实现，一个沿水平方向，一个沿垂直方向。另外任意大的高斯滤波器都能够通过重复使用小高斯滤波器来实现。

由上述均值滤波器和高斯滤波器的介绍可以知道，均值滤波器对周围邻域的像元同等看待，而高斯滤波器是区别对待，离中心越近影响力越大。

3.2.3.3　算法实现

首先假设待纠正影像为 f_1，参考影像为 f_2。影像间的相对辐射一致性处理的具体算法步骤如下：

(1)利用空域均值滤波器对参与相对辐射一致性处理的两幅多时相影像 f_1 和 f_2 进行平滑，得到能够近似代表影像亮度分布的低频影像 f_1^L 和 f_2^L；

(2)利用原始影像 f_1 和低频影像 f_1^L 进行差值得到 f_1^H，可以近似认为 f_1^H 是影像 f_1 的高频部分；

(3)利用 f_1^L 和 f_2^L 之间的关系对影像 f_1 和 f_2 进行调整得到校正结果 f'_1；具体调整方法为：

$$f'_1(x,\ y) = f_1 - (f_1^L - f_2^L) = f_1 - f_1^L + f_2^L = f_1^H + f_2^L \tag{3-26}$$

也就是说最终用参考影像的低频替换掉了待校正影像的低频；另外一种方法是把上述差值方法换成比值方法，即：

(1)利用空域均值滤波器对参与相对辐射一致性处理的两幅多时相影像 f_1 和 f_2 进行平滑，得到能够近似代表影像亮度分布的低频影像 f_1^L 和 f_2^L；

(2)利用原始影像 f_1 和低频影像 f_1^L 进行比值得到 f_1^H；

(3)利用 f_1^L 和 f_2^L 之间的比例关系对影像 f_1 和 f_2 进行调整得到校正结果 f'_1；具体调整方法为：

$$f'_1(x,\ y) = f_1/(f_1^L/f_2^L) = f_1 \cdot (f_2^L/f_1^L) = f_2^L \cdot (f_1/f_1^L) = f_2^L \cdot f_1^H \tag{3-27}$$

本方法对图 3-15(a)的处理效果如图 3-21 所示。

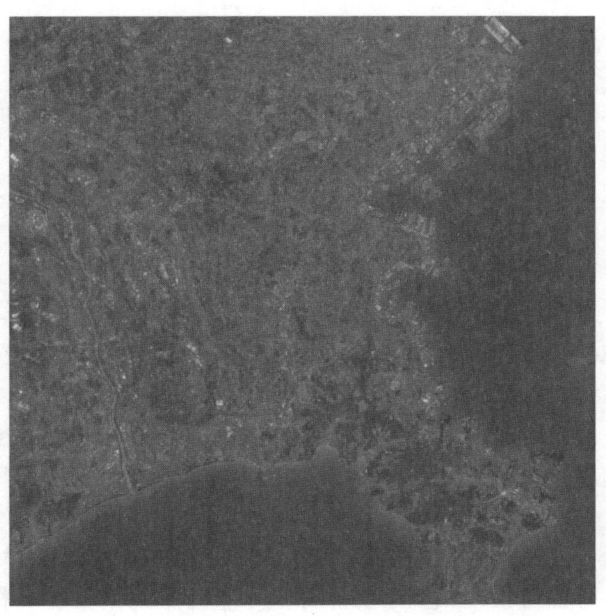

图 3-21 用基于 LPF 方法对图 3-15(a)的处理结果

3.2.3.4 尺度效应分析

基于 LPF 的辐射一致性处理方法中，关键的地方就是低频信息提取。而低频信息的提取又与滤波器模板尺度有密切关系，滤波器尺度决定了最终辐射处理的效果。因此有必要通过实验分析滤波器尺度对辐射处理结果的影响关系。下面的实验是利用图 3-14 中的(b)图做参考影像对(a)图以不同尺度进行辐射一致性处理结果。由图 3-22(a)可以看出，当尺度小到 5 时，结果影像辐射特性和纹理细节与参考影像十分接近。

(a)尺度 5 的辐射校正处理结果

(b)尺度 120 的辐射校正处理结果

图 3-22 南京 2002 影像不同尺度处理结果

低通滤波尺度不同，对影像辐射校正产生的影响主要体现在三个方面，一是相关性，用相关系数衡量；二是纹理信息，用标准差衡量；三是变化检测精度。

1. 对相关性的影响

相关系数是影像间线性关系的衡量指标，但是对于相对辐射校正而言，并不是处理后线性关系越明显就越好。

低通滤波器尺度越小，获得的低频信息中掺杂的高频成分比例就会越大。当使用掺杂高频成分过多的低频影像进行相对辐射处理时，参考影像的高频信息就会被融入待校正影像。在极端情况下，掩膜尺度为 1 时，得到的纠正结果就变成了参考影像，相关系数也就变成了 1。也就是说，低通滤波器尺度越小，参考影像中非辐射分布信息融入待校正影像的比例就会越大，待校正影像的纹理被破坏得就越严重，同时两幅影像的相关性也就越大，如图 3-23 所示。

反之，低通滤波器尺度越大，低频信息中掺杂的高频成分就会减少，参考影像高频信息进入待校正影像的就会减少。但是当尺度增大时，低频影像所描述的辐射特性过于宏观，非线性的辐射变化剧烈的局部校正效果会有所降低。同样，在极端情况下，低通滤波器掩膜大于影像尺寸，那么两幅低频影像基本可以看作由原始影像平均辐射亮度组成的平板。利用两个平板进行辐射处理相当于对影像做了整体辐射平移，而相关系数会接近于原始影像，这一点也可从图 3-23 曲线中看出。

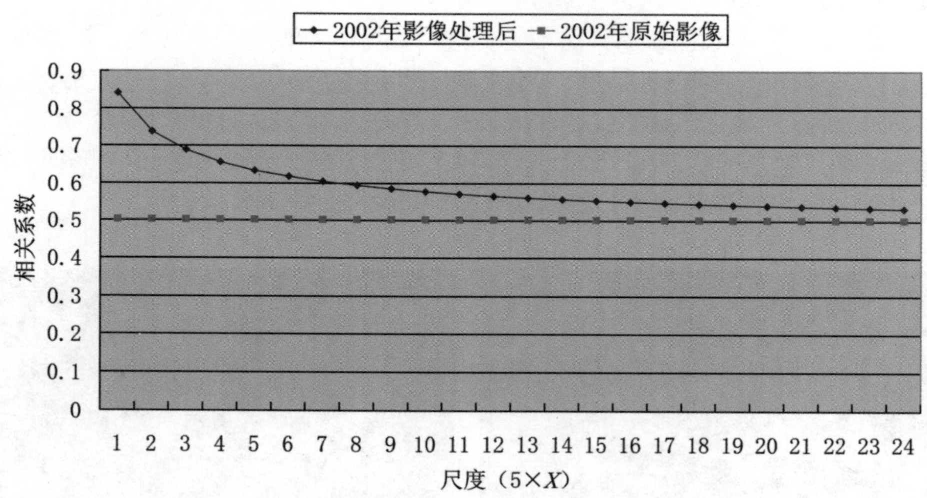

图 3-23　低通滤波尺度与相关系数变化关系曲线

用低通滤波的方法主要是为了消除影像间的非线性辐射差异，因此希望相关系数越大越好；但是相关系数的增大有两方面的原因：一是非线性关系的消除，二是参考影像纹理的混入，这是不希望出现的，因此希望能在尺度选择时，使得尺度既能满足非线性关系的消除，又尽量使得参考影像的纹理信息少混入处理结果。

2. 对纹理的影响

标准差能用来衡量两方面的影响：一是能够衡量参考影像纹理信息混入结果的程度；二是可以衡量辐射处理算法对原始影像纹理的损伤程度。

对于第一点，由 LPF 方法的原理可以知道，参考影像的纹理信息进入结果影像是不可避免的，因此原始影像经过处理后，其纹理会向参考影像靠拢，表现在标准差上就是结果影像的标准差介于原始影像和参考影像之间。

对于第二点，由 LPF 方法的原理可以知道，高低频分离的方法是用原始影像减低频信息，因为低频信息中也可能混杂高频信息，因此处理过程具有损伤高频的趋势。

因此在整个辐射处理过程中，上述两点的影响是综合在一起的，由图 3-24 可以看出，LPF 方法处理后的影像标准差比原始影像和参考影像都低，说明这种方法在一定程度上损害了原始影像的纹理信息。

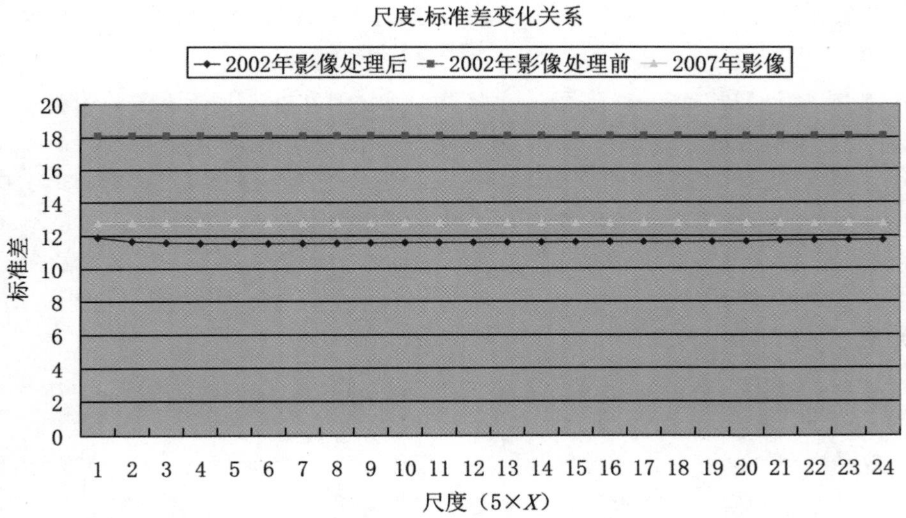

图 3-24 LPF 方法中低通滤波尺度与标准差变化关系曲线

3. 对变化检测精度的影响

因为本章的相对辐射校正处理最终是为了进行变化检测，如果参考影像过多的纹理信息进入待校正影像，那么必然导致变化信息的减弱，最终影响变化检测。

由图 3-25 的曲线可以看出，在小尺度时，由于纹理的影响，使得变化检测精度比较低；随着尺度增大，精度逐渐提高，到一定尺度时精度又开始逐渐下降并趋于平稳。这说明尺度大到一定程度后，辐射处理对提高变化检测的精度的作用逐渐减小。经过研究发现，当变化检测的感兴趣目标的尺度远小于滤波器尺度时，对变化检测的影响可以忽略。

因此这种方法中滤波器尺度选择是一个非常关键的问题。根据变化检测应用的需要，选择的尺度尽量稍大于最大感兴趣目标的尺度，使得该尺度既能满足非线性辐射差异的消除，又不会因为参考影像过多信息进入结果影像而削弱变化信息以至影响变化检测，也不会因为尺度过大而影响运算效率。

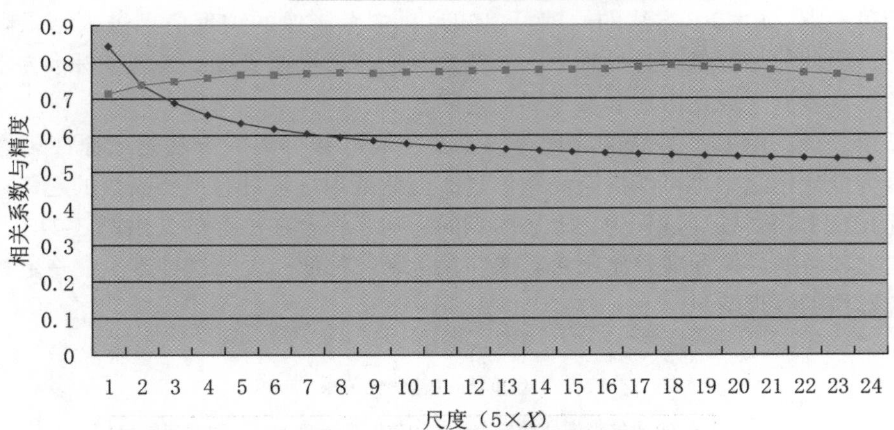

图 3-25　LPF 方法中低通滤波尺度与变化检测精度和相关系数变化关系曲线

另外，由图 3-24 可以看出，在低频影像获得后，所有的影像信息同时参与了最后的调整，很容易造成待校正影像纹理受损。如果能够使得辐射校正过程中，尽量不让影像的高频信息参与，那么将可以很好地保护纹理。因此本节在上述基于低通滤波的辐射一致性处理方法的基础上进行了改进，提出了一种基于小波变换与低通滤波(WLPF)的相对辐射一致性处理方法。

3.2.4　基于小波变换与低通滤波(WLPF)的相对辐射一致性处理

上节曾经提到，能够获得影像低频信息的方法还包括变换法。对于简单的图像变换通常是一种二维正交变换，但要求这种正交变换必须是可逆的，并且正交变换和反变换的算法不能太复杂。正交变换的特点是在变换域中图像能量集中分布在低频率成分上，边缘、线信息反映在高频率成分上。因此正交变换广泛应用在图像增强、图像恢复、特征提取、图像压缩编码和形状分析等方面。图像变换算法很多，常用的有二维傅里叶变换、沃尔什-哈达玛变换、哈尔变换、离散余弦变换、小波变换，其中最常用的就是傅里叶变换和小波变换。但是在上节中的相对辐射一致性处理中并没有直接使用傅里叶变换和小波变换进行低频提取，因为经过研究发现，傅里叶变换和小波变换获得的低频影像很难直接使用。

快速傅里叶变换是一种应用比较广的影像变换方法，对频率域的处理也比较方便，但是利用傅里叶变换会有两个问题：第一，会涉及阈值问题，也就是到底在频率域中，哪些算是低频，可以代表影像辐射亮度分布，哪些算是高频，可以代表影像的纹理信息。第二，因为傅里叶变换是一种全局变换，在频率域中不包含空间域的定位信息，因此利用傅里叶变换进行相对辐射一致性处理不容易对整体与局部进行兼顾。如果直接利用阈值进行高频剔除的话，很容易造成振铃效应。

对于二进制小波变换，经过多次变换后会发现其低频部分仍然包含了很丰富的影像纹理信息，也就是说小波变换对高频的“剔除”效果不明显，变换后的低频还不能用来代表影像的辐射亮度分布。

虽然小波变换不能直接用来进行低频影像获取，但是仍然可以用于相对辐射一致性处理。因为小波变换的特点是实现了影像的高低频分离，如果对影像的低频信息进行处理，不会影响到影像的高频部分。利用这一特点，把上节的基于低通滤波的相对辐射一致性处理只用于小波变换后的低频部分，处理完成后再进行小波反变换获得结果影像，这样既使得辐射特性得到调整，又对影像纹理实施了很好的保护。

3.2.4.1 小波变换原理概述

小波分析的基本数学思想来源于经典的调和分析，其雏形形成于 20 世纪 50 年代初的纯数学领域，但此后 30 年来一直没有受到人们的注意，小波的概念是由法国 Elf-Aquitaine 公司的地球物理学家 J. Morlet 在 1984 年提出的，他在分析地质材料时，首先引进并使用了小波(Wavelet)这一术语，顾名思义“小波”就是小的波形。所谓“小”是指它具有衰减性；而称之为“波”则是指它的波动性，其振幅呈正负相间的振荡形式。小波分析的基本思想是通过一个母函数在时间上的平移和在尺度上的伸缩，获得一种能自动适应各种频率成分的有效的信号分析手段。

传统的信号分析是建立在傅里叶变换的基础之上的。由于傅里叶分析使用的是一种全局的变换，要么完全在时域，要么完全在频域，因此无法表述信号的时频局域性质，而这种性质恰恰是非平稳信号最根本和最关键的性质。为了分析和处理非平稳信号，人们对傅里叶分析进行了推广及根本性的革命，提出并发展了一系列新的信号分析理论：短时傅里叶变换、Gabor 变换、时频分析、小波变换、Randon-Wigner 变换、分数阶傅里叶变换、线调频小波变换、循环统计量理论和调幅-调频信号分析等。Gabor 在 1946 年提出了信号的时频局部化分析方法，即所谓的 Gabor 变换，信号 $f(t)$ 的 Gabor 变换公式为：

$$W_f(\omega,\ \tau) = \int_R g(t-\tau)f(t)e^{-\omega t}dt \tag{3-28}$$

其中，函数 $g(\tau)\ \frac{1}{\sqrt{2\pi}}e^{-\frac{\tau^2}{2}}$ 称为窗函数。此方法以后在应用中不断发展完善，从而形成了一种新的处理信号的方法——加窗傅里叶变换或称为短时傅里叶变换。虽然加窗傅里叶变换能在不同程度上克服傅里叶变化的上述弱点，但提取精确信息，要涉及时窗和频窗的选择问题。由著名的 Heisenberg 测不准原理可知，$g(t)$ 无论是什么样的窗函数，时窗 $g(t)$ 的宽度与频窗 $g(\omega)$ 的宽度之积不小于 $\pi/4$，在对信号作时-频分析时，其时窗和频窗不能同时达到极小值。即当选下一窗函数后，使其频宽对应于某一频段时，其时宽就不能太窄，从而更高频率的信号就不能精确定位。如要求更好的局部性质或更多的整体性质时，就必须更改窗口的大小，从而使计算量大增，以至无法具体实现。

但 Gabor 变换的时-频窗口是固定不变的，窗口没有自适应性，不适于分析多尺度信号过程和突变过程，而且其离散形式没有正交展开，难以实现高效算法，这是 Gabor 变换的主要缺点，因此也就限制了它的应用。

小波变换是一种信号的时间-尺度(时间-频率)分析方法，它具有多分辨率分析的特点，而且在时频两域都具有表征信号局部特征的能力，是一种窗口大小固定不变但其形状可改变，时间窗和频率窗都可以改变的时频局部化分析方法。即在低频部分具有较高的频率分辨率和较低的时间分辨率，在高频部分具有较高的时间分辨率和较低的频率分辨率，很适合于探测正常信号中夹带的瞬时反常现象并展示其成分，所以被誉为分析信号的显微镜，实现了信号分析中“既见到森林，又见到树木”的理想境界。

小波分析是近十年来在应用数学中迅速发展的一个新领域。小波变换在信号分析、语音合成、图像识别、计算机视觉、数据压缩、CT 成像、地震勘探、大气与海洋波的分析、分形力学、流体湍流以及天体力学方面都已经取得了具有科学意义和应用价值的重要成果，原则上能用傅里叶分析的地方均可用小波分析，甚至能获得更好的结果。

本节试验系统采用的是最简单的 Harr 小波进行高低频分离，关于小波变换与小波分析的详细内容可以参见文献。

3.2.4.2　算法原理与实现

由上述可知，基于小波变换的相对辐射一致性处理中，小波用来分离高低频。小波变

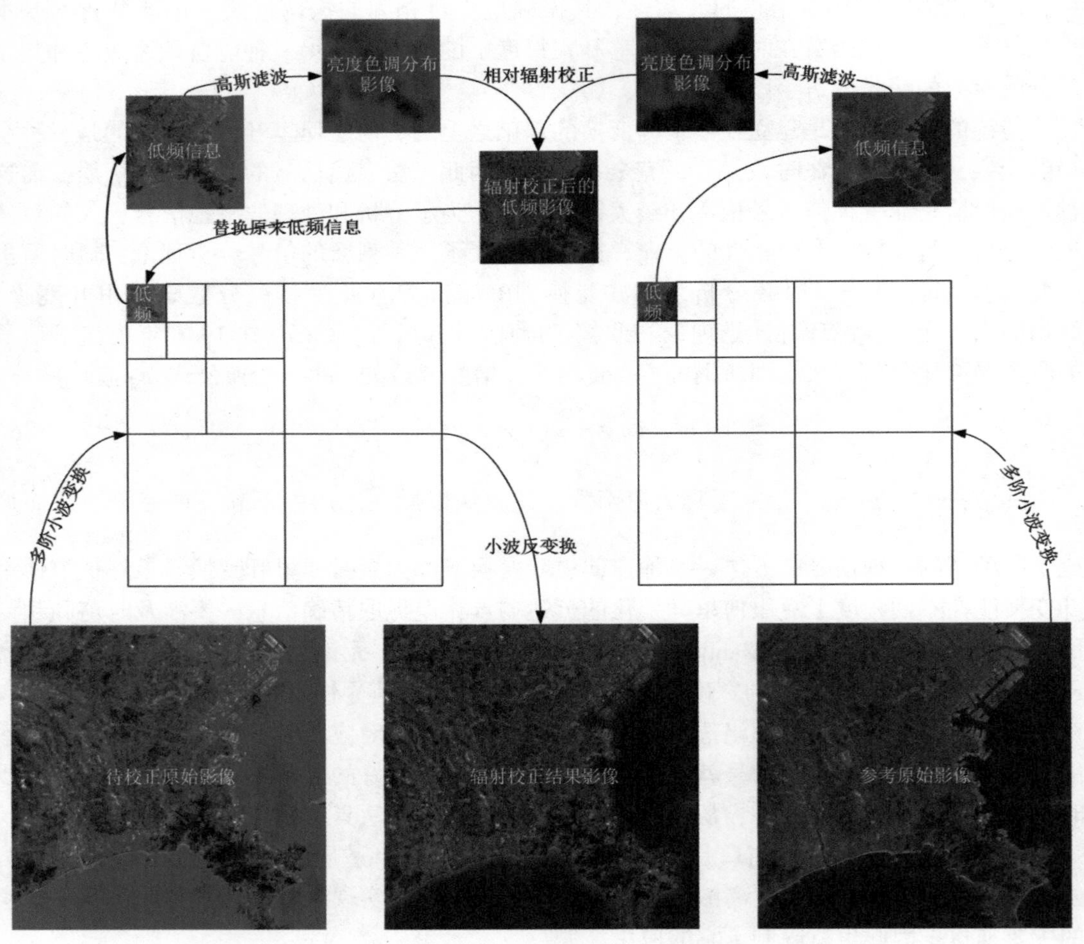

图 3-26　基于小波低通滤波的相对辐射一致性处理算法流程示意图

换后只需要对低频部分进行处理，然后进行反变换，对低频的处理可以采用3.2.3节的基于低通滤波的相对辐射一致性处理方法。这样既对影像低频部分做了辐射处理，又最大限度地保护了高频信息。因此严格意义上来说，所有的相对辐射校正方法都可以利用小波变换进行优化。

首先假设待纠正影像为f_1，参考影像为f_2。影像间的相对辐射一致性处理的具体算法步骤如下：

(1) 对原始影像f_1和f_2进行n次小波变换，得到影像的低频部分f_1^L和f_2^L，以及高频部分f_1^H和f_2^H；

(2) 利用上节基于低通滤波的相对辐射异质性处理算法对f_1^L和f_2^L进行相对辐射一致性处理，使得f_1^L变为$f^{L_1'}$；

(3) 利用$f^{L_1'}$替换f_1^L；

(4) 对f_1的小波变换结果进行反变换，得到辐射处理结果，流程图如图3-26所示。

3.3 顾及视觉注意模型的对象级变化检测

传统的像素级变化检测算法以单个像元为分析单位，无法顾及与邻域像素之间的空间关系，使得变化检测结果存在孤立性，并且容易产生椒盐现象。为了克服该问题，有学者利用水平集(level set)及其改进算法、马尔可夫随机场(markov random field，MRF)、条件随机场(conditional random field，CRF)等方法，将光谱和空间信息进行有效结合，来降低变化检测的不确定性。例如，有学者通过结合模糊C均值聚类(FCM)和MRF模型，提出了一种非监督的变化检测算法，相较于只利用单一方法，确实能够提高检测精度。有学者通过考虑影像上区域之间的邻接限制关系，利用改进的水平集模型、条件随机场模型来进行变化、未变化区域的提取。有学者将主成分变换(principal component analysis，PCA)和K均值聚类(K-means)进行结合，有效减少了数据间的冗余信息，使得变化信息在变换后的影像上得到增强，有利于变化信息的提取。但是，这些方法中控制参数的设置，严重影响了最终检测结果的精度；如果空间邻域关系定义不够准确，很容易导致边缘等细节过渡平滑，造成细节变化的漏检。对象级变化检测以影像分割为基础，所处理的最小单元为一个对象。影像对象被定义为形状与光谱性质具有同质性的单个区域，每个对象的属性都可以包括：光谱特征、形状特征、纹理特征、上下文特征等。这样在变化检测过程中，可以充分利用光谱信息并综合应用其他特征，以提高变化检测精度。例如，有学者提出利用基于对象的变化向量分析法(object-based change vector analysis，OCVA)、相关系数法(object-based correlation coefficient，OCC)、卡方变换法(object-based chi-square transformation，OCST)，综合利用对象的多种特征参与分析，相较于只利用单一特征，确实能够提高变化检测精度。但是，这些方法对特征选取的好坏、特征权重的分配以及变化阈值的确定等几个方面都具有较大依赖性。此外，由于分割尺度的不确定性，容易在变化检测过程中引入噪声，降低变化检测结果的可靠性。有学者提出了一种多尺度分割与融合的对象级变化检测方法，并对不同的融合策略对最终检测结果的精度进行了分析。还有学者提出了一种尺度驱动的面向对象的变化检测模型，对分割结果存在的尺度不确定性进行分析，减弱了分割不确定性对变化检测结果的影响。总体来说，面向对象分析方法是一种较为高级的影像分析方法，为了获取更好的变化检测结果，需要综合考虑分割尺度、特征提取、变化阈值等多个方面的因素，其未来的发展趋势是分析过程的自动化与智能化。

综上所述，面对不同时期遥感影像的辐射差异性和多样化表现，尤其在复杂背景干扰时，现有的变化检测方法都存在普适性差、伪变化较多等问题。对于一幅遥感图像来说，用户只对图像中的部分区域感兴趣，显著区域是图像中最能引起用户兴趣，最能表现图像内容的区域。显著性主要是用来提取明显区别于局部和全局区域的那些区域，而在给定初始变化强度影像的情况下，遥感影像的变化检测问题可以看作寻找与其他区域具有精确区分的区域。从这个角度上来说，显著图的提取和影像的变化检测问题在本质上是一致的，而且从视觉效果上来说，多时相影像的变化区域正好也对应着初始变化强度影像的显著区域。随机森林(random forest，RF)是由数据驱动的非参数分类方法，通过给定样本进行学习训练，形成分类规则，无须先验知识；对于噪声数据具有很好的鲁棒性，同时可以估计特征的重要性，具有较快的学习速度，相比当前的同类算法具有较高的准确度。本节充分利用面向对象分析方法的优势，并将其与随机森林模型进行结合，在显著性阈值、分类样本的自动选取、样本特征提取等方面对最终分类器性能的影响进行了深入分析，提出了一种联合显著性和随机森林的对象级遥感影像变化检测方法，如图3-27所示，其创新点主要包括以下几个方面：

(1)提出了改进的鲁棒变化向量分析方法。在像素级变化检测过程中，由于其成像条件及配准精度的影响，对比的同一区域不是由两幅影像中对应像点所表达；即使正射校正算法相当精确，也不能保证消除两幅影像间所有像元间的配准误差。为解决上述问题，采用鲁棒变化向量分析(robust change vector analysis，RCVA)算法来提高像素级变化检测结果精度，以选择更好的训练样本进行分类学习。

(2)针对高分辨率遥感影像的分割不确定性问题，在利用基于熵率的超像素分割(entropy rate super-pixel segmentation)的基础之上，通过分割获取不同尺寸大小的超像素区域，同时提出利用最优超像素个数评价指数(the evaluation index of the optimal super-pixel number)来获取最优的影像分割结果。

(3)提出了利用显著性来指导对象级分类样本自动选取方法。在利用鲁棒变化向量分析(RCVA)获取变化强度影像之后，本方法通过对变化强度影像进行基于图的视觉显著性分析(graph-based visual saliency，GBVS)，提取显著性区域和非显著性区域。在显著性分析结果基础之上，通过引入样本选择不确定性指数 T，来自动指导变化/未变化样本选择。

3.3.1 基于熵率的最优超像素分割

采用基于熵率的分割(entropy rate super-pixel segmentation)算法将遥感影像划分为一个个超像素区域，进行后续的变化信息提取试验。在分割过程中，超像素个数的选取，即平衡性的问题，对影像的分割结果有着举足轻重的作用，是提高影像分割质量的关键。对于面向对象遥感信息提取方法中的多尺度超像素分割来说，最优超像素个数定义指地类能用一个或几个超像素来表达，超像素大小与地物目标大小接近，超像素多边形不会太破碎，超像素边界比较分明，内部异质性尽量小，不同类别之间的异质性尽量大；而且超像素能

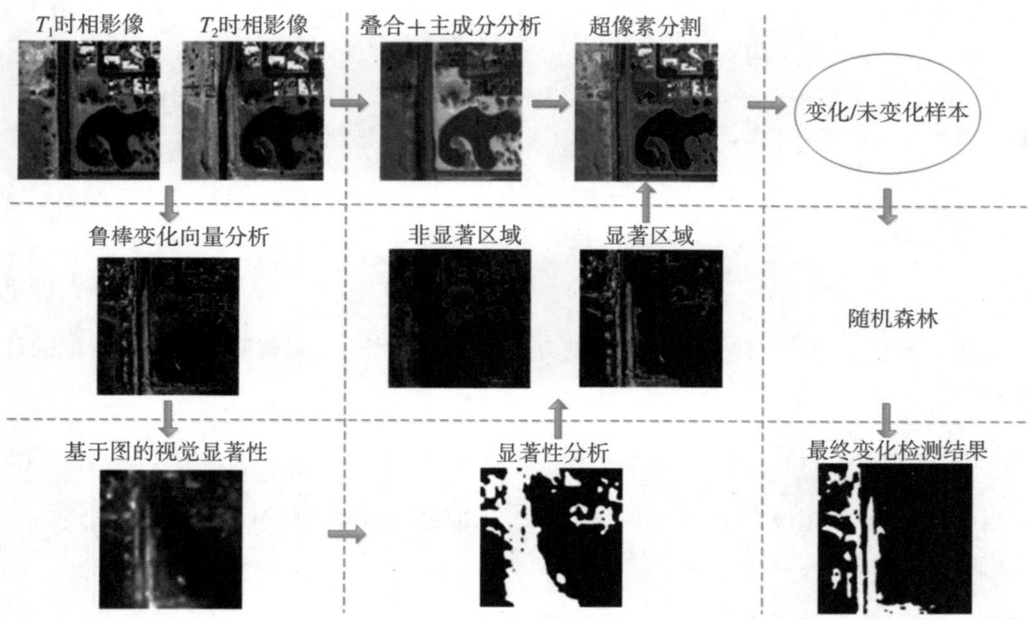

图 3-27　联合显著性和随机森林的对象级遥感影像变化检测流程图

够表达某种地物的基本特征，其中内部同质性保证超像素的纯度，而超像素之间的异质性保证超像素的可分性。本节采用超像素的加权方差表示其内部同质性，利用 Moran's I 指数来表示超像素之间的异质性，计算公式如下：

$$H = \frac{\sum_{k=1}^{n} a_k v_k}{\sum_{k=1}^{n} a_k} \tag{3-29}$$

$$I = \frac{n \sum_{i=1}^{n} \sum_{j=1}^{n} w_{ij}(y_i - \bar{y})(y_j - \bar{y})}{\left(\sum_{i=1}^{n} (y_i - \bar{y})^2\right)\left(\sum_{i \neq j} \sum w_{ij}\right)} \tag{3-30}$$

在式(3-29)中，a_k 表示超像素 k 的面积大小，实际以超像素内部像元个数表示，v_k 表示超像素 k 的标准差，n 为影像分割时超像素的总个数。式(3-29) 在计算过程中，相当于加入面积权重，面积比较大的超像素具有较大的权重，这样能够降低小超像素引起的不稳定性，H 越大，超像素内部同质性越高。在式(3-30) 中，w_{ij} 表示超像素 i 和超像素 j 是否相邻；如果 $w_{ij}=1$，则表示相邻，如果 $w_{ij}=0$，则表示不相邻。y_i 表示超像素 i 的平均灰度值，$\bar{y}$ 表示影像的平均灰度值，I 的值越小，表示超像素之间的相关性越低，超像素之间的分割边界越明确。

采用 Espindola 等提出的式(3-31)来表示最优超像素个数评价指数，它是利用超像素的同质性指数和异质性指数来构建衡量分割好坏的质量函数，其公式如下：

$$F(H, I) = (1-\rho)F(H) + \rho F(I) \tag{3-31}$$

上式中，$F(H)$ 表示同质性评价指数，$F(I)$ 表示异质性评价指数，ρ 为异质性权重，$\rho \in [0, 1]$，在本节中，$\rho = 0.5$。综合同质性指数和异质性指数对最优超像素个数进行评价前，需要将它们进行归一化处理，如式(3-32)、式(3-33)所示：

$$F(H) = \frac{H_{\max} - H}{H_{\max} - H_{\min}} \tag{3-32}$$

$$F(I) = \frac{I_{\max} - I}{I_{\max} - I_{\min}} \tag{3-33}$$

在此基础上通过三次样条函数插值的方法就可以得到一个最优超像素个数选取的计算模型：

$$s_3(x) = \alpha_0 + \alpha_1 x + \frac{\alpha_2}{2!}x^2 + \frac{\alpha_3}{3!}x^3 + \sum_{j=1}^{n-1} \frac{\beta_j}{3!}(x - x_j)_+^3 \tag{3-34}$$

当函数 $s_3(x)$ 在超像素个数区间 $[x_{\min}, x_{\max}]$ 取最大值时，所对应的超像素个数 x，即为最优的超像素个数。

3.3.2　基于显著性和随机森林的对象级变化检测

采用改进的 RCVA(robust change vector analysis)算法来提高变化检测初步结果计算精度，以选择更好的训练样本进行分类学习。RCVA 算法基于如下假设：若在 $x_2(j\pm w, k\pm w)$ 范围内的一个像元与 $x_1(j, k)$ 像元光谱信息差异最小，则表明该像元包含 $x_1(j, k)$ 像元最多相应的地面信息。也就是说，在高分辨率遥感影像对比检测中，若两幅影像有几何配准误差，影像 1 中一个像元与影像 2 中该像元邻域范围内的另一像元光谱差异最小，则认为这两个像元为同名地物的对应像元，因此可以有效减小配准误差的影响。改进 RCVA 使用一个大小为 $2w+1$ 的移动窗口来考虑邻近像元的光谱变化检测分析，本方法中 $w=2$，窗口大小为 5×5 像素。计算过程分为两步：第一步，通过后一时相(T_2)影像每点与前一时相(T_1)影像该点邻近像元内光谱差异值最小的点来获取差异影像 x_{diff_a}，再对 T_1 影像用同样方法获取 x_{diff_b}，具体如式(3-35)、式(3-36)所示：

$$x_{\text{diff}_a}(j, k) = \min_{(p\in[j-w,\ j+w],\ q\in[k-w.\ k+w])} \left\{ \sqrt{\sum_{i=1}^{n} (x_2^i(j, k) - x_1^i(p, q))^2} \right\} \tag{3-35}$$

$$x_{\text{diff}_b}(j, k) = \min_{(p\in[j-w,\ j+w],\ q\in[k-w.\ k+w])} \left\{ \sqrt{\sum_{i=1}^{n} (x_1^i(j, k) - x_2^i(p, q))^2} \right\} \tag{3-36}$$

第二步，通过式(3-37)得到光谱变化图。

$$m(j, k) = \begin{cases} x_{\text{diff}_b}(j, k), & x_{\text{diff}_a}(j, k) \geqslant x_{\text{diff}_b}(j, k) \\ x_{\text{diff}_a}(j, k), & x_{\text{diff}_a}(j, k) < x_{\text{diff}_b}(j, k) \end{cases} \tag{3-37}$$

这样就可以得到考虑邻域信息的光谱信息变化图。这里需要说明的是，为保证后续纹理特征变化分析与深度学习所选择的两幅影像中的像元是同名像点，把用于计算(j, k)点 m 的两时相对应像元叫作(j, k)点的同名像点。

变化检测的目的是为了发现变化区域，而变化区域相对于未变化区域而言，在变化强度影像上是显著区域，属于变化强度值较大的区域。本方法在利用 RCVA 方法提取变化强度影像之后，在变化强度影像基础之上，来进行基于视觉注意机制的显著区域提取，用于后续的分类样本指导选择。

(1)对两期遥感影像进行 RCVA 分析，获取初始的变化强度影像差异图 $Image_{diff}$；

(2)对初始的差异图 $Image_{diff}$ 利用 GBVS 方法进行显著区域提取，通过设置显著性阈值 $T_{saliency}$，分别提取显著性区域和非显著性区域；

(3)提取变化强度影像中与二值化显著图对应的区域，对该区域进行模糊 C 均值聚类(FCM)，获取初始像素级变化检测结果；

(4)在初始像素级变化检测结果之上，将分割结果得到的标记矩阵与其叠合，通过引入不确定性指数 T 来选择变化/未变化的超像素样本。其中不确定性指数 T 的计算公式如式(3-38)所示：

$$T=\begin{cases}\dfrac{n_c}{n}, & n_c \geqslant n_u \\ -\dfrac{n_u}{n}, & n_c < n_u\end{cases} \tag{3-38}$$

式中，n_c、n_u 和 n 分别代表超像素 R_i 中检测到的变化、未变化的像素数目和总的像素数目。通过设置阈值 T_m，通过式(3-39)判定超像素 R_i 的属性 l_i：

$$l_i=\begin{cases}1, & T < -T_m \\ 2, & -T_m \leqslant T \leqslant T_m \\ 3, & T > T_m\end{cases} \tag{3-39}$$

其中，$l_i=1, 2, 3$ 分别表示超像素 R_i 的属性为非变化、不确定和变化类别，不确定性指数 T 的范围为 $T \in [0.5, 1]$。在自动提取完样本之后，将其中80%的样本作为训练样本用于生成随机森林分类器模型，20%的样本作为验证样本用于评价分类的精度。针对不确定性指数 T 的选取，本方法在区间 [0.5, 1] 范围内，以步长 0.05 进行动态变化，通过计算 100 次测试数据集的平均正确率；当最终的变化检测精度最佳时，此时对应的不确定性指数 T 即为最佳指数。

在获取最佳的影像分割结果之后，需要提取每个超像素区域的光谱特征和 Gabor 纹理特征。光谱特征是图像分析的基本特征；在图像上，如果同一地物或者地物的某一个部分具有相同的物质组成，理想情况下可以认为其在图像上表现为灰度值相同，所以每一个分割对象中的像素值基本相同，它们组成的图像分割对象能够反映出现实中的地物。本方法选取前、后时相影像在不同波段上的均值(mean value)、灰度比(ratio)、方差(standard deviation)、最大值(maximum value)、最小值(minimum value)作为对象的光谱特征。

此外，利用 Gabor 小波变换对原始两期影像进行处理。Gabor 小波函数是由高斯函数通过傅里叶变换得到的，它可以在不同尺度和方向上提取图像相关特征。Gabor 滤波器与人们的认知系统是一致的，能获得频率域和空间域的局部最优化，实现对空间域和频率域的最好表达，对影像的纹理信息能够进行充分的表达。本方法利用 Gabor 小波提取遥感影像的纹理特征，用于变化检测。二维 Gabor 函数 $F_{\varphi}(x,\ y)$ 表示为：

$$F_{\varphi}(x,\ y)=\left(\frac{1}{2\pi\sigma_x\sigma_y}\right)\exp\left[-\frac{1}{2}\left(\frac{x^2}{\sigma_x^2}+\frac{y^2}{\sigma_y^2}\right)+2\pi j\omega x\right] \tag{3-40}$$

上式中，ω 是高斯函数的复制频率，$j=\sqrt{-1}$，σ_x 和σ_y 分别是 Gabor 小波基函数沿 x 轴和 y 轴方向的方差。假若将试验影像 $I_{(x,\ y)}$ 与 $F_{\varphi}(x,\ y)$ 做二维卷积运算，并取运算结果实部：

$$G_{\varphi}(x,\ y)=\mathrm{Re}\{I_{(x,\ y)}*F_{\varphi}(x,\ y)\} \tag{3-41}$$

上式中，$G_{\varphi}(x,\ y)$ 为原始图像 $I_{(x,y)}$ 经过 Gabor 滤波后提取的特征图像，$*$ 表示二维卷积运算。在本方法中，高斯函数的复制频率设置为 $\omega=8$，沿 x 轴和 y 轴方向的方差分别为 $\sigma_x=1$、$\sigma_y=2$。对变换处理后的影像再做二维卷积运算，并提取 Gabor 特征影像在不同波段上的均值和方差作为分类特征。将每个对象在前、后时相影像上的光谱特征和 Gabor 特征进行组合，并作为随机森林分类器的特征输入数据，用于模型的训练。

随机森林是一种采用决策树作为基预测器的集成学习方法，2001 年由 Breiman 提出，结合 Bagging 和随机子空间理论，集成众多决策树进行预测，通过各个决策树的预测值进行平均或投票，得到最终的预测结果，其方法流程如图 3-28 所示。首先采用基于 Bootstrap 方法重采样，产生多个训练集；由每个自助数据集生成一棵决策树，由于采用了 Bagging 采样的自助数据集仅包含部分原始训练数据，将没有被 Bagging 采用的数据称为 OOB(out-of-bag)数据，将 OOB 数据用生成的决策树进行预测，对每个 OOB 数据的预测结果错误率进行统计，得到的平均错误率即为随机森林的错误估计率。本方法联合显著性和随机森林的对象级遥感影像变化检测方法，该过程主要包括训练和分类两个基本过程，训练过程根据训练样本和决策树理论，得到分类的模型，同时自动估计每个特征的重要性。分类过程即根据训练好的模型得到对象的变化类别。具体实现步骤如下：

(1)根据样本选择原则，创建参与的样本序号、每个样本的测试分类等参数。

(2)从总数为 M 的训练样本中有放回地随机抽取 m 个样本数据，得到一个自助训练数据集$L_k^{(B)}$，其中 $k=1,\ 2,\ \cdots,\ K$，K 为决策树总个数；以$L_k^{(B)}$ 作为训练数据，创建一棵决策树 $T_k(x)$。对决策树中每个节点的分裂，重复以下步骤，直至决策树深度达到最小值为止：

① 从总数为 N 的特征变量中随机选择 n 个变量；

② 从 n 个变量中选择出最佳变量及其最优分裂点；

③ 将此节点分裂成左右两个子节点。

(3) 按上述方法得到的决策树集合记为：$\{T_k(x)\}_{k=1}^{K}$。

(4)利用随机森林模型对新的特征向量 X 进行预测，取所有决策树的投票结果作为最终的分类结果。

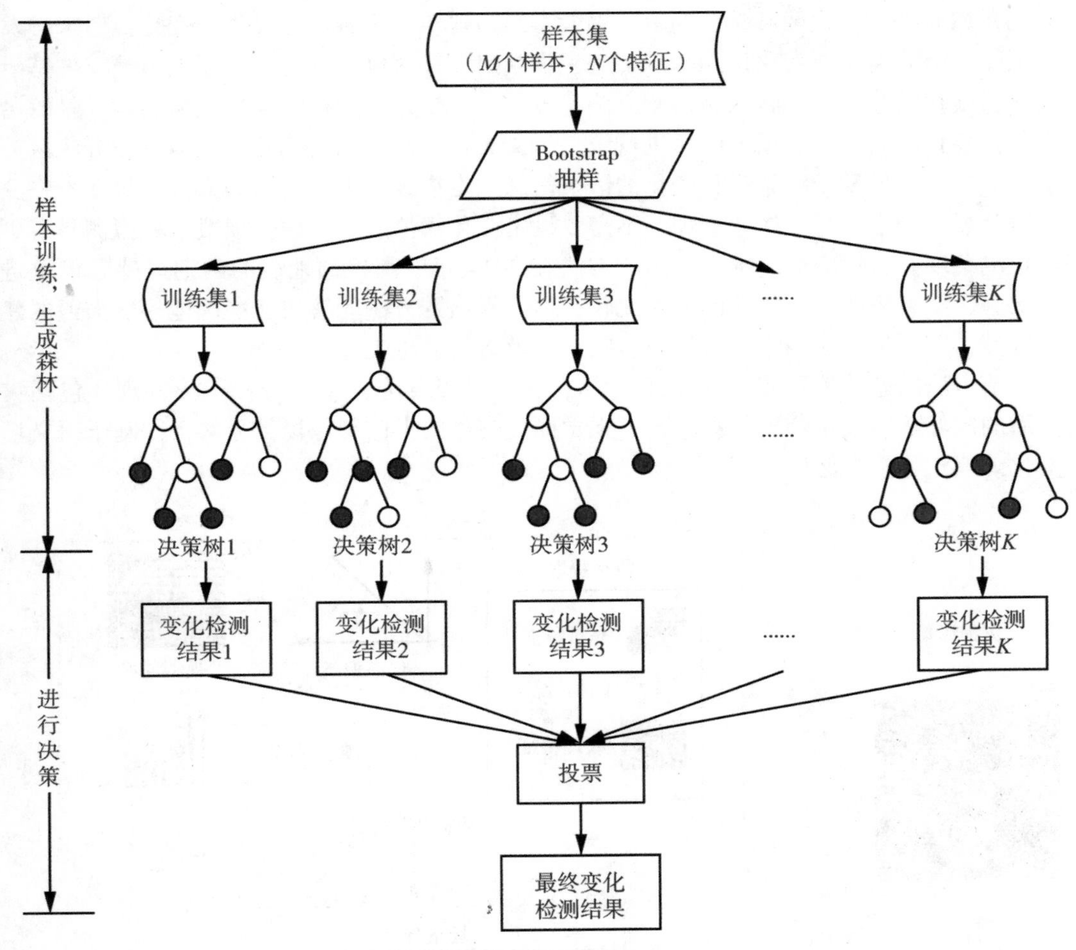

图 3-28 随机森林分类器流程图

3.4 基于语义场景变化的灾害损毁区域检测

地震发生后及时获取建筑物的损毁区域信息对于灾后的应急响应和救援具有重要的意义。在高分辨率遥感影像中，航空影像由于其测量技术灵活、测量速度快和可控性好，且影像的分辨率高，为灾后建筑物损毁区域检测提供了一种重要的手段。本节将探索基于变化检测的建筑物损毁区域检测方法。基于影像变化检测的建筑物损毁区域检测方法的总体思路是：先提取灾前和灾后建筑物区域的特征，然后进行特征比较判定建筑物区域是否发生变化，如果发生了变化，那么该区域为建筑物损毁的疑似区域，最后还需要进一步判定变化区域内是否产生了损毁。这种方法需要解决两个主要的问题：第一个问题是如何判定建筑物区域发生了变化，传统方法是利用在灾前和灾后建筑物区域内的特征之间的欧式距离等方法度量其相似性，通过相似性来判定是否变化，这样需要解决阈值设定问题；第二个问题是如何判定变化区域是否发生了损毁，因为建筑物区域虽然发生了变化，但未必发生了损毁，因此需要在变化检测基础上进一步判定。针对以上问题，本章提出了一种基于语义场景变化的建筑物损毁区域检测方法，该方法主要是利用视觉词袋模型表达场景的语义，并将变化前后场景和损毁信息进行统一语义表达，最后利用机器学习的分类方法区分场景的变化，并借助于场景迁移变化的语义信息判定损毁。本章提出的方法优势在于将变化检测和损毁判定进行一体化处理，不需要设定变化阈值参数，使得损毁区域检测具有更好的检测精度和自适应性。本节提出的方法在 2014 年云南鲁甸地震的两期遥感影像上进行了实验，结果表明：与传统的方法比较，本节提出的方法能够快速准确地提取损毁的建筑物区域，其成果可应用于灾后的应急响应和救援的信息支撑。

本节方法的总体流程图如图 3-29 所示，主要可以分为三个部分：①预处理，包括灾前灾后的影像辐射校正和配准；②基于视觉词袋模型的灾前影像场景分类；③基于语义场景变化的建筑物损毁区域检测。

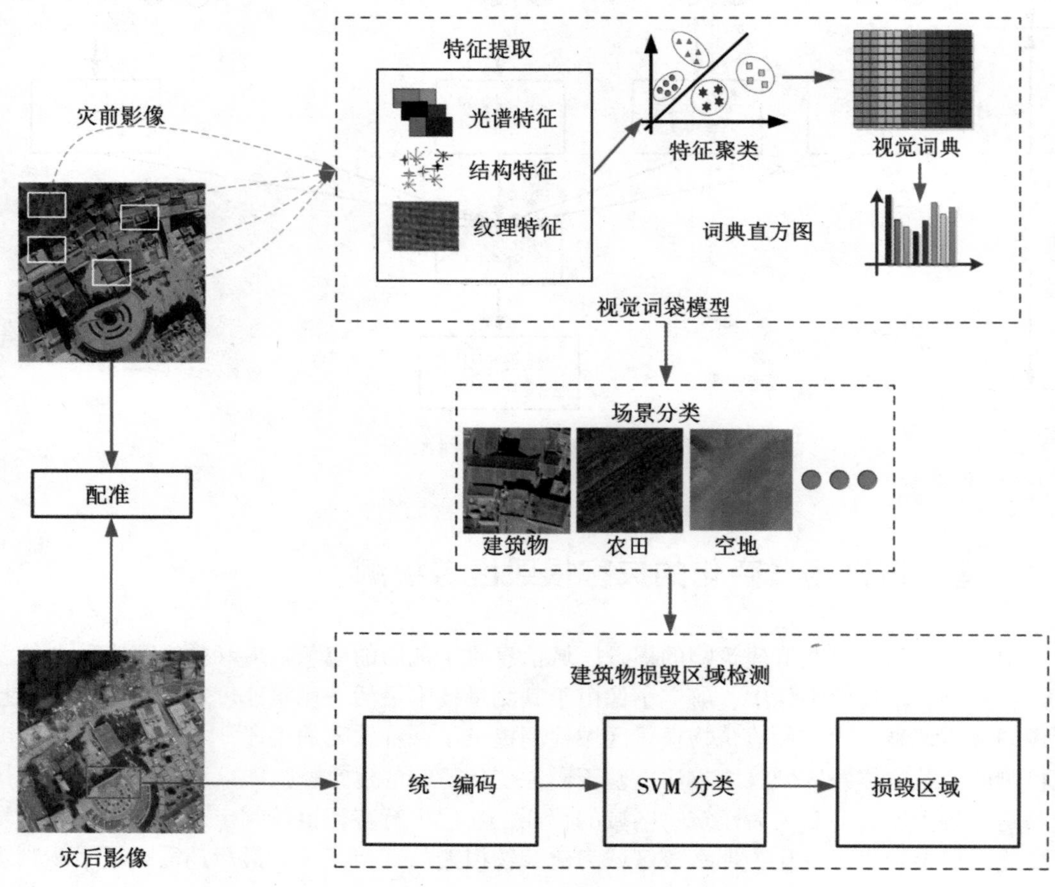

图 3-29　建筑物损毁区域检测的总体流程图

3.4.1　视觉词袋模型概述

词袋模型最初主要是在自然语言领域用于处理信息的分类和检索，它的基本原理是把文档看作是由无序的关键单词组成的集合，根据统计各个关键词在单个文档中出现的频率来对文档进行向量表示，从而达到分类和检索的目的。词袋模型由于其简单和有效等优点得到了广泛的应用。

影像与文本具有一定的相似性，它也可以被看作一些与位置信息无关的局部特征的集合，这些特征就类似于文本中的单词。因此词袋模型也被引入计算机视觉中，称之为“视觉词袋模型”。视觉词袋模型为低层像素特征和高层语义之间建立起了很好的映射关系，能较好地克服计算机视觉中的“语义鸿沟”问题。因此，视觉词袋模型被广泛应用于图像检索、分类和目标识别领域(Lazebnik et al.，2006；Sun et al.，2016)。表 3-6 是词袋模型框架下文本和影像之间的对应关系。

表 3-6　　词袋模型框架下文本和影像之间的对应关系

文本	文集	文件	单词	词典	判定决策
影像	影像集	影像	视觉单词	视觉词典	判定决策

视觉词袋模型并不是一个单一的算法，而是一个高层语义表达框架。如图 3-30 所示，该框架主要分为如下的步骤：特征提取与描述，视觉词典的建立，目标的表达以及分类决策。

具体流程如下：

1)特征提取与描述

从影像中提取能够代表目标特点的全局等和局部等视觉特征(Mikolajczyk et al.，2005)，这些特征可以分为：颜色特征、纹理特征和形状特征。颜色特征是一种全局性的特征，主要通过像素点的颜色值来反映目标表面的特征。颜色特征是相对其他特征最容易获取且鲁棒性最好的特征，同时还具备旋转不变性和尺度不变性。颜色特征的提取一般是在不同的颜色空间(RGB、HSV、Lab 等)利用颜色直方图或者颜色矩来表示。纹理特征是任何目标表面都具有的自身独特信息，它不是以单个像素点的形式存在，而是与周围邻域像素点共同构成的一种灰度或者颜色空间的分布。作为一种像素点邻域范围内的统计分布信息，纹理特征表现出了准确高效的特点，因此纹理特征一般可以用来表示目标的局部特征。计算机视觉的研究者们已经针对不同目标提出了许多纹理特征的描述算子，例如小波变换(董卫军，2006)、Gabor(Grigorescu et al.，2002)、LBP(Guo et al.，2010)和灰度共生矩阵(Haralick et al.，1973)等。形状特征主要是为了对目标的形状和边界进行描述，给出目标的大致区域范围，所以形状特征的描述一般由形状边界和形状区域内部两部分组成。形状边界主要由边缘检测算子、傅里叶描述算子、小波算子等进行描述，而形状区域主要由几何不变矩、区域面积、重心、偏心率等参数进行描述。

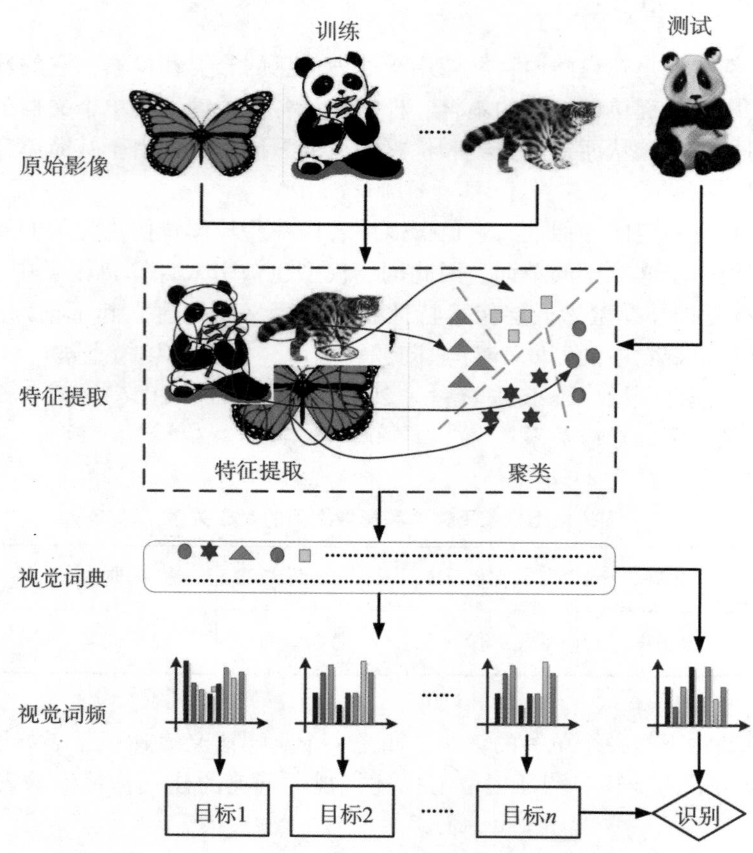

图 3-30　视觉词袋模型框架图

2) 视觉词典的建立

当影像中目标特征提取后，就需要对这些特征描述向量进行量化获得视觉词典。特征向量量化的过程实际上就是将提取的视觉特征按照类别进行分组，这个分组的过程一般通过聚类算法完成，即通过聚类获得视觉词典。聚类的优劣直接影响后期的目标检测和目标分类。常用的聚类方法有 *K*-means 算法、FCM 聚类算法(Hoppner et al., 2003)、谱聚类(Alzate et al., 2010；吴锐等, 2009)和稀疏编码(Jenatton et al., 2012；邓战涛等, 2012)等。

3) 目标的表达

影像中的目标表达是将目标的低层视觉特性用高层语义表示出来的过程，有了高层语义就可以准确地进行影像内容的描述，为目标的识别和分类提供帮助。在视觉词袋模型中，当视觉词典形成后，影像中目标的每个特征点在视觉词典中均对应一个视觉单词，统计目标中所有视觉单词出现的次数，就可以生成一个视觉单词的直方图，通过这个直方图来描述不同影像中的目标。因此，也可以认为通过视觉词典频率就建立起视觉低层语义特征与高层语义特征之间的映射关系，可以更好地克服“语义鸿沟”的问题。

4)分类/识别决策

当影像中的目标利用视觉词频进行表达后，如何利用视觉词频进行目标的识别和分类是视觉词袋模型框架最后一个需要解决的问题。针对这一问题，解决的途径主要有两种：一类是通过相似性度量的方法。相似性度量是一种传统的方法，主要是思想上通过各种距离来度量目标词频与待检测目标词频之间的相似度，通过相似度来判定目标的类别，从而达到识别和分类的目的，用于相似性度量的距离有：欧式距离、夹角余弦、相关系数、马氏距离和曼哈顿距离等，这类方法的关键问题是如何设定相似性的阈值。另外一类就是通过各种机器学习分类算法。机器学习分类方法主要通过训练目标的视觉词频样本获得分类模型，然后通过分类器对待检测目标进行识别和分类，常用的方法有 SVM、随机森林和 Adaboost 等。该方法需要通过标定样本进行前期的训练和学习，因此样本的选取和分类器的训练是关键。

3.4.2 场景分类

在视觉词袋模型中，影像中的目标语义信息是通过特征频率来表达的，而遥感影像中的场景是通过场景中的主题目标来区分的，因此遥感影像的场景就可以通过主题目标的特征频率进行分类(Zhu et al., 2016)。本章利用视觉词袋模型进行场景分类的主要过程如下：①提取场景中主题目标的多特征作为视觉单词；②用聚类算法生成视觉词典；③利用不同的词典频率来表达不同的场景；④利用 SVM 进行场景分类。下面详细阐述利用视觉词袋模型进行场景分类的过程。

3.4.2.1 特征提取

相对于中低分辨率的遥感影像，高分辨率遥感影像具有更加丰富的空间结构、几何纹理和拓扑关系等信息，从而对认知地物目标的属性特征更加方便。由于高分辨率遥感影像的地物目标识别经常会出现“同谱异物”和“同物异谱”现象，因此仅用单一特征将无法准确表达目标对象。本章将利用三种特征来描述遥感影像中的场景，它们分别是颜色特征、Dense-SIFT 特征和形状描述特征。

颜色特征可以用来区分影像中光谱不同的地物目标，例如区分如图 3-31 (a)所示的植被和水体等。由于 HSV 颜色空间较 RGB 颜色空间更加符合人眼视觉，对亮度更加敏感，有利于颜色特征的区分，所以本章利用 H、S 和 V 对分割区域进行非均匀量化，即将色调量分为 n_1 个级别，饱和度分为 n_2 个级别，亮度分为 n_3 个级别，然后将三个颜色分量合成一个一维矢量：$L = n_2 \times n_3 \times H + n_2 \times S + V(L \in [0, (n_1 \times n_2 \times n_3 - 1)])$；矢量 L 的直方图就是每个场景的颜色特征，其维度为 $n_1 \times n_2 \times n_3$。

Dense-SIFT(Liu et al., 2012)特征用来区分影像中结构特征不同的地物目标，例如区分如图 3-31(b)所示油罐和密集居民区。SIFT(David, 2004)是由加拿大科学家 David 在 1999 年提出的一种检测局部特征的算法，该算法不仅具有较好的尺度不变性，而且提取特征丰富。Dense-SIFT 是对 SIFT 算法的改进版本，通常 SIFT 特征提取需要经历四步：构建 DOG 尺度空间、关键点定位、关键点方向赋值和生成描述算子，Dense-SIFT 省去了前面三步过程，直接进行关键点位置和描述算子采样，因此它不需要构建尺度空间，只在单一尺度上提取 SIFT 特征，可以获取比 SIFT 更加丰富的特征点，在影像分类和检索中广泛使用。本章将使用 Dense-SIFT 算法对场景的结构特征进行特征提取，得到一个 128 维的特征向量。Xia et al. (2010) 提出的形状分布特征将被用来区分影像中的纹理特征不同的地物目标，例如区分如图 3-31(c) 所示的停车场和港口。形状分布特征能够用来为场景目标描述局部边缘特征和全局形状特征，本节将利用 Xia et al. (2010) 提出的相似不变性 (similarity invariant local features) 的局部特征来描述场景的纹理特征，这个相似不变性局部特征由四种统计直方图组成：延长率直方图 (elongation histogram)、紧凑度直方图 (compactness histogram)、尺度比直方图 (scale ratio histogram) 和对比度直方图 (contrast histogram)。这四种直方图特征的计算公式如下：

$$\text{elongation}: \varepsilon = \frac{\lambda_2}{\lambda_1} \tag{3-42}$$

$$\text{compactness}: \kappa = \frac{1}{4\pi\sqrt{\lambda_1\lambda_2}} \tag{3-43}$$

$$\text{scale ratio}: \alpha(s) = \frac{\mu_{00}(s)}{\langle \mu_{00}(s') \rangle_{s' \in M}} \tag{3-44}$$

$$\text{contrast}: \gamma(x) = \frac{\mu(x) - \text{mean}_{s(x)}(u)}{\sqrt{\text{var}_{s(x)}(u)}} \tag{3-45}$$

其中，λ_1 和 λ_2 分别是惯性矩阵的特征值，$\mu_{00}(s)$ 是形状 s 的面积，对于影像上任意一点 x，$s(x)$ 是点 x 所在拓扑图中的最小形状，$\text{mean}_{s(x)}(u)$ 和 $\text{var}_{s(x)}(u)$ 分别是均值区域的均值和方差，M 是邻域范围的梯度算子，$\langle \cdot \rangle_{s' \in M}$ 是 M 的平均梯度。

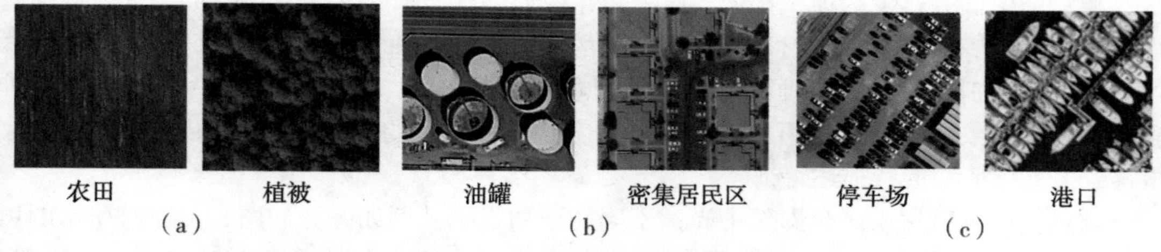

图 3-31　同谱异物的实例图

3.4.2.2　视觉词典的生成

根据上一步特征提取获取特征向量后，由于影像中的光照、尺度和旋转等问题，相同的视觉单词可能会由不同的特征值组成，因此需要利用 K-means 聚类算法将特征向量中相同的视觉单词进行合并量化，构成视觉词典。设场景区域的特征向量为 $\boldsymbol{F} = [f_1, f_2, \cdots, f_N] \in R^{M \times N}$，其中 N 表示每个场景区域的特征数量，每个特征包含 M 维向量。利用公式 (3-46) 对特征向量 $\boldsymbol{F}$ 进行 K-means 聚类，生成一个 K 维向量的视觉词典 $W = [w_1, w_2, \cdots, w_K] \in R^{M \times K}$。

$$D(F, C) = \sum_{j=1}^{k} \sum_{f_i \in S_j} \| f_i - C_j \| \tag{3-46}$$

其中，C 为聚类中心，它通过随机初始化一个 K 维的聚类中心；$\boldsymbol{F}$ 为特征向量；S_j 表示聚类中心 C_j 的描述符；$D(\cdot)$ 表示特征向量到聚类中心的距离。通过不断地迭代，得到视觉词典。

3.4.2.3 基于视觉词典的场景表达

在视觉词袋模型中，场景是由不同频率的视觉词典来表达的，因此本章对场景区域特征进行视觉词典的直方图统计。又由于视觉词典为多维特征向量，因此利用公式(3-47)的直方图交叉核函数来进行词典频率的统计(Barla et al.，2003)，由此可以获得统计向量 $N=[n_1, n_2, n_3, \ldots, n_i, \ldots, n_K]$。

$$\mathrm{Sim}(W_{i,k}, W_{j,k}) = \sum_k \min(W_{i,k}, W_{j,k})^2 \tag{3-47}$$

由于不同的视觉单词对图像的表达作用不同，直接使用最初的视觉词典对图像进行表达会对后续的识别造成不佳的效果。为了区分不同的视觉单词对图像表达的贡献，本章利用了文本信息检索中的 tf-idf(词频 - 反转文件频率)(Sivic et al.，2003)的加权方法来描述视觉词典中单词的权重。视觉词典中单词的权重向量为 $\boldsymbol{T}=[t_1, t_2, t_3, \cdots, t_i, \cdots, t_K]$，权重 t_i 的表达式为：

$$t_i = \frac{n_{id}}{n_d}\lg\frac{N}{n_i} \tag{3-48}$$

其中，n_{id} 表示第 i 个视觉单词在场景区域中出现的频率；n_d 表示所有视觉单词在场景区域中出现的总频率；N 表示场景区域的总数；n_i 表示第 i 个视觉单词在所有场景区域中出现过的次数。那么场景区域的加权特征 $\mathrm{BoW}f_i$ 表达为：

$$\mathrm{BoW}f_i = n_i \times t_i \tag{3-49}$$

3.4.2.4 基于 SVM 的场景分类

利用式(3-49)获得的结果就是视觉词频率向量，可以用来描述不同场景的场景语义信息。在视觉词袋模型中，如果要对某个场景进行分类，一般有两种方式：一种是利用视觉词频之间的相似度进行判定，即求取当前场景的视觉词频和标准场景视觉词频之间的距离，然后通过阈值判定；另一种就是利用机器学习的方式，通过训练获得不同场景的分类边界，然后利用分类器来分类获得当前场景类型。

3.4.3 灾害损毁区域检测

变化检测是通过一定时间间隔的遥感影像来观测地球表面的变化情况，能够提供地物的空间分布以及变化的定量与定性信息，在全球变化、土地利用变化、城市发展、空间数据库更新等方面都有广泛应用。场景变化检测不同于传统变化检测问题，它从场景主题角度考虑遥感影像中的土地变迁。由于建筑物损毁区域检测问题可以演化为从建筑物区域变迁为建筑物损毁区域，而且为了进一步加快灾后救援，损毁区域检测主要关注的是损毁近似位置，并不需要精确定位，因此建筑物损毁区域检测也可以被看成场景变化检测的一个特殊问题，可以利用场景变化的方法来解决建筑物损毁区域检测问题。但建筑物损毁检测和场景变化问题还存在不同之处：它们虽然都需要检测变化的场景，但损毁检测需要进一步检测出场景迁移详情，即需要了解是否从建筑物区域演变为损毁区域。

如果采用传统场景变化方法进行灾害损毁区域检测，通用的处理流程如下：首先，将灾前遥感影像利用上一节的方法进行场景分类，获得场景中的建筑物区域；其次，将灾前的建筑物区域叠加在灾后影像上，获取灾后场景的建筑物区域；再次，通过比较灾前灾后建筑物区域的语义特征来判定场景是否发生变化；最后，如果发现建筑物场景区域发生了变化，通过进一步判定灾后建筑物区域是否为损毁区域，如果是，那么表明该区域发生了损毁；如果不是，那么表明该区域仅仅为场景变化，而不是损毁区域。利用场景变化检测进行损毁区域检测流程存在两个需要解决的问题：①如何判定场景变化。虽然我们已经获得灾前和灾后场景区域的特征，但如何度量这两个区域的特征的相似性是场景变化检测需要解决的关键问题。②如何确定损毁。如果判定了场景变化，仅说明建筑物区域发生了疑似损毁，如何进一步判定损毁是另一个需要解决的问题。传统方法对第一个问题普遍采用的是利用各种距离公式来度量两个区域特征的相似性，通过设定阈值判定变化，这类方法难保证检测的自适应性和普适性；对于第二个问题主要采用的手段是通过低层视觉特征进行损毁信息提取，而低层语义特征和高层语义之间相关性较弱，因此无法克服计算机视觉中的“语义鸿沟”问题。

针对以上问题，受文献(Wu et al.，2016)的启发，提出了一种基于语义场景变化进行建筑物损毁区域检测的方法。该方法的流程图如图3-32所示，核心思路为：由于灾前灾后建筑物区域覆盖为同一个区域，灾害发生后，这个区域会出现三种情况：灾前为建筑物区域，灾后为损毁区域；灾前为建筑物区域，灾后仍然为建筑物区域；灾前为建筑物区域，灾后为其他区域，例如植被或者空地等区域。那么这三种情况可以分为两类：未发生变化和与损毁相关的变化。因此本章损毁检测的策略将灾前灾后的建筑物区域利用视觉词袋模型进行统一编码，由于未发生变化和与损毁相关的变化的视觉词频向量存在一定的差异，因此可以利用SVM分类器进行分类，获得建筑物损毁区域。具体流程如下：

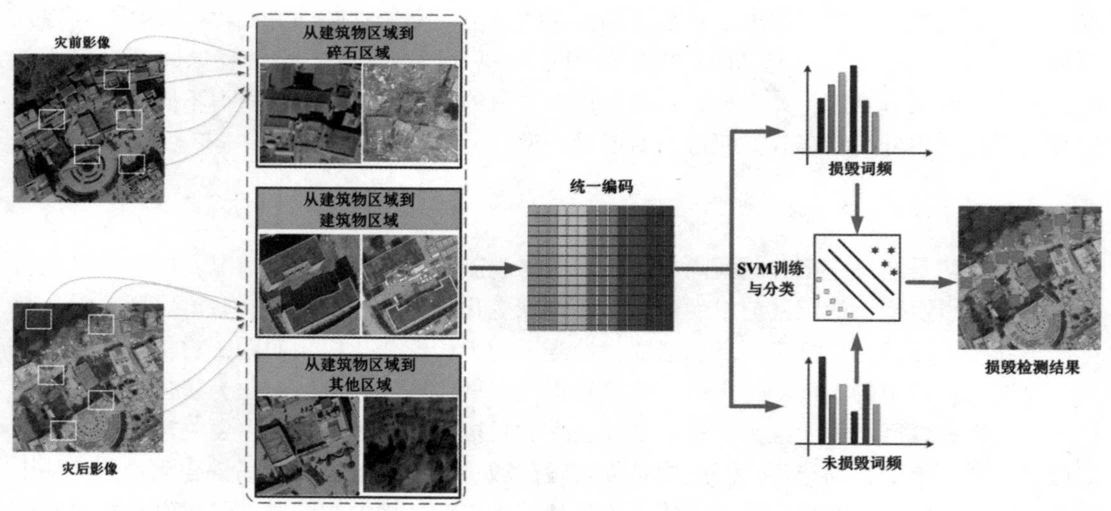

图3-32 基于统一编码的建筑物损毁区域检测流程图

(1)建筑物区域灾前灾后样本分为两类：一类是损毁样本，也就是灾前为建筑物区域，灾后为碎石或者碎石堆积物区域；另一类是非损毁样本，也就是灾前为建筑物区域，灾后为建筑物区域或者其他区域。

(2)灾前灾后的建筑物区域通过视觉词袋模型进行统一编码，也就是灾前灾后影像进行统一特征提取、生成统一词典和建立视觉词频。

(3)将损毁样本和非损毁样本的视觉词频放入SVM分类器中训练，获得训练模型。

(4)将灾前灾后建筑物区域进行统一编码，并利用SVM分类器获得损毁区域。

第 4 章　遥感影像建筑物损毁信息提取

高分辨率影像的目标地物信息表现丰富多样，具有精细的地物空间结构和分布信息，同时其数据量巨大，背景信息复杂，噪声信息干扰严重，“同物异谱”和“异物同谱”现象相比中低分辨率遥感影像更为突出，同时不同的灾害目标特征在影像上呈现异常复杂的特点，使得灾害目标的识别与灾变信息的提取成为极大的技术难点。目前的灾害目标识别主要通过手工方式完成，由于高分数据量巨大，迫切需要自动化的、智能化的手段来进行支持。此外，目前的灾害损毁评估需求已经从传统的统计评估逐步发展成为对具体建筑物的准确定量评估。因此，本章提出了一套由粗到细、逐步求精的建筑物损毁信息提取方案，为满足灾后应急的智能化、精准化提供借鉴。

考虑到灾后第一时间获取的灾区数据类型的差异，因此往往需要针对不同数据类型支持下的损毁检测方法开展研究。本章针对灾后可获取数据的不同约束情况，重点研究不同数据源支持下的半自动/自动化、智能化的损毁检测方法，包括高分辨率灾前/灾后遥感影像支持、三维 GIS 数据与高分辨率灾后遥感影像支持以及灾后多视角无人机影像支持。在灾前/灾后影像数据支持的情况下，通过高分辨率遥感影像进行自动或半自动建筑物提取来制备建筑物基础矢量数据，然后根据建筑物范围内的损毁特征如纹理、形状等来提取损毁建筑物；在三维矢量与灾后高分辨率影像的支持下，研究采用三维 GIS、水平集演化、证据理论，从多种特征入手解决建筑物倒损检测问题；在灾后多视角无人机影像支持下，探讨多维特征融合下的建筑物多级损毁检测和判定问题，为建筑物进行全方位的高精度多级损毁检测提供一种新的解决方案。

近年来，极化 SAR 飞速发展，不同传感器先后发射，在灾害监测、森林遥感、城市规划、洋流和波浪动态感知、土壤湿度估计等地球环境遥感应用方面发挥了重要的作用。极化 SAR 通过不同极化波的发射和接收天线的组合，根据不同极化通道的散射回波在幅度和相位上存在差异的特性，可以获得丰富的建筑物及其损毁回波信息，从而反映和描述建筑物损毁内在的散射机制。

4.1　基于灾前/灾后影像的建筑物二维损毁信息提取

建筑物提取本身是一个遥感领域的国际性难题，通过高分辨率遥感影像进行自动或半自动房屋提取是制备房屋本地数据的可行方法。通过高分辨率遥感影像进行自动或半自动建筑物提取来制备建筑物基础矢量数据，重点研究建筑物范围内的损毁特征变化来实现建筑物损毁信息的提取。

4.1.1 基于灾前高分辨率影像的建筑物信息提取

4.1.1.1 单点提取平顶建筑物技术

1. 提取方法

本方法用种子点选取、区域生长、Line Segment Detector(LSD)直线检测、道路及周边目标剔除、矩形拟合等算法，最终实现单点提取灾前存量房屋，并对该方法做精度验证。

1)改进的区域生长算法

点生长提取是针对目标区域的特点，基于点生长的提取模型符合这一实际情况，可以人工给定目标种子点，根据目标区域特性相似性的特征，自动生长出整个目标区域。

采取中值点法选取种子点，即在待提取区域中初始化一点，以该点为中心在图像中取半径为 k 的方形邻域为窗口，也即是以该点为中心的 $(2k+1)\times(2k+1)$ 大小的窗口，将窗口内各像素点的待提取颜色分量排序，取窗口中待提取颜色分量等于排序中间值的点为种子点。实验证明，以这种方法选取的种子点进行区域生长时，可以减小由图像中干扰像素的像素值过高或过低造成的误差，而且对窗口大小的依赖性较小。而在实验中，发现在 k 取 5 或 6 时，对所选种子点进行区域生长作用的提取效果较好。

先对要分割的区域找一个种子像素作为生长的起点，然后将种子像素周围邻域中与种子像素具有相同或相似性质的像素合并到这一区域中，再将这些新像素当作新的种子像素继续上面的过程，直到没有满足条件的像素可被包括进来为止。

2)快速直线检测

直线检测的具体步骤如下：

(1)基于高斯子采样的方式将输入的灰度图像大小减小到原始图像尺寸的 80%；

(2)计算图像上每个像素的梯度大小和梯度方向；

(3)基于梯度大小进行排序；

(4)辅助矩阵 STATUS 用于标记像素被使用状态，初始化像素为 NOT USED ；

(5)对于梯度大于 ρ 的像素在 STATUS 的矩阵中标记为 USED ；

(6)以梯度最大的像素点 P 开始检测直线段，并且标记该状态为 NOT USED ：

①以 P 点作为种子像素点，开始区域生长。在像素 P 点连接，与像素 P 梯度角小于一定阈值的像素进入生长区域，且标记为 USED ；

②用矩形框逼近法覆盖生长域中被标记的像素；

③如果在矩形框中匹配的像素点的密度小于阈值 $D(D=70\%)$，则对该矩形框进行处理：减小角度阈值；减小区域半径；

④计算矩形框中 NFA 的值；

⑤改进矩形框，减小 NFA 的值；

⑥如果错误率$(\mathrm{NFA}(r))\leqslant\varepsilon$，则将矩形框增加到输出列。

$$\mathrm{NFA}(r,\ i)=(NM)^{5/2}\gamma\mid\cdot B(n(r),\ k(r,\ i),\ p) \tag{4-1}$$

$$B(n,\ k,\ p)=\sum_{j=k}^{n}\binom{n}{j}p^{j}(1-p)^{n-j} \tag{4-2}$$

其中，M，N 分别为矩形的长和宽，γ 为不同均匀密度的个数，i 为第 i 幅图像，j 为第

j 个像素，r 为第 r 个矩阵，ε 表示阈值，$B(n, k, p)$ 为二项式，n 为矩形框中像素数，k 为矩形框中满足一定梯度角的像素个数，p 为均匀分布概率。

LSD 的方法被看作自动的直线检测工具，因为它不需要参数的调整；而对于影响算法的参数则能够使用于所有的图像，而且这些参数属于内参，无须使用者的选择。

3)筛选直线与主方向拟合

由已知条件可知，矩形房屋具有平行线特征，一般为灰度值均一且与周围环境差别较大的长方形区域。因此，房屋屋顶具有平行线特征，即在不考虑透视失真的情况下，房屋的边缘线是平行的。根据这一特征可以将大部分的干扰线进行删除。因此需要针对直线连接的结果进行平行线编组，因为只有平行的直线组才可能成为屋顶。对于检测到的所有直线，删除角度差异大的直线，删除距离区域过大的直线，距离阈值根据房屋直接的间隔设定。

对筛选后的直线，统计直线的角度直方图计算主方向角度，以提取的直线角度为因变量、角度的加权值为自变量生成直方图，角度的加权值是每一条折线段的长度，线段越长，权值越大，在得到角度直方图之后，搜索该图，寻找峰值点，得到房屋的主方向，根据主方向进行矩形拟合。在以输入对角线的中点为圆心，线长度 L 为直径的圆的外接正方形区域进行边缘提取，跟踪出单像素宽的边缘后用“分裂—拟合”法提取直线段，对这些直线段形成一个带权的角度直方图 $H(\theta)$。权由直线段的长度 L_i 和两个输入点到该直线的距离 D_{i0}，D_{i1}来决定：

$$w_i = f(L_i, D_{i0}, D_{i1}) = \frac{L_i}{L} + 1 - \frac{\min(D_{i0}, D_{i1})}{L} \tag{4-3}$$

在角度直方图中，搜索峰值 $\max[H(\theta_i)]$ 和 $\max[H(\theta_i) + H(\theta_i + \pi/2)]$ 可以得到矩形房屋的主方向 θ。如图 4-1 所示。

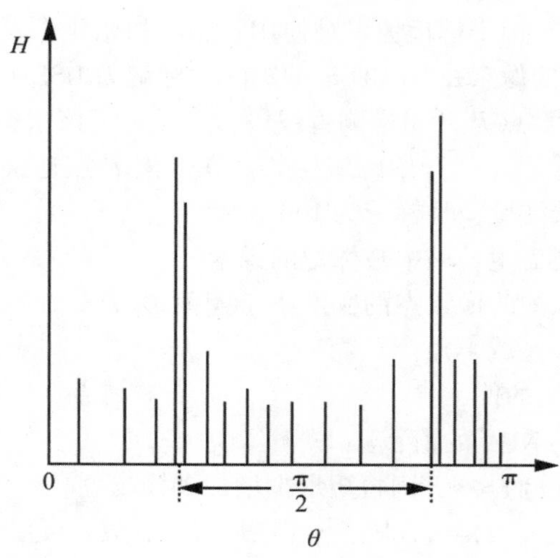

图 4-1　生成的角度直方图

4)矩形拟合

对种子点的左右上下四个方向，分别利用距离直方图方法统计最大值，获取每条边的准确边界，较大程度上提高了房屋的提取精度。

2. 算法流程

单点提取存量房屋的技术流程图如图 4-2 所示：

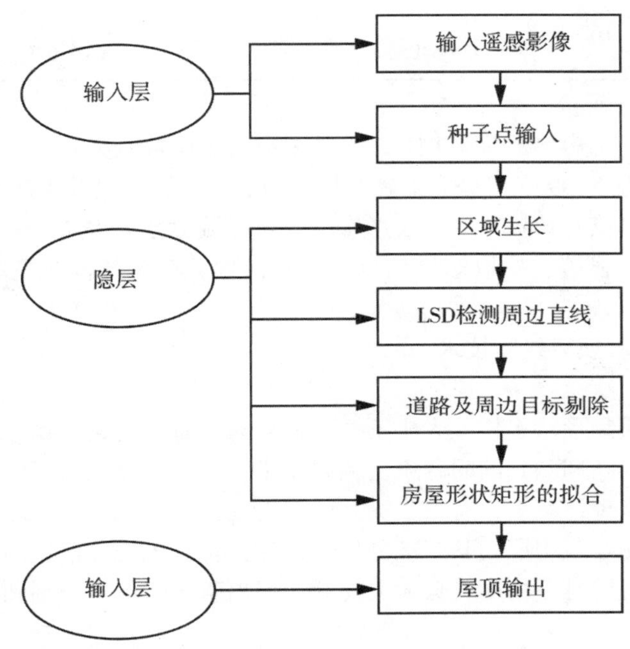

图 4-2 单点提取房屋技术流程图

平顶房屋提取结果统计如表 4-1 所示：

表 4-1 **平顶房屋提取结果统计**

	平顶房提取总数	完全正确提取	基本正确提取	错误提取	正确提取率
worldview 0.5m 影像	18	15(83.33%)	2(11.11%)	1(5.56%)	94.44%
无人机 0.2m 影像	47	36(76.59%)	7(14.89%)	4(8.52%)	91.49%
谷歌 0.3m 影像	71	51(71.43%)	4(5.63%)	16(22.53%)	77.46%
	108	83(76.85%)	11(10.18%)	14(12.97%)	87.04%
	73	59(80.82%)	7(9.59%)	7(9.59%)	90.41%
	51	40(78.44%)	8(15.68%)	3(5.88%)	94.12%

续表

	平顶房提取总数	完全正确提取	基本正确提取	错误提取	正确提取率
GF1 全色 2m 影像	80	40 (50.00%)	13 (16.25%)	27 (33.75%)	66.25%
GF2 全色 1m 影像	162	107 (66.05%)	28(17.28%)	27 (16.67%)	83.33%

本实验中提取的总房屋数量为 610 个，其中完全正确数量为 431 个，基本正确数量为 80 个，错误提取数量为 99 个，提取正确的数量为 511 个，总提取正确率为 83.77%。

通过人机交互可以有效提取平顶矩形房屋，对于城镇独立房屋或者屋顶反射率较高的建筑物提取效果更为显著，提取结果满意，而且影像分辨率越高，提取正确率也相应地增大。

4.1.1.2　两点提取坡顶建筑物技术

1. 提取方法

由于影像中建筑物形状多样、大小不一，如果对所有候选建筑物对象都采用统一的特征参数进行分析，误判和漏判的问题将会频频发生，全自动提取房屋的方法不能较好地适用于上述情况，在该种情况下，有人工交互的半自动房屋提取方法就能得到较好的房屋提取结果，通过人工交互对房屋的某一部分进行标注，在有了先验信息的情况下再提取风格多变、大小不一的房屋时，精度就会大大提升。提出基于超像素分割和 graphcut 的交互式半自动提取方法。

超像素是指具有相似纹理颜色亮度等特征的相邻像素构成的图像块，它利用像素之间特征的相似程度将像素分组，可以获取图像的冗余信息，在很大程度上降低了后续图像处理任务的复杂度。超像素生成算法大致可分为基于图论的方法和基于梯度下降的方法两类。本节中使用 SLIC(simple linear iterative clustering)方法。SLIC 算法是基于颜色和距离相似性进行超像素分割的算法，该算法思想简单，可以生产大小均匀、形状规则的超像素块。

SLIC 算法的基本原理是将彩色图像转换为 CIELAB 颜色空间和 XY 坐标下的 5 维特征向量，然后对 5 维特征向量构造度量标准，对图像像素进行局部聚类的过程。具体步骤为：

(1) 初始化种子点。假设图像有 N 个像素点，预分割为 K 个相同尺寸的超像素，每个超像素的大小为 N/K，且每个种子点的距离近似为 $S = \text{sqrt}(N/K)$。为了避免种子点处在图像的边缘位置，以及对后续的聚类过程造成干扰，需要将种子点在以它为中心的 3×3 的窗口内移动到梯度值最小的位置，同时为每个种子分配一个单独的标签。

(2)相似度衡量。对于每个像素点，分别计算与之距离最近的种子点之间的相似程度，将最相似种子点的标签赋给该像素。通过不断迭代该过程，直到收敛，则相似度的衡量关系如下：

$$d_{lab} = \sqrt{(l_k - l_i)^2 + (a_k - a_i)^2 + (b_k - b_i)^2} \tag{4-4}$$

$$d_{xy} = \sqrt{(x_k - x_i)^2 + (y_k - y_i)^2} \tag{4-5}$$

$$D_i = d_{lab} + \frac{m}{s} d_{xy} \tag{4-6}$$

d_{lab} 为像素点间的颜色差异，d_{xy} 为像素点间的空间距离，D_i 为两个像素的相似度；S 为种子点的间距，m 为平衡参数，用来衡量颜色值与空间信息在相似度衡量中的比重。D_i 取值越大，说明两个像素越相似。

为了提高算法的运算速度，对每个种子点聚类时，只在以种子点为中心的 $2S \times 2S$ 区域内搜索相似像素点，而不是在整张图像中寻找。

graphcut 是一种基于图论的分割方法，其基本原理是：将图像映射为带权重的无向 ST 图，该图在普通的无向图基础上增加两个顶点：S(source 源点)和 T(sink 汇点)，在前背景分割中，S 一般表示前景目标，T 一般表示背景目标。这样在 ST 图中就存在两类不同的顶点和边，第一类顶点和边为：普通顶点对应于图像中的每个像素，每两个邻域顶点(对应于图像中每两个邻域像素)的连接就是一条边。第二类顶点和边为：两个终端顶点 S 和 T，每个普通顶点和这两个终端顶点之间的连接为第二种边。如图 4-3 所示。

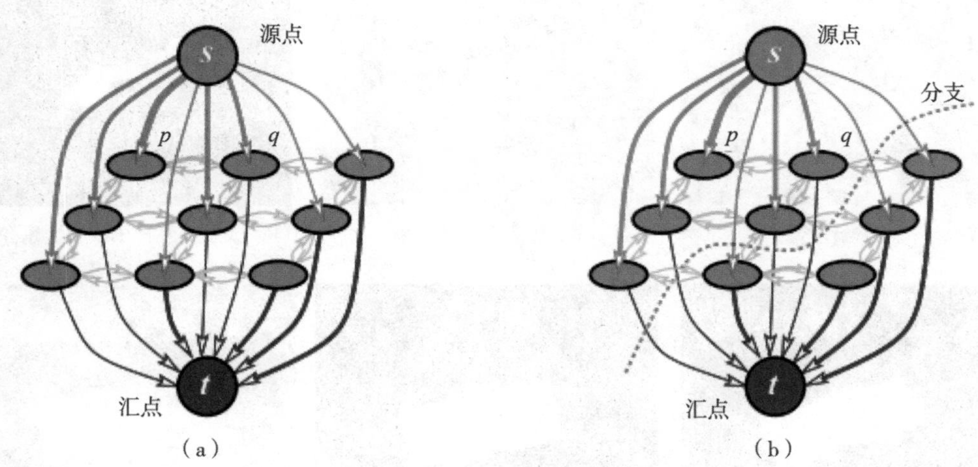

图 4-3 graphcut 映射带权无向 ST 图和分割示例

图像前景和背景的分割可以通过最小化该图像的能量函数得到，图像的能量函数的定义为：

$$E(A) = \lambda \cdot R(A) + B(A) \tag{4-7}$$

$$R(A) = \sum_{p \in P} R_p(A_p) \tag{4-8}$$

$$B(A) = \sum_{\{p, q\} \in N} B_{\{p, q\}} \cdot \delta(A_p, A_q) \tag{4-9}$$

$$\delta(A_p, A_q) = \begin{cases} 1, & A_p \neq A_q \\ 0, & 否则 \end{cases} \tag{4-10}$$

其中，$E(A)$表示该图像的能量函数，$R(A)$为区域项，$B(A)$为边界项，λ 为区域项和边界项之间的影响因子，决定它们对能量的影响大小。其中区域项 $R_p(A_p)$表示为像素 p 分配标签 A_p的惩罚。边界项主要体现分割的边界属性，$B_{\{p,q\}}$可以解析为像素 p 和 q 之间不连续的惩罚，如果两邻域像素差别很小，那么它属于同一个目标或者同一个背景的可能性就很大，如果它们的差别很大，那说明这两个像素很有可能处于目标和背景的边缘部分，则被分割开的可能性比较大，所以当两邻域像素差别越大，$B_{\{p,q\}}$越小，即能量越小。通过确定无向 ST 图的各边权值，则该图也得到确定，此时可以通过 min cut 的方法来得到该图像能量函数最小的分割，min cut 和 max flow 是等效的，因此可以通过 max flow 算法来得到无向 ST 图的最小能量分割，从而将目标前景和背景分割开来。

基于以上相关关键技术，联合超像素分割和 graphcut 的建筑物矢量提取过程如图 4-4 所示：

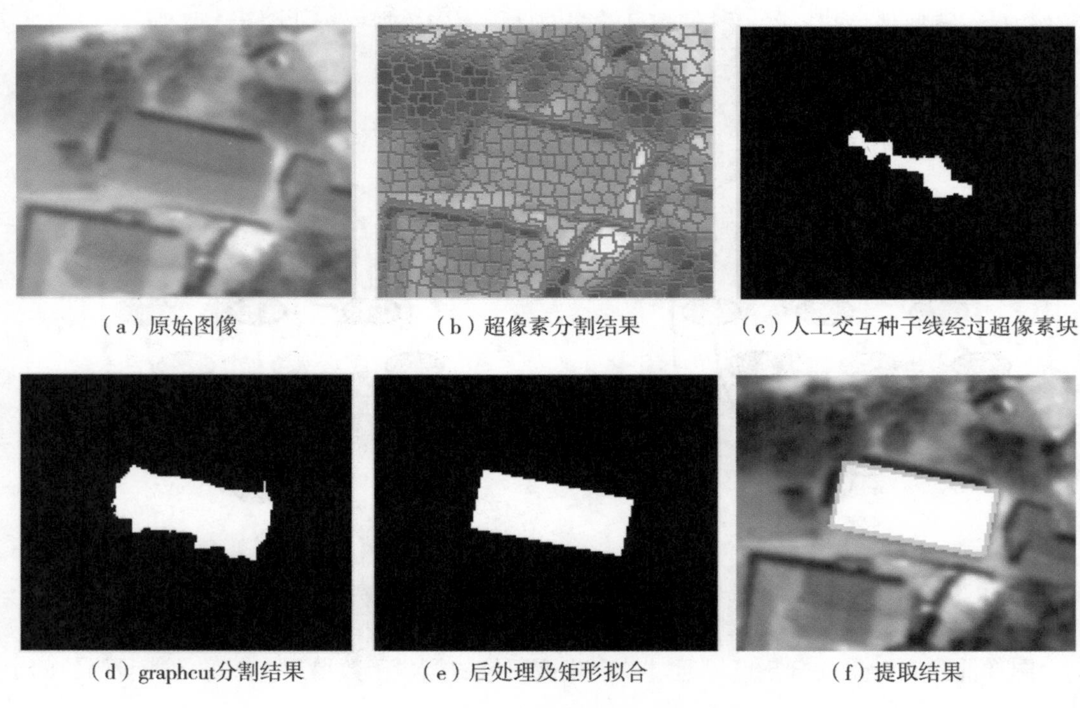

（a）原始图像　（b）超像素分割结果　（c）人工交互种子线经过超像素块

（d）graphcut分割结果　（e）后处理及矩形拟合　（f）提取结果

图 4-4　提取过程

2. 算法流程

第一阶段：对图像进行一定的预处理之后，对图像进行超像素分割；第二阶段：在超像素分割基础上利用 graphcut 算法完成进一步分割合并得到最终的房屋提取结果。

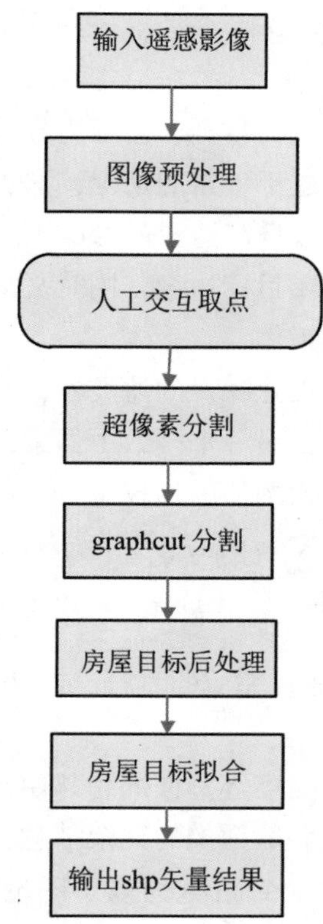

图 4-5　基于超像素分割和 graphcut 交互式半自动房屋提取流程图

3. 实验结果与分析

对交互式房屋半自动提取方法进行测试，选取的数据为 worldview2 0.5m 全色卫星遥感数据和 Google Earth 0.6m 多光谱卫星遥感数据。

对房屋进行提取，通过判断正确检出、错误检出和漏捡的房屋个数来计算提取精度。表 4-2 中"正确性"这一项指标可以反映本方法的提取精度，由表 4-2 可知两点房屋提取综合精度为 76.71%。

表 4-2　**房屋提取精度**

项目	房屋总数	正确检出个数	错误检出个数	漏检个数	完整性(%)	正确性(%)	虚警率(%)	漏警率(%)	质量(%)
房屋数据一	113	85	28	0	100	75.22	24.78	0	75.22
房屋数据二	106	83	23	0	100	78.30	21.70	0	78.30

4.1.1.3　多点提取复杂建筑物技术

1. 提取方法

卫星或无人机遥感影像中的建筑物目标，会因为分辨率或者拍摄条件等的影响而出现边缘不够清晰，或者房屋内部细节过于丰富的情况，这种情况对于后续的建筑物目标提取精度会造成一定的影响，为了减少该情况造成的影响，需要对原始遥感影像进行数据预处理。我们的目标是尽可能地保留房屋目标边缘，同时平滑房屋内部的细节部分，因此选用双边滤波的方法来完成数据预处理工作。

双边滤波是一种可以保留边缘去除噪声的滤波器，其滤波器由两个函数组成，一个函数由几何空间距离决定滤波器系数，另一个函数由像素差值决定滤波器系数，在双边滤波器中，输出像素的值依赖于邻域像素的值的加权组合。其滤波器公式表示为：

$$h(x) = k^{-1}(x) \cdot \sum f(\xi) \cdot \mathrm{e}^{-\frac{1}{2}\cdot\left(\frac{d(\xi,\ x)}{\sigma_d}\right)^2} \cdot \mathrm{e}^{-\frac{1}{2}\cdot\left(\frac{\sigma(f(\xi),\ f(x))}{\sigma_r}\right)^2} \tag{4-11}$$

$$k(x) = \sum \mathrm{e}^{-\frac{1}{2}\cdot\left(\frac{d(\xi,\ x)}{\sigma_d}\right)^2} \cdot \mathrm{e}^{-\frac{1}{2}\cdot\left(\frac{\sigma(f(\xi),\ f(x))}{\sigma_r}\right)^2} \tag{4-12}$$

其中，d 表示滤波过程中每个像素邻域的直径，σ_r 表示颜色空间滤波器的方差，σ_r 表示坐标空间滤波器的方差。

超像素是指具有相似纹理颜色亮度等特征的相邻像素构成的图像块，它利用像素之间特征的相似程度将像素分组，可以获取图像的冗余信息，在很大程度上降低了后续图像处理任务的复杂度。超像素生成算法大致可分为基于图论的方法和基于梯度下降的方法两类。本节中使用 SLIC(simple linear iterative clustering)方法。对该方法的详细介绍可以参照第 4. 1. 1. 2 小节中的相关内容。

在超像素分割的基础上，我们可以将单个超像素块看作一个像素单元来参与后续计算。使用极大相似度区域合并算法来完成对种子线经过的超像素块的合并。该方法的优点在于不需要设定区域合并条件的阈值，是一种自适应的区域合并算法。具体过程为：遥感影像若为全色影像，则将其构造成多光谱影像，若为多光谱影像，则按以下步骤处理。多光谱影像有三个通道，每个通道的灰度级为 0~255，将每个通道均分为 16 个等级，统计分割后的每个区域块的颜色直方图，一共为 16×16×16=4096 个直方图 bins，构成该区域块的 4096 维标志向量，计算种子线经过区域块的邻接区域块 A，以及区域块 A 的所有邻接区域块 Q 的相似度，其计算公式为：

$$\rho(A,\ Q) = \sum_{u=1}^{4096} \sqrt{\mathrm{Hist}_A^u \cdot \mathrm{Hist}_Q^u} \tag{4-13}$$

其中 Hist_A^u，Hist_Q^u 分别表示区域块 A，Q 的直方图，u 表示直方图的第 u 个 bin，两个区域的相似度越大，则上述计算结果越大。

然后判断种子点经过区域块 A 的对应相似度计算结果是否为其中的最小值，如果是，可以认为该邻接区域块 A 和对应的种子线经过的区域块相似度最大，将 A 和对应的种子线经过的区域块合并，重复以上过程直到再没有区域块合并为止。

由于建筑物在高分辨率遥感影像上呈现出具有规则形状的图形，其角点信息往往较为丰富，而背景目标的角点一般较少，且较为杂乱，因此通过检测影像中的角点并确定角点的分布概率，即可大致确定建筑物的范围。角点是典型的一种局部关键点。角点往往存在于线条的交叉处和纹理性较显著的部分。Harris 角点是最典型的角点检测算子，在一幅图像上将窗口移动微小的距离$[u, v]$产生灰度变化$E(u, v)$：

$$E(u, v) = \sum_{x, y} w(x, y)\left[I(x+u, y+v) - I(x, y)\right]^2 \tag{4-14}$$

$$E(u, v) = \sum_{x, y} w(x, y)\left[I_x u + I_y v + O(u^2, v^2)\right]^2 \tag{4-15}$$

$$\left[I_x u + I_y v\right]^2 = (u, v)\begin{pmatrix} I_x^2 & I_x I_y \\ I_x I_y & I_y^2 \end{pmatrix}(u, v)^{\mathrm{T}} \tag{4-16}$$

假设局部移动量$[u, v]$非常小，可以将$E(u, v)$近似表达如下：

$$E(u, v) \cong (u, v)\boldsymbol{M}(u, v)^{\mathrm{T}} \tag{4-17}$$

其中M是由图像导数计算得到的 2×2 矩阵，其定义如下：

$$\boldsymbol{M} = \sum_{x, y} w(x, y)\begin{pmatrix} I_x^2 & I_x I_y \\ I_x I_y & I_y^2 \end{pmatrix} \tag{4-18}$$

在平坦区，图像窗口沿所有方向移动均无明显的灰度变化，λ_1和λ_2都很小；在边缘区，图像窗口沿边缘方向移动无明显的灰度变化；在角点区，图像窗口沿任意方向移动都有明显的灰度变化，λ_1，λ_2都较大且数值相当。

定义角点响应函数R：

$$R = \det(M) - k\left(\mathrm{trace}(M)\right)^2 \tag{4-19}$$

$$\det(M) = \lambda_1 \lambda_2 \tag{4-20}$$

$$\mathrm{trace}(M) = \lambda_1 + \lambda_2 \tag{4-21}$$

显然对于角点，λ_1，λ_2都较大且数值相当，则R较大，R在角点位置取局部极大值，对角点响应函数进行阈值处理，若R大于阈值，则为角点。

之后对遥感影像中的每个像素点，计算该像素点到检测到的所有角点的距离并求和，构成距离图像，其计算公式为：

$$\mathrm{Distance} = \sum_{i=1}^{t} \frac{1}{2 \cdot PI \cdot \sigma \cdot \sigma} \exp^{\frac{-\sqrt{(x-x_i)^2+(y-y_i)^2}}{2\cdot\sigma\cdot\sigma}} \tag{4-22}$$

其中，σ为方差，x_i，y_i为角点的像素坐标，x，y为某个像素坐标，t表示角点数量。

对生成的角点距离图像归一化到 0~255，对归一化后的图像进行二值分割，其中前景区域像素点赋值为 255，背景区域像素点赋值为 0。

基于以上相关关键技术，房屋提取的主要过程如图 4-6 所示。

2. 算法流程

由于影像中建筑物形状多样、大小不一，如果对所有候选建筑物对象都采用统一的特征参数进行分析，误判和漏判的问题将会频频发生，全自动提取房屋的方法不能较好地适用于上述情况，在该种情况下，有人工交互的半自动房屋提取方法就能得到较好的房屋提

（a）原图　（b）预处理　（c）SLIC分割

（d）人工种子点连线　（e）MSRM区域合并　（f）角点检测

（g）角点距离显著图　（h）显著图二值化　（i）最终提取结果

图4-6　提取过程

取结果，通过人工交互对房屋的某一部分进行标注，在有了先验信息的情况下再提取风格多变、大小不一的房屋时，精度就会大大提升。提出基于超像素分割、极大相似度区域合并、角点距离显著图和graphcut的交互式半自动提取方法。基于超像素分割和graphcut交互式半自动房屋提取流程如图4-7所示。

3. 实验结果与分析

对于房屋提取部分，选取的数据为无人机0.2m多光谱遥感数据。

表4-3中正确性一项指标可以反映本方法的提取精度，由表可知多点提取复杂房屋的综合精度为79.06%。

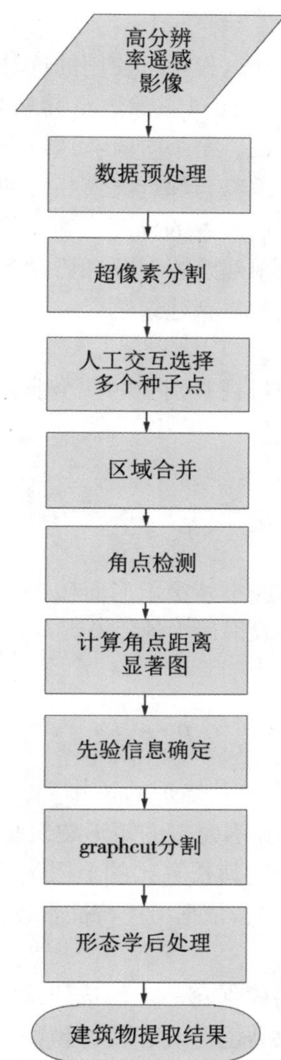

图 4-7 基于超像素分割和 graphcut 交互式半自动房屋提取流程图

表 4-3 房屋提取精度

	房屋总数	正确检出个数	错误检出个数	漏检个数	完整性(%)	正确性(%)	虚警率(%)	漏警率(%)	质量(%)
房屋数据一	330	265	65	0	100	80.30	19.70	0	80.30
房屋数据二	224	173	52	0	100	77.23	22.77	0	77.23

4.1.1.4　自动提取规则建筑物技术

1. 提取方法

房屋提取采用仿效人类视觉认知过程中所使用的这种由易到难的策略，设计类似的分级提取框架完成房屋的全自动提取。在对影像进行邻域总变分分割获取候选建筑物对象后，建筑物的分级提取分为三个阶段。第一阶段：通过形状分析提取一部分分割完整的简单矩形建筑物；第二阶段：针对建筑物与邻近光谱相似的道路目标相互混叠的问题，采用一种多方向形态学道路滤波算法实现两者的分离，确保每一个候选建筑物目标都是独立的对象；第三阶段：利用初提取的简单建筑物对象和已剔除的非建筑物对象作为样本自监督学习，然后根据贝叶斯准则提取其他复杂建筑物。

1) 建筑物初提取

形状信息是高分辨率遥感影像目视判别中的一个非常重要的线索，一般矩形可通过以下几个参数来描述：

(1) 矩形度。

$$P_1 = \frac{S_0}{S_R} \tag{4-23}$$

其中，S_0为目标面积，S_R为其最小外接矩形面积，P_1反映了一个物体对其最小外接矩形的充满程度。对于矩形房屋，P_1取得最大值 1.0。

(2) 长宽比。

$$P_2 = \frac{l_1}{l_2} \tag{4-24}$$

其中，l_1，l_2分别表示目标最小外接矩形的长和宽。

在初提取阶段，首先提取那些分割完整的矩形建筑物目标，故设定矩形度下限为 0.8；建筑物的长宽比一般不应很大，设定其长宽比的上限为 4∶1；同时在给定分辨率影像中，建筑物的面积存在恒定的上界和下界，依据上述特征参数，提取满足条件的建筑物对象。

2) 多方向形态学道路滤波

在进行建筑物后提取前，需要确保每一个候选建筑物目标都是独立的对象。但是在高分辨率遥感影像中同谱异物的现象普遍存在，使得预处理后的一些建筑物与邻近的道路相互混叠而没被分离成独立的对象，这直接影响到该类型建筑物的有效提取。为此，采用一种基于多方向线状结构元素的形态学道路滤波算法来解决上述问题。

(1) 构造具有道路模型特征的结构元素。

形态学算法的性能取决于结构元素的选取，因此，选取怎样的结构元素是设计算法的关键。考虑到预处理后道路一般呈细长条几何结构且具有明显的方向性，但这种方向具有不确定性，因此可以构造一组多方向线状结构元素 B_{L,α_i} 来描述道路的几何特征：

$$B_{L,\alpha_i} = \left\{ (x_i, y_i) \left| \begin{array}{ll} y_i = x_i \tan\alpha_i,\ x_i = 0,\ \pm 1,\ \cdots,\ \pm \dfrac{(L-1)\cos\alpha_i}{2} & \text{if } |\alpha_i| \leqslant 45 \\ x_i = y_i \cot\alpha_i,\ y_i = 0,\ \pm 1,\ \cdots,\ \pm \dfrac{(L-1)\sin\alpha_i}{2} & \text{if } 45 < |\alpha_i| \leqslant 90 \end{array} \right. \right\} \tag{4-25}$$

其中方向角 $\alpha_i = i\times10°$，长度 L 取 80 个像素。

(2)形态学滤波。

形态学开运算能在去除小于结构元素的影像细节的同时也保留适合结构元素的像素点。利用这个特性，用多方向线状结构元素 $B_{L,\ \alpha_i}$ 对待处理的二值影像 I 做如下定义的形态学运算，提取影像中的道路区域：

$$f = \bigcup_{i=-9}^{9} I \circ B_{L,\ \alpha_i} \tag{4-26}$$

式中，符号 $\circ$ 表示二值形态学开运算。

(3)去除道路区域。

用 I 与 f 做差，剔除影像中的道路区域实现建筑物与道路区域的分离，如图 4-8 所示。

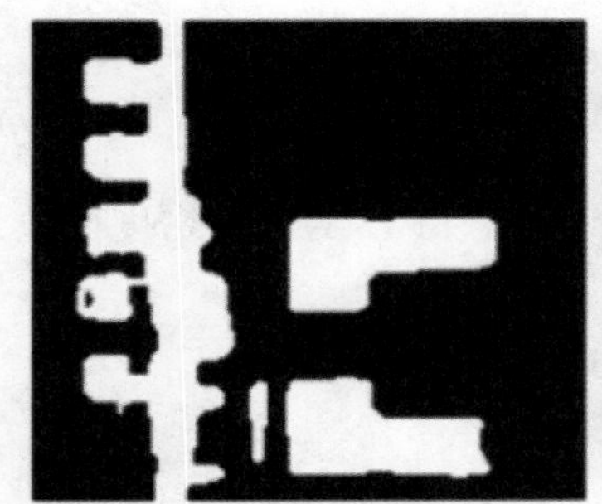
(a)待处理的二值影像

(b)多方向线状结构元素

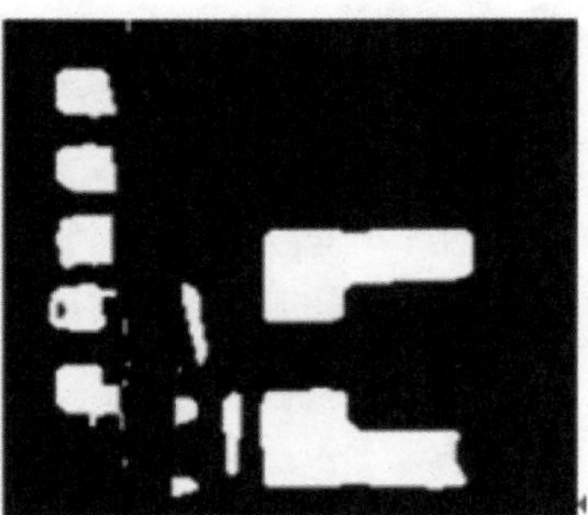
(c)道路滤除后的影像

图 4-8 建筑物与道路分离

3)基于贝叶斯准则的建筑物后提取

经过前两个阶段的处理后，余下需要提取的建筑物目标，它们或者形状缺失而与噪声不好区分，或者结构比较复杂难以采用统一的几何特征描述。对于这些较难提取的目标，采用一种基于贝叶斯准则的检测方法，将目标识别问题转化为最大后验概率估计问题：首先，利用初提取的建筑物对象和已排除的非建筑物对象(林地，道路)作为训练集提取特征，得到两类类别已知的判别特征矢量集；然后，对建筑物类和非建筑物类的特征矢量集分别进行混合高斯建模，以估计两类对象的条件概率密度函数；最后，利用贝叶斯判别方法对候选建筑物对象进行判决，得到建筑物后提取结果。

利用 Gabor 滤波器对原图进行 3 个尺度、8 个方向的 Gabor 变换，并对同一尺度不同方向的特征取平均得到 3 个纹理特征子带，对这 3 个子带特征进行进一步提取，计算各个对象区域的均值和方差，构成一个 6 维的特征矢量，作为它们的纹理特征信息 $X=\{x_1,\ x_2,\ \cdots,\ x_6\}$。用初提取的建筑物和已排除的非建筑物对象作为样本建立训练样本集，分别提取各个样本的纹理特征矢量，并采用去均值和除以标准方差的方法对这些特征矢量进行归一化处理得到样本的判别特征矢量。

在得到训练样本集中所有样本的判别特征矢量后，就要对其中建筑物类和非建筑物类的判别特征矢量集的统计分布分别进行建模，以估计两类对象的条件概率密度函数，为建筑物后提取阶段的贝叶斯判别提供统计意义上的先验模型。

在建立建筑物和非建筑物对象的先验概率模型后，就可以根据贝叶斯判别方法对候选建筑物对象进行分类判决。设 Y 为对待判别候选建筑物对象进行纹理特征提取得到的判别特征矢量，则它属于建筑物类和非建筑物类的后验概率分别可表示为 $p(\omega_f \mid Y)$ 和 $p(\omega_n \mid Y)$，根据贝叶斯最小错误决策规则得到对该候选建筑物对象进行判别的公式如下：

$$Y \in \begin{cases} \text{建筑物}, & p(\omega_f \mid Y) > p(\omega_n \mid Y) \\ \text{非建筑物}, & \text{otherwise} \end{cases} \tag{4-27}$$

其中的后验概率可根据贝叶斯理论通过条件概率 $p(\omega_f \mid Y)$ 和 $p(\omega_n \mid Y)$ 计算得到：

$$p(\omega_f \mid Y) = \frac{p(\omega_f)p(Y \mid \omega_f)}{p(Y)} \tag{4-28}$$

$$p(\omega_n \mid Y) = \frac{p(\omega_n)p(Y \mid \omega_n)}{p(Y)} \tag{4-29}$$

式中，$p(\omega_f)$ 和 $p(\omega_n)$ 为建筑物类和非建筑物类的先验概率，$p(Y)$ 为混合密度函数，得到实际计算的判别公式如下：

$$Y \in \begin{cases} \text{建筑物}, & p(Y \mid \omega_f)/p(Y \mid \omega_n) > \eta \\ \text{非建筑物}, & \text{otherwise} \end{cases} \tag{4-30}$$

其中，$\eta(\eta = p(\omega_{fn})/p(\omega_f))$ 为建筑物类与非建筑物类在图像中出现的先验概率之比，可根据实际的使用环境和条件进行调整。实验中取 $\eta = 1.0$，即认为建筑物类与非建筑物类在图像中出现的概率相同。

2. 算法流程

在遥感影像中，建筑物属于一类群聚目标，从形状上来看，其中既包含形状简单的矩形建筑物又有其他复杂结构的非矩形建筑物。设计分级提取框架完成建筑物的提取，在对影像进行邻域总变分分割获取候选建筑物对象后，建筑物的分级提取分为三个阶段。第一阶段：通过形状分析提取一部分分割完整的简单矩形建筑物；第二阶段：针对建筑物与邻近光谱相似的道路目标相互混叠的问题，采用一种多方向形态学道路滤波算法实现两者的分离，确保每一个候选建筑物目标都是独立的对象；第三阶段：利用初提取的简单建筑物对象和已剔除的非建筑物对象作为样本自监督学习，然后根据贝叶斯准则提取其他复杂建筑物。基于视觉启发建筑物分级提取流程图如图 4-9 所示。

3. 实验结果与分析

对于房屋提取部分，全自动算法选取的数据为 google earth 1m 多光谱卫星遥感数据。

对房屋进行提取，通过判断正确检出、错误检出和漏检的房屋个数来计算提取精度。在不同类型的数据中，自动化提取房屋的精度差异较大，且在图像数据中房屋成像质量较差时提取精度较低。这表示全自动房屋提取方法对于数据的要求较高，并不适用于所有类型的数据。表 4-4 中“正确性”一项指标可以反映本方法的提取精度，由表 4-4 可知全自动房屋提取综合精度为 76.72%。

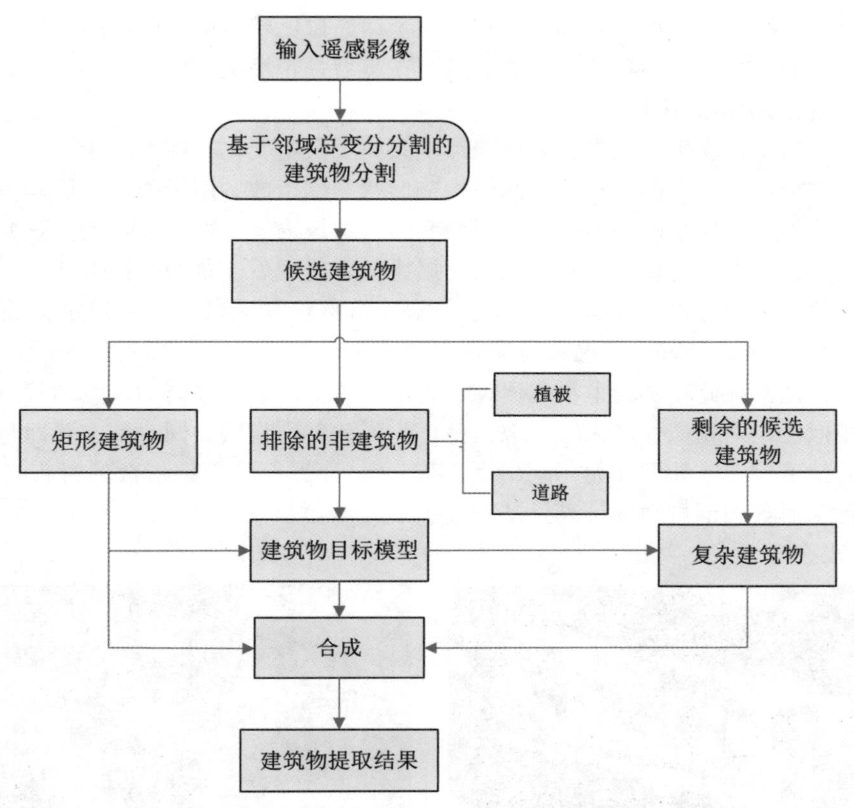

图 4-9　基于视觉启发建筑物分级提取流程图

表 4-4　**房屋提取精度**

	房屋总数	正确检出个数	错误检出个数	漏检个数	完整性(%)	正确性(%)	虚警率(%)	漏警率(%)	质量(%)
房屋数据一	60	56	2	2	96.55	96.55	3.45	3.45	93.33
房屋数据二	145	139	12	1	99.29	92.05	7.95	0.71	91.45
房屋数据三	86	39	34	13	75.00	53.42	46.58	25.00	45.35
房屋数据四	129	72	39	18	80.00	64.86	35.14	20.00	55.81

4.1.2　基于变化检测的震后倒塌建筑物提取

为了能够得到可靠的震后损毁建筑物信息，本节基于变化检测技术，提出了面向对象的震后倒损建筑物提取处理流程。构造形状判别指数和纹理判别指数，这两个指数分别表示了震前与震后房屋屋顶的形状和纹理相似性，即通过比较震前与震后高分辨率遥感影像上建筑物屋顶的形状和纹理特征来判断建筑物在震后是否发生了倒塌。

4.1.2.1　形状判别指数构建

如果震后建筑物发生了倒损，其屋顶形状倾向于发生变化，即不同于震前的建筑物屋顶形状。在这个基本认知的前提下，我们构造形状判别指数，用于衡量震后建筑物屋顶形状与震前建筑物屋顶形状的相似性，从而判断震后建筑物发生变化的程度。正如上文中阐述的那样，由于配准存在误差，我们无法直接比较震前震后建筑物屋顶形状，所以需要设置缓冲区。然后利用改进水平集分割方法分割建筑物独立区域，得到建筑物独立区域轮廓，如图 4-10 所示。最后我们将震前建筑物屋顶矢量按照地理坐标投到震后建筑物独立区域轮廓上，让其在此轮廓图上滑动，计算每个位置上的震前建筑物矢量形状与震后建筑物轮廓的相似性。当相似性最大时，取其值作为形状判别指数，同时此位置即为震后影像上建筑物的精确位置，如图 4-11 所示。总而言之，计算形状判别指数的过程是一个模板匹配的过程。形状判别指数的计算是基于改进 Hausdorff 距离。

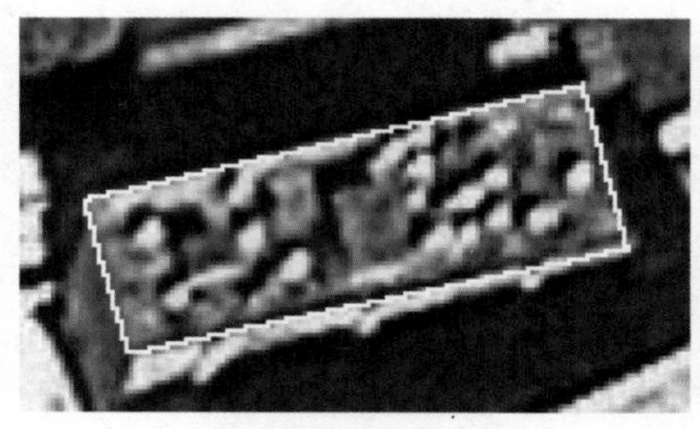

（a）震前建筑物位置

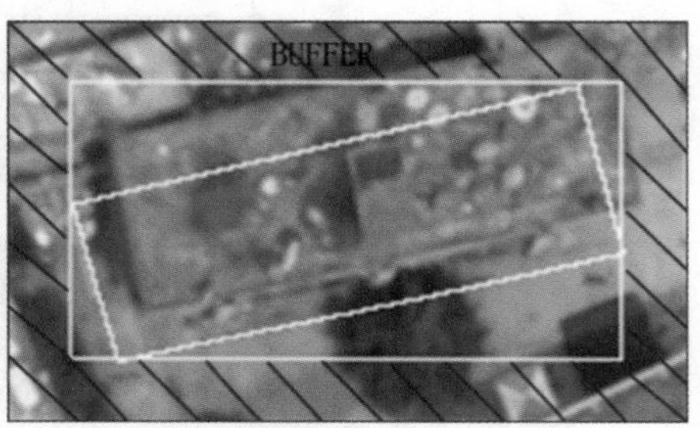

（b）震后建筑物独立区域

图 4-10　建筑物独立区域

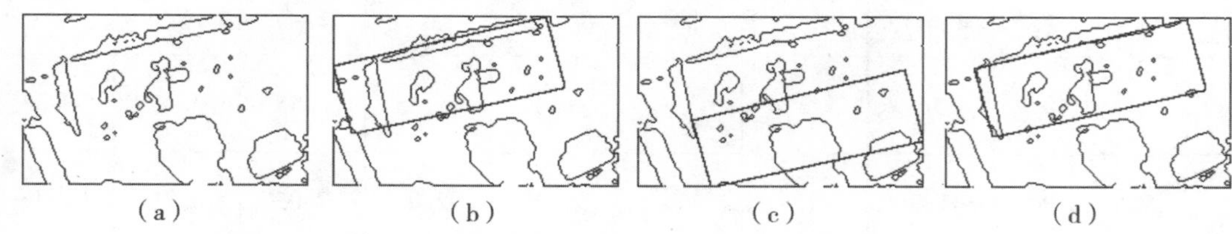

（a）　（b）　（c）　（d）

图 4-11　模板匹配过程

1. Hausdorff 距离

Hausdorff 距离最初由现代拓扑学的奠基人德国数学家 Felix Hausdorff 提出，用于描述两组点集之间相似性程度的一种度量，常用于进行模式识别、模板匹配等，如人脸、车牌、指纹等的识别。在针对图像进行处理时，通常首先需要对图像进行边缘提取，然后将待处理的图像的边缘看作两个点集，对这两个点集进行 Hausdorff 计算，可以得到两幅图像之间的相似性。Hausdorff 是常用的图像匹配方法之一，因为其是通过计算两个点集之间的相似性，而不是逐点对应一一计算点集的匹配程度，所以简化了计算，可以有效处理点数量很多的情况。

2. 基于改进 Hausdorff 距离的形状判别指数构建

在本研究中，通过两步来计算形状相似性。

首先构造边缘匹配率(edge matching rate，EMR)，然后通过设置边缘匹配率阈值，获得候选匹配区域，最后基于改正的 Hausdorff 距离构造形状判别指数。

首先通过边缘匹配率 EMR 进行粗匹配，EMR 的计算公式如下：

$$\text{EMR} = \frac{|\Omega_O|}{\max(|\Omega_T|,\ |\Omega_C|)} \tag{4-31}$$

这里，Ω_T 是模板图像，Ω_C 是分割独立区域得到的轮廓图，$|\ |$ 表示轮廓点的总数。$(i,\ j)$ 表示图像坐标$(i,\ j)$ 的像素。如果像素$(i,\ j)$ 是模板图像轮廓上的点，则$\Omega_T(i,\ j)=1$，否则$\Omega_T(i,\ j)=0$。如果像素$(i,\ j)$ 是独立区域分割轮廓上的点，$\Omega_C(i,\ j)=1$，否则$\Omega_C(i,\ j)=0$。如果像素$(i,\ j)$ 既是模板轮廓上的点又是独立区域分割轮廓上的点，则$\Omega_O(i,\ j)=1$，否则$\Omega_O(i,\ j)=0$。

EMR 的值越大表明匹配度越高，根据经验值，我们将 EMR≥0.5 的区域作为待精确模板匹配区域，这样做的目的是减少计算量，提高计算速度。然后计算所有带精确模板匹配位置的形状判别指数。本章的形状判别指数计算如下：

$$\text{shape index} = \frac{1}{\text{EMR} \cdot |\Omega'_O|^2} \sum_{a \in \Omega_T} d(a,\ \Omega_{CP}) \tag{4-32}$$

这里，Ω_{CP} 是独立区域的分割轮廓，a 是模板图像Ω_T 中的一个像素，$d(a,\ \Omega_{CP})$ 表示如下：

$$d(a,\ \Omega_{CP}) = \min_{b \in \Omega_{CP}} d(a,\ b) \tag{4-33}$$

这里，$d(a,\ b)$ 表示 a 与 b 之间的欧式距离。Ω'_O表示为

$$\Omega'_O = \{a \mid a \in \Omega_T,\ d(a,\ \Omega_{CP}) \leqslant D\} \tag{4-34}$$

这里，D 是一个阈值。$d(a,\ \Omega_{CP})$ 值越大，则其对于模板匹配的意义越小。故为了减少计算量，我们将 $d(a,\ \Omega_{CP})$ 的计算限制在一个邻域内，而不是整幅图像(Srisuk et al.，2000)。在本章中，我们设置 $D=\sqrt{5}$，这意味着我们只需要在 a 的 $5*5$ 邻域内计算 $d(a,\ \Omega_{CP})$ 即可。但是如果在 a 的 $5*5$ 邻域内不存在轮廓点，则扩大此领域，直到得到 $d(a,\ \Omega_{CP})$ 的值。

形状判别指数越小，表明模板匹配越好。当形状判别指数取最小值时，在此位置，震后独立区域轮廓与震前完好房屋形状的相似程度最高，此位置为震后房屋的精确位置，同时最小的形状判别指数被用于判断震后房屋是否发生了倒损。

4.1.2.2 纹理判别指数构建

1. 建筑物纹理特点

纹理特征反映了地物的视觉粗糙度，不仅可以反映图像的灰度统计信息，而且可以反映图像的空间分布信息和结构信息，是描述和识别遥感图像的重要依据。

我国城镇的建筑物通常遵循一定的朝向准则，如北方往往需要“坐北朝南”。所以在高分辨率遥感图像上，城镇的建筑物区通常呈现出明显的排列规律。同时，由于建筑物的

高低不同，通常会伴随阴影的存在，也会使整个建筑物区呈现出明暗交替。这样明暗交替和排列规律结合，会使建筑物区的纹理呈现出竖直交替的特点。如图 4-12 所示。

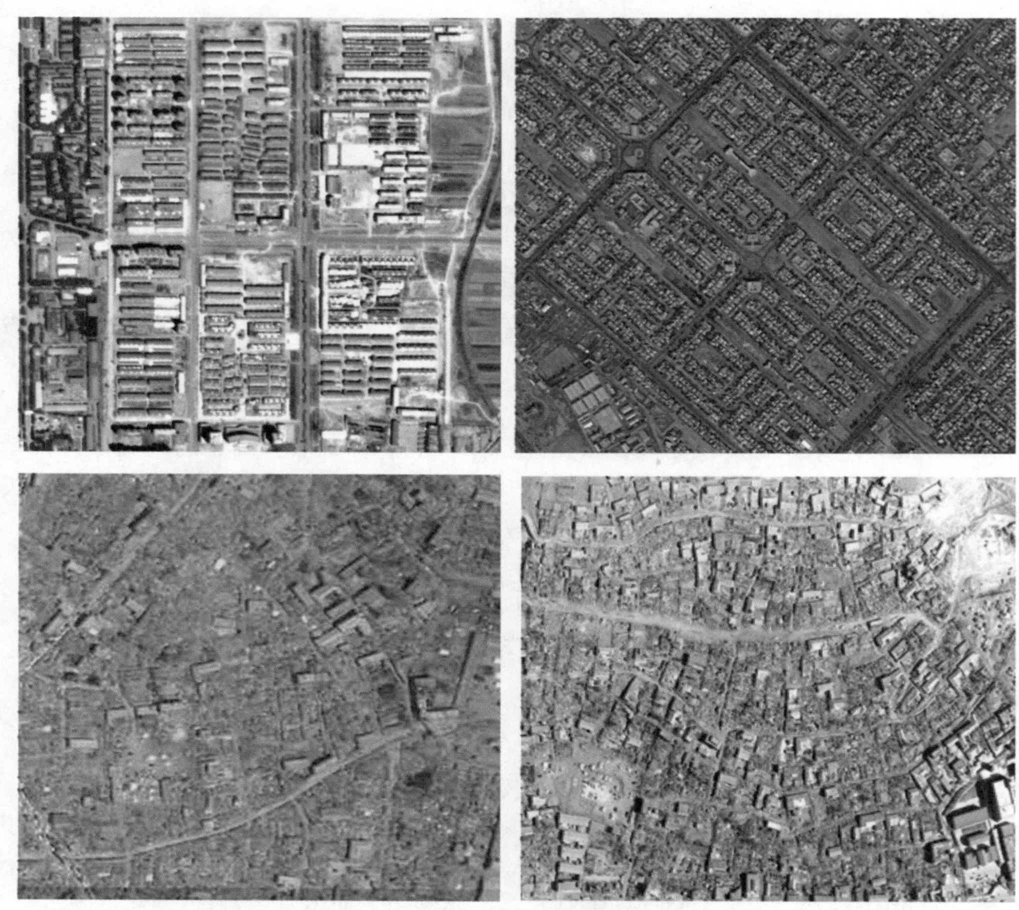

图 4-12　发生倒塌与未发生倒塌的建筑物区

针对单个建筑物，纹理特征主要体现在建筑物屋顶。完好建筑物的屋顶通常能够表现出较好的同质性，而发生倒塌的房屋其屋顶纹理往往发生变化，表现纹理熵增高等，如图 4-13 所示。

2. 纹理判别指数构造

非下采样轮廓波变换(Nonsampled Contourlet Transform，NSCT)自 2006 年提出，受到了广泛关注。NSCT 首先利用非下采样金字塔对图像进行多尺度分解(Nonsubsampled Pyramid，NSP)，将影像分解为低频子带和多尺度高频子带，避免了由于上采样和下采样导致在采样过程中产生失真情况。基于非下采样金字塔多尺度分解具有平移不变性，NSCT 然后基于非下采样的、双通道的方向性滤波器(Nonsubsampled Directional Filter Bank，NSDFB)进行方向分解。其中的方向滤波器(Directional Filter Bank，DFB)是由 Bamberger 等提出的(1992)。方向滤波器是一个树状结构的分解，由于其只有一层，故可

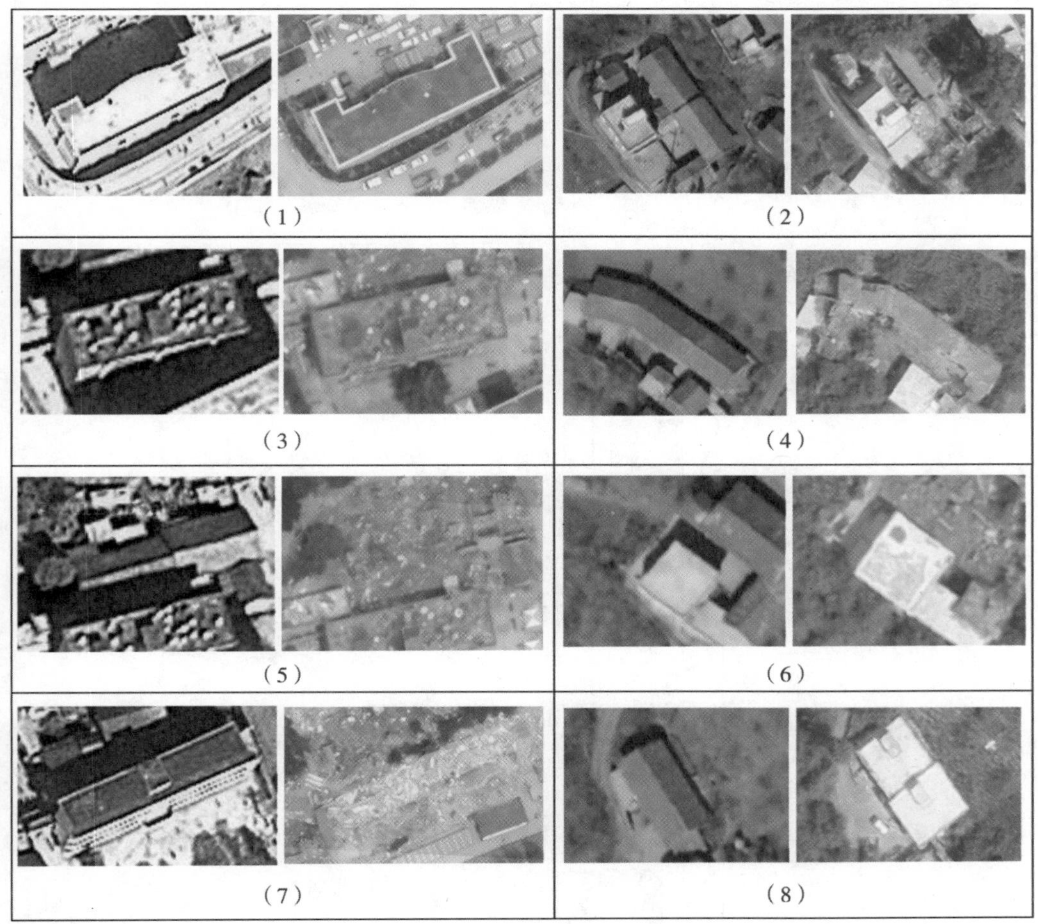

图 4-13　建筑物倒塌与未倒塌对比

以将信号分成 2 个子带。非下采样方向滤波器 NSDFB 与非下采样金字塔多尺度分解类似，都因为是非采样而避免失真现象出现。图 4-14 展示了 NSCT 的分解过程，首先应用 NSP 进行多尺度分解，得到低通子带图像和带通子带图像，如图 4-14(a)所示。然后利用非下采样方向滤波器将通过 NSP 多尺度分解所得的带通子带图像进行树形分解，得到带通方向子带图像，如图 4-14(b)所示。不论其在何种尺度下、何种方向，大小均与原图像大小相同。非下采样轮廓波变换的变换系数由在进行方向分解时同方向的奇异点合成，具有冗余的特点，故分解后使得图像中更多的细节能保留，细节损失较少。

非下采样轮廓波变换具有平移不变性、多方向性、视频局部性等，本节的纹理判别指数的构造即是基于非下采样轮廓波变换的。

第一步：利用 NSCT 对震前和震后对应的建筑物房顶进行分解。

通过 NSCT 分解，可以得到多尺度多方向的子带 $f_{s,d}$，这里 s 是进行 NSCT 分解时的尺度，d 是方向。对于震前与震后影像，本章均设置 $s=3$，$d=4$，即在进行非下采样多尺度分解时，分为 3 层，进行非下采样方向分解时，分为 4 个方向，这样对于震前与震后建筑

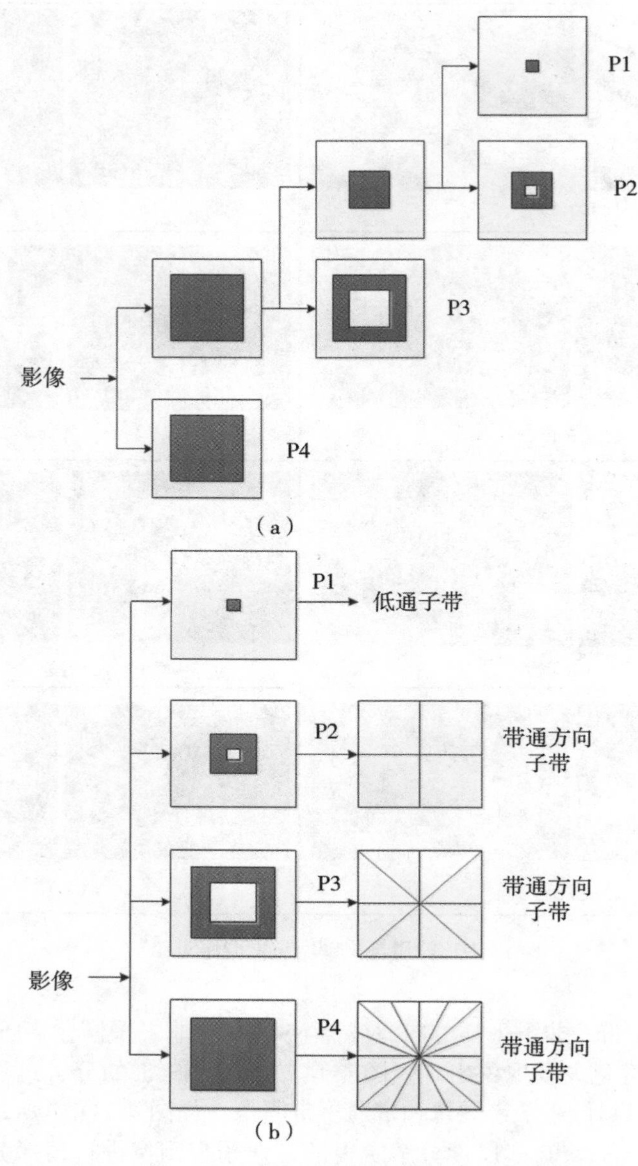

图 4-14　NSCT 原理图

物房顶区域，均可以得到 12 个子带。

第二步：纹理特征计算。

针对震前与震后影像，分别计算每个子带的标准差，组成特征向量 $\boldsymbol{F}$。$\boldsymbol{F}$ 表示为

$$\boldsymbol{F}=[\sigma_{00},\ \sigma_{01},\ \sigma_{02},\ \sigma_{03},\ \sigma_{10},\ \cdots,\ \sigma_{s-1d-1}] \tag{4-35}$$

值得注意的是，F 并不是在整个建筑物独立区域内计算，而是在震前与震后的建筑物的屋顶区域内计算。正如上文中讨论的那样，在形状判别指数计算的同时，可以得到震后房屋的精确位置。

第三步：纹理判别指数计算。

纹理判别指数即是震前与震后纹理特征的相关系数(Pearson correlation coefficient，也称为皮尔逊系数)。

通过第二步可以分别得到震前和震后建筑物独立区域的纹理特征，分别记为 F_{pre} 和 F_{post}，则纹理判别指数的计算如下：

$$\text{texture feature} = \frac{\sum_{i=1}^{n}(p_i^{\text{pre}} - \overline{p_i^{\text{pre}}})(p_i^{\text{post}} - \overline{p_i^{\text{post}}})}{\sqrt{\sum_{i=0}^{n}(p_i^{\text{pre}} - \overline{p_i^{\text{pre}}})^2}\sqrt{\sum_{i=0}^{n}(p_i^{\text{post}} - \overline{p_i^{\text{post}}})^2}} \tag{4-36}$$

这里，n 是子带的数量，p_i^{pre} 是震前建筑物独立区域的纹理特征向量的第 i 个元素，p_i^{post} 是震后建筑物独立区域的纹理特征向量的第 i 个元素。

纹理判别指数越大，震前与震后建筑物纹理的相似程度越大，表明震后的建筑物越倾向于完好。

4.1.2.3　算法流程

整个处理流程分为四步。

(1)根据建筑物在震后影像上的粗略位置建立独立区域。为了将建筑物与其周围的地物区分开，首先我们使用震前房屋矢量来得到大致的房屋位置。然后在震后影像上的建筑物的最小外接矩形外设置一定大小的缓冲区，则最小外接矩形与缓冲区为独立区域。设置缓冲区的原因是，由于配准存在误差，将震前房屋矢量按照地理坐标投射到震后影像上，无法精确地得到震后对应房屋位置。

(2)分割震后建筑物独立区域。利用水平集方法分割独立区域。这是下一步的准备工作。

(3)计算形状判别指数。判别指数的计算过程是一个模板匹配的过程。震前建筑物矢量不仅在第一步中提供了建筑物的位置，同时提供了完好建筑物的形状信息。我们将震前完好建筑物的矢量看作模板，将其在独立区域的分割结果在图内滑动，计算每个位置的形状相似性。形状相似性的计算是基于改进的 Hausdorff 距离。我们将形状相似性最大，即改进的 Hausdorff 距离最小的值作为形状判别指数，同时将形状相似性最大的位置作为震后建筑物的精确位置，便于后续计算纹理判别指数。

(4)计算纹理判别指数。首先分别计算震前和震后房屋屋顶的纹理特征，纹理特征的计算是基于非下采样轮廓波变换。然后计算震前和震后房屋纹理特征的相似性作为纹理判别指数。设置形状相似和纹理相似阈值用于判断房屋是否发生倒损。

4.1.3　基于核函数的建筑物损毁信息提取

4.1.3.1　灰度共生矩阵

利用灰度共生矩阵提取建筑物纹理，从而区分倒塌建筑与非倒塌建筑。

灰度共生矩阵是一种纹理特征提取方法，首先对于一幅图像定义一个方向(orientation)和一个以像素为单位的步长(step)，灰度共生矩阵 $\boldsymbol{T}(N \times N)$，则定义 $M(i, j)$ 为灰度级为 i 和 j 的像素同时出现在一个点和沿所定义的方向跨度步长的点上的频率。

其中 N 是灰度级划分数目。由于共生矩阵有方向和步长的组合定义，决定频率的一个因素是对矩阵有贡献的像素数目，而这个数目要比总数目少，且随着步长的增加而减少。因此所得到的共生矩阵是一个稀疏矩阵，所以灰度级划分 N 常常减少到 8 级。如在水平方向上计算左右方向上像素的共生矩阵，则为对称共生矩阵。类似地，如果仅考虑当前像素单方向(左或右)上的像素，则称为非对称共生矩阵。

使用如下统计特征值：

纹理能量：

$$Q_1 = \sum_i \sum_j [I(i, j)]^2$$

纹理惯性：

$$Q_2 = \sum_i \sum_j k^2 [I(i, j)]^2, \quad k = |i - j|$$

纹理相关性：

$$Q_3 = \frac{\sum_i \sum_j ijI(i, j) - \mu_x \mu_y}{\delta_x \delta_y}$$

纹理熵：

$$Q_4 = -\sum_i \sum_j I(i, j) \lg I(i, j)$$

其中：

$$\mu_x = \sum_i i \sum_j I(i, j) \qquad \mu_y = \sum_j j \sum_i I(i, j)$$

$$\delta_x^2 = \sum_i (i - \mu_x)^2 \sum_j I(i, j), \ \delta_y^2 = \sum_j (i - \mu_y)^2 \sum_i I(i, j)$$

实验中为使统计结果更为准确，统计计算了四个方向(0°，45°，90°，135°)上的灰度共生矩阵的四个特征值，最后形成了包含 16 个元素的特征向量。

4.1.3.2　基于核方法的仿生模式识别

利用核方法进行概率密度估计方法与仿生信息学中高维空间非超球复杂几何形体覆盖理论有相似之处，本小节结合仿生模式识别的形象化思维方法，利用核函数扩展“仿生模式识别”理论模型，隐式地构造灾害识别的“高维空间非超球面复杂几何形体覆盖集合”，通过指定的核函数避开覆盖集合的直接构造，实现灾害目标的“认知”，从而解决中低层图像特征与高层语义映射的难题。

假设由样本假设目标类别样本点所形成的集合为 w，且表达式为：$w = \{x_1, x_2, \cdots, x_m\}$，$m$ 为样本点总数，假设要构建的神经元的单形有 n 个节点，本节主要用到的神经元是超香肠神经元和三角形神经元，所以 $n = 2$ 或者 $n = 3$。仿生模式识别单类构建神经网络的过程主要如下：

(1) 计算 w 中两两样本之间的距离矩阵，选择距离最小的两个样本作为第一个单形 θ_1 的两个节点 P_{11}，P_{12}。

(2) 计算剩余样本点到 P_{11}，P_{12} 的距离和矩阵，取值最小样本作为 θ_1 的第三个节点 P_{13}，以同样方法，寻找到剩余节点P_{13}，…，P_{1n}，则

$$\theta_1 = \left\{X \mid X = \sum_{i=1}^{n} a_i P_{1i},\ \sum_{i=1}^{n} a_i = 1,\ a_i \geqslant 0\right\} \tag{4-37}$$

膨胀积后得到第一个神经元：

$$U_1 = \{x \mid \rho(x,\ \theta_1) \leqslant r,\ x \in \mathbf{R}^n\} \tag{4-38}$$

将剩余样本代入式中，排除在神经元 U_1 中的样本。

(3) 计算剩余点到上个单形的距离和矩阵，把距离和最小的值作为新的单形 θ_j 的一个节点 P_{j1}。在上个单形中选择距离 P_{j1} 最近的 $n-1$ 个点作为 θ_j 的其他节点 P_{j2}，P_{j3}，…，P_{jn}，这样就形成了一个新的神经元单形：

$$\theta_j = \left\{X \mid X = \sum_{i=1}^{n} a_i P_{ji},\ \sum_{i=1}^{n} a_i = 1,\ a_i \geqslant 0\right\} \tag{4-39}$$

神经元为

$$U_j = \{x \mid \rho(x,\ \theta_j) \leqslant r,\ x \in \mathbf{R}^n\} \tag{4-40}$$

(4) 排除上个神经元内的样本点，判断样本是否训练完毕，如果未训练完毕则重复步骤(4) 直到样本训练完毕，否则该类的神经网络流形为：

$$U = \bigcup_{j=1}^{h} U_j$$

h 为最终形成的神经元个数。

$$U = \{x \mid \rho(x,\ \theta) \leqslant r,\ x \in \mathbf{R}^n,\ \theta = \bigcup_{j=1}^{h} \theta_j\} \tag{4-41}$$

将核方法运用到上述过程中，即是核函数扩展的仿生模式识别，为仿生模式识别神经网络训练算法的流程。以上训练过程中，需要计算点到单形的距离$\rho(x,\ \cdot)$，本节中由于使用的是超香肠神经元和三角形神经元，所以主要是计算点到线段和点到三角形的距离。

图 4-15 为超香肠神经元的平面示意图，由图可知，此时的单形为线段 x_1x_2，可以表示为：

$$\theta = ax_1 + (1-a)x_2,\ 0 \leqslant a \leqslant 1 \tag{4-42}$$

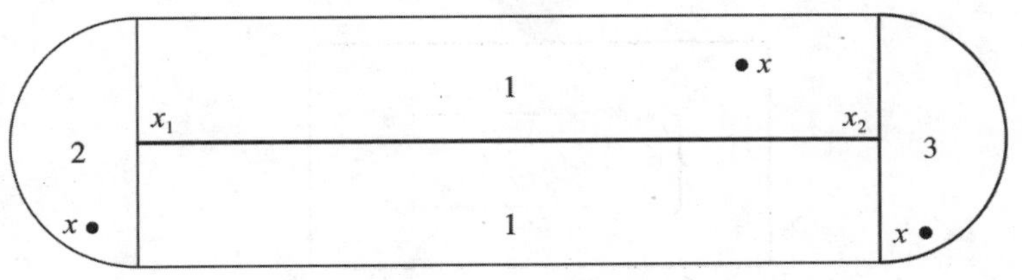

图 4-15 香肠神经元

可以知道点 x 到 θ 的距离 $\rho(x,\ \theta)$ 有三种情况：

$$\rho(x,\ \theta) = \begin{cases} \|x - x'\|, & x \in \text{区域 } 1 \\ \|x - x_1\|, & x \in \text{区域 } 2 \\ \|x - x_2\|, & x \in \text{区域 } 3 \end{cases}$$

其中，x' 为 x 在直线 x_1x_2 上的投影。传统的方法是通过求取角度判断 x 在区域 1、区域 2 或区域 3，此种方法固然可取，但是却不是最好的方法，后面的条件 $0 \leqslant a \leqslant 1$ 去掉，

可以知道 θ 表示的是直线 BC，而x' 必然在直线 x_1x_2 上，故

$$x' = ax_1 + (1 - a)x_2$$

然后根据$\langle x - x', x_1 - x_2\rangle$ 可以求得 a：

$$a = \frac{\langle x, x_1\rangle - \langle x, x_2\rangle - \langle x_1, x_2\rangle + \langle x_2, x_2\rangle}{\langle x_1, x_1\rangle - 2\langle x_1, x_2\rangle + \langle x_2, x_2\rangle} \tag{4-43}$$

然后根据 a 来判断 A 的位置，可以改写为：

$$\rho(x, \theta) = \begin{cases} \| x - x' \|, & 0 \leqslant a \leqslant 1 \\ \| x - x_1 \|, & a > 1 \\ \| x - x_2 \|, & a < 0 \end{cases} \tag{4-44}$$

这是未进行核函数扩展的形式，变为：

$$\rho(\varphi(x), \theta') = \begin{cases} \| \varphi(x) - \varphi(x') \|, & 0 \leqslant a' \leqslant 1 \\ \sqrt{\kappa(x, x) + \kappa(x_1, x_1) - 2\kappa(x, x_1)}, & a' > 1 \\ \sqrt{\kappa(x, x) + \kappa(x_1, x_1) - 2\kappa(x, x_1)}, & a' < 0 \end{cases} \tag{4-45}$$

$$a' = \frac{\kappa(x_1, x_2) - \kappa(x_1, x_3) - \kappa(x_3, x_2) + \kappa(x_3, x_3)}{\kappa(x_2, x_2) - 2\kappa(x_2, x_3) + \kappa(x_3, x_3)} \tag{4-46}$$

通过核函数扩展点到三角形距离的过程如图 4-16 所示。

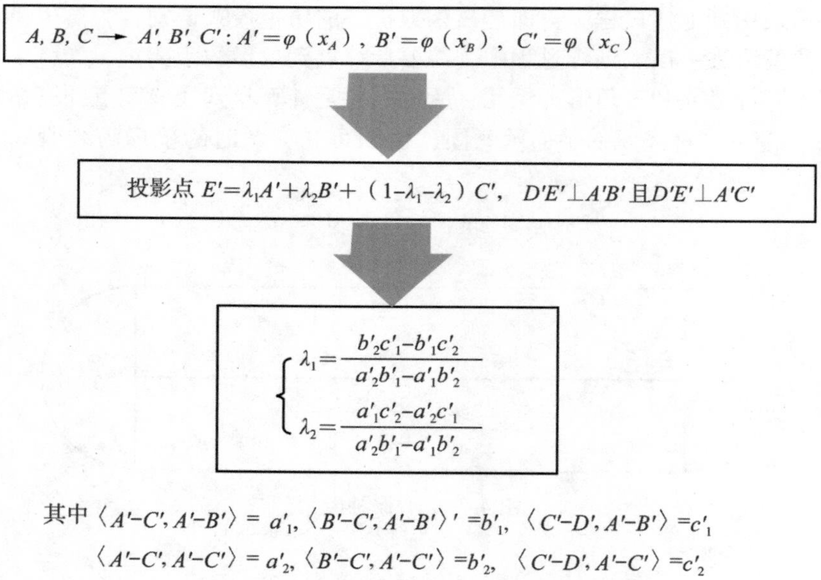

$A, B, C \rightarrow A', B', C'$: $A' = \varphi(x_A)$, $B' = \varphi(x_B)$, $C' = \varphi(x_C)$

↓

投影点 $E' = \lambda_1 A' + \lambda_2 B' + (1 - \lambda_1 - \lambda_2) C'$，$D'E' \perp A'B'$ 且$D'E' \perp A'C'$

↓

$$\begin{cases} \lambda_1 = \dfrac{b'_2 c'_1 - b'_1 c'_2}{a'_2 b'_1 - a'_1 b'_2} \\ \lambda_2 = \dfrac{a'_1 c'_2 - a'_2 c'_1}{a'_2 b'_1 - a'_1 b'_2} \end{cases}$$

其中 $\langle A'-C', A'-B'\rangle = a'_1$, $\langle B'-C', A'-B'\rangle' = b'_1$, $\langle C'-D', A'-B'\rangle = c'_1$

$\langle A'-C', A'-C'\rangle = a'_2$, $\langle B'-C', A'-C'\rangle = b'_2$, $\langle C'-D', A'-C'\rangle = c'_2$

图 4-16　点到三角形的距离通过核函数扩展的过程

4.1.3.3　算法流程

基于核函数扩展的仿生模式识别方法应用于灾害目标识别主要包括以下几个步骤(图 4-17)：

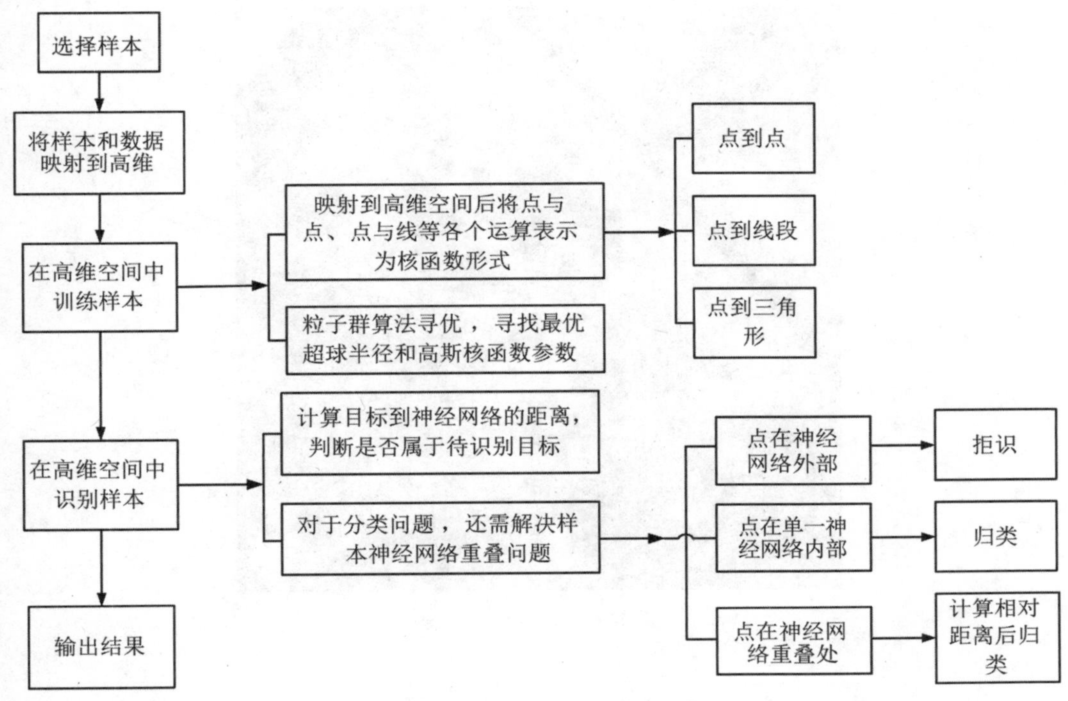

图 4-17 核函数扩展仿生模式识别流程图

(1)首先利用高分辨影像的全尺度分割方法对灾区影像进行分割，获得包含倒塌房屋区域的分割区域；

(2)对得到的分割区域提取光谱特征、纹理特征(基于灰度共生矩阵的纹理特征)、形状特征(面积、区域外包矩形的长宽、周长等)，并标记训练样本和测试样本；

(3)基于训练样本，通过粒子群优化方法确定高斯核函数的参数，将特征空间映射到高维的特征空间；

(4)基于核方法，将点到三角形的距离通过核方法扩展；

(5)在高维特征中训练 SVM 分类器；

(6)对于未知的样本，通过获得的 SVM 分类器对其分类识别。

4.1.3.4 实验结果与分析

实验采用北川震后影像图，如图 4-18 所示，提取灾区倒塌区域所用的数据分辨率为 0.3m，波段为红绿蓝三波段。实际应用中选择倒塌区域 850 个样本训练并构建神经网络，参数寻优验证样本倒塌区域像元 512 个，非倒塌区域像元 528 个，精度评定使用倒塌区域像元 475 个，非倒塌区域像元 495 个。

图 4-18　北川震后影像

表 4-5　**倒塌区域提取结果**

	识别精度	Kappa 系数
SVM(Sigmoid 核)	79.8969%	0.6010
SVM(线性核)	82.5773%	0.6539
SVM(多项式核)	82.3711%	0.6498
SVM(高斯核)	82.6804%	0.6559
BPR(超香肠)	87.4227%	0.7495
BPR(三角形)	89.5876%	0.7925
KBPR(核超香肠)	91.6495%	0.8334
KBPR(核三角形)	92.3711%	0.8474

由实验可以看出，核函数扩展的仿生模式识别精度要高于传统的仿生模式识别和SVM，由此也印证了本节理论的正确性，从超香肠神经网络和三角形神经网络结果对比(超香肠神经元与核函数结合后精度提高的幅度要低于三角形神经元)可以知道，仿生模式识别的精度和构网模型没有必然的联系，而且三角形神经网络构网复杂，识别效率不如超香肠神经元，因此在某些应用中超香肠神经元模型要比三角形神经元模型更合适。

通过以上的实验可以证明：①按照分类的思路进行灾害目标的确认是有效的；②基于核扩展的仿生模式识别方法用于灾害目标分类识别的有效性。

4.2　三维矢量数据辅助下的建筑物损毁信息提取

经过十多年数字城市的建设，很多城市建立了地理信息系统而且具有该地区的三维模型数据。三维矢量数据通常具有精确的地理坐标和高度信息，可作为建筑物倒损检测中的地物定位及标准参考，而高分遥感影像具有易获取、纹理信息丰富、空间结构清晰等特点，两种数据源融合处理能够优势互补，为倒损建筑物的快速检测提供有力保障。

一种三维矢量数据辅助下的高分遥感影像建筑物倒损检测方法，包括利用灾前三维矢量或影像 RPC 参数对灾后遥感影像进行几何纠正；获取灾前三维矢量中各建筑物对象的相应二维矢量数据及高度数据，构成灾前建筑物集合；将灾前二维矢量数据叠加至配准后的灾后遥感影像中，为各建筑物对象构建局部缓冲区，并在缓冲区内进行水平集演化分割获得建筑物分割对象；提取灾后建筑物集合多个特征并检测隶属度，结合各个特征证据概率计算建筑物发生倒损的置信度；对灾后遥感影像中未处理区域进行水平集分割，滤掉面积小于预设面积阈值的对象，利用已处理区域训练分类。

对比现有技术，本方法的特点如下：①提出了一种利用多特征融合的方式对建筑物进行变化检测，并运用证据理论对特征提取结果进行分析处理。②变化检测由二维扩展到三维空间中，在检测二维平面建筑物倒损情况的基础上，提出了通过提取灾后遥感影像中建筑物阴影来获得灾后建筑物高度，并将其与三维矢量的建筑物高度做比较来检测建筑物对象在三维上的变化。

4.2.1　数据基本处理

1. 灾后遥感影像进行几何纠正

遥感成像的时候，由于飞行器的姿态、高度、速度以及地球自转等因素的影响，造成图像相对于地面目标发生几何畸变，这种畸变表现为像元相对于地面目标的实际位置发生挤压、扭曲、拉伸和偏移等，针对几何畸变进行的误差校正就叫几何校正。

利用灾前三维矢量或影像 RPC 参数对灾后遥感影像进行几何纠正：对灾后遥感影像进行纠正，可根据影像是否具有 RPC 参数，分别采用 RPC 模型参数和三维矢量对灾后遥感影像进行几何纠正，获得具有真实地理坐标的遥感影像。输入的灾后遥感影像为高分辨率光学遥感影像，先判断输入的灾后遥感影像是否具有 RPC 参数，有则采用 RPC 参数对灾后遥感影像进行几何纠正。否则，采用三维矢量对灾后遥感影像进行几何纠正。

1）基于灾前三维矢量的灾后遥感影像几何纠正

三维矢量数据通常具有精确的地理坐标和高度信息，可作为建筑物倒损检测中的地物定位及标准参考。遥感影像几何校正步骤大致包括选择控制点、建立整体映射函数以及重采样内插。

2）基于 RPC 参数的灾后遥感影像几何纠正

RPC 模型是通用传感器模型的一种 。它的建立采用“独立于地形”的方式，即首先利用星载 GPS 测定的卫星轨道参数及恒星相机、惯性测量单元测定的姿态参数建立严格的几何模型；之后，利用严格模型生成大量均匀分布的虚拟地面控制点，再利用这些控制点计算 RPC 模型的参数，其实质是利用 RPC 模型拟合严格几何模型，是在不知道传感器物理模型的有关参数的情况下对传感器严格成像模型的一种近似模拟。RPC 模型是将像点坐标 d(Line, Sample)表示为以地面点大地坐标 D(Latitude, Longitude, Height)(或空间直角坐标)为自变量的比值。为了减少计算过程中由于数据量级别差过大引入的舍入误差，增强参数求解的稳定性，需要将地面坐标和影像坐标正则化到 (-1, 1)之间。

2. 建筑物对象编号与集合构建

获取灾前三维矢量中建筑物对象的三维矢量数据，包括二维矢量数据、建筑物高度数据，并可为每个建筑物对象编号，构成灾前建筑物集合 V_B。设从灾前三维矢量中获取的建筑物对象集合为 $V_B = \{v_1, v_2, v_3, \cdots, v_m\}$，其中 v_i 为集合中的一个建筑物对象，$i = 1, 2, \cdots, m$，m 为建筑物对象总数。

实例中，获取灾前三维矢量中每个建筑物对象的三维数据，包括二维矢量数据、建筑物高度数据，所得二维矢量数据即建筑物对象的相应灾前建筑物矢量数据，并为其建立索引。

4.2.2　建筑物对象分割

1. C-V 水平集模型

传统的水平集方法大多数都属于边缘型的分割方法，其主要依赖于图像的局部边缘信息，故该方法比较适合边缘比较强的图像，对大部分边缘比较薄弱的图像分割效果不是特别理想。同时，该方法过于依赖图像的梯度信息，对没有梯度变化和梯度无意义的弱边缘分割效果也不理想，曲线时常会穿越真实的边缘造成图像分割失败。针对传统水平集方法存在的问题，国内外的研究者们进行了大量的研究，提出了基于区域型的水平集的思想，即采用图像的区域信息来使曲线向真实的轮廓线演化。其中最为突出的是 2001 年 Chan 和 Vese 结合 level-set 思想和 Mumford-Shah 模型提出的 C-V 水平集模型，与传统的基于参数形变模型和几何活动轮廓模型不同，该模型在提取图像轮廓时不依赖于目标的局部梯度信息，因此对梯度无意义或边缘信息弱的图像也能够得到良好的分割效果(Chan et al., 2001)。

由于 Mumford-Shah 模型是一个理想的分割模型，其式中既含有面积项，又有长度项，所以在具体的模型求解中会遇到很大的困难，故用此模型对图像进行分割时会存在不少的麻烦，实用价值不强。C-V 模型是将 Mumford-Shah 模型能量函数中的面积项省去，保留其长度项。充分利用图像的全局信息，因此通过最优化能量泛函得到的是全局最优化的图像分割结果。水平集模型就是利用水平集方法求解这个能量最小的优化问题。

C-V 水平集模型相对于传统水平集方法的优点：

(1)提取图像轮廓时不依赖于图像的梯度，因此对梯度无意义或是边缘模糊的图像也能够很好地分割；

(2)该方法基于全局区域信息的优化过程，初始化边界可为任意，就能分割出符合模型的图像。

2. 实现流程

将要处理的灾前建筑物矢量数据叠加至几何纠正后的灾后遥感影像中，遍历访问建筑物矢量数据，为待处理建筑物对象建立局部缓冲区，并在缓冲区轮廓以内的影像区域进行分割。

具体实施时，可依次对每一个灾前建筑物矢量数据分别进行处理：将要处理的灾前建筑物矢量数据叠加至配准后的灾后遥感影像上，依据灾前建筑物集合 V_B 中建筑物对象与灾后遥感影像的空间关系，在灾后遥感影像上为当前待处理的建筑物对象 v_i 构建局部缓冲区，将 v_i 所对应的遥感影像区域的轮廓作为初始水平集，在缓冲区内部的灾后遥感影像中进行局部水平集演化，得到灾后遥感影像的建筑物分割对象 $v_{i\text{Seg}}$，并入灾后建筑物分割集合 V_{Seg}。

根据编号依次对 V_B 中的对象进行处理，每次处理一个建筑物对象的流程可设计为包括如下子步骤：

(1) 获取待处理的建筑物对象 v_i 的地理坐标，在灾后遥感影像上相应位置处为 v_i 构建缓冲区 $v_{i\text{Buf}}$，得到当前待处理影像区域；

(2) 以当前待处理建筑物对象 v_i 所对应的遥感影像区域的轮廓作为初始水平集，在待处理影像区域 $v_{i\text{Buf}}$ 内进行水平集演化分割得到建筑物区域，作为灾后影像的建筑物分割对象 $v_{i\text{Seg}}$。

4.2.3 建筑物损毁隶属度计算

1. 建筑物损毁特征筛选

建筑物损毁检测从传统仅仅检测完全倒塌的建筑物，逐步发展为精细化损毁检测，即检测建筑物的损毁程度。目前建筑物不同损毁程度的分级标准主要采用了 1998 欧洲强震标准(EMS-98)，该标准把建筑物损毁分为了五级：完好，轻微损毁，中度损毁，严重损毁和完全损毁。损毁的特征主要表现为建筑物的高度变化、面积变化、倾斜度变化和表面纹理变化，灾后建筑物的损毁最本质的表现就是高度和面积发生变化，但从遥感影像中对建筑物高度和面积的观测并不直观，因此需要借助于具有三维空间信息的 LiDAR 数据才能较好地观测到，或者利用建筑物的高程与其阴影之间的解算关系才能获取。当建筑物属于中度和轻微损毁时，主要表现的是其表面纹理的破坏，而建筑物的纹理信息又可分为顶面纹理信息和立面纹理信息，顶面纹理信息在各种高分辨率遥感影像中可很直接地观测到，但是立面纹理信息只有在倾斜航空影像中才能观测到。从上面的分析不难看出，遥感技术可观测到建筑物损毁的关键信息，主要表现在建筑物的高程、面积、倾斜度、顶面纹理和立面纹理上。因此，综合这些关键信息就可用来判定建筑物的不同损毁程度。结合本研究实际可获取数据源的特征，选取面积、纹理和高度变化特征作为建筑物损毁检测的基本判别特征。

1) 面积损毁特征

建筑物的顶面损毁主要涉及两种类型的损毁：一种类型为结构性的损毁，主要是指建筑物顶面的形状发生了变化，建筑物的顶面部分发生了坍塌；另一种类型为纹理性损毁，建筑物顶面整体结构是完整的，只是局部出现了破损或者大的裂缝等。前一种类型适合利用三维数据进行检测，主要原因是在建筑物的矢量引导下，垮塌部分和未垮塌部分高程会有一定的差异，很容易判定完好部分的面积；而在影像中，垮塌部分和未垮塌部分处于一个平面，很难判定建筑物完好部分的面积。

针对前一种结构性的损毁，通过比较灾前建筑物对象二维矢量面积与相应灾后遥感影像上的建筑物的面积，计算待检测建筑物面积差来提取损毁特征。

2）纹理损毁特征

采用角二阶矩（Angular Second Moment，ASM），即归一后的灰度共生矩阵特征来提取纹理特征，角二阶矩特征是一种基于统计的纹理描述方法，利用灰度共生矩阵（Grey Level Cooccurrence Matrix，GLCM）描述纹理特征。灰度共生矩阵是像素距离和角度的矩阵函数，它通过计算图像中一定距离和方向的两点灰度之间的相关性，来反映图像在方向、间隔、变化幅度及快慢上的综合信息。角二阶矩是图像灰度分布均匀程度和纹理粗细的一个度量，当图像纹理较细致、灰度分布均匀时，能量值较大，反之，能量值较小。用来检测影像同质性的 ASM 能量被认为是信息量最丰富的特征，未倒损建筑物 ASM 能量值较大，倒损建筑物值较小。

3）高度变化特征

建筑物屋顶的高度变化是地震造成损毁的主要特征之一，其中地震前后房屋高度的变化无疑是震害房屋损毁的重要损毁因子，一般情况下很少有灾前的高度数据存在，本节通过提取影像中建筑物阴影的方式获取灾后建筑物高度。通过对完好建筑物与损毁建筑物的平均高度和标准差统计先验信息对房屋的损毁进行初步判定。平均高度，一般建筑物（包括居民房屋、办公建筑和工矿厂房等）的高度都不会小于 3～4 m，当震害房屋发生严重的坍塌倒损时，其高度值会显著低于这一阈值，因此建筑物的平均高度可以视为一个震害房屋初步判定的损毁因子。

2. 损毁特征隶属度检测

1）面积损毁特征隶属度检测

将每个建筑物对象 v_i 的二维矢量面积与相应灾后遥感影像上的建筑物分割对象 $v_{i\text{Seg}}$ 的面积进行比较，计算待检测建筑物面积差，检测面积特征证据隶属度 $R_{i\text{Area}}$：基于面积差 ΔS，根据隶属函数检测其隶属度，面积差隶属函数如下所示：

$$R_{\Delta S}(\text{Area}) = \begin{cases} 0, & \Delta S < \text{Min}\Delta S \\ \dfrac{\Delta S - \text{Min}\Delta S}{\text{Max}\Delta S - \text{Min}\Delta S}, & \text{Min}\Delta S \leqslant \Delta S \leqslant \text{Max}\Delta S \\ 1, & \Delta S \geqslant \text{Max}\Delta S \end{cases} \tag{4-47}$$

式中，$R_{\Delta S}(\text{Area})$ 表示面积差特征隶属度，ΔS 表示待检测建筑物灾前与灾后面积差，$\text{Min}\Delta S$ 表示面积差的预设最小阈值，$\text{Max}\Delta S$ 表示面积差的预设最大阈值，具体实施时可根据具体建筑物情况设置阈值。

对于某建筑物对象 v_i 的面积 $S_{i\text{Fore}}$，灾后遥感影像上的相应建筑物分割对象 $v_{i\text{Seg}}$ 的面积 $S_{i\text{After}}$，以及面积差 $\Delta S_i = S_{i\text{Fore}} - S_{i\text{After}}$，面积特征提取结果为面积差 ΔS_i，当 ΔS_i 小于给定的面积差最小阈值 $\text{Min}\Delta S$ 时，认为建筑物发生倒损的隶属度为 0；当 ΔS_i 大于给定的面积差最大阈值 $\text{Max}\Delta S$ 时，认为建筑物发生倒损的隶属度为 1；当 $\text{Min}\Delta S \leqslant \Delta S \leqslant \text{Max}\Delta S$，根据隶属函数确定建筑物发生倒损的隶属度为 $(\Delta S - \text{Min}\Delta S)/(\Delta S - \text{Max}\Delta S)$。

2）纹理损毁特征隶属度检测

将影像灰度值[0，255]转换到灰度区间[1，8]，计算两灰度值 m、n 在图像中相邻的次数 $P_d(m, n)$，其中 m、n 在灰度区间内取值，构成灰度共生矩阵 $\boldsymbol{P}_d$。将各元素 $P_d(m, n)$ 除以各元素之和 $s = \sum_m \sum_n p_d(m, n)$，得到归一化值 $\hat{P}_d(m, n)$，ASM 的特征公式如下式所示：

$$\mathrm{ASM} = \sum_m \sum_n \{\hat{P}_d(m, n)\}^2 \tag{4-48}$$

ASM 的特征隶属函数如下式所示：

$$R_{\mathrm{ASM}}(\mathrm{ASM}) = \begin{cases} 1, & \mathrm{ASM} < \mathrm{MinASM} \\ \dfrac{\mathrm{MaxASM} - \mathrm{ASM}}{\mathrm{MaxASM} - \mathrm{MinASM}}, & \mathrm{MinASM} \leqslant \mathrm{ASM} \leqslant \mathrm{MaxASM} \\ 0, & \mathrm{ASM} > \mathrm{MaxASM} \end{cases} \tag{4-49}$$

式中，$R_{\mathrm{ASM}}(\mathrm{ASM})$ 表示纹理特征隶属度，ASM 表示灰度共生矩阵中角二阶矩特征值，MinASM 表示预设最小 ASM 的特征阈值，MaxASM 表示预设最大 ASM 的特征阈值。

即对于某建筑物对象 v_i，提取灾后遥感影像上相应的建筑物分割对象 $v_{i\mathrm{Seg}}$ 区域内遥感影像纹理特征，包括根据式(4-48)采用灰度共生矩阵中角二阶矩特征值来描述纹理特征，相应记为 ASM_i。完整的、未倒损建筑物的 ASM 值较大，纹理杂乱的倒损建筑物 ASM 值较小，当待检测建筑物 ASM_i 大于给定的最大阈值 MaxASM 时，建筑物发生倒损的隶属度为0，当 ASM_i 小于给定的最小阈值 MinASM 时，认为建筑物发生倒损的隶属度为1，当 $\mathrm{MinASM} \leqslant \mathrm{ASM} \leqslant \mathrm{MaxASM}$ 时，根据隶属函数计算建筑物发生倒损的隶属度 $(\mathrm{MaxASM} - \mathrm{ASM})/(\mathrm{MaxASM} - \mathrm{MinASM})$。

3）高度变化特征隶属度检测

通过提取影像中建筑物阴影的方式获取灾后建筑物高度，然后计算待检测建筑物灾前与灾后高度差来检测高度变化特征的隶属度。具体实现流程如下：

(1) 由太阳方位角确定阴影相对于待检测建筑物 v_i 的成像方向，阴影的成像方向与太阳方位角 α_{sun} 一致，斜率为 k，求出步骤2）中执行所得建筑物分割对象 $v_{i\mathrm{Seg}}$ 的最小外接矩形 Rect_i，其中一组边平行于阴影成像方向，斜率为 k，记为 a_{i1}、a_{i2}，另一组边垂直于阴影成像方向，记为 b_{i1}、b_{i2}。

根据灾前的建筑物对象 v_i 的高度值 $h_{i\mathrm{Fore}}$、影像成像时太阳与卫星的角度参数，求出由灾前三维建筑物对象投影出的阴影长度 l_i，计算公式如下：

$$l_i = \begin{cases} \dfrac{h_{i\mathrm{Fore}}}{\tan\theta_{\mathrm{sun}}}, & \Delta\alpha \geqslant 180^\circ \\ \dfrac{h_{i\mathrm{Fore}}(\tan\theta_{\mathrm{sun}} - \tan\theta_{\mathrm{sat}})}{\tan\theta_{\mathrm{sun}}\tan\theta_{\mathrm{sat}}}, & \Delta\alpha = 0^\circ \\ \dfrac{h_{i\mathrm{Fore}}}{\tan\theta_{\mathrm{sun}} \cdot A}, & 180^\circ > \Delta\alpha > 0^\circ \end{cases} \tag{4-50}$$

式中，$\Delta\alpha = |\alpha_{\mathrm{sun}} - \alpha_{\mathrm{sat}}|$，即卫星方位角与太阳方位角之间的夹角，$\theta_{\mathrm{sun}}$ 为太阳高度角，α_{sun} 为太阳方位角，θ_{sat} 为卫星传感器高度角，α_{sat} 为卫星传感器方位角。高度值 $h_{i\mathrm{Fore}}$

可根据灾前三维矢量中各建筑物对象的相应三维矢量数据得到，即步骤 1）所获取的灾前三维矢量中建筑物对象的建筑物高度数据。其中，参数 A 计算如下：

$$A = \left(1 + \frac{\tan^2\theta_{sun} - \tan^2\theta_{sat}}{2\times(\tan^2\theta_{sun} + \tan^2\theta_{sat} - 2\times(\tan^2\theta_{sun}\times\tan^2\theta_{sat}\times\cos(\alpha_{sat} - \alpha_{sun})))}\right) \tag{4-51}$$

将最小外接矩形 Rect_i 的边 a_{i1}、a_{i2} 沿建筑物成像方向延伸 l_i，形成新的矩形 Rect'_i，并以预设缓冲区距离 d_{Buffer2} 为其构建局部缓冲区 $\mathrm{Rect}'_{i\mathrm{Buf}}$，得到待处理影像阴影区域 $\Omega_{i\mathrm{shadow}}$。$d_{\mathrm{Buffer2}}$ 可根据情况自行预先设定。

（2）阴影有效长度计算：在（1）所得 $\Omega_{i\mathrm{shadow}}$ 内进行 OSTU 分割，然后对分割对象 sdw_i 矢量化后的轮廓曲线进行压缩处理，利用斜率为 k 的直线以一定的间距对压缩处理后的多边形进行分块，分别计算每条直线与多边形的两交点间的距离，即每条直线与多边形的两交点所形成线段的长度，求较长的几条线段的长度平均值作为阴影有效长度。

实施过程中首先对 $\Omega_{i\mathrm{shadow}}$ 进行 OSTU 分割，自适应将待处理阴影区域分成阴影与背景两部分，用 Douglas-Peucker 矢量数据压缩算法对分割出的阴影区域曲线轮廓进行采样简化，形成折线图形，以 2 个像素为间距对简化后的图形进行扫描，扫描线与 a_{i1}、a_{i2} 平行，记录每次斜率为 k 的扫描线落在图形内的长度，取最大的 5 个长度值的平均值作为阴影有效长度 $\mathrm{sdw}_{i\mathrm{Len}}$。OSTU 分割和 Douglas-Peucker 矢量数据压缩算法均为现有技术。

（3）建筑物高度计算：根据（2）的 $\mathrm{sdw}_{i\mathrm{Len}}$，成像时太阳、卫星角度参数计算建筑物高度，参数之间关系参考式，只需用阴影有效长度 $\mathrm{sdw}_{i\mathrm{Len}}$ 替代投影出的阴影长度 l_i，即可根据阴影有效长度 $\mathrm{sdw}_{i\mathrm{Len}}$、影像成像时太阳高度角 θ_{sun}、方位角 α_{sun} 和卫星传感器的高度角 θ_{sat}、方位角 α_{sat} 计算建筑物对象 v_i 在灾后遥感影像中的高度值 $h_{i\mathrm{After}}$。即按以下关系计算：

$$\mathrm{sdw}_{i\mathrm{Len}} = \begin{cases} \dfrac{h_{i\mathrm{After}}}{\tan\theta_{sun}}, & \Delta\alpha \geqslant 180° \\ \dfrac{h_{i\mathrm{After}}(\tan\theta_{sun} - \tan\theta_{sat})}{\tan\theta_{sun}\tan\theta_{sat}}, & \Delta\alpha = 0° \\ \dfrac{h_{i\mathrm{After}}}{\tan\theta_{sun}\cdot A}, & 180° > \Delta\alpha > 0° \end{cases} \tag{4-52}$$

（4）检测提取出的阴影特征的隶属度，高度特征隶属度函数如下所示：

$$R_{\Delta H}(\mathrm{Height}) = \begin{cases} 0, & \Delta H < \mathrm{Min}\Delta H \\ \dfrac{\Delta H - \mathrm{Min}\Delta H}{\mathrm{Max}\Delta H - \mathrm{Min}\Delta H}, & \mathrm{Min}\Delta H \leqslant \Delta H \leqslant \mathrm{Max}\Delta H \\ 1, & \Delta H \geqslant \mathrm{Max}\Delta H \end{cases} \tag{4-53}$$

式中，$R_{\Delta H}(\mathrm{Height})$ 表示高度特征的隶属度，ΔH 表示灾前灾后建筑物高度差值，$\mathrm{Min}\Delta H$ 表示高度差的预设最小值阈值，$\mathrm{Max}\Delta H$ 表示高度差的预设最大值阈值。即对于某建筑物对象 vi，计算待检测建筑物对象灾前灾后的高度差 $\Delta h_i = h_{i\mathrm{Fore}} - h_{i\mathrm{After}}$，当 Δh_i 小于给定的最小建筑物高度差阈值 $\mathrm{Min}\Delta h$ 时，建筑物发生倒损的隶属度为 0，当 Δ_{hi} 大于给定的最大建筑物差阈值 $\mathrm{Max}\Delta h$ 时，建筑物发生倒损的隶属度为 1，当 $\mathrm{Min}\Delta H \leqslant \Delta H \leqslant \mathrm{Max}\Delta H$

时，根据隶属度函数计算建筑物发生倒损的隶属度为$(\Delta H - \mathrm{Min}\Delta H)/(\mathrm{Max}\Delta H - \mathrm{Min}\Delta H)$。

3. 建筑物损毁置信度计算

技术人员可自行指定特征的数目n和具体相应特征种类，实际应用中将灾后遥感影像根据4.2.2节得灾后建筑物集合V_{Seg}的相应部分作为本步骤的待检测区域，提取灾后遥感影像中待检测区域的面积、纹理、高度特征，并根据不同的隶属度函数检测各特征的隶属度，采用分配置信度的方式给予各个特征证据概率ρ_{Area}、ρ_T、ρ_{Height}，结合不同特征提取结果的隶属度，计算建筑物发生倒损的置信度。

采用统计专家分配置信度的方式给予各个特征证据概率ρ_{Area}、ρ_T、ρ_{Height}，结合不同特征提取结果的隶属度，计算建筑物发生倒损的置信度。根据证据理论原理，建筑物倒损的各个特征证据通过分配置信度的方式给予，具体实施时可根据具体情况预先设置证据概率R_j。将检测出的面积、纹理、阴影特征进行组合来计算建筑物发生倒损的置信度。认为置信度处于置信区间的对象发生倒损，并入对象集B_s，置信度处于拒绝区间的建筑物对象没有发生倒损，并入对象集B_n，处于不确定区间的建筑物有可能发生倒损，提交给人工进行处理。置信区间、拒绝区间、不确定区间可由技术人员根据实际情况预先给定。建筑物倒损置信度公式如下所示：

$$P_{\mathrm{Judge}} = \frac{\sum_{j=1}^{n} R_i \times \rho_j}{n} \tag{4-54}$$

其中，R_j为证据j的隶属度，ρ_j为证据j的置信度，如果没有检测到相应证据，则ρ_j取0。n为证据总个数，最终计算出建筑物发生倒损的置信度P_{Judge}。实施例的证据为3个，即$n=3$，相应的R_j分别为面积特征证据隶属度$R_{i\mathrm{Area}}$、纹理特征证据隶属度R_{iT}、高度证据隶属度$R_{i\mathrm{Height}}$，分别如前述1)、2)、3)采用相应隶属度函数得到，各个特征证据概率为ρ_{Area}、ρ_T、ρ_{Height}。

4.2.4 基于SVM的建筑物损毁验证

将灾后遥感影像中4.2.2节所得灾后建筑物集合V_{Seg}的相应部分作为已处理区域，其他部分作为未处理区域，未处理区域为新增建筑物可疑区，计算未倒损建筑物集合B_n区域平均灰度值，以该值为阈值确定初始水平集，对灾后遥感影像中未处理区域再次进行C-V水平集分割，剔除分割结果中面积较小的对象，可自行设置面积阈值。如实施例中预设面积阈值为10m^2，剔除面积小于10m^{2}的分割对象。过滤后剩余的待检测分割对象构成待处理对象集合B_{new}，其中可能包含新增建筑物。

分别从4.2.3节所得倒损建筑物集合B_s、未倒损建筑物集合B_n形成的区域中随机提取像元光谱特征值作为训练样本，训练SVM分类器，利用训练出的分类器对B_{new}对象集中的对象分别进行验证，验证结果为倒损建筑物类别(新增建筑物发生倒损)的对象并入对象集B_s，构成新的倒损建筑物集合B'_s；验证结果为未倒损建筑物的对象(新增建筑物为发生倒损)并入对象集B_n，构成新的未倒损建筑物集合B'_n。具体实现可参见现有SVM分类器技术。

4.3　多视遥感影像三维损毁信息提取

房屋损毁类型复杂，房屋扭曲/变形等损毁、房屋高度变化的损毁，需要三维提取，但提取难，变化检测、损毁提取难；综合利用灾前灾后房屋形状、纹理，通过轮廓模糊匹配，进行倒塌房屋的提取；用形状信息判断房屋灾后是否损毁。通过依据不同建筑物损毁等级在遥感数据中的表现特征，融合三维点云中的高程、面积和倾斜度三维损毁因子以及影像中的二维纹理损毁因子，进行房屋三维损毁检测。

本节以灾前的基础地理信息数据和灾后多视航空影像为数据源，主要探讨多维特征融合下的建筑物多级损毁检测和判定问题，为建筑物进行全方位的高精度多级损毁检测提供一种新的解决方案。本节主要思路为：采用计算机视觉的多视几何技术结合摄影测量方法对多视遥感影像生成具有高精度地理坐标的三维点云，以此弥补影像中缺少的三维信息；利用最优视角的原理建立建筑物三维信息和二维信息之间的投影关系，规避了三维点云和二维影像之间的配准困难；通过依据不同建筑物损毁等级在遥感数据中的表现特征，融合三维点云中的高程、面积和倾斜度三维损毁因子以及影像中的二维纹理损毁因子。

4.3.1　建筑物顶面和立面的分割提取

建筑物的多维损毁因子建立的前提条件是提取建筑物的损毁特征，而损毁特征的提取又需要获取建筑物顶面和立面等区域信息，因此本节主要介绍如何基于多视航空影像进行建筑物顶面和立面的分割与提取。首先，利用多视航空影像生成具有地理坐标的三维点云；其次，利用建筑物矢量引导下获取单个建筑物点云信息；再次，基于点云的法向量获取点云中建筑物顶面和立面点；最后，基于三维纹理映射的思想获取建筑物顶面和立面的影像。具体流程如下：

1. 三维点云生成

三维点云的获取方法：目前国际上利用计算机视觉中的多视几何(MVS)对海量众源影像进行快速三维点云生成已经有了很多解决方案，例如一日重建罗马、无云一日重建罗马和面向因特网中游客照片进行三维点云的生成等。同时，基于立体匹配 SGM (Hirschmuller, 2007)和多视匹配 PMVS(Furukawa et al., 2009)的算法使得三维重建生成的点云更加密集，这使获得的三维点云更加符合实际的需要。但利用计算机视觉中的多视几何(MVS)进行三维点云的生成需要大量的影像数据量，影像也没有较好的相关信息，直接会造成影像匹配的次数急剧增多，而且所使用的影像本身的质量不高而使得重建的质量不高，同时计算机视觉中的多视几何的算法主要为了可视化而不是为了计算，点云不具备地理坐标且精度不高，因此无法直接应用于建筑物损毁检测。而传统的摄影测量方法虽然能够对航空影像处理得到较高精度的三维点云，但难以处理多视重叠影像。本小节利用影像已有 POS 信息和航带序列等相关先验信息对影像进行排序和分组，减少影像配准次数，提供先验信息，同时考虑利用摄影测量的方法得到影像的外方位元素；并对 PMVS 算法进行改进，对多张重叠影像进行密集匹配后结合影像的内外方位元素获得具有高精度地理坐标的密集三维点云。

2. 三维点云中建筑物顶面和立面的提取

基于多视影像生成的三维点云中每个点都有预先估算好的法向量(Furukawa et al., 2009)，建筑物顶面的法向量垂直于水平面，而立面的法向量平行于水平面，因此建筑物顶面和立面的分割可以利用法向量的聚类算法进行分割提取。假设某一个建筑物的三维坐标点为 $P_b=\{p_1, p_2, \cdots, p_k\}$，每个点对应的法向量为 $N_b=\{n_1, n_2, \cdots, n_k\}$，那么基于 k-mean 算法获得建筑物顶面和立面的过程如下：

(1) 假设建筑物存在 m 个分割面，因此聚类算法可以将三维点的集合 P_b 分为 m 个子集合。初始化 m 个法向量的聚类中心为 n_{01}，n_{02}，n_{03}，…，n_{0m}。

(2) 计算每个点的法向量与聚类中心的夹角。

$$\cos\theta=\frac{|\overrightarrow{n}_j\cdot\overrightarrow{n}_{i0}|}{|\overrightarrow{n}_j||\overrightarrow{n}_{i0}|} \tag{4-55}$$

其中，n_j 和 n_{i0} 分别是点的法向量和聚类中心点的法向量，θ 是法向量的夹角，当 $\cos\theta$ 越接近1，表示两者之间的法向量越接近平行，两个点越处于同一平面。

(3) 按最小夹角对三维点云的点进行聚类，不断迭代，直到新种子点和原来的种子点之间的距离足够小时迭代终止。

3. 基于纹理映射的顶面与立面分割和提取

从点云中获得建筑物顶面和立面点后，我们将这些三维的点投影到影像上获取建筑物在影像中的顶面和立面区域，本节将利用三维纹理映射的思想解决这个问题。三维纹理映射就是将影像贴到三维物体的表面上来增强真实感，那么三维纹理映射的关键就是要建立影像到三维物体表面之间的映射关系(Chen et al., 2012)。借助于这个思想，建筑物表面的顶面和立面就可以利用纹理映射建立起三维到二维之间的映射关系，通过这个映射关系可以提取影像中的建筑物顶面和立面。因此，利用纹理映射提取建筑物顶面和立面需要完成三个步骤：建立三维点云与纹理之间的投影关系；进行纹理筛选；建筑物顶面和立面提取。具体原理和流程如下：

1) 三维点云与纹理之间的投影关系

由于本章中的三维点云源于多视影像立体匹配后的三维重建，因此三维点云到影像的投影关系可以用计算机视觉的多视几何原理建立。设物方的坐标为 $Q=[X, Y, Z, 1]^{\mathrm{T}}$，像方的坐标为 $q=[x, y, 1]^{\mathrm{T}}$，物方与像方之间的投影矩阵为 $\boldsymbol{P}$。由于影像获取的角度和姿态的不同，每张影像都应该有一个对应的投影矩阵。由相机成像原理可以得到等式(4-56)：

$$\begin{bmatrix}x\\y\\1\end{bmatrix}=\begin{bmatrix} & & \\ & \boldsymbol{P} & \\ & & \end{bmatrix}\times\begin{bmatrix}X\\Y\\Z\\1\end{bmatrix} \tag{4-56}$$

式(4-56)中矩阵 $\boldsymbol{P}$ 是根据相机参数和影像的外方位元素得到的，即 $P_{3\times4}=M_{3\times3}\times V_{3\times4}$，其中 M 为内方位元素，$M=\begin{bmatrix}f_x & s & c_x\\ & f_y & c_y\\ & & 1\end{bmatrix}$，$f_x$ 和 f_y 分别为水平和垂直方向的相机焦

距，c_x 和 c_y 分别为像主点在水平和垂直方向的位移，s 为扭曲因子；$\boldsymbol{V}$ 为外方位元素矩阵，$\boldsymbol{V}=[\boldsymbol{R}^{-1}\ -\boldsymbol{R}^{-1}\boldsymbol{T}_s]_{3\times4}$，$\boldsymbol{R}$ 为外方位角元素矩阵，$\boldsymbol{T}$ 为外方位线元素矩阵。内方位元素在航空摄影测量中相机的标定中获取，外方位元素在进行多视立体匹配的三维重建中已经解算出来。

2)纹理筛选

根据式(4-56)的原理，我们可以利用投影矩阵 $\boldsymbol{P}$ 将三维点云投影到影像中。从图 4-19 所示的倾斜摄影测量的原理中可以看出，在多视航空影像中，建筑物的顶面和立面区域可能会同时出现在多张不同视角的影像中。建筑物的顶面和立面与影像间的方位关系不同，在影像上产生的投影畸变程度也不同，同时由于区域间的遮挡关系，顶面和立面区域在不同影像上的可见情况和信息量也不相同。因此，要从包含目标点或目标区域的影像序列中选出可视化效果最好和信息含量最丰富的最佳影像。

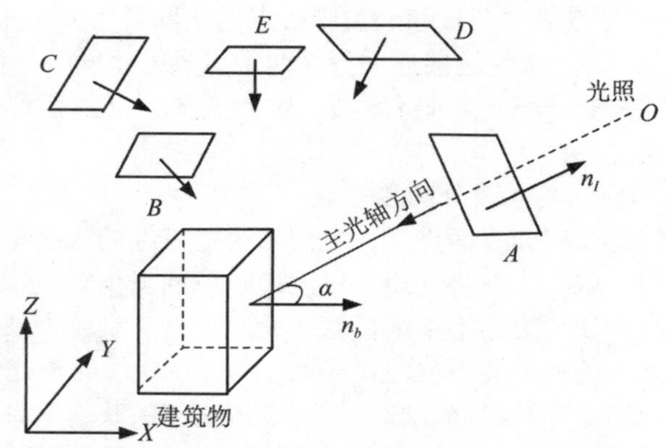

图 4-19　多视航空影像成像原理图

Frueh(2004)提出了三维纹理映射时影像区域优选的三个规则：①影像清晰且分辨率高；②遮挡较少；③物方平面与主光近似垂直，即近似垂直拍摄。根据这个原则可以得到，当图 4-19 中 α 越小，摄影光轴与区域建筑物表面区域法向量的夹角越小，越接近垂直拍摄，视角越好。

目前优选影像区域的方法有：基于目标点的影像分辨率、基于目标点与相机中心的距离、基于目标点与影像质心的距离、基于目标点的正方向、基于视角最优法、基于遮挡最小、基于面积最大等(Frueh et al.，2004；Iwaszczuk et al.，2011)。根据文献(黄敏儿，2015)中影像排序因子对优选规则的影响力，本节选择面积最大法实现影像最佳选择。在倾斜摄影测量中，建筑物顶面和立面会在多条倾斜航带中都有成像，而这些成像的角度有可能不为正射，那么需要选择顶面和立面在影像中成像面积最大的影像作为优选区域，因为影像中目标成像面积越大，表明相机中心离目标越近，相应的纹理就越清晰，质量就越好。如图 4-20 所示为建筑物立面在不同倾斜相机中的成像，图 4-20(a)中建筑物立面成像面积最大，因此可以用图 4-20 (a)中建筑物立面作为提取面。

3)顶面和立面最优裁剪原则

筛选得到最优影像区域后，使用最小的矩形对其进行裁剪存储，裁剪区域的大小最好

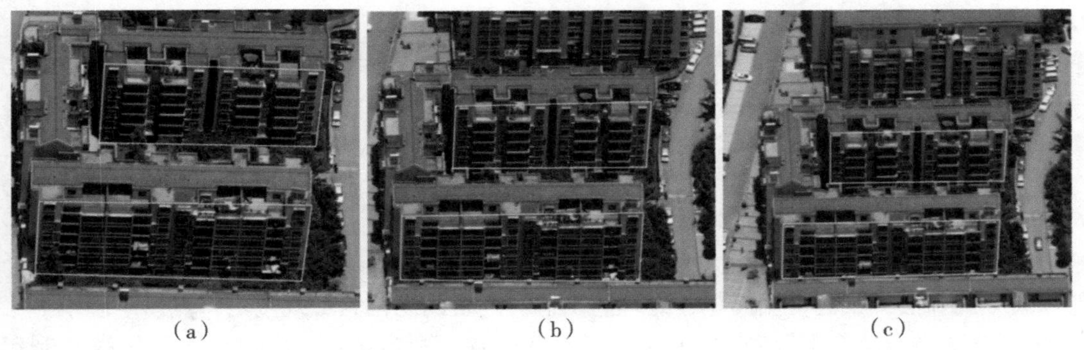

图 4-20　建筑物立面优选示意图

是 2 的指数倍，例如 2×2、4×4 等。

4.3.2　建筑物顶面损毁提取

建筑物的顶面是建筑物在航空影像中观测到的最显著特征，而 EMS-98 标准中的轻微和中度损毁都涉及建筑物顶面损毁和立面损毁问题，因此本节主要探讨建筑物顶面损毁区域检测，它的研究对提高建筑物多级损毁检测和判定精度具有重要意义。

建筑物顶面损毁因子的特征主要包括两个方面：①顶面出现了形状各异的损毁区域，这些区域可能包括破洞、碎石、破损或者大的裂缝等；②这些损毁区域零散地分布在建筑物顶面的不同位置。针对建筑物顶面损毁的特征，本节提出了一种利用视觉词袋模型对建筑物顶面的损毁区域进行检测的方法。该方法整体流程如图 4-21 所示，主要分为三步：首先，对建筑物顶面进行超像素分割，获得分割的若干同质区域；然后，提取分割同质区域的多特征，建立视觉词袋模型；最后，对分割区域进行 SVM 分类，获取损毁区域。利用超像素分割使得损毁检测从传统的以像素为单位变为有面对对象的像素块，同时利用视觉词袋模型对超像素分割像素块赋予语义信息，有效克服了语义鸿沟的问题。经过实验测试表明，与文献(Gueguen et al., 2012)和文献(Li et al., 2015)提出的方法对比，本节提出的方法能够更加有效地对多种类型的顶面损毁区域进行检测，并提高顶面损毁检测的精度。本节的方法为建筑物多级损毁检测提供了技术支撑。

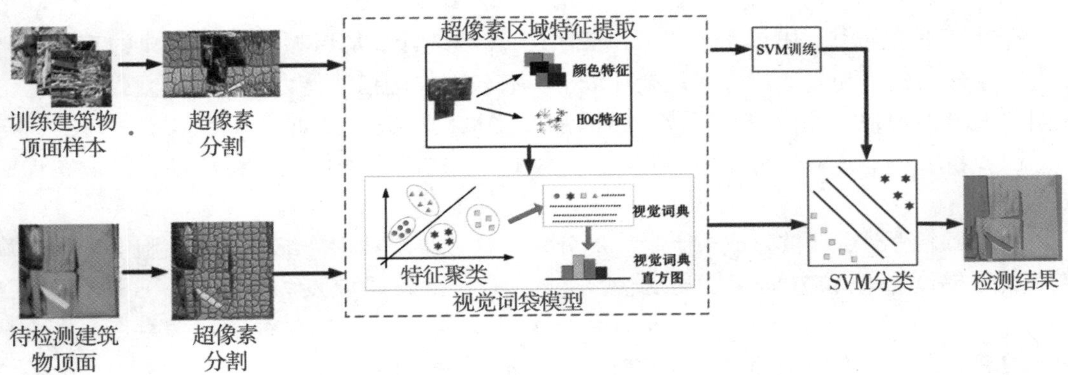

图 4-21　本节方法总体流程图

4.3.2.1　超像素分割

当建筑物顶面完好时，它的局部区域特征是颜色和纹理结构具有一致性，而当建筑物顶面有损毁时，其损毁区域特征是颜色出现了非一致性，且纹理结构混乱。超像素分割是图像处理中的一种预处理方法，它是将具有纹理、颜色和亮度等特征相似的相邻像素聚类在一起构成图像块，可以在很大程度上降低图像后处理的复杂度。因此利用超像素的方法对建筑物顶面进行分割，将建筑物顶面分割成若干的同质区域，有助于下一步对顶面损毁区域进行语义分析。SLIC(simple linear iterative clustering)是一种基于 *K*-means 聚类算法的超像素分割算法，具有使用简单、处理速度快和产生的超像素最规整的特点，所以本节采用 SLIC 算法进行超像素分割，又由于当前建筑物顶面多为彩色，因此本节采用 SLIC 利用像素的颜色相似度和图像的平面空间信息对像素进行聚类。

4.3.2.2　视觉词袋模型的建立

词袋模型(Bag of Words，BoW)(Lewis，1998)最早应用于文本分类和检索领域，是一种基于语义的方法对自然语言进行检索和处理的算法，许多学者后来将该方法引入计算机视觉和多媒体领域，成为一种有效的基于语义特征提取和描述的算法，在图像分类、目标识别和图像检索中获得了广泛应用(Lazebnik et al.，2006；Sun et al.，2016)。本节利用视觉词袋模型对超像素区域进行语义特征的描述，即在建筑物顶面超像素区域内提取特征构建损毁和非损毁的词袋模型，最后利用 SVM 进行分类获取损毁区域。视觉词袋模型的构建流程分为四部分：特征描述、视觉词典生成、基于视觉词典对图像的表达和基于 SVM 的分类训练，具体流程如下：

1)特征描述

建筑物顶面的损毁区域主要有两个明显的特征：①损毁区域的颜色普遍为暗灰色，且亮度都比非损毁区域要暗；②损毁区域的纹理比非损毁区域的纹理更加混乱，且区域形状不规则。根据建筑物顶面损毁特征，本节利用颜色特征和 HOG(Histogram of Oriented Gradient)纹理特征(Dalal et al.，2005)对分割区域进行特征描述。

由于 HSV 颜色空间较 RGB 颜色空间更加符合人眼视觉，对亮度更加敏感，有利于颜色特征的区分，所以本章利用 H、S 和 V 对分割区域进行非均匀量化，即将色调量 H 分为 8 个级别，饱和度 S 和亮度 V 各分为 3 个级别，然后将 3 个颜色分量合成一个一维矢量：$L = 9H + 3S + V\ (L \in [0,\ 71])$。

在计算机视觉中，HOG 特征是一种利用计算和统计局部区域的梯度方向的直方图来实现对纹理的描述和表达，它在复杂环境下具有较强纹理描述能力和旋转不变性，被广泛地用于人脸识别和行人检测等领域。HOG 特征提取的一般过程如下：

(1) 利用一个 $n \times n$ 滑动窗口在以步长为 1×1 的整个图像上进行滑动，提取图像的 HOG 特征。

(2) 每个滑动窗口被分成若干个小的分块，这些小块被称为细胞，在细胞上分别计算像素点的梯度幅值和方向。设像素点 $p_0(x_0,\ y_0)$ 和其邻域点为 $p_i(x_i,\ y_i)(i = 1, 2, 3, \cdots, 8)$，$G_x(p_0(x_0,\ y_0))$、$G_y(p_0(x_0,\ y_0))$ 和 $I(p_0(x_0,\ y_0))$ 分别表示像素点 p_0 在水平方向的梯度、垂直方向的梯度和像素值，那么 p_0 的梯度为：

$$G_x(p_0(x_0,\ y_0)) = I(p_0(x_0 + 1,\ y_0)) - I(p_0(x_0 - 1,\ y_0)) \tag{4-57}$$

$$G_y(p_0(x_0, y_0)) = I(p_0(x_0, y_0 + 1)) - I(p_0(x_0, y_0 - 1)) \tag{4-58}$$

那么像素点 p_0 的梯度幅值 $G(p_0(x_0, y_0))$ 和梯度方向 $\theta(p_0(x_0, y_0))$ 分别为：

$$G_0(p(x_0, y_0)) = \sqrt{G_x(p(x_0, y_0))^2 + G_y(p(x_0, y_0))^2} \tag{4-59}$$

$$\theta(p_0(x_0, y_0)) = \arctan\left(\frac{G_y(p_0(x_0, y_0))}{G_x(p_0(x_0, y_0))}\right) \tag{4-60}$$

(3)对每个细胞构建梯度方向直方图。假设每个细胞大小为1×1，如果用9个方向统计细胞1×1的梯度直方图，也就是将细胞1×1梯度方向360°分成9个方向块。如图4-22所示，如果某一像素梯度方向块在20°到40°之间，直方图中的第二个方向块的计数器加1，对细胞内每个像素用梯度在直方图中进行加权投影，就可以得到这个细胞的梯度直方图。

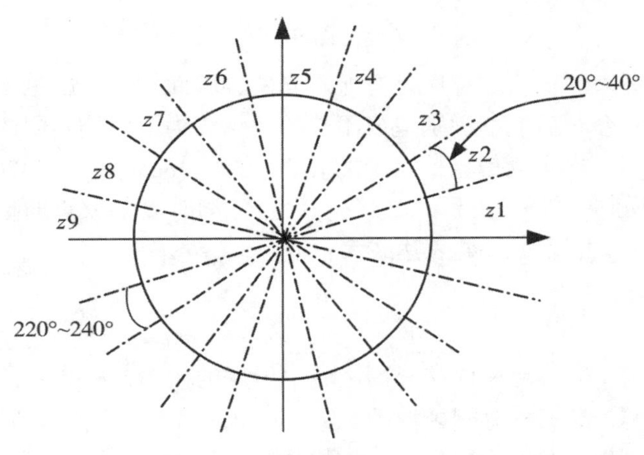

图4-22　构建梯度直方图

(4)收集滑动窗口里面的所有细胞块进行梯度方向特征，然后顺序对每个细胞的直方图特征进行级联，最后完成整个图像的HOG特征的提取。

本节利用HOG算法对建筑物顶面损毁区域的纹理进行描述。由于超像素分割区域在形态上有一定的差异，本章根据超像素区域的长轴长度以及质心位置来确定一个矩形区域，用于计算HOG的特征。根据本章实验统计，超像素区域长轴为30个像素，所以提取质心为中心30×30的区域用于计算HOG特征，HOG的细胞大小为6×6，梯度方向抽取9个方向块，所以可以产生225个HOG的特征。

为了防止较小的特征分量在计算中容易被忽略，所以对两类不同的特征量进行归一化处理，使得所有分量在特征描述时具有相同的权重。

2)视觉词典生成

由于影像中的光照、尺度和旋转等问题，相同的视觉单词可能会由不同的特征值组成，因此需要利用 K-means 聚类算法将特征向量中相同的视觉单词进行合并量化，构成视觉词典。设每个超像素分割区域的特征向量为 $X = [x_1, x_2, \cdots, x_i, \cdots, x_N]$，其中 N 表示每个区域的特征数量。对特征向量 X 进行 K-means 聚类，生成一个 K 维向量的视觉词典。

$$\min_C \sum_{m=1}^{N} \min \| x_m - c_k \| \tag{4-61}$$

其中 $C = [c_1, c_2, c_3, \cdots, c_K]$ 表示聚类中心，K 表示聚类视觉词典数。利用K-means 聚类时，首先随机初始化聚类中心 C，然后利用式(4-61) 进行不断迭代，不断地更新聚类中心 C，最后获得视觉词典 B。

3) 基于视觉词典对图像的表达

在视觉词袋模型中，图像是由不同频率的视觉词典组成的，本章对超像素分割区域进行视觉词典的直方图统计，由于视觉词典为多维特征向量，因此可以利用直方图交叉函数来计算不同区域目标的视觉词典直方图，得到直方图向量 $\boldsymbol{F} = [f_1, f_2, f_3, \cdots, f_i, \cdots, f_K]$。

$$H(X_{i,k}, B_{j,k}) = \sum_k \min (X_{i,k}, B_{j,k})^2 \tag{4-62}$$

视觉单词对目标表达的重要程度是有所不同的，因此将每个视觉词典中的单词用相同的权重来表达目标，会对后期的识别造成不佳的效果。为了区别不同的视觉单词对目标表达的贡献，本章利用了本案例信息检索中的 tf-idf 方法(Jégou et al., 2009)(词频-反转文件频率) 来对视觉词典中单词进行加权处理。设视觉词典 B 的权重向量为 $\text{idf} = [u_1, u_2, u_3, \cdots, u_i, \cdots, u_K]$，权重 u_i 的表达式为：

$$u_i = \frac{n_{id}}{n_d} \lg \frac{N}{n_i} \tag{4-63}$$

其中，n_{id} 表示第 i 个视觉单词在分割区域中出现的频率，n_d 表示所有视觉单词在分割区域中出现的总频率，N 表示分割区域的总数，n_i 表示第 i 个视觉单词在所有分割区域中出现过的次数。那么损毁和非损毁区域的加权特征表达为：

$$\text{BoW}f_i = n_i \times u_i \tag{4-64}$$

4) 基于 SVM 的分类训练

利用式(4-64) 的视觉词频分别对建筑物顶面的损毁区域和非损毁区域建立样本，并利用 SVM 径向基函数作为核函数训练损毁区域分类器。

4.3.2.3　建筑物顶面损毁判定

基于视觉词袋模型的建筑物顶面损毁区域检测流程如下，分类器采用 SVM 径向基函数作为核函数，图像分割采用 SLIC 的超像素方法。

(1) 利用 SLIC 的方法对建筑物顶面进行分割，得到不同的分割区域 $R = [R_1, R_2, R_3, \cdots, R_n]$；

(2) 取出某一个分割区域 R_i，提取 R_i 区域的颜色特征和 HOG 特征，将特征归一化；

(3) 统计分割区域 R_i 的视觉词典直方图，根据式(4-64) 得到特征表达 $\text{BoW}f_i$；

(4) 将特征表达 $\text{BoW}f_i$ 放入经过训练的 SVM 分类器中，判断区域 R_i 是否为损毁区域。

4.3.2.4　实验结果与分析

为了验证提出建筑物顶面损毁区域的检测方法，本节选用了 2014 年四川北川地震遗址的航空影像，影像分辨率为 0.15m，首先选用航空影像中的 50 个建筑物顶面作为样本训练数据，经过 SLIC 分割后，通过人工分类方式共获得 2921 个未损毁区域和 2367 个损毁区域，如图 4-23(a)所示为部分损毁区域的样本，如图 4-23(b)所示为部分未损毁区域的样本；然后利用本章的方法对样本进行特征提取、视觉词典生成以及 SVM 分类器训练，最后选取 50 个建筑物顶面作为测试数据。

(a) 损毁样本

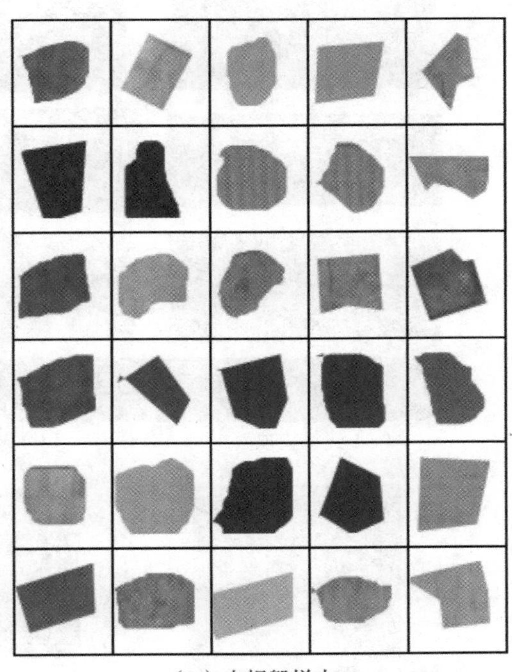

(b) 未损毁样本

图 4-23　训练样本

图 4-24 列出了测试数据的检测结果的示例，其中图 4-24 的测试用例中的损毁区域的损毁类型如表 4-6 所示。本章还分别选用了 Surf 和 Gabor 两种特征作为词袋模型的特征描述进行对比分析，检测结果如图 4-24 所示。表 4-7 给出了 Surf、Gabor 和本章算法对 50 个建筑物顶面检测后的平均检测精度，本章的算法取得了较高的检测精度。本章的算法之所以取得较好的效果是因为建筑物顶面未损毁时候的显著特征是纹理均匀且方向一致性较强，而 HOG 的算法主要通过计算和统计图像局部区域的梯度方向直方图来构成特征，因此对局部区域的方向性变化具有一定的敏感度，同时由于建筑物顶面损毁区域的颜色较其他区域亮度更暗，因此颜色特征的选取也有助于对损毁区域的检测，从图 4-24 可以看出，本算法对第 1、2 和 3 建筑物顶面小的白色损毁区域未能检测出来，主要是由于这部分区域纹理均匀且颜色较亮，和未损毁区域特征非常相似，因此本算法未能检测出来。另外两种特征未能取得较好的检测结果是由于损毁区域的亮度较暗，Surf 特征点难以提取，Gabor 特征对光照变化不敏感，且能容忍一定程度的图像旋转和变形。

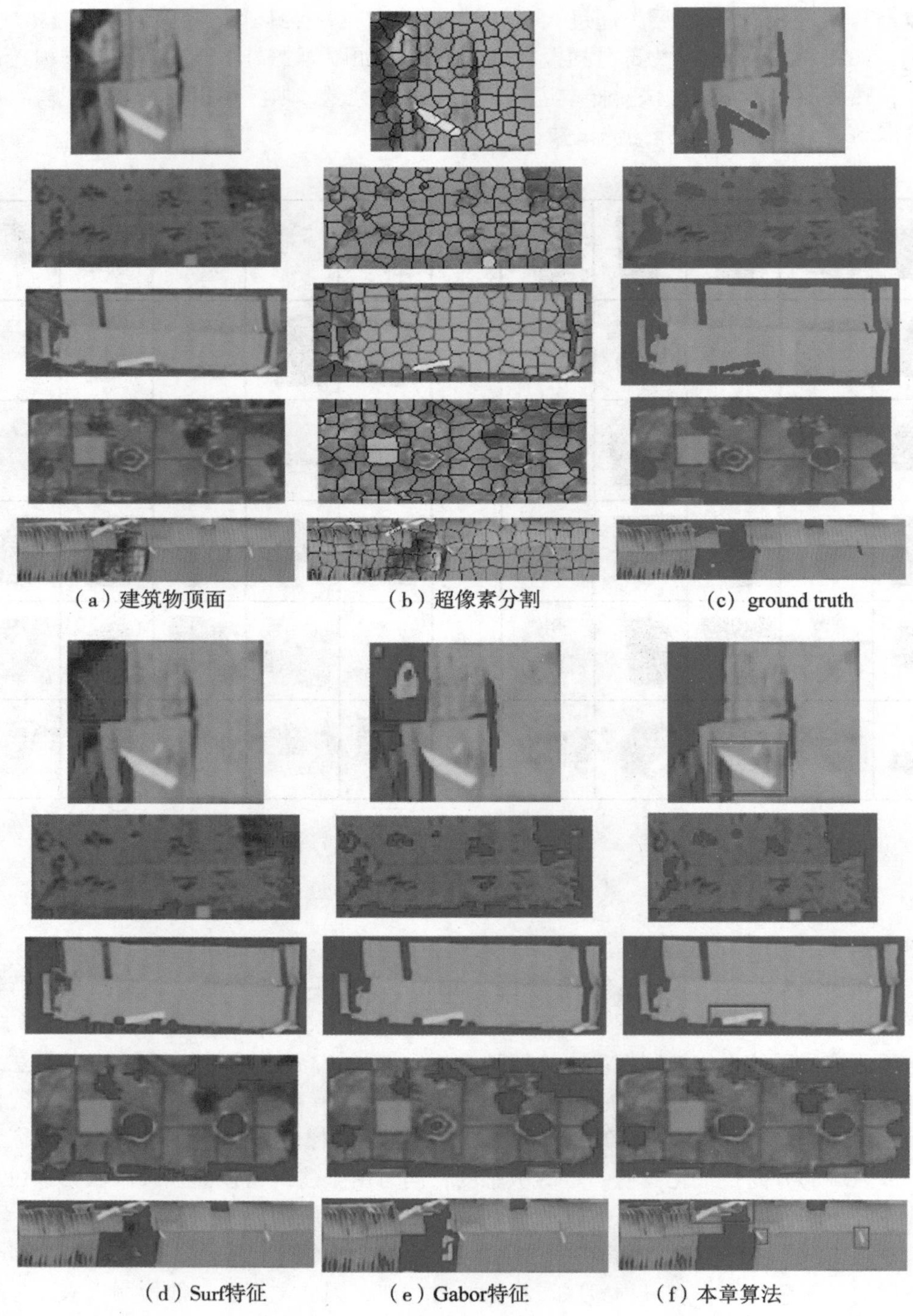

（a）建筑物顶面　（b）超像素分割　（c）ground truth

（d）Surf特征　（e）Gabor特征　（f）本章算法

图 4-24　损毁检测结果

表 4-6　　测试用例损毁区域的损毁类型说明

用例图	损毁类型
图 4-24(a)第一行	碎石、大裂缝和破损区域
图 4-24(a)第二行	破损区域
图 4-24(a)第三行	破损区域和大裂缝区域
图 4-24(a)第四行	碎石区域和破洞区域
图 4-24(a)第五行	破洞区域和大裂缝区域

表 4-7　　损毁检测精度评价

方法	精度	召回率	时间(s)
BoW-Surf	0.76	0.73	241.7
BoW-Gabor	0.81	0.79	421.4
BoW-HOG+Color	0.91	0.88	165.4

4.3.3 建筑物立面损毁提取

建筑物损毁 EMS-98 标准中的轻微和中度损毁都涉及建筑物顶面和立面的检测，因此研究建筑物的立面损毁检测对提高建筑物多级损毁检测精度具有重要意义。由于目前大多数文献中主要关注的是建筑物顶面损毁检测，而对建筑物立面损毁检测尚未见到有文献报道，因此本章将探索建筑物立面损毁检测问题。

建筑物立面损毁的特征主要表现为：建筑物立面损毁的局部特性表现为其表面的显著性元素(如门、窗户等)的对称性遭到破坏，而损毁的整体特性表现为其表面的纹理变得杂乱无章。针对立面损毁特征，本章将探究一种基于纹理规则度的建筑物立面损毁检测方法。该方法主要利用局部对称特征来描述立面的局部元素的对称性，通过对称特征分布的规则度表达建筑物立面损毁程度。该方法整体流程如图 4-25 所示，主要分为三个步骤：首先，提取建筑物立面的局部对称特征；其次，对建筑物局部对称特征点之间的距离进行水平方向和垂直方向的统计；最后，利用基尼系数判定建筑物立面损毁程度。利用局部对称性可以提取建筑物立面显著元素的对称性，而利用基尼系数可以判定建筑物立面显著元素是否为均匀一致分布在立面的表面。经过实验测试表明，与 GLCM 和 Tamura 等纹理描述方法对比，本节提出的方法能够更加有效地对立面损毁进行检测。

4.3.3.1 立面局部对称性特征提取

对称性是一种在现实世界中不随尺度和形式变化的固有结构特征，它是自然界的物种和人工地物非常显著的表现形式。人的视觉在观察图像中的目标时，最容易记忆的是目标的局部或者全局的对称性。在计算机视觉领域，对称性的研究由来已久(Liu et al.，2010)，它作为一种在多尺度下具有良好的健壮性和稳定性的图像特征表达模型已经广泛地应用到很多领域，例如特征描述、图像的配准以及图像复原等。局部对称性相对全局对

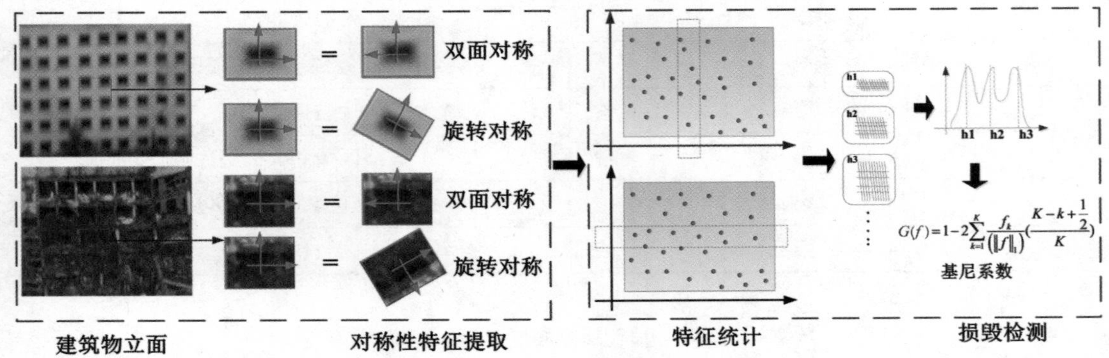

图 4-25　本节总体流程图

称性将能够更好地对目标的纹理和结构特征进行表达，特别是对于局部有较多重复性对称元素的表达，具有更好的适应性。

建筑物立面最显著的特征是其表面均匀整齐排布的门、窗和阳台等小元素，这些小元素都具有局部对称特征，因此，我们可以利用局部对称性来描述和提取立面小元素特征。根据文献(Hauagge et al.，2012)定量描述局部对称性的思想，本节对建筑物立面局部对称的描述和提取主要分为两个部分：首先，提取立面小元素的边缘特征点，然后，利用局部对称性来判定边缘点是否为局部对称点。

1. 边缘特征点提取

对于立面小元素的边缘特征点，本节将利用图像的梯度边缘算子进行提取，常见的梯度边缘算子有 Sobel、Log、Canny 等，本节使用的是 Sobel 算子。

2. 局部对称性判定

在上一步找到局部对称的候选点后，本节将在这一步判定这些候选点是否为局部的对称点。一个候选点是否为对称点，需要满足以下三个条件：

①对称类型。对称性的描述将采用一种最常见的方式，具有如图 4-26 所示的两种对称性：一种是双边对称性，也就是水平方向和垂直方向的对称；另外一种是旋转对称性，也就是旋转一定角度下的对称。对称的特征点应该满足这两种形式的对称。

设在极坐标系下，$f(\cdot)$ 表示双边对称和旋转对称的函数，那么对称点 $p(\rho, \theta)$ 满足以下条件：

$$f(\rho, \theta + \theta_s) = f(\rho, \theta - \theta_s) \tag{4-65}$$

$$f(\rho, \theta) = f(\rho, -\theta) \tag{4-66}$$

其中 θ_s 是对称轴的角度。设对称类型为 s，任意一个点 p 在对称类型为 s 下得到的对称点为 $q(x, y)$，p 和 q 之间的关系可以定义为：$p = M_{s, p}(q)$。那么在理想状态下有下面的等式成立：

$$f(q) = f(M_{s, p}(q)) \tag{4-67}$$

即 p 和 q 完全对称。

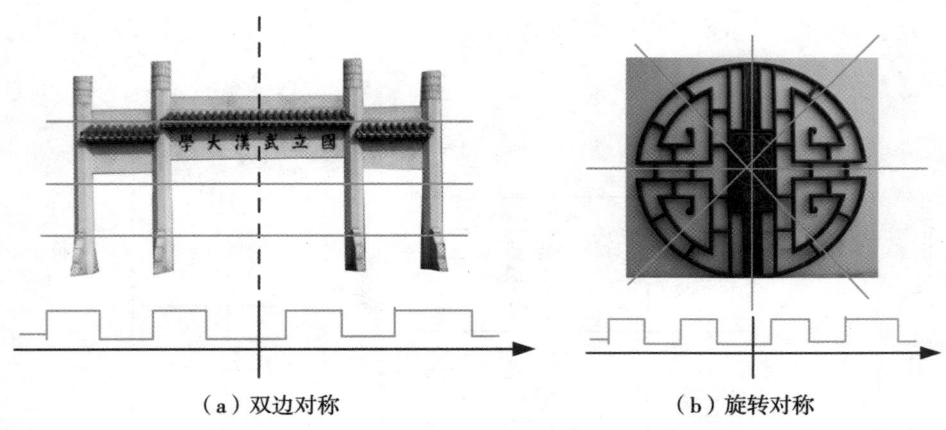

（a）双边对称　　　　（b）旋转对称

图 4-26　对称性示例

② 距离函数。对称点之间的距离函数用来定义两个对称点的对称程度，可以用绝对差来表示。假设两个对称点 p 和 q，它们之间的对称距离为：

$$d(p,\ q) = |f(q) - f(p)| \tag{4-68}$$

其中 f 为坐标点双边对称性和旋转对称性函数。

③ 权重。由于每个特征点都会找到多个疑似对称点，权重用来表达这些疑似点的重要性。如果是提取全局的对称特征，那么权重设置为 1；如果是提取局部对称特征，需要使用一个高斯掩膜函数来度量，假设点 P 的所有对称点构成一个圆形区域，权重函数可以定义为：

$$\omega_\sigma(r) = Ae^{-\frac{(r-r_0)^2}{2\phi^2}} \tag{4-69}$$

其中 A 是一个归一化常数，P 到每个对称点的距离为 r，r_0 是圆形区域的半径，ϕ 是用来控制圆形宽度的参数。

将以上三个部分组合在一起就构成了局部对称距离 SD，SD 的函数定义如下：

$$\mathrm{SD}(p) = \sum_q \omega_\sigma(\|q - p\|) \times d(q,\ M_{s,\ p}(q)) \tag{4-70}$$

SD 就是对称距离函数，SD 越小，表明两点越接近对称点。SD 的函数中存在一个问题：图像是平坦区域，如果利用图像的灰度值作为对称候选点，那么在平滑区域可以找到较多的对称点，但是这些对称点并不能较好地描述目标的特征，因为目标的特征往往都集中在轮廓或者角点。因此本节利用了梯度算子获取建筑物立面小元素的边缘点作为对称的候选点。

4.3.3.2　特征统计

当建筑物立面未损毁时，对称元素均匀分布在建筑物立面的表面，对称点之间的距离也相对一致；而当建筑物立面发生损毁后，对称元素将变得杂乱无章。为了了解对称特征点在整个建筑物立面的分布情况，我们将从水平方向和垂直方向去统计特征点的分布。如图 4-27 所示为建筑物立面特征点统计的示意图，沿着水平或者垂直方向每隔一定步长 l，统计建筑物立面垂直或者水平方向两个特征点之间的距离 d_{vi} 和 d_{hi}，整个立面影像可以得到垂直方向和水平方向的统计直方图向量 $\boldsymbol{d}_v=[d_{v1}, d_{v2}, d_{v3}, \cdots, d_{vn}]$ 和 $\boldsymbol{d}_h=[d_{h1}, d_{h2}, d_{h3}, \cdots, d_{hn}]$。

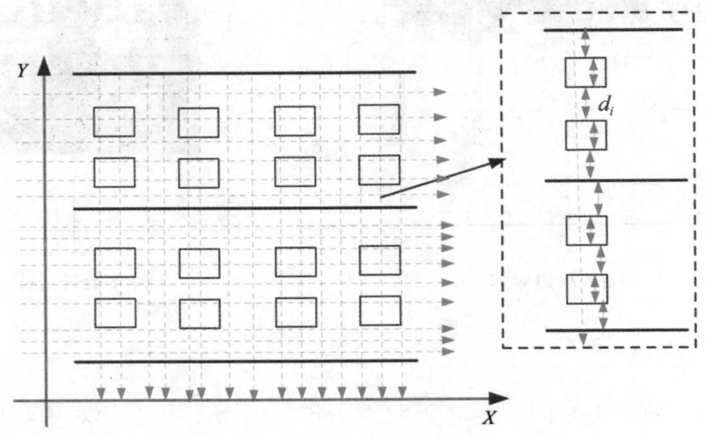

图 4-27　对称点统计示意图

4.3.3.3　基于基尼系数的损毁检测

基尼系数(Gini coefficient)是20世纪初意大利经济学家基尼根据劳伦茨曲线所定义的判断收入分配公平程度的指标，是国际上用来综合考察居民内部收入分配差异状况的一个重要分析指标。基尼系数的数值通常在 0 到 1 范围内，数值越大表示收入差异越大，分配不公平，数值越小表示收入差异小，分配公平(Druckmanand， 2008)。国际上通常把 0.4 作为贫富差距的警戒线，大于这一数值容易出现社会动荡。其计算方法为：统计一个地区的人口收入，并按照收入由低到高进行排序，然后将收入相等的人数分为 n 组，从第 1 组到第 i 组人口累计收入占全部人口总收入的比重为 w_i，则：

$$G = 1 - \frac{1}{n}\left(2 \times \sum_{i=1}^{n-1} w_i + 1\right) \tag{4-71}$$

基尼系数是一种统计不均匀分布的重要度量指标，具有很好的尺度不变和旋转不变特性，这些特性很好地满足稀疏度量的六个特性(Hurley et al.，2009)。完好建筑物立面通常具有很好的规则度，表面的门窗整齐均匀分布，具有一定的稀疏分布特性，本章将基尼系数作为建筑物立面损毁的度量指数，当基尼系数较小时说明建筑物立面结构具有一致性，有较好的规则，未发生损毁；反之，说明建筑物立面结构杂乱，发生了损毁。假设影像中提取的统计特征为f，f的分布统计为直方图$f=[f_1, f_2, f_3, \cdots, f_k]$，对直方图中的元素进行从小到大排序，得到新的直方图集合为$f'=[f'_1, f'_2, f'_3, \cdots, f'_k]$，根据文献(Hurley et al.，2009)得到度量影像规则度的基尼系数公式为：

$$G(f) = 1 - 2 \times \sum_{k=1}^{K} \frac{f'_k}{(\| f' \|_1)} \left(\frac{K - k + \frac{1}{2}}{K} \right) \tag{4-72}$$

其中，$\| f' \|_1$ 为第一范式，K 为直方图统计的类别总数，G 的范围是从 0 到 1。由于 4.3.3.1 节中利用直方图向量 $\boldsymbol{d}_h$ 和 $\boldsymbol{d}_v$ 来度量特征点在建筑物立面的分布，因此可以利用 $G(\boldsymbol{d}_h)$ 和 $G(\boldsymbol{d}_v)$ 来判定对称特征点是否在建筑物立面均匀分布。那么立面损毁因子 DI 定义如下：

$$\mathrm{DI} = \max(G(\boldsymbol{d}_v),\ G(\boldsymbol{d}_h)) \tag{4-73}$$

当立面损毁因子 DI 越小，立面越接近完好。从式(4-73)我们可以看出，立面损毁因子 DI 需要从水平和垂直两个方向来统计，其原因如表 4-8 所示，从表 4-8 的第一行可以看出，从垂直方向统计的基尼系数表明建筑物立面是损毁的，而从水平方向统计的基尼系数表明建筑物立面是完好的；表 4-8 的第二行也存在同样的问题，垂直方向建筑物立面是完好的，而水平方向建筑物立面是损毁的；表 4-8 的第三行从垂直和水平方向统计，建筑物立面都是完好的。主要原因是建筑物立面可能存在部分损坏的情况，特别是出现了一半区域的损毁，那么这样从某一个方向统计，就会出现一定的局限性，因此需要从水平和垂直两个方向考虑建筑物立面损毁情况。

表 4-8　**建筑物立面对称特征分布和基尼系数之间的关系**

原始影像	对称特征提取	$G(\boldsymbol{d}_v)$	$G(\boldsymbol{d}_h)$	DI
		0.55	0.34	0.55
		0.39	0.63	0.63
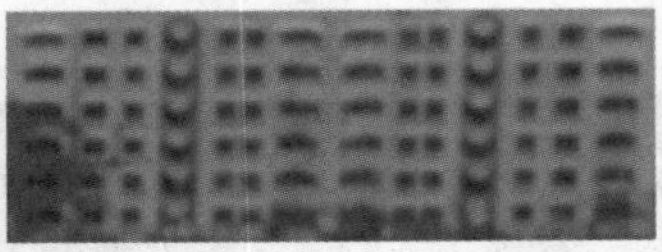		0.12	0.18	0.18

4.3.3.4 实验结果与分析

为了验证算法的有效性，利用 2014 年 4 月在四川北川地震遗址进行灾害考察时航拍的倾斜遥感影像作为实验数据，该倾斜航空影像由一个下视和四个 45°倾斜相机所拍摄，相机型号为 SWDC-5，图幅大小 8260×6166 像素，影像分辨率为 0.15m。本章对遗址区域中 100 个未倒塌的建筑物立面进行了实验。

本章实验中，首先通过人工目视判读方式对遗址区域中 100 栋建筑物立面进行了损毁判定，判定结果为 32 栋建筑物立面较为完好，68 栋建筑物立面发生了损毁。然后，利用本章的方法计算出其基尼系数，得到如图 4-28(a)所示的结果，从曲线图中可以得出基尼系数为 0.42，可以作为建筑物立面损毁和未损毁的阈值。本章还利用文献（Haralick et al. ,1973)和文献(Tamura et al. , 1978)提到的两种纹理特征，即灰度共生矩阵和 Tamura 特征来检测建筑物立面的损毁，对于灰度共生矩阵，本章选用了能量、惯量、熵和相关性四种特征进行高斯归一化后度量建筑物立面信息；Tamura 使用了粗糙度、规整度和方向度三种特征进行高斯归一化后度量建筑物立面信息。从图 4-28(b)和图 4-28(c)中的曲线可以看出，这两种特征很难用阈值来区分建筑物立面是否损毁。表 4-9 显示了部分立面影像的基尼系数、灰度共生矩阵和 Tamura 值。

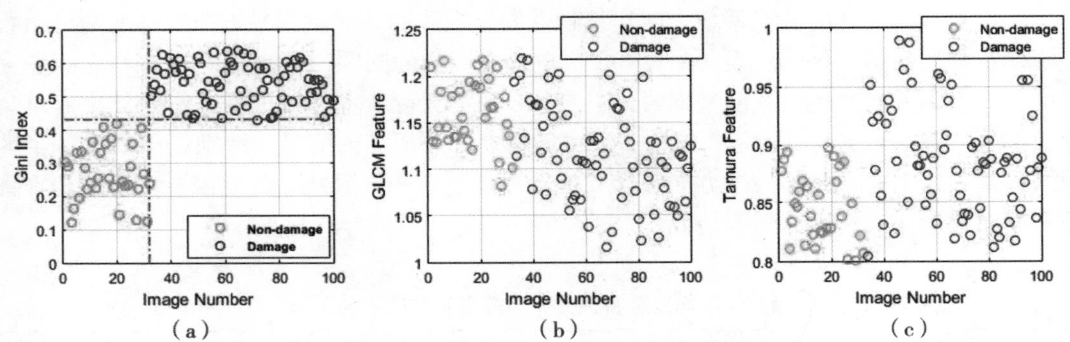

图 4-28　建筑物完好立面和损毁立面基尼系数、灰度共生矩阵和 Tamura

表 4-9　**建筑物完好立面和损毁立面基尼系数、GLCM 和 Tamura**

未损毁立面					
基尼系数	0. 24	0. 39	0. 34	0. 29	0. 37
GLCM	1. 02	1. 045	1. 21	1. 04	1. 29
Tamura	0. 92	0. 89	0. 94	0. 79	0. 89
损毁立面					
基尼系数	0. 59	0. 64	0. 56	0. 52	0. 58
GLCM	1. 03	0. 92	0. 83	1. 12	1. 23
Tamura	0. 92	0. 84	0. 82	0. 84	0. 85

4. 3. 4　建筑物多维损毁提取

本节主要介绍了如何获取建筑物顶面和立面在三维点云和影像中的区域，下面我们就可以利用这些区域的特征构建出建筑物五种损毁因子。

1. 高程损毁因子

建筑物的高程信息主要从点云中的顶面区域中提取。设建筑物灾前的高程为 h_0，灾后顶面点云坐标为$(p_1,\ p_2,\ p_3,\ \cdots,\ p_n)$，灾后建筑物的高度为 $h_1 = \frac{\sum_{i=1}^{n} h_i}{n}$。因此高程损毁因子为：

$$D_h = \begin{cases} \frac{h_1}{h_0}, & h_1 > 2.5 \\ 0, & h_1 < 2.5 \end{cases} \tag{4-74}$$

2. 面积损毁因子

三维点云中建筑物顶面的面积求取分为两步：首先利用 alpha-shape 算法得到点云的边界，然后求取边界点组成的多边形面积。具体流程如下：

(1) 假设建筑物顶面点为 $P_0 = \{p_1,\ p_2,\ p_3,\ \cdots,\ p_n\}$，从顶面点云中取出任意一点 p_1，从剩余点中搜索距离小于等于 2α 的点集合 P_1，α 为圆的半径，设 $P_1 = \{p_{11},\ p_{12},\ p_{13},\ \cdots,\ p_{1k}\}$；从 P_1 中任取出一点 p_{1i}，利用式(4-75)求经过点 p_1 和 p_{1i} 的圆心 p_0。假设点 p_1 和 p_{1i} 的坐标分别为$(x_1,\ y_1)$、$(x_2,\ y_2)$，圆的半径为 α，求该圆的圆心 $p_0(x_0,\ y_0)$ 的方程如下：

$$\begin{cases} (x_1 - x_0)^2 + (y_1 - y_0)^2 = \alpha^2 \\ (x_2 - x_0)^2 + (y_2 - y_0)^2 = \alpha^2 \end{cases} \tag{4-75}$$

直接求取此方程比较困难，因此利用测绘学中的距离交汇算法得：

$$\begin{cases} x_0 = x_1 + \frac{x_2 - x_1}{2} + H(y_2 - y_1) \\ y_0 = y_1 + \frac{y_2 - y_1}{2} + H(x_2 - x_1) \end{cases} \tag{4-76}$$

其中，$H = \sqrt{\frac{\alpha^2}{s^2} - \frac{1}{4}}$，$S^2 = (x_1 - x_2)^2 + (y_1 - y_2)^2$。

(2) 从点集合 P_1 中求出所有点到 p_0 的距离 l，如果 $l > \alpha$，那么 p_1 和 p_{1i} 是边界点；如果 $l < \alpha$，转入下一步(3)；

(3) 对 P_1 中其他点重复(1)、(2)步，直到 P_1 中所有点全部判断结束；

(4) 通过(1)、(2)、(3)步获得建筑物顶面边缘点的集合为 $P_3 = \{p_{31},\ p_{32},\ p_{33},\ \cdots,\ p_{3m}\}$，借助以下凸多边形面积公式求得建筑物顶面面积：

$$S = \frac{1}{2}\sum_{i=1}^{m}(x_i y_{i+1} - x_{k+1} y_i) \tag{4-77}$$

其中$(x_i,\ y_i)$是 P_3 中任意点的坐标。假设灾前建筑物顶面面积为 S_1，灾后建筑物顶面面积为 S_2，那么面积损毁因子为：

$$D_s = \begin{cases} \frac{S_2}{S_1}, & S_2 \geqslant 25 \\ 0, & S_2 < 25 \end{cases} \tag{4-78}$$

3. 倾斜度损毁因子

将建筑物顶面的三维点先利用 ransac 算法筛选获得一组相对稳定的点，然后利用最小二乘法获得一个拟合的平面，最后利用主元分析方法(李宝等，2010) 获得平面的法向量，法向量的方向 I_A 就是倾斜损毁因子：

$$\mathrm{DI} = I_A \tag{4-79}$$

4. 顶面纹理损毁因子

假设顶面损毁的纹理区域总面积为 S_{rd}，顶面总面积为 S_0，那么顶面纹理损毁因子为：

$$D_{\mathrm{rt}} = \frac{S_{\mathrm{rd}}}{S_0} \tag{4-80}$$

5. 立面纹理损毁因子

上一小节描述了建筑物立面损毁检测的方法，因此立面纹理损毁因子可以用基尼系数表达，即：

$$D_{\mathrm{ft}} = \mathrm{DI} \tag{4-81}$$

其中 DI 可以利用式(4-73) 求取。通过实验可以看出，D_{ft} 阈值为 0. 42。越大于 0. 42 表示损毁程度越严重，而越小于 0. 42 表示损毁程度越轻。

4.4　基于全极化 SAR 的倒塌房屋损毁信息提取

SAR 图像在建筑损毁信息提取方面，早期主要集中在利用多时相单极化 SAR 影像的强度变化进行变化检测分析。近年来，随着全极化 SAR 技术的发展，全极化 SAR 在灾害信息提取方面的作用越来越重要。地震发生后，建筑物发生不同程度的倒塌损毁，建筑物的规则结构受到破坏，规则的二面角反射效应减弱，粗糙度加大，使得回波普遍增强，规则的纹理结构特征消失，雷达图像特征表现为一定区域内的离散的次高亮目标，看不出房屋排列关系和阴影。而极化数据相对于单极化数据而言，包含有更丰富的信息，利用极化分解等手段分析建成区震前后散射机制的变化，可以提取房屋倒塌信息。震后 SAR 影像上，倒塌建筑物所在区域回波杂乱，色调较暗，规则的叠掩、角反射形成的亮线和阴影等特征消失。利用极化特征来体现损毁建成区的特性可以表现在以下几个方面：损毁区域内反射不对称性加强、基本散射成分变得复杂而且以粗糙的体散射为主、散射随机程度与平均散射机制相对于完好建成区也有较大差别。目前利用极化 SAR 影像进行倒塌房屋提取的相关研究主要集中在建筑损毁机理分析方面，Guo 等(2009)在汶川地震发生时，分析了各种极化特征提取倒塌房屋的潜力，或直接使用某一建筑敏感特征判决获取建筑损毁信息，而这种方法受阈值的选取影响较大。

地震等灾害发生时，通常无法获得灾前 SAR 影像；单极化 SAR 影像特征单一，不足以反映房屋倒塌前后的机理变化；全极化 SAR 影像极化特征相对丰富，但仅使用单一敏感特征无法获取准确的灾害损毁信息，也易受阈值选取的影响；另外，灾害发生后，震区交通设施遭到严重破坏，无法深入灾区调查，仅能获取少量样本用于倒塌房屋机理分析和提取；倒塌完好房屋一般杂错分布，原始特征空间两类样本也混合在一起，难以区分。

为了解决上述问题，本节提出一种基于内容检索学习的极化 SAR 倒塌房屋提取方法。该方法利用震后单景极化 SAR 影像，认为整景影像是一个未标记的数据集，根据圆极化相关系数、Yamaguchi 分解二次散射分量等多种建筑敏感的极化特征构成的内容，通过基于信息论的距离测度学习方法获取最佳的特征变化矩阵，对整景待处理极化 SAR 影像中的所有像素点进行检索排序，返回一定数量的最佳检索结果作为可靠样本，丰富样本数量，避免深入灾区调查，同时也可以解决样本数量过少的问题。然后通过测度学习理论，重新计算特征变化矩阵和训练分类器，用少量的样本获得与大量样本近似的倒塌房屋提取结果。

4.4.1　图像检索内容构造

通过对极化 SAR 图像中完好、倒塌两类建筑样本的特征分析，构造用于图像检索的极化特征。这些特征反映了建筑物的散射机制，对建筑物的方位、走向等物理特征敏感，包括极化方位角标准差θ_{std}，后向散射幅度$|HH|$、$|HV|$、$|VV|$，散射熵H、平均散射角α，各向异性度A，极化相关系数ρ_{hh-hv}，ρ_{hv-vv}，ρ_{hh-vv}，圆极化相关系数ρ_{RR-LL}，归一化圆极化相关系数ρ_0，经去取向处理后的 Yamaguchi 4 分量分解的各个分量，即表面散射分量P_s，体散射分量P_v，二次散射分量P_d和螺旋体散射分量P_h，共 16 维极化特征构成图像检索的内容。

$$F=\{|HH|,\ |HV|,\ |VV|,\ H,\ \alpha,\ A,\ \rho_{hh-hv},\ \rho_{hv-vv},\ \rho_{hh-vv},\ \rho_{RR-LL},\ \rho_0,\ P_s,\ P_v,\ P_d,\ P_h,\ \theta_{std}\}$$

由于各个特征的取值范围、量纲等不同，需要对特征进行归一化处理($f=(f-f_{min})/(f_{max}-f_{min})$以确保各个特征对倒塌房屋提取的贡献相同。其中$|HH|$、$|HV|$、$|VV|$和$P_s$、$P_v$、$P_d$、$P_h$取值方位较大却集中在较小的取值范围内，需要进行对数处理，即$f=10\cdot\lg f$。另外，由于 SAR 系统是相干成像系统，在进行极化特征提取前，需要做最基本的相干斑滤波，窗口大小为 5 像素。

4.4.2　新样本提取

如图 4-29 所示，其显示了极化 SAR 图像基于内容检索及增加样本库的过程。初始时，根据极化 SAR 影像中建筑损毁机理及初步的地震灾害情况，确定了倒塌、完好两类样本，每类样本个数为 7 个，每个样本大小为 10×10 像素，样本数据较少；利用上述构造的图像检索内容，对整景影像计算相对两类样本的最小距离，并进行检索排序(步骤 I1)；取距离最小的前$t=2.5\%$作为潜在的倒塌、完好样本(步骤 I2)；由于针对两类样本进行检索可能得到相同的结果，需要对这种情况加以区别，通过相似度匹配，最终确定这些结果的所属类别(倒塌或完好)(步骤 I3)，即

如果$d_j^c\geqslant d_j^i$，$x_j\in D$否则$x_j\in S$。

其中x_j为第j个潜在样本，S为倒塌房屋样本集，D为完好房屋样本集；由于人类建设的房屋通常聚居成群，构成城镇，对于单栋房屋，由于极化 SAR 影像分辨率有限，基本无法识别，而检索结果中却出现了单个孤立点，这可能是由相干斑噪声引起的，也可能是真正的单栋房屋，这里不加区分地将这些孤立点直接滤除，即去除不合理的检索结果

(步骤 I4)。如上所述，通过相似度匹配，确定最终的所属类别；这些检索结果和初始的少量样本，构成最终的大样本库。

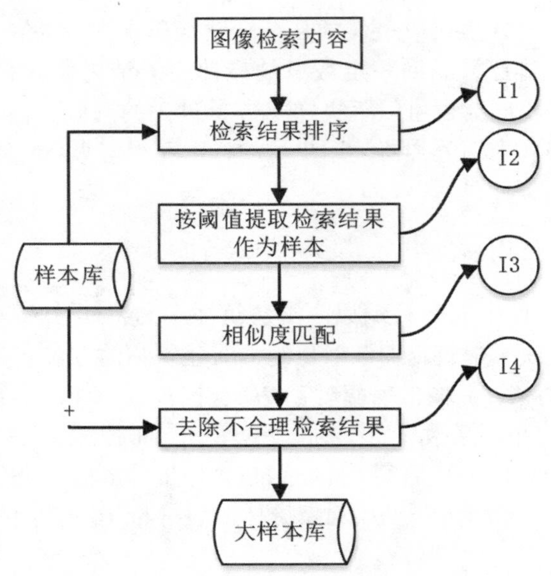

图 4-29　新样本提取流程

4.4.3　基于矩阵学习的极化 SAR 倒塌房屋提取

图 4-30 显示了距离测度学习、倒塌房屋提取和计算震害等级分布的过程。在确定了极化 SAR 图像检索的内容，并扩展了初始样本库后，首先对扩展后的样本库，利用构造的极化 SAR 图像检索内容进行基于信息论的距离测度学习，确定一个 Mahalanobisj 距离测度矩阵 $\boldsymbol{A}$，用于计算待检测区域像素点到样本库的马氏距离(步骤 E1)；用距离测度矩阵 $\boldsymbol{A}$ 计算待检测区域像素点到样本库的马氏距离即可进行相似度匹配，这里使用 KNN 方式对两类目标进行分类，确定倒塌、完好房屋的分布结果，其中 $K = 20$(步骤 E2)。

这里引入基于信息论的距离测度学习方法(Information Theoretic Metric Learning, ITML)，对丰富后的样本进行测度学习获得一个距离测度矩阵 $\boldsymbol{A}$，进而对影像中剩余的区域进行分类，提取倒塌房屋。ITML 假设对于给定的 Mahalanobisj 距离测度矩阵为 $\boldsymbol{A}$，每类样本分布为多维高斯分布，以 KL 散度来度量两个距离测度矩阵的性能。当 $\boldsymbol{A}_0$ 为根据某种先验知识确定的初始测度矩阵(这里定位单位阵，即计算欧式距离)时，给定同类样本对于异类样本对的约束条件，可以归结为

$$\min_{A} D_{\mathrm{KL}}(A, A_0)\ \text{满足}\ d_A(x_i, x_j) \leqslant u,\ (i, j) \in S\ \text{和}\ d_A(x_i, x_j) \geqslant l,\ (i, j) \in D$$

其中 u，l 为常数，S，D 分别为同类样本对集合和异类样本对集合，具体步骤如下：

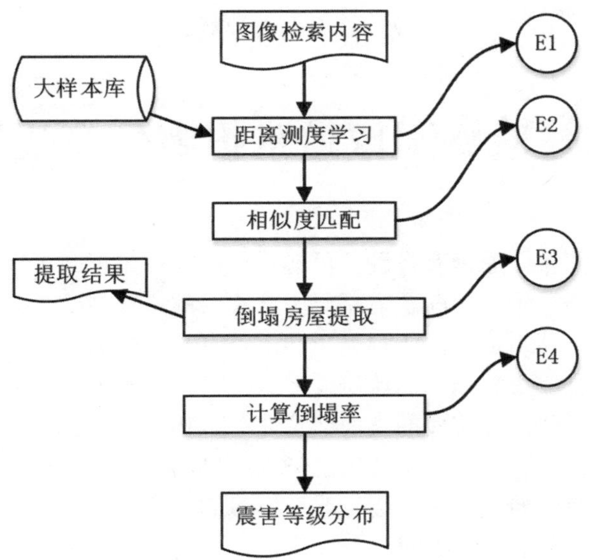

图 4-30 极化 SAR 倒塌房屋提取流程

<table>
<tr><td>输入：$X \in R^{d\times k}$ 为样本集合，d 为样本总数，k 为特征维数，即用于图像检索的极化特征，这里 $k=16$，S，D 分别为倒塌房屋和完好房屋的样本集合，u，l 为距离测度阈值，$\boldsymbol{A}_0$ 为初始的 Mahalanobisj 距离测度矩阵，γ 为泄放因子，c 为约束索引函数。</td></tr>
<tr><td>输出：$\boldsymbol{A}$ 为 Mahalanobisj 距离测度矩阵
参数初始化：$M \leftarrow M_0$，$\lambda_{i,j} \leftarrow 0 \forall i, j$
1. $\xi_{c(i,j)} \leftarrow u$，$(i, j) \in S$；否则 $\xi_{c(i,j)} \leftarrow l$
2. 重复
1) $(i, j) \in S$ 或 $(i, j) \in D$
$p \leftarrow (x_i - x_j)^{\mathrm{T}} \boldsymbol{A} (x_i - x_j)$
2) 如果 $(i, j) \in S$，$\delta = 1$，否则 $\delta = -1$
3) $\alpha = \min\left(\lambda_{i,j}, \frac{\delta}{2}\left(\frac{1}{p} - \frac{\gamma}{\xi_{c(i,j)}}\right)\right)$
4) $\beta \leftarrow \delta\alpha/(1-\delta\alpha p)$
5) $\xi_{c(i,j)} \leftarrow \gamma\xi_{c(i,j)}/(\gamma + \delta\alpha\xi_{c(i,j)})$
6) $\lambda_{i,j} \leftarrow \lambda_{i,j} - \alpha$
7) $\boldsymbol{A} \leftarrow \boldsymbol{A} + \beta\boldsymbol{A}(x_i - x_j)(x_i - x_j)^{\mathrm{T}}\boldsymbol{A}$
3. 直至收敛</td></tr>
<tr><td>返回 $\boldsymbol{A}$</td></tr>
</table>

第5章　遥感影像道路损毁信息提取技术

由灾害引起的道路损毁原因有多种，可能是滑坡泥石流阻断了道路，也可能是洪水淹没了道路，还可能是房屋倒塌阻断了道路。因此灾后的道路主要由完好的道路、完全损毁的道路和部分损毁的道路组成。由于损毁引起道路本身特性的变化，比如由于碎石的掩埋导致道路断裂、线特征丢失。由于水体淹没导致光谱特征丢失等，但是完好部分道路特征还保持完好。灾前矢量作为最重要的灾前信息之一，相对容易获取，基于此，本章利用矢量数据作为辅助数据，主要目的是依托灾前矢量提供的先验信息，快速、高效地检测出道路上的损毁断裂区，重点研究了灾后高分辨率影像的道路损毁提取方法，提取出灾后道路损毁区域，提升了灾后信息获取的自动化程度。

根据在道路损毁信息提取过程中所用的信息源，可将道路损毁提取方法分为三类：

(1)基于灾后单时相影像的方法；

(2)基于灾前-灾后多时相影像的方法；

(3)基于灾前先验信息-灾后影像多源信息融合的方法。

实际上，道路背景本身的复杂性，如车辆、树木的干扰及遥感影像中的阴影、叠掩、相干斑噪声等现象，都容易造成实际未变化道路被误检测为损毁信息，形成虚警。因此，在提取变化信息后，有必要进一步排除干扰，剔除误检测的疑似损毁区域。

5.1　道路矢量数据与遥感影像的配准

当道路矢量与影像坐标系不同时，需对其进行坐标变换以保持与影像数据坐标系统一致。在相同空间参考下，对道路矢量数据和影像进行叠加显示，一般情况下影像和道路矢量数据会有一定的坐标偏差，因此还要进行配准处理，避免后续道路和损毁检测发生错误。本章以影像作为基准，提供了选点及选线两种半自动配准方式纠正道路的矢量数据。

矢量与影像的配准主要是利用选择的空间同名点，寻找矢量点位坐标与影像上相应点位坐标之间的空间几何变换关系。一般用多项式模型来表达矢量与影像同名点之间的几何变换关系。当在影像和矢量上选择了一定量的匹配控制点后，就可以求解多项式系数，实现影像与矢量的配准。

控制点选取的好坏，直接影响后面的配准精度。因此，在矢量与影像选择同名控制点时要满足以下要求：

(1)控制点要满足一定的个数。

(2)控制点尽量选择矢量线的交点位置。

(3)控制点尽量分布均匀，避免纠正后局部偏差太大。

综上所述，利用影像对矢量坐标进行纠正的一般步骤是：

(1)建立统一的空间参考。以影像为参考，对矢量进行坐标系变换。

(2)选择同名控制点。在影像和矢量上按照上述选点原则进行同名控制点选取。

(3)建立多项式模型。选择多项式模型进行空间关系变换解算。

(4)对矢量坐标进行变换。利用多项式纠正的方法计算出转换的系数，然后对每一段道路矢量上的每一个点，根据多项式方程和已经计算出的转换系数计算出纠正之后的位置。

(5)输出配准好的矢量文件，叠加显示影像与矢量。

5.1.1 基于特征点的配准

当处理场景较大时，道路矢量拐点和道路交叉点在影像上相应位置明显，道路矢量和影像同名控制点容易选择时，可以直接采取点选控制点，按上述纠正模型对矢量与影像进行配准。

手动选择道路交叉点或者拐点作为同名点对，计算变换关系，处理完矢量数据上的每一个点之后，在新的矢量层里面保存数据。

5.1.2 基于特征线的配准

在小场景下，或者影像上道路比较稀少，或者道路弯曲比较大时，道路的交叉点或者拐点等明显同名位置难以找到。因此采用线选配准的方式，选择多条沿着道路方向并且方向不平行的线段，计算各线段的交点，以此来确定配准同名点。

利用线选配准的方式，可方便用户进行粗略的选点，提高了用户体验和选点的效率。同时考虑到，由于道路矢量本身就是线的形式，因此只需选择在道路矢量上与影像上道路相应线段的延长线上的点即可，用户并不用精确查找同一线段，只需要选点即可，系统会自动遍历所有的道路矢量线段，并找出离该点最近的线段作为被选取的线段。通过线段来计算同名点后的配准方法跟选点的方法相同。线选配准步骤如下：

(1)在影像上沿着道路方向，手动选择数条不平行的线段，为了减小配准误差，选取线段之间的夹角尽量大点。

(2)在道路矢量上相应线段附近选择一点，系统会自动搜索选取包含该点或者该点投影到线段上的垂点位于线段之内且距离最小的矢量线段。

(3)自动计算线段交点，作为同名控制点。

(4)构建模型，对矢量数据进行配准，输出结果。

采用半自动配准之后，某些区域的道路和矢量可能存在一定偏差。所以在后续的线检测过程中沿着道路矢量数据建立了一定宽度的缓冲区，建立缓冲区的方法可以降低这种偏差带来的影响。

5.2 矢量数据引导的光学影像道路疑似损毁信息提取

本节利用的道路矢量数据来自导航数据、OpenStreetMap 的数据，当本地没有矢量数据源时，可以进行矢量在线下载，OpenStreetMap 地图可以提供土地利用、道路、房屋、水体等矢量数据源。利用 OpenStreetMap 道路矢量数据和高分辨率遥感影像进行道路损毁提取的研究。同时兼顾有些地区会出现没有道路矢量的情形，研究了一种半自动损毁提取方式(见 5.3 节)，是对前者的一种有效补充手段，满足了道路损毁提取的需求。本节的技术路线如图 5-1 所示：

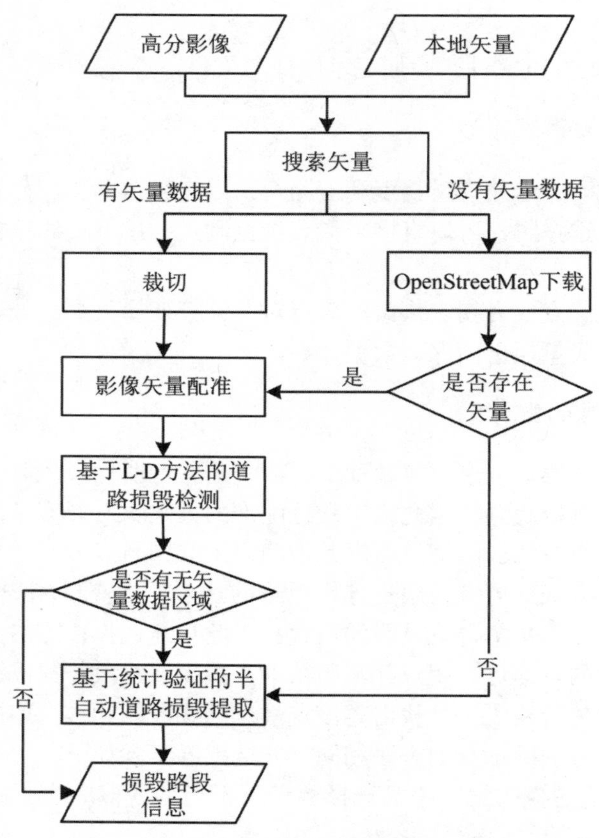

图 5-1　高分辨率影像道路损毁提取流程

5.2.1　基于 L-D(Learning-Detection)的疑似损毁路段检测

Tracking-Learning-Detection(TLD)是 Zdenek Kalal 提出的一种对视频中单个物体进行长时间跟踪的算法。TLD 算法主要由三个模块构成：追踪器(tracker)、检测器(detector)和机器学习(learning)。该算法与传统跟踪算法的显著区别在于将传统的跟踪算法和传统的检测算法相结合来解决目标在被跟踪过程中发生的形变、部分遮挡等问题。同时，通过一种改进的在线学习机制不断更新跟踪模块的"显著特征点"和检测模块的目标模型及相关参数，从而使得跟踪效果更加稳定、鲁棒、可靠。高分光学影像中，道路呈长条状分布，相邻路段具有相似的方向、辐射特征和纹理特征，发生损毁的区域导致道路的特征发生变化，本节借鉴了 TLD 算法思想，采用基于 L-D(学习-检测)的方法对道路疑似损毁进行检测。

本节在这里所采用的损毁检测方法，实际上是一种间接方法，因为损毁道路的特性复杂，没有一个统一的表现，因此本节采用检测道路的方式，在道路的断裂处即认为是损毁疑似区域。

本节基于 TLD 的思想、模板匹配的方法结合道路的方向信息，针对损毁后的道路纹理和光谱等特征的变化，并且完好道路特性仍然具有稳定性，提出了一种基于 L-D 的道路损毁检测方法。

道路损毁检测的流程如图 5-2 所示：

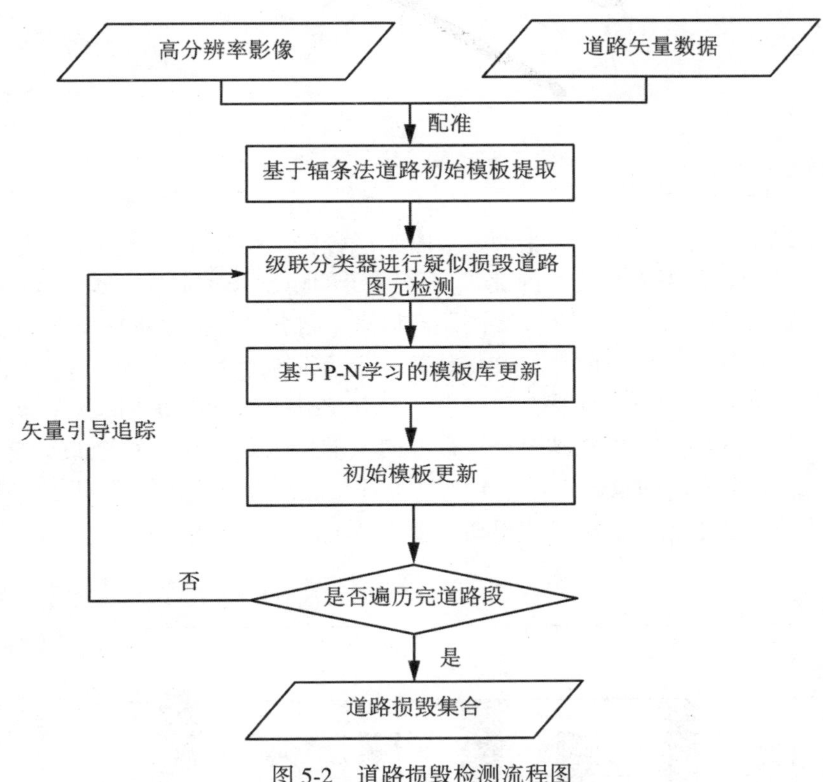

图 5-2　道路损毁检测流程图

在高分影像中，道路是条带状结构，道路的路宽在局部小范围内是稳定的，并且道路在与其周边的比较上有明显的对比，因此，可以根据道路足迹辐条来计算初始模板的宽度，首先以道路矢量上的点 C_i 为基准，建立法线，以一定角度张量 α，建立一个类似于车轮的辐条，如图 5-3 所示。由于道路在局部具有灰度均质性，由中心点发射的辐条会在道路与非道路相连的地方有一个交点 E_i，即灰度特征突变的地方。由于从中心点到边界点 E_i 的辐条距离受以下三方面的影响：第一，受道路宽度的变化影响，不同的道路宽度产生的辐条距离会不同；第二，受道路的交叉处影响，在道路交叉口由于有多个道路延伸方向，从而会引起某方向的延伸较长，会导致计算误差较大；第三，受配准误差的影响，由于矢量和影像配准后在局部位置仍然会产生一些误差，导致道路矢量的位置和道路实际的位置出现一定的偏差，此时也会导致距离的计算误差。

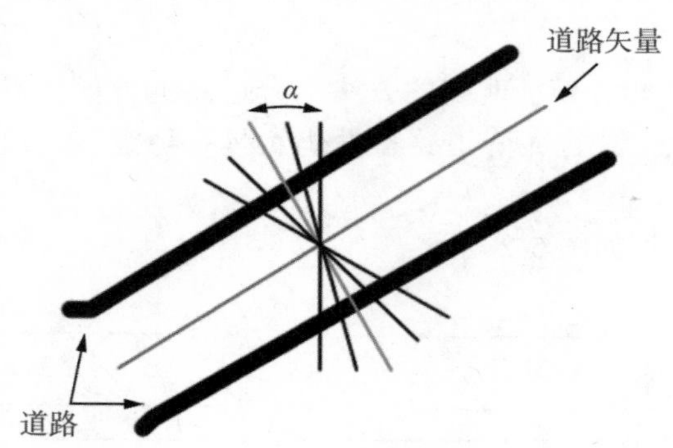

图 5-3　辐条法示意图

因此基于以上分析，本节采用了两种策略来减轻辐条距离计算误差。首先，在某一点位处采用多方向的辐条距离计算，因此设定了一定的角度张量 α 来避免由于多方向的延伸而导致的计算失败。根据多方向计算的距离值来求得各独立点处的辐条距离。然后，在一条道路上随机选择一定数量的点位进行计算，最后取统计特征值，来作为最初的高度。下面介绍某一点处辐条距离的计算方法。由初始点发射的辐条与边线的各个交点距离初始点的距离不一样，这些交点投影到道路矢量方向上的垂直距离构成一个距离统计剖面图，如图 5-4 所示。每个方向的投影点记为 V_i。计算各交点到投影点的距离即可算得距离 P_i的集合，计算距离集合的平均值即可获得初始模板的宽度 P_i。

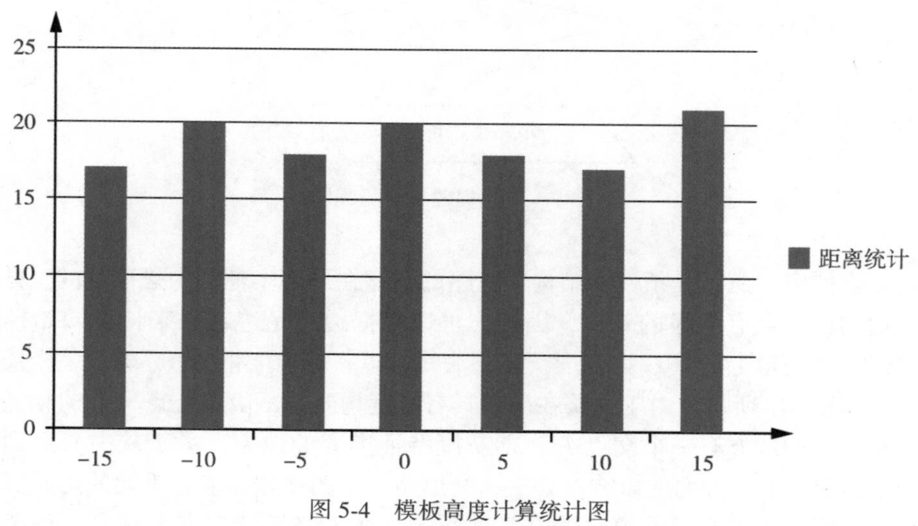

图 5-4　模板高度计算统计图

接下来，如何从中心点 C_i 沿着辐条找到有效宽度边界点 E_i。本节利用辐条内像素点与中心点的相似度来进行判断，将最相似种子点标签赋予当前像素点，通过迭代该过程，完成道路与背景的区分。根据道路的形态特征、相似度测度，同时考虑了辐射差异和空间位置关系(Achanta et al.，2012)，如式(5-1)、式(5-2)、式(5-3)所示：

$$d_{\mathrm{rgb}} = \sqrt{(r_j - r_i)^2 - (g_j - g_i)^2 + (b_j - b_i)^2} \tag{5-1}$$

$$d_{xy} = \sqrt{(x_j - x_i)^2 - (y_j - y_i)^2} \tag{5-2}$$

$$D_i = \sqrt{\left(\frac{d_{\mathrm{rgb}}}{N_{\mathrm{rgb}}}\right)^2 + m\left(\frac{d_{xy}}{N_{xy}}\right)^2} \tag{5-3}$$

式中，d_{rgb} 为像素点在 RGB 色彩空间的距离，d_{xy} 为像素点间的欧式空间距离，相应的 N_{xy} 和 N_{rgb} 为对应辐条的最大距离值，用于归一化对应的距离；m 为平衡参数，用来衡量辐射与空间距离在相似度衡量中的比重；D_i 为两个像素的相似度距离；D_i 取值越小，说明像素越相似。

沿着辐条移动测度点，通过调整到中心的位置距离来计算相似测度。固定道路聚类中心 C_i，使得点 E_i 与其距离 D_{dis} 递增变化。越靠近中心点的点越相似，越远离中心点的点差异越大。计算每个 D_{dis} 下沿辐条各个像素点的相似测度 D_i 的标准差 W_{dis}，当满足：

$$|W_{\mathrm{dis}}^i - W_{\mathrm{dis}}^{i+1}| \geqslant T \tag{5-4}$$

则认为对应的 D_{dis} 为当前辐条的最优距离，转换成投影距离 P_i。本章为确保宽度值的正确性，在法线两侧设置一定的角度，取不同方向分别按上述流程计算投影距离 P_i，根据平均距离确定模板最优宽度。

5.2.2 基于级联分类器的疑似损毁道路图元检测

现实中，道路不同路段的宽度存在差异，一般情况下道路上的特征趋于稳定，但是由于行道树遮挡以及配准误差，检测结果也会存在一定的偏差，因此，采用固定尺寸的检测窗口对道路进行匹配跟踪是不合理的。考虑道路与背景辐射统计特征的差异以及道路自身的几何特征，本节提出一种基于多尺度检测窗口的级联分类器的方法检测道路损毁图元。

5.2.2.1 多特征检测器

在一定的局部范围内道路的特征趋于稳定，表现为灰度趋于一致，道路纹理特征稳定。灾后由于滑坡泥石流、洪水等影响，道路表面会有碎石、土方、倒塌房屋碎片、水体等影响导致光谱与灾后完好道路发生明显区别，发白或者发黑，亮度变亮或者变暗。道路纹理也由于以上地物的影响导致纹理粗糙，无规则。因此利用这些特征可以作为进行损毁检测匹配的依据。用一定尺寸的扫描窗对影像按行扫描，每在一个位置就形成一个包围框，包围框所确定的图像区域称为一个图元(patch)。对初始图基元和图元进行特征值的计算，便于后续的匹配检测，识别损毁。

首先将图像转换为灰度图像，计算图元像素灰度值的方差，以此来作为一个匹配的初判条件。计算公式如下：

$$s^2 = \frac{1}{n}[(g_1 - \bar{g})^2 + (g_2 - \bar{g})^2 + (g_3 - \bar{g})^2 + \cdots + (g_n - \bar{g})^2] \tag{5-5}$$

式中，g_i 代表各个像素的灰度值，$\bar{g}$ 代表平均灰度值。

2bit Binary Patterns(2bitBP)是一种新的用来表示图像特征的方法，计算其特征的方法是，对一定大小的扫描窗里每个像素的梯度方向进行计算，量化输出 4 种可能的编码。2bitBP 特征包括了特征类别和对应的特征取值两部分。

LBP 是一种常用的表示局部纹理特征的算子，以扫描窗中心像素为基准，将 8 邻域像素与它进行比较并执行标记的一种方法。2bitBP 区别于 LBP 的地方在于对提取区域只使用一个编码来表达。Haar 特征是一种反映图像灰度变化的特征值，由边缘特征、线性特征、中心特征和对角特征组合成的特征模板。2bitBP 特征与 Haar 特征类似。2bitBP 特征可以有效防止过度拟合。假设有一个图像块，则以图像块内的某一点处的坐标（x，y）为起点，取长度 width 和宽度 height 的矩形框构成的(x，y，width，height)就是对应的特征类型。选定特征取值后，将矩形框按照中心线分成左右两部分，分别计算两侧的灰度之和，则会出现两种情形，要么左侧灰度大颜色深，要么右侧灰度大颜色深。同理，将矩形框按中心分为上下两块也会出现上述两种情形，因此，一共会出现四种情形，用 2bit 来表达这四种情形，就获取了对应的特征取值。这个过程可以参见图 5-5：

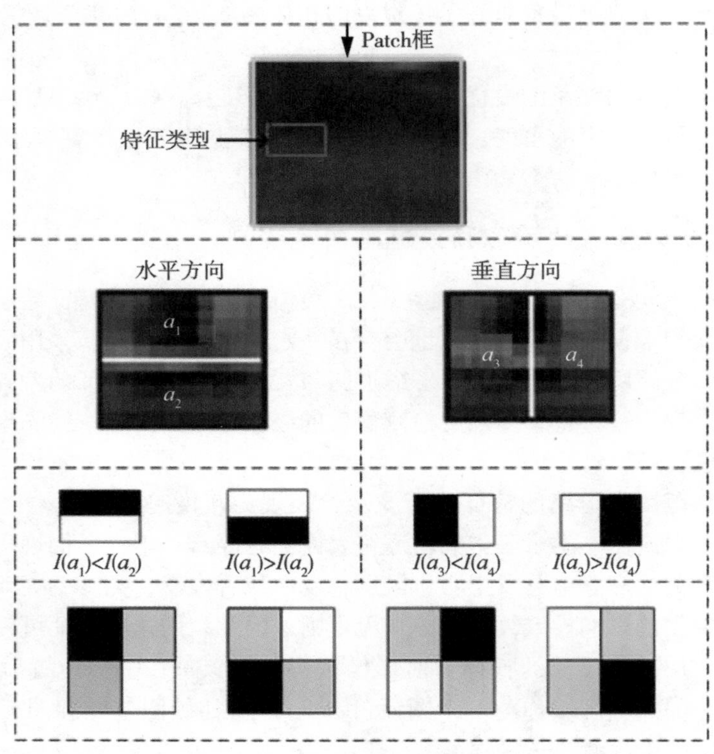

图 5-5　2bitBP 示意图

5.2.2.2　自适应多尺度检测窗口

由于固定检测窗口会因为道路宽度的变化而不合适或者受周围环境的影响，为了避免这个问题，本节采用自适应多尺度检测窗口检测图元内的影像与初始模板的匹配程度。首先本节的检测窗口分为搜索框和匹配框两级模板。搜索框定义为沿道路进行搜索的缓冲区的大小，由于受配准精度和初始模板计算误差的影响，一般这个搜索框的范围可以设置得大些。匹配框是在搜索框里进行滑动的模板，需要上一节的特征检测器进行特征的计算以寻找最优匹配的检索范围。

搜索框和匹配框大小的确定，跟初始模板是关联的。下面介绍一下它们的计算关系。假设初始模板的高度 $H_{org} = d_h$，为顾及匹配误差，搜索框模板的高度为 $H_s = md_h$ 尺度，匹配框的大小采用 $H_p = nd_h$，其中 m 和 n 是放大系数。在这里搜索缓冲区放大系数取 $m = 2$，匹配窗口的放大系数采用 $n = \{0.8,\ 1.0,\ 1.2,\ 1.5\}$ 多种尺度。假设初始模板的宽度为 $W_{org} = w$，由于在水平方向还要跟踪，因此搜索框和匹配框的宽度可以按照固定参数设置，本节设置关系为搜索框：$W_s = 1.2W_{org}$，匹配框：$W_p = 0.8W_{org}$。多尺度检测窗口搜索示意如图 5-6 所示：

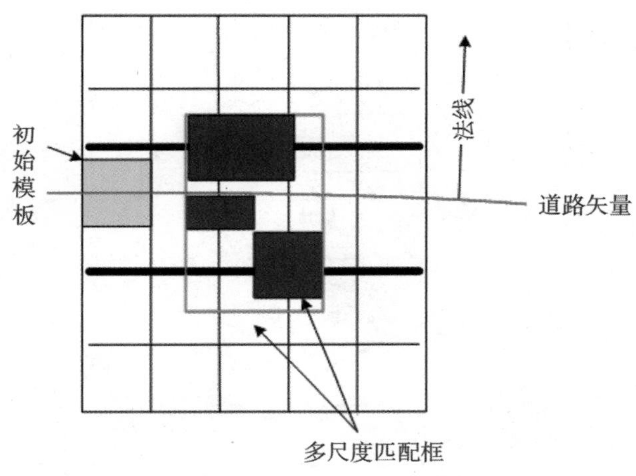

图 5-6　多尺度搜索示意图

5.2.2.3　级联分类器

根据多特征检测器的特征计算方法进行滑动检测时，为了提高检测效率和精度，采用三级分类器进行匹配，进行损毁区域的检测。三级分类器分别是方差分类器、随机森林分类器和最邻近相关性分类器。其中方差分类器是将匹配框内图元的灰度值方差与标准框内的进行比较，首先进行一个粗筛选，将方差大于一定阈值 T 的过滤，方便后续进行计算，以提高效率和节约时间，将相差很大的直接过滤。级联分类器的处理流程如图 5-7 所示：

1. 随机森林分类器

决策树是一种归纳学习算法。它是对一堆没有顺序、没用规律的数据进行分类，树中每个节点代表某个对象，对象具有属性，每个分叉即是对象可能的属性，每个叶子节点代表从根节点遍历到叶节点所经过的路径所表示的对象的属性值。整个过程是自上而下式的。从根节点到每个叶节点的过程都可以描述成一种规则。决策树仅有单一输出，是一种

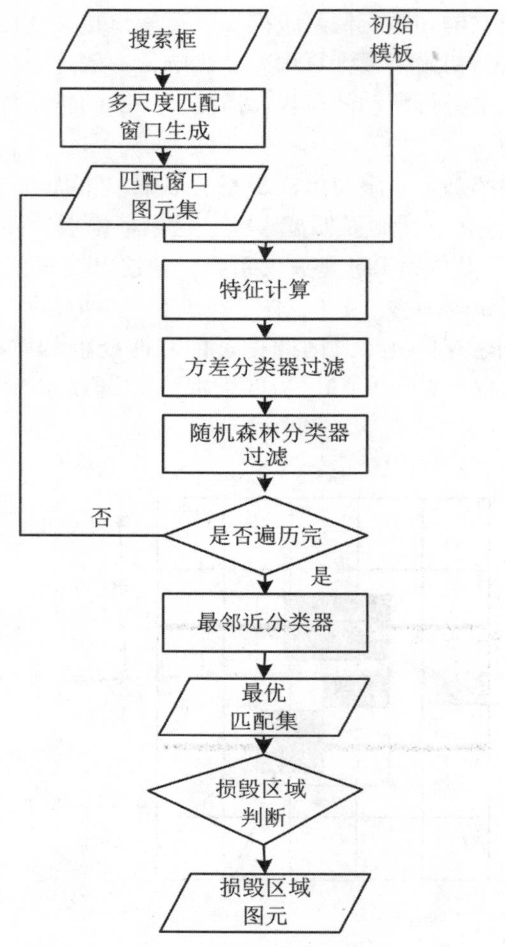

图 5-7　级联分类器处理流程

简单但是广泛应用的分类器。通过分类、训练数据创建决策树，可以快速地对未知的数据进行分类。

随机森林是由许多决策树构成的，决策树是随机产生的，随机森林的每一棵决策树之间是没有关联的。当一个新的变量输入随机森林后，遍历每一棵决策树对其进行分类，根据每一棵树的分类结果，选择分类最多的那一类作为此新变量的值，即随机森林根据每棵树的分类结果，进行投票选出最高票的分类为最佳分类。

基于 2bitBP 特征的随机森林算法实现步骤如下：

(1)在每一个样本图元中选择多个位置、长度、宽度一定的矩形，然后计算这些矩形的 2bitBP 特征。将这些特征任意地放进相应尺寸的几个数组中，每一个数组代表了对样本图元不同的观测。

(2)用这些数组来建立随机森林，用数组中的一个来建立一棵四叉树。其中每个特征就作为树中的一个分支，有多少个特征树就有多少层。计算出每一层节点对应的 2bitBP 特征值，分为 4 种情况，进入下一层，下一层又重复相同的操作。这样每个样本图元会走最末层的一个叶子节点。

(3)对于训练过程：要记下落到每个叶子节点上的正目标个数 nP 和负目标个数 nN，则每个叶子节点上的后验概率为 $nP/(nP+nN)$ 。

(4)对于检测过程：要检测的候选待匹配的图元最后会在某个叶子节点上落脚，经过训练得到一个后验概率，最终输出该待匹配的图元为正目标的概率。

随机森林需要正负模板进行训练，对初始模板进行仿射变换，选择距离初始模板比较近的图元，作为正模板，距离初始模板比较远的图元作为负模板。

2. 最近邻相关分类器

最近邻相关分类器是判断候选待匹配的图元与基准图元即模板库中正模板和负模板的相关性的分类器，从而计算出相关系数，寻找最优匹配。相比基于绝对灰度值的匹配测度，相关系数能够抑制局部对比度差异造成的影响。

把从集成分类器中找出来的匹配框按一定的阈值进行过滤后选择候选匹配框集合。把一系列的道路(正模板)和非道路(负模板)模板的集合称为目标模型，用 M 表示，可以表示为：$\{p_1^+,\ p_2^+,\ p_3^+,\ \cdots,\ p_m^+,\ p_1^-,\ p_2^-,\ p_3^-,\ \cdots,\ p_n^-\}$，$p^+$ 和 p^- 分别代表道路正模板和非道路负模板。正模板图像块根据其加入模板库集合中的时间先后来排列。p_1^+ 代表首先被添加到模板库的正模板，p_m^+ 代表最后加入的模板。随机给定一个候选的待匹配的图元 p 和目标模型 M，下面介绍几个表达最近邻相关性的参数指标：

(1) 两个图像块 p_i，p_j 的相似度被定义为：

$$S(p_i,\ p_j)=0.5(\mathrm{NCC}(p_i,\ p_j)+1) \tag{5-6}$$

其中，NCC 为归一化互相关系数。将两个图像块 p_i，p_j 进行归一化后，采用灰度计算其相关系数 NCC，公式如下：

$$\mathrm{NCC}(x,\ y)=\frac{\sum_{i=1}^{n}(x_i-\bar{x})^2(y_i-\bar{y})^2}{\sqrt{\sum_{i=1}^{n}(x_i-\bar{x})^2\sum_{i=1}^{n}(y_i-\bar{y})^2}} \tag{5-7}$$

(2) 正目标最近邻相似性，也叫正最近邻相似性：

$$S^+(p,\ M)=\max_{p_i^+\in M}S(p,\ p_i^+) \tag{5-8}$$

(3) 负目标最近邻相似度，也叫负最近邻相似性：

$$S^-(p,\ M)=\max_{p_i^-\in M}S(p,\ p_i^-) \tag{5-9}$$

(4) 相对相似性，取值区间在[0，1]，取值越大表示近邻性越强：

$$S^r=\frac{s^+}{s^++s^-} \tag{5-10}$$

因此通过最近邻相关性分类器的计算步骤为：

(1)计算经过随机森林过滤后得到的匹配窗口图元与模板库中模板的相关系数。

(2)根据相对相似性计算模型，分别计算相对相似性。

(3)比较相对相似性，找到最近邻相似的匹配图元。

5.2.3　矢量数据引导损毁路段的追踪检测

前面几节讲述了在道路法线方向如何进行道路损毁检测识别，本节将根据前面的知识对道路损毁进行跟踪并阐述如何利用 P-N 学习的知识对样本库进行更新，通过正负样本的学习约束可以对损毁结果的检测进行一个很好的约束。

5.2.3.1　基于方向约束的损毁路段追踪检测

道路损毁的检测追踪从初始道路模板开始，沿着道路矢量方向迭代进行。迭代过程如下(图 5-8)：

(1)根据辐条算法进行道路模板初始化；

(2)构建搜索框和多尺度匹配框进行单次迭代损毁检测；

(3)根据损毁检测结果进行初始模板更新；

(4)沿着道路矢量方向进行迭代追踪，直至道路遍历完；

(5)输出损毁结果。

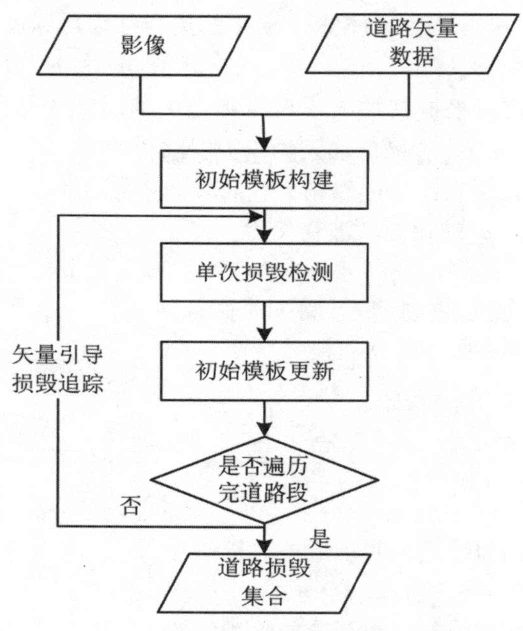

图 5-8　道路损毁跟踪流程

单次迭代处理包括基于方向约束的滑动追踪、损毁检测、初始模板更新三步。

(1)基于方向约束的滑动追踪：包括搜索框滑动和多尺度匹配框滑动。多尺度匹配框滑动主要受道路矢量法线方向的约束。搜索框滑动是指搜索框沿着道路矢量切线的方向以一定的步长 L_{leg} 进行移动，主要受道路矢量切线方向的约束。进行追踪的示意如图 5-9 所示：

基于方向约束的滑动追踪策略充分利用了道路矢量提供的先验信息，具有以下优点：

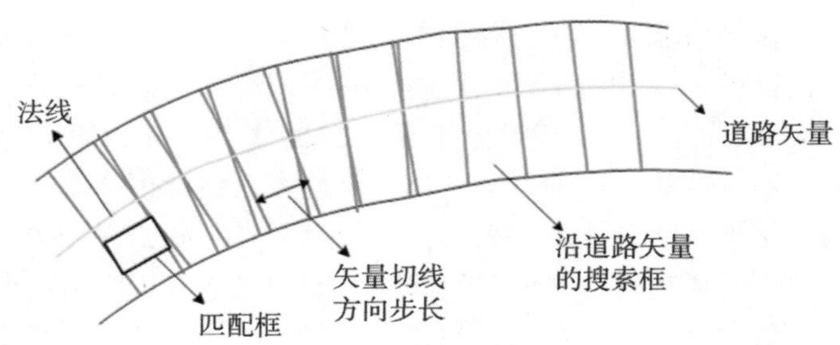

图 5-9 道路跟踪示意图

①稳定性。由于道路矢量先验信息的存在，即使受配准误差的影响，但是道路的大致走向还是保持一定的稳定性。

②约束性。沿着道路矢量法线方向和切线方向如果没有发生损毁必然存在道路，防止了一般道路追踪方法会出现偏离道路轨迹的情况，对追踪结果有一定的约束。

③纠正性。由于道路损毁的原因在追踪过程中会发生匹配失败的情况，此时由于矢量方向信息约束的存在，可以继续沿着矢量方向进行追踪，进行损毁检测，直至到达下一处道路完好处。

④自动性。由于道路矢量的存在，使得整个损毁检测过程不需要人工干预，提高了工作效率。

(2)损毁检测：根据前面的多特征检测器和三级级联分类器对初始框和搜索框的图像进行特征计算和相似度匹配，根据最近邻相关性分类器的相似性计算结果，并结合几何空间约束，进行损毁检测。主要分为两步：

第 1 步：计算最近邻分类器中图元与初始模板在法线方向的距离，进行筛选，若小于阈值 T_d，则进入下一步。

第 2 步：对经过上一步筛选的距离上一目标较近的图元，选择相似度最大的图元与有效阈值相比以判断当前匹配结果的有效性，设相对相似度集合为 S，则 $S = \{S_1^r, S_2^r, S_3^r, \cdots, S_n^r\}$，其中 S_i^r 是相对相似度，$S_{\max}^r$ 代表最近邻(最大) 相对相似度。如最近邻相对相似度 $S_{\max}^r$ 大于阈值 T_r，则当前匹配结果有效，判断为道路，否则认为当前点匹配结果无效，认为此处为道路疑似损毁区域。

注意当没有检测到道路时，即检测到道路损毁后，进行下一次检测时取消几何空间约束，直接进行相似度最佳匹配，直到检测到道路目标再重新加入距离约束。

(3)初始模板更新：单次迭代完成后，进行下一次迭代之前还需对初始模板进行更新。更新方法如下：

①当道路损毁检测成功时，表明此处为道路损毁区域，在进行下一次迭代时，初始道路模板应该使用上一步的初始模板继续匹配，沿着道路矢量直到找到下一处完好道路时再进行更新。

②当道路损毁检测失败时，即没有检测到损毁时，说明此处为完好道路，再进行下一次迭代时，道路初始模板更新为当前最邻近匹配框图元。

5.2.3.2　基于 P-N 学习的模板库更新

道路检测存在出错的可能，即将道路样本判别为背景或将背景判别为道路。因此需要对判别错误的样本进行校正，并利用校正后的新样本训练分类器以避免类似的错误，这个过程是通过 P-N 学习实现的，由于有时分类器会出现分类不准确的情况，因此可以通过学习模块来提高分类器的性能，这种方法通过一对约束来估计出错误。这对约束分为正约束和负约束，正约束用来判断分类是否丢失，负约束用来判断错误分类的情况。这个学习阶段可以当作一个独立的离散的动态模型，并在模型中可以发现学习机所能带来的结果改善，希望可以评估目前的分类器以发现它的错误并进行更新，避免今后发生相似的错误，以便得到更精确的道路损毁区域。

P-N 学习是一种利用已标记样本和未标记样本之间的结构特征来逐步(学习)训练分类器并改善分类性能的方法。样本的结构特征是指样本标签之间存在的依赖关系。样本的结构特征一般分为正约束和负约束两部分，正约束是指正目标出现情况的规则，比如一个行人的 GPS 定位轨迹，如果下一个定位点在短时间内距离上一个定位点较近且有连续性，则认为此时是正目标。负约束是指负目标出现情况的判断规则，例如上述行人运动轨迹短时间内下一位置偏离上一位置太远且没有连续性则认为其为负目标。

P-N 学习是一种半监督的机器学习方法，它针对分类器对候选的待匹配的图元分类过程中所生成的两种错误提供了两种“专家”进行改正：P 专家(P-expert)：检测出漏掉(false negative，正目标误分为负目标)的正目标；N 专家(N-expert)：修正检测错误(false positive，负目标误分为正目标)的正目标。P-N 学习主要包括四个模块：

(1)一个待学习的分类器；

(2)一个已标注的训练目标集；

(3)以训练目标来获取检测器的半监督训练方式；

(4)在学习过程中用于产生正(训练)目标和负(训练)目标的函数模型。

P-N 学习的过程如下：

(1)依据现有的已经被标记的样本，依靠监督学习的方式进行训练，获取一个初始的分类器；

(2)经由迭代学习，使用前一次迭代获取的分类器对那些没有进行标记的样本进行分类；

(3)正专家(P-expert)根据正约束规则找出错将正模板分为负模板的数据，并依据此对正模板添加到模板库进行更正；

(4)负专家(N-expert)根据负约束规则找出将负模板分为正模板的数据，并依据此对负模板添加到模板库进行更正。

综上所述，正专家(P-expert)加强了分类器的稳定性，而负专家(N-expert)则加强了分类器的鉴别性。

道路追踪可以看作一个时间序列过程，追踪结果是一条连续的轨迹，则有正约束(P-constraint)，即紧邻轨迹的样本被认为是正目标；反之，负约束(N-constraint)则认为远离轨迹的样本为负目标。正约束用于发现道路轨迹上的未标记数据，而负约束则用于区分道路与复杂的背景对象。如果最近邻分类器将离上一个道路目标近的样本分类成了负目标，就将此样本加入模板库并标记为正模板进行训练，避免下次出现错误；如果最近邻分类器将离上一个道路目标远的样本分类成了正目标，就将此样本加入模板库并标记为负模板进行训练，避免下次出现错误。因此基于 P-N 学习的道路损毁检测示意图如图 5-10 所示：

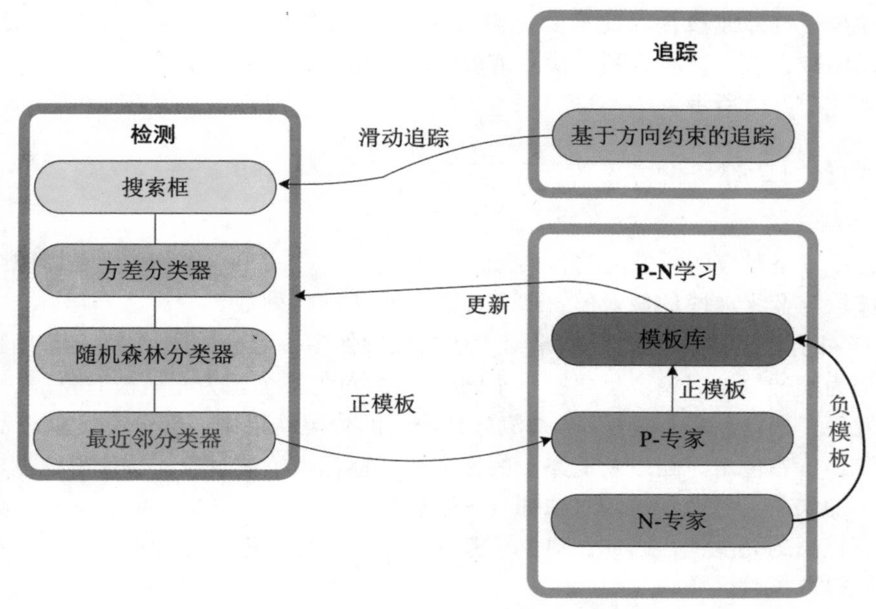

图 5-10　P-N 学习损毁检测示意图

当每一次经过分类器产生一个正目标或负目标的时候，需要利用其对模板库进行更新操作，并在下一次检测时进行分类器的训练。因此对模板库进行更新的步骤如下：

(1)将检测到的道路目标放入正模板库。

(2)利用结构约束规则对分类器产生的道路目标和非道路目标进行判断，查找错误分类的样本。

(3)如果分类器将道路目标分类错误，则将更正后的正负目标样本放入相应的模板库中进行更新。

(4)在下一次迭代检测时进行学习训练。

5.2.4　基于上下文的道路损毁验证

由于道路两侧存在植被对道路的遮挡，道路上存在车辆等对道路局部纹理特征的影响，并且有时由于影像拍摄角度和成像时间的原因，路边高大建筑物的阴影也会对道路进行遮挡，从而导致光谱信息发生改变。由于植被、车辆、阴影的遮挡，这些因素与道路的损毁有明显区别，也比较稳定，一般阴影灰度值发黑，植被在光学影像上主要也是以植被颜色为主，相比较而言损毁的特征更明显，容易剔除，因此需要对疑似损毁的路段进一步排除以上几种干扰，才是真的损毁道路。

5.2.4.1　植被检测

色彩不变量(Color Invariants)是由独立于视点、表面方向、光照方向和光照强度等色彩模型构成的。植被指数(Vegetation Index, VI)就是一种用于检测植被的色彩不变量。通过对近红外和红波段反射率的线性或非线性组合以实现增强植被与背景地物特征的差异化。由于缺少近红外波段，因此需要探索基于 RGB 影像的植被色彩不变量。实验表明，从绿光波段中减去蓝光波段有利于检测植被区域。基于此，由绿光波段和蓝光波段构成色彩不变量如式(5-11)所示：

$$\psi_g(i,\ j) = \frac{4}{\pi} \cdot \arctan\left(\frac{I(i,\ j,\ g) - I(i,\ j,\ b)}{I(i,\ j,\ g) + I(i,\ j,\ b)}\right) \forall i,\ \forall j \quad i \in \{1,\ \cdots,\ R\},\ j \in \{1,\ \cdots,\ C\} \tag{5-11}$$

其中，i, j 是对应的图像上的行列号，$I(i,\ j,\ g)$，$I(i,\ j,\ b)$ 则是影像中对应像素在绿光波段与蓝光波段的像素值；R 和 C 为影像 I 的行列数。

根据 Otsu 算法的最大类间方差原则，从指数影像中确定分割阈值 T_c，将大于阈值 T_c 的像素标记为候选植被对象；反之，小于阈值 T_c 的对象被标记为非植被对象。

实验发现，根据色彩不变量 ψ_g 阈值分割得到的分类结果中，部分亮度值较高的对象如灰白的屋顶、白色水泥路以及道路上的行道线被标记为植被对象，这使得植被检测结果出现了不小的误差。考虑到植被对象拥有一个显著的特性：亮度值偏低。而被误分类的对象通常具有较高的亮度值，因此，对原植被检测方法进行改进，综合植被色彩不变量与亮度信息共同提取植被区域。

将原始影像从 RGB 色彩模型转换到 HSI(色调、饱和度和强度)色彩模型，转换过程如式(5-12)~式(5-15)所示。

$$\theta = \arccos\left(\frac{((R-G)+(R-B))/2}{\sqrt{(R-G)^2+(R-B)(G-B)}}\right) \tag{5-12}$$

$$H = \begin{cases} \theta, & B \leqslant G \\ 360 - \theta, & B > G \end{cases} \tag{5-13}$$

$$S = 1 - \frac{3 \cdot \min(R,\ G,\ B)}{R + G + B} \tag{5-14}$$

$$I = \frac{R + G + B}{3} \tag{5-15}$$

归一化强度影像 I，然后根据阈值 T_I 分割强度影像得到明暗分类标记影像。最后，将根据色彩不变量分割后的标记影像 V 与明暗标记反转后的影像做逻辑与操作，如式(5-16)所示，得到最终的植被检测结果影像。

$$VI(i,\ j) = V(i,\ j)\&(\sim I(i,\ j)) \quad \forall i,\ \forall j \quad i \in \{1,\ \cdots,\ R\},\ j \in \{1,\ \cdots,\ C\} \tag{5-16}$$

5.2.4.2　阴影检测

阴影在遥感影像上一般表现为比较低的灰度特性。典型的阴影检测算法是基于色彩空间变换实现的：将影像从 RGB 色彩空间转换至 HSI 空间，由于被阴影遮挡，将导致路面的亮度降低，其色调、饱和度则同路面近似，因此，通过阈值化处理的方式将符合条件的像素判定为阴影；Shorter 利用 RGB 影像构建色彩不变量(式(5-17))来检测阴影，取得了优于基于蓝、绿波段影像差的阴影检测方法；Huang 等(2012)则提出形态学阴影指数(Morphological Shadow Index，MSI)来检测阴影并辅助提取建筑物。经过比较，本节选择使用阴影色彩不变量指数的计算来检测阴影，如式(5-17)所示：

$$\psi_z(i,\ j) = \frac{4}{\pi} \cdot \arctan\left(\frac{I(i,\ j,\ r) - \sqrt{I(i,\ j,\ r)^2 + I(i,\ j,\ g)^2 + I(i,\ j,\ b)^2}}{I(i,\ j,\ r) + \sqrt{I(i,\ j,\ r)^2 + I(i,\ j,\ g)^2 + I(i,\ j,\ b)^2}}\right)$$

$$\forall i,\ \forall j \quad i \in \{1,\ \cdots,\ R\},\ j \in \{1,\ \cdots,\ C\} \tag{5-17}$$

其中，i，j 为对应的像素行列号，$I(i,\ j,\ r)$，$I(i,\ j,\ g)$，$I(i,\ j,\ b)$ 分别为影像中对应像素在红光波段、绿光波段与蓝光波段的像素值；R 和 C 为影像 I 的行列数。类似于植被检测方法，利用阈值 T_s 标记候选阴影对象。

5.2.4.3　车辆检测

高分辨率遥感影像中对车辆目标特征进行描述包括以下几个方面：

(1)位置特征：车辆的空间位置一定处于道路的路面上，可根据道路范围与对象的位置关系作为车辆判别的首要条件；

(2)几何特征：车辆几何大小固定，其长度、宽度、面积以及纵横比等几何性质反映了车辆的类型；遥感影像中，车辆对象表现为椭圆状斑点；

(3)纹理特征：车辆表面纹理相对均一，根据车辆自身的颜色特征，其与路面背景之间的对比度强弱不一；

(4)光谱特征：不同车辆表面颜色不同，大多表现为高亮和灰暗两类，很多车辆检测方法将其分为亮色车与暗色车两种。

高分遥感影像上的车辆特征道出了车辆检测的线索，同时也预示了遥感车辆提取的难点与复杂性：亮色车则可能与高亮的车道线、交通标志混淆；亮色车因深色车窗造成图像上车身被割裂；暗色车的光谱特征易与沥青等灰暗材质的道路面混淆；暗色车辆与自身阴影邻近且不易区分。这些因素使车辆检测变得更加复杂。本节设计的车辆提取方法包括对象增强处理与候选对象提取两个步骤。

考虑到车体颜色差异，需要针对亮色和暗色车辆分别进行处理。形态学顶帽变换和底帽变换能够增强图像对比度，凸显图像中的亮色对象和暗色对象。然而，由于车辆对象为矩形，并且车身方向不固定，确定合适的形态学结构元素大小是困难的：结构元素偏大，则会破坏对象的结构特征，造成形状扭曲；结构元素偏小，则因无法覆盖车辆而达不到增强的目的。本节提出集成多方向线状结构元素的形态学顶帽与底帽变换方法。

首先，按照特定角度间隔定义一系列线状结构元素，基于这些结构元素分别对影像进行形态学开闭重构运算，开重构运算用于滤除相对于背景较亮的小尺寸(长度小于结构元素)对象，而闭重构运算则用于滤除较暗的对象。

当结构元素方向与道路方向一致时，重构结果能够在保持背景光谱特征的情况下滤除前景偏亮或偏暗的对象，将基于不同方向结构元素处理得到的结果影像进行融合，则保证对不同方向车辆对象的兼顾。重构后的影像中分别滤除了尺寸短于线状结构元素的偏亮或偏暗对象。将重构后的影像与原影像做差值处理，实现对被关注地物的增强。

增强后的影像中亮对象与暗对象相对于背景的反差被增强，被关注地物得以凸显。分别对顶帽变换影像和底帽变换影像执行基于 Otsu 的阈值分割处理，得到车辆的二值图像。

5.2.4.4　损毁道路检测

道路上下文信息是对道路进行验证的重要信息，是一种对道路进行验证的有力证据。本节结合前几节的道路上下文的检测方法和道路损毁疑似区域的检测方法，利用上下文信息对损毁检测结果进行虚警剔除。流程如下：

(1)按照前面介绍的方法首先进行道路疑似损毁检测，获取疑似损毁路段；

(2)在道路矢量的一定缓冲区内，对植被、阴影和车辆进行检测；

(3)对上下文检测的结果进行求并、求交运算，再将并集和交集求差，得到上下文验证信息集和；

(4)对检测的疑似损毁区域与上下文检测结果进行求交运算，损毁部分将相交部分进行剔除，即可获得道路损毁路段。

5.3　矢量数据引导的 SAR 影像道路疑似损毁信息提取

与基于灾后单时相影像检测方法相比，通过灾前-灾后不同时相资料利用变化检测方法进行对比分析的研究较多，且识别精度相对较高。道路对象，特别是主要道路，通常比较稳定，在自然条件下变化较小，因而根据灾前 GIS 道路网数据判断灾后发生变化的道路具有较高的可靠性，且能克服灾前影像数据不完备的问题。然而，一般利用变化检测方法进行损毁信息提取的方法直接将变化结果作为损毁结果，没有对变化结果做进一步的分析。

在现有的各种自动或者半自动的道路损毁提取方法中，大多数采取了变化检测的方法，通过提取出道路的变化信息来判断道路的损毁区域。比如 Haghighattalab(2010)将道路矢量地图作为灾前的数据源，对灾后的多光谱高分辨率影像利用面向对象的分类方法提取出道路区域，然后用模糊推理的方法对道路的损毁进行评估。但是利用提取的变化信息来检测道路损毁的方法没有对这些变化信息做进一步的分析判断，一些错误的干扰信息也可能被检测为道路的损毁区域。单幅 SAR 影像相对于光学影像来说，受到严重的相干斑噪声影响，很多干扰信息可能导致道路的断裂而被检测为变化区域。因此在提取出变化信息之后，有必要对这些区域进行分析和判断。

以免费维基世界地图(OpenStreetMap)道路矢量数据作为辅助，采用线检测和形状水平集分割结合的方法提取出 SAR 影像上的断裂区，然后再结合 DEM、OpenStreetMap 矢量数据、滑坡隐患点数据等证据利用贝叶斯网络模型对断裂区域进行进一步判断，所采用方法的具体流程如图 5-11 所示。

(1)OpenStreetMap 矢量数据的自动获取。

利用的道路矢量数据是来自 OpenStreetMap 的数据，通常情况用户需要从网上将全世界的道路矢量数据下载到本地。在打开影像之后，根据影像的四个角点从本地的数据库中裁剪出对应范围的矢量数据。当本地数据库中不包含对应区域的道路矢量数据时，还可提供另外一种数据获取方式，即在本机联网的情况下从网上下载道路矢量数据。

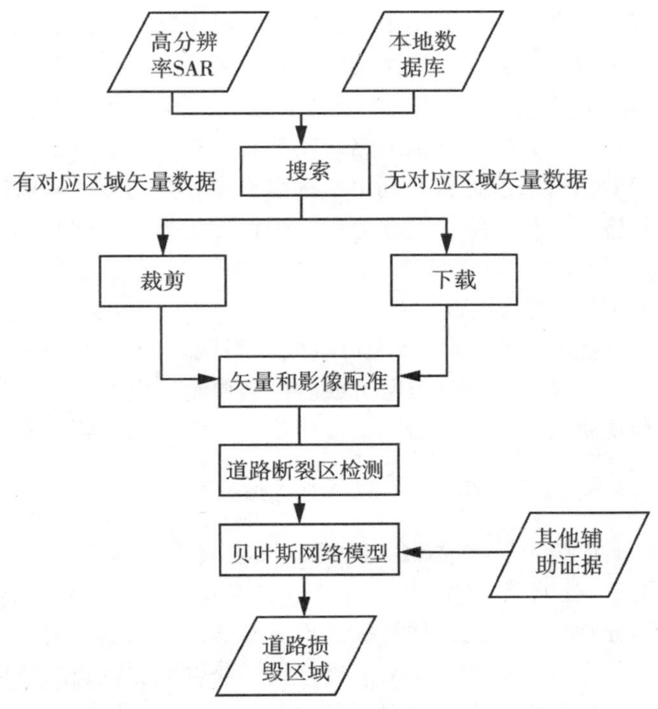

图 5-11 高分辨率 SAR 影像道路损毁提取流程

(2)道路矢量数据与遥感影像的配准。

按照上述方法所获取的道路矢量数据的坐标为经纬度坐标，因此首先需要将矢量数据投影到 SAR 影像的坐标系下。在同一坐标系下，道路矢量数据和 SAR 影像叠加在一起之后，SAR 影像和道路矢量数据之间可能存在坐标偏差，因此还要进行一次配准。以 SAR 影像作为基准，提供选点或选线两种半自动配准方式纠正 OpenStreetMap 道路的矢量数据，详见本书 5.1 节。

(3)基于线检测的道路疑似损毁区检测。

利用基于线检测的方法提取 SAR 影像上道路的疑似损毁区域，其主要方法是根据道路矢量数据建立缓冲区，并在缓冲区内利用改进 D1 算子的道路检测算子进行低层处理，检测出道路中心线基元与道路宽度。然后采取一定的方式进行编组合并，并剔除掉干扰区域，最后将得到的线段组投影到道路矢量数据上，得到道路断裂的区域。

(4)道路矢量数据辅助下的形状水平集分割。

为了更好地分割出高分辨率 SAR 影像上的道路区域，结合道路矢量数据和线检测得到的道路宽度信息构建先验形状约束用于水平集的演化。具体方法是沿着每一段道路矢量线，根据道路的宽度构建一个闭合的长条形区域，长条形区域的长度为某段道路的长度，其宽度和道路宽度一致。其中道路的宽度信息可由上述缓冲区线段基元检测的方法得到。得到道路的形状约束信息之后，进行形状水平集分割。利用道路矢量数据辅助的水平集分割方法能够较好地提取出道路区域，在影像上道路断裂的位置则只能提取出少量道路点，甚至提取不出道路点。从道路矢量数据出发，根据某段道路范围内提取出道路点的数目来判断道路是否发生了断裂，并提取出道路的疑似损毁区。

(5)线检测与形状水平集分割结果的结合。

在道路基元检测步骤中，除了得到道路线段基元之外，还获得了道路的宽度信息。此道路宽度信息被用作形状约束信息，并利用形状水平集分割的方法提取出了道路区域。为了减少可能存在的漏检，将基于线检测和分割这两种方法提取出的断裂区结合起来，将两者结果求并。

(6)基于贝叶斯网络的道路损毁提取。

利用上述方法可以提取出 SAR 影像上可疑的断裂区域，但是这些断裂区究竟属于各种灾害造成的真实损毁还是其他干扰信息造成的虚假检测还没有做进一步分析。研究如何综合各种辅助信息和观测值利用贝叶斯网络模型提取出道路的损毁信息。

5.3.1　基于 GIS 与水平集分割的疑似道路损毁区检测

水平集是一种将曲线(或曲面)隐藏在更高一维连续曲面的零水平集中隐式地完成曲线演化的方法，大量研究已证明利用水平集理论实现高分辨率遥感影像目标分割的可行性。但传统的水平集分割容易受到各种干扰信息的影响，因此越来越多的研究考虑加入先验知识，如利用目标的先验形状来约束水平集分割，获得更加精确的结果。

为了充分利用 GIS 数据作为先验知识，考虑对 GIS 道路数据以一定宽度构建长条形缓冲区域，获取闭合的初始道路边界形状作为初始水平集函数。缓冲区宽度 d 可以任意设置为一个小于实际道路宽度的值，通常 d 的取值为 3~5 个像素。最终通过水平集分割出的道路目标宽度记为实际道路宽度 W。将分割后的道路结果与矢量道路缓冲区进行叠加分析，分割道路上出现断裂而矢量道路完整的区域即为疑似损毁道路。

5.3.2　基于改进 D1 算子的疑似道路损毁区检测

在低分辨率 SAR 影像上道路呈细长暗线，D1 算子可以很好地提取出这类线特征。但在高分辨率 SAR 影像上，道路宽度所占的像素远大于 D1 算子中央区域的 1~4 个像素，因而利用 D1 算子在高分辨率影像上检测道路不太合适。同时，由于 D1 算子是一种线检测算子，直接用于影像会提取出很多非道路信息。因此，借助于 GIS 数据的位置和方向信息，提出了一种基于 D1 算子的改进道路检测算子，如图 5-12 所示。

改进的道路检测算子与 D1 相似，都属于比率检测算子。设其中央区域的灰度均值为 avr2，左右两侧区域的灰度均值为 avr1，avr3。对于某一段道路，其线检测响应值(Line Detector Response，LDR)的计算方法为：

$$\mathrm{LDR}=\min\left(1-\frac{\mathrm{avr2}}{\mathrm{avr1}},\ 1-\frac{\mathrm{avr2}}{\mathrm{avr3}}\right)$$

$$\mathrm{If}(\mathrm{LDR}<0)\ \mathrm{LDR}=0 \tag{5-24}$$

在矢量数据与影像粗配准的基础上，在宽度为 W 的矢量数据缓冲区内对影像进行道路检测。如图 5-13 所示，检测窗口的中央区域宽度为 W，在每段缓冲区内，检测窗口从

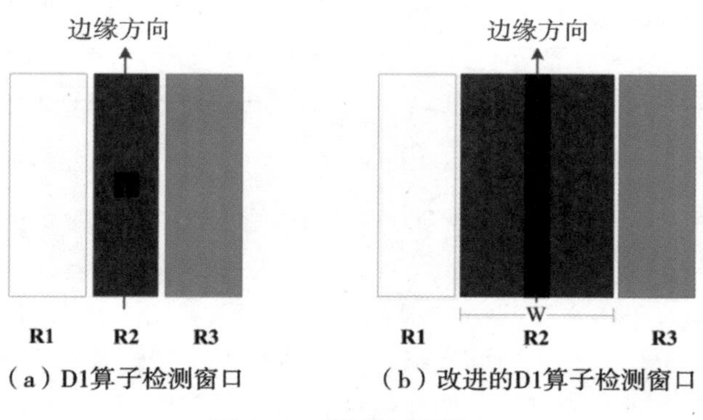

图 5-12　道路检测窗口

矢量出发，沿着垂直于矢量方向移动，每次移动距离为$\frac{W}{4}$，记录所有大于检测阈值的检测窗口中心线为道路基元。检测出来的道路线段基元和实际道路中心线的最大距离为$\frac{W}{8}$，即道路中心线定位精度为$\frac{1}{8}$个道路宽度。

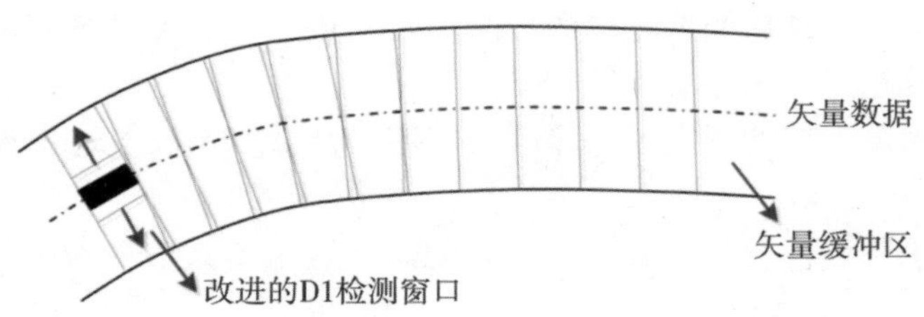

图 5-13　改进的 D1 检测窗口在缓冲区内的检测方式

本节提出的改进算子与 D1 算子的主要区别在于：

(1)本算子以矢量路段为基元，判断线段的响应值，而 D1 算子是判断某点的响应值。

(2)中央区域宽度固定，其宽度来源于影像分割得到的实际道路宽度，这样避免了其他与道路目标相似的地物干扰。

(3)方向由 8 个可移动方向变成 1 个方向。在矢量数据的引导下，线检测的方向固定为该位置对应的道路矢量数据的方向。

经过道路基元的编组、合并和筛选之后，得到最终的道路线段集合。如果 SAR 影像上道路在某处发生损毁，该损毁区必定将整段道路划分成为两个线段组集合，且损毁区域不存在线段组。将线段组集合与矢量数据结合即可找出道路损毁的位置，如图 5-14 所示。

5.3.3　水平集分割与改进 D1 算子检测结果的融合

为了增加损毁区检测的可信度、减少漏检，将基于水平集分割与基于改进 D1 算子检

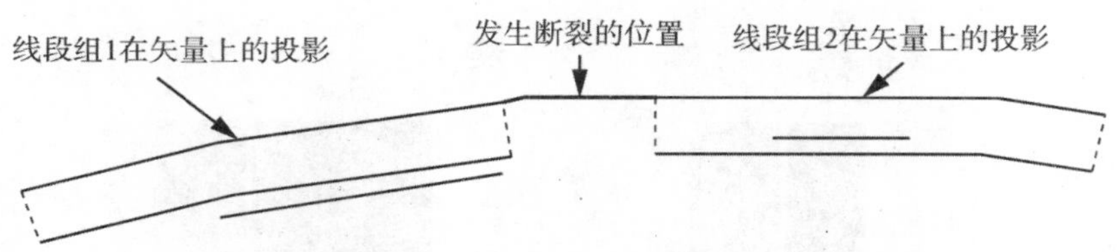

图 5-14　基于改进 D1 算子的疑似损毁道路判断

测的结果进行融合。对于由水平集分割提取的疑似损毁路段与由改进 D1 算子方法提取的疑似损毁路段，均认为其为最终的疑似损毁区。融合后，疑似损毁区的虚警率虽高，但能够保证较低的漏检率，同时虚警的疑似损毁区在后续过程中会进一步判断剔除。

5.3.4　基于贝叶斯网络的道路损毁信息判定

贝叶斯网络模型是一种不定性因果关联模型，利用条件概率表达各个信息要素之间的相关关系，能在有限的、不完整的、不确定的信息条件下进行学习和推理。因此采用贝叶斯网络模型对检测的断裂区做进一步分析判断，具有更高的可靠度。

根据实际情况，将造成道路疑似损毁的原因简要分为以下几类情况：

(1)地震引发道路两旁建筑物倒塌，导致道路堵塞。这类损毁与房屋到道路的距离(房屋轮廓数据 A)相关。

(2)地震或其他原因造成的滑坡、泥石流等阻断道路。这类损毁与该区域的地质条件(滑坡隐患点数据 B 及泥石流隐患点数据 C)相关。

(3)暴雨或者地震引起的堰塞湖等原因造成道路被洪水淹没。这主要与洪水淹没信息(洪水淹没数据 D)相关。

(4)高大建筑物和地形起伏引起的叠掩与阴影。这主要跟 DSM/DEM 信息(DSM/DEM 数据 E)相关。

(5)其他干扰。

损毁区的实际属性依赖于以上 5 个证据，而不同原因造成的道路断裂在 SAR 影像上的观测值是不同的，其观测值以灰度和纹理来加以表示，采用能量、熵、惯性矩、相关性和局部平稳性等 5 种常用纹理统计量进行实验。因而可构造如图 5-15 所示的道路损毁的贝叶斯网络模型。

5 个先验证据信息变量 A，B，C，D，E 是可疑断裂区实际属性 X 的条件，可疑断裂区实际属性 X 是观测值 F，G 的条件。那么在各种证据辅助下某疑似断裂区 X 的实际后验概率 $P(X \mid A, B, C, D, E, F, G)$ 可计算为：

$$P(X \mid A, B, C, D, E, F, G) = \frac{P(X \mid A, B, C, D, E)P(F \mid X)P(G \mid X)}{\int P(X \mid A, B, C, D, E)P(F \mid X)P(G \mid X)\mathrm{d}X} \tag{5-25}$$

其中，$P(X \mid A, B, C, D, E)$ 表示该断裂区属于某种损毁原因的先验概率，$P(F \mid X)$，$P(G \mid X)$ 表示当前断裂情况下的灰度和纹理概率分布。

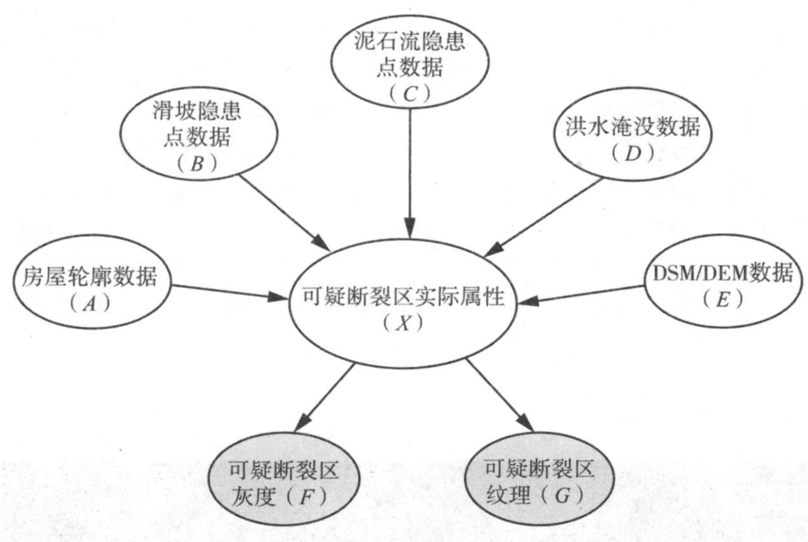

图5-15　基于多证据判断的贝叶斯网络模型

为了验证本方法的精度，以汶川县灾后COSMO影像和Open Street Map矢量道路为数据源提取由地震引发的道路阻塞，其中影像获取日期为2012年5月13日，分辨率为1m。矢量数据与影像通过手动选择3~4个同名点进行配准。

图5-16显示了利用水平集分割与改进D1检测融合方法得到的疑似损毁区检测结果，共有26处疑似损毁路段。其中，由于地形的影响，SAR影像上存在着明显的叠掩现象，且桥梁、交叉路口等干扰信息被检测为断裂区域。右侧显示了其中三个疑似断裂区I、II、III的放大效果，分别对应着光学影像和SAR影像，依次是由叠掩、滑坡、道路经过水体造成的。

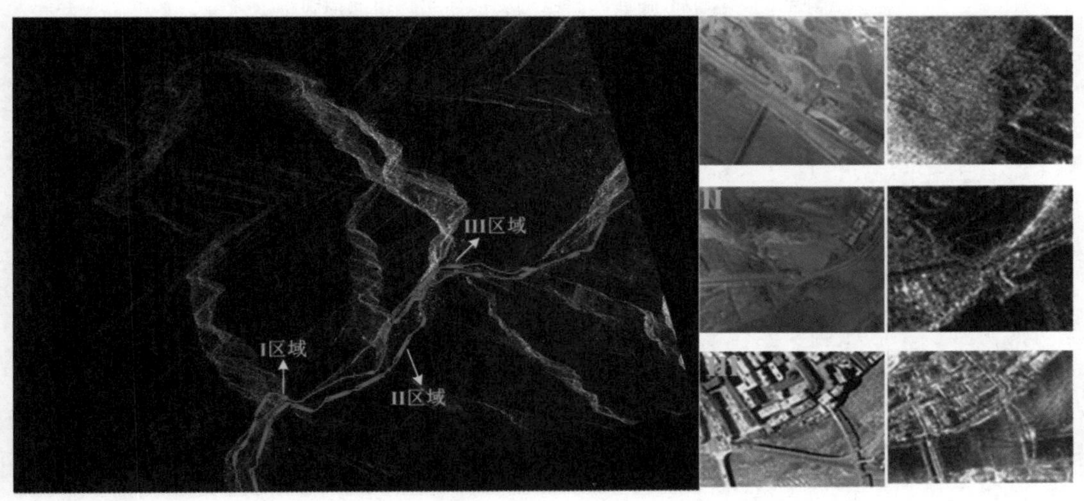

图5-16　基于水平集分割与改进D1检测融合的疑似损毁区检测

图 5-17 显示了基于道路矢量引导的实际道路损毁提取。由于辅助数据有限，只借用了 OpenStreetMap 矢量数据的水域信息和房屋轮廓信息、DEM 数据和滑坡隐患点数据对断裂区进行判断。对于断裂区可能存在的 5 种状态，在本次实验中简化为 4 种：房屋倒塌导致的损毁、滑坡导致的损毁、叠掩与阴影导致的虚警和其他干扰信息导致的虚警。训练样本来自 5. 12 地震北川地区的 Radarsat-2 影像、都江堰地区的 Cosmo 影像以及茂县地区的 TerraSAR 影像，其中由房屋倒塌、滑坡、叠掩与阴影及其他干扰产生的道路损毁正负样本各取 5 例。

本次实验最终有 5 处被判定为损毁路段。与图 5-16 比较可知，经过多证据和断裂区观测值判断后，叠掩引起的道路损毁、道路经过水体引起的虚警和一些其他干扰信息都被剔除。

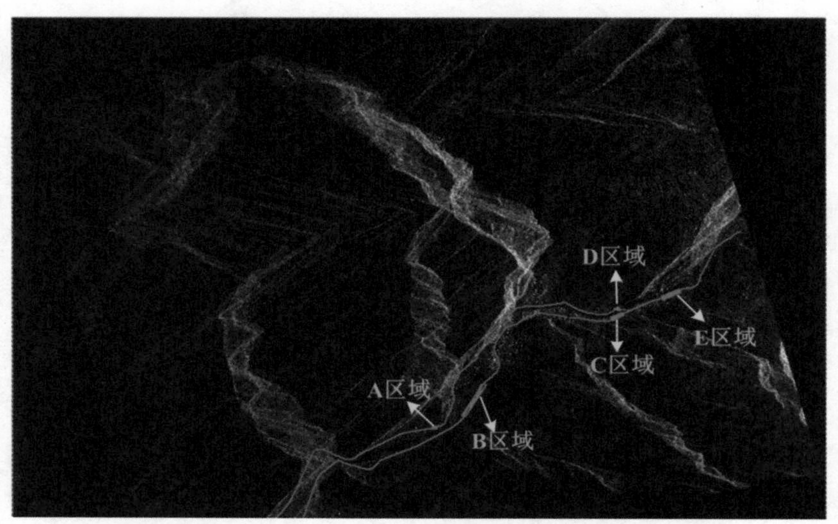

图 5-17　基于贝叶斯网络模型验证的实际道路损毁提取

以国家减灾委员会发布的汶川地震 317 和 213 国道汶川段堵塞情况遥感监测图作为参考，检验本方法道路损毁提取的准确性。详细提取结果如图 5-18 所示。

综合上述两图可以看出：

(1)利用本算法从高分辨率 SAR 影像上检测出的 5 段滑坡堵塞区域中，B，D，E 三处区域在图中都有对应区域，属于真实的滑坡引起的道路堵塞。

(2)检测出 A 区域在上图的范围之外，因而未被标识，事实上通过对应区域的光学影像对照可知，A 区域确实发生了滑坡。

(3)C 区域未发生滑坡引起的堵塞，由于其观测值和滑坡相近，被误检测为损毁区。

(4)除了 A，B，C，D，E 区域之外，上图所示的范围内还有 4 处滑坡区域未被检测出来，其中 F、G、H 3 处是由于在 SAR 影像的叠掩区域而被判断为叠掩，I 处是由于没有对应的道路矢量数据而未被检测出来。

图 5-18　四川汶川地震 317 和 213 国道汶川段堵塞情况遥感监测图

表 5-1　**损毁道路提取结果**

损毁道路提取结果			
损毁路段	实际损毁长度(m)	检测提取长度(m)	提取精度
B	1165	1350	84.12%
D	71	78	91.03%
E	94	105	88.30%

从表 5-1 可以看出，在 3 个正确提取的损毁区中，道路损毁检测的正确率都达到了 84%以上。可以看出，基于道路矢量引导的损毁信息提取能够较好地剔除干扰信息。其中，漏检的主要原因在于损毁区域处于叠掩与阴影区域或者对应的区域缺乏道路矢量数据而无法判断，虚警主要是由于干扰信息和滑坡的观测值接近，因此需要更多训练样本和辅助数据以更加精确地剔除疑似损毁区。

5.4　遥感影像道路损毁信息交互式提取

由于 OpenStreetMap 或者导航矢量数据的采集时间比较早，有可能有些地方会存在没有灾前矢量的情况，道路损毁特征具有复杂性，并且道路损毁处道路原有特性已经丢失，利用单时相进行自动提取损毁路段是一个难题，并且往往精度不高，因此考虑到实用性，本节采用人机交互的方式，对道路损毁进行半自动提取。

地震产生的道路损毁特征与完好道路比较变化很大，类型也繁多，灰度特性变化形式不固定，灾后完好道路与损毁道路相间存在，并且完好部分道路的特性依然具有稳定性，对人造地物来说，最明显的特征就是几何特征。相比于灰度特征而言，道路的边线是一种相对稳固的特性，可以准确表达道路的情况，因此可以根据道路边线的连续性进行道路损毁的提取。流程图如图 5-19 所示。

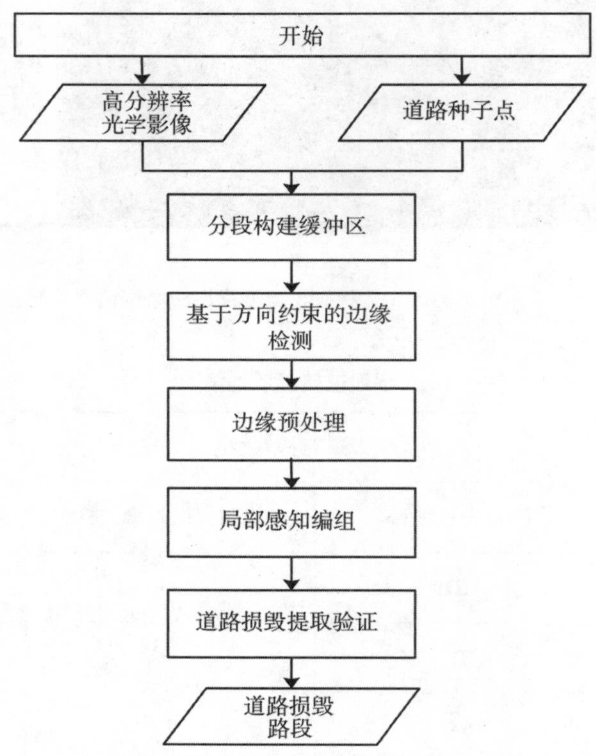

图 5-19　半自动道路损毁提取流程

5.4.1　道路边缘检测

在大比例尺遥感影像中，细节特征变得丰富，道路呈现一定的宽度，使得进行道路边线提取成为可能。道路以及与道路相关地物的线信息都具有方向性明显、长度值较大、对比度较大等特征。因此，道路的边线提取以边缘检测为基础进行。对于 SAR 影像，可以采用 5.3.2 节的方法进行边缘检测，光学影像则采用下面基于方向约束的边缘检测方法。

Canny 算子是 1986 年 Canny 从边缘检测算法应该满足的三个准则出发研究出的边缘检测算法。该算法是目前为止理论上相对最完善的一种边缘检测方法，也是经常使用的一种方法。通常评定边缘检测算法性能好坏的两个指标如下：

(1)检测结果好，即边缘的检测正确率很高，具有较低的漏警率(应该有响应的边缘不能漏掉)和虚警率(应该有响应的边缘不能有多余的响应)；

(2)定位精度准，即检测结果与实际边缘之间的偏差很小。

Canny 是应用变分原理推导出的一种 Gaussian 模板导数逼近最优算子(吴健辉等，2007)，其在信噪比和定位精确性方面均有较好的表现，并且对于单边缘具有唯一的响应。用 $f(i, j)$ 表示图像，使用 Canny 算法进行边缘检测的步骤如下：

(1) 用高斯滤波器平滑图像。方法为：以离散点上的高斯核 $G(i, j, \sigma)$ 值为权值，以中心点像素一定范围的邻域进行卷积处理，获取一个平滑矩阵 $\boldsymbol{S}(i, j)$，如式(5-18)所示：

其中，$G(i, j, \sigma)$ 代表一个高斯卷积核，其公式如式(5-19) 所示，式中 σ 代表高斯函数的标准差。

$$\boldsymbol{S}(i, j) = G(i, j, \sigma) * f(i, j) \tag{5-18}$$

$$\boldsymbol{G}(i, j, \sigma) = \frac{1}{2\pi\sigma^2} \mathrm{e}^{-\frac{(i-k-1)^2+(j-k-1)^2}{2\sigma^2}} \tag{5-19}$$

(2) 使用一次偏导数的有限差分进行梯度的幅值和方向求解。对步骤(1) 所得平滑矩阵 $\boldsymbol{S}(i, j)$ 的梯度采用 2×2 一次有限差分近似计算，获得影像在 x 和 y 方向上的偏导函数的两个矩阵 $\boldsymbol{P}(i, j)$ 与 $\boldsymbol{Q}(i, j)$：

$$\boldsymbol{P}(i, j) \approx (S(i, j+1) - S(i, j) + S(i+1, j+1) - S(i+1, j))/2 \tag{5-20}$$

$$\boldsymbol{Q}(i, j) \approx (S(i, j) - S(i+1, j) + S(i, j+1) - S(i+1, j+1))/2 \tag{5-21}$$

(3) 梯度幅值非极大值抑制。梯度的幅值和梯度的方向的数学计算公式如式(5-22) 和式(5-23) 所示，图像内的某像素点的梯度幅值越大，并不能表明此像素点就是边缘上的点，所以一般利用梯度方向，对局部的梯度幅值最强的点进行保存，并且同时抑制非极大的值。

$$M(i, j) = \sqrt{P(i, j)^2 + Q(i, j)^2} \tag{5-22}$$

$$\boldsymbol{\theta}(i, j) = \arctan \frac{Q(i, j)}{P(i, j)} \tag{5-23}$$

其中，在上式中，$M(i, j)$ 反映了图像内某点(i, j) 边缘的强度，$\boldsymbol{\theta}(i, j)$ 是图像内某点(i, j) 的法向矢量，与边缘方向正交。

(4)双阈值检测和连接边缘。高阈值下生成的影像，噪声较小但是有效边缘信息丢失，低阈值产生的图像产生的噪声较大，因此，可以用高阈值下生产的影像为基础将边缘连接成轮廓，以低阈值生产的影像为补充来连接影像的边缘，在其相应位置的八邻域内搜索非零元素，将其添加到高阈值图像中，重复遍历后，直至整个影像边缘闭合为止。

引入方向信息可以增强与道路延伸方向一致的边缘的响应强度，在提高与道路延伸方向一致的弱边缘信息检测的同时抑制了与道路延伸方向不一致的边缘信息的检测。

基于方向约束的 Canny 边缘检测步骤如下：

①用高斯滤波器平滑图像。

②360°内的方向划为间隔 45°的 8 类(方向划分如图 5-20 所示)，输入道路延伸方向，选择与道路延伸方向一致的模板来计算梯度的幅值，与方向分类对应的计算模板如图 5-21 所示。

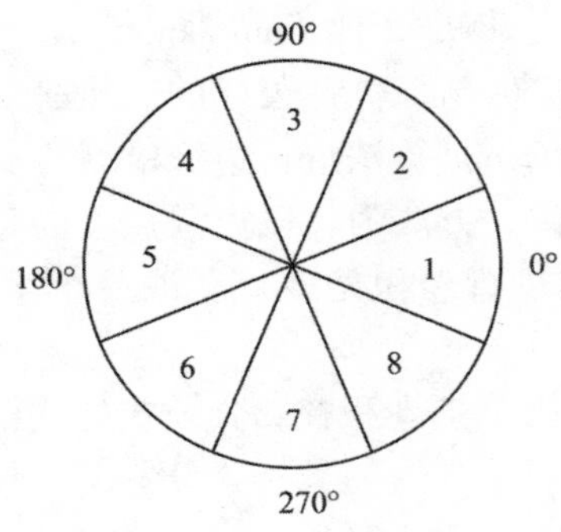

图 5-20　方向划分图

$$\frac{1}{5}\times\begin{pmatrix} 0 & 0 & 0 & 0 & 0 \\ 1 & 1 & 1 & 1 & 1 \\ 0 & 0 & 0 & 0 & 0 \\ -1 & -1 & -1 & -1 & -1 \\ 0 & 0 & 0 & 0 & 0 \end{pmatrix}$$

模板一

$$\frac{1}{4}\times\begin{pmatrix} 0 & 0 & 0 & 1 & 0 \\ 0 & 0 & 1 & 0 & -1 \\ 0 & 1 & 0 & -1 & 0 \\ 1 & 0 & -1 & 0 & 0 \\ 0 & -1 & 0 & 0 & 0 \end{pmatrix}$$

模板二

$$\frac{1}{5}\times\begin{pmatrix} 0 & 1 & 0 & -1 & 0 \\ 0 & 1 & 0 & -1 & 0 \\ 0 & 1 & 0 & -1 & 0 \\ 0 & 1 & 0 & -1 & 0 \\ 0 & 1 & 0 & -1 & 0 \end{pmatrix}$$

模板三

$$\frac{1}{4}\times\begin{pmatrix} 0 & -1 & 0 & 0 & 0 \\ 1 & 0 & -1 & 0 & 0 \\ 0 & 1 & 0 & -1 & 0 \\ 0 & 0 & 1 & 0 & -1 \\ 0 & 0 & 0 & 1 & 0 \end{pmatrix}$$

模板四

$$\frac{1}{5}\times\begin{pmatrix} 0 & 0 & 0 & 0 & 0 \\ -1 & -1 & -1 & -1 & -1 \\ 0 & 0 & 0 & 0 & 0 \\ 1 & 1 & 1 & 1 & 1 \\ 0 & 0 & 0 & 0 & 0 \end{pmatrix}$$

模板五

$$\frac{1}{4}\times\begin{pmatrix} 0 & 0 & 0 & -1 & 0 \\ 1 & 1 & -1 & 0 & 1 \\ 0 & -1 & 0 & 1 & 0 \\ -1 & 0 & 1 & 0 & 0 \\ 0 & 1 & 0 & 0 & 0 \end{pmatrix}$$

模板六

$$\frac{1}{5}\times\begin{pmatrix} 0 & -1 & 0 & 1 & 0 \\ 0 & -1 & 0 & 1 & 0 \\ 0 & -1 & 0 & 1 & 0 \\ 0 & -1 & 0 & 1 & 0 \\ 0 & -1 & 0 & 1 & 0 \end{pmatrix}$$

模板七

$$\frac{1}{4}\times\begin{pmatrix} 0 & 1 & 0 & 0 & 0 \\ -1 & 0 & 1 & 0 & 0 \\ 0 & -1 & 0 & 1 & 0 \\ 0 & 0 & -1 & 0 & 1 \\ 0 & 0 & 0 & -1 & 0 \end{pmatrix}$$

模板八

图 5-21　梯度模板

③梯度幅值非极大值抑制。

④阈值检测和连接边缘。

基于方向约束的 Canny 边缘检测中，能够根据已有的先验方向特征，提取出与道路延伸方向一致的边缘信息。同时该方法不易受噪声干扰，具有较强的稳健性，有效地将非道路方向的边缘进行了过滤。

5.4.2 边缘预处理

边缘检测结果是栅格数据，需要将其变为对应的矢量，以方便后续的处理。流程如图5-22所示：

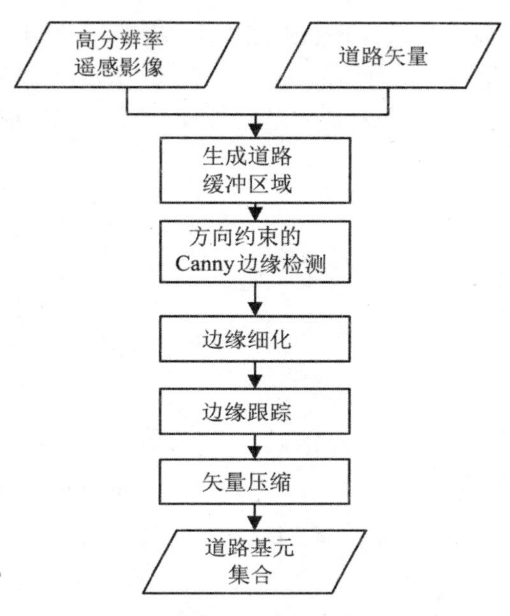

图 5-22 边缘预处理流程

(1)细化。采用 Zhang 的细化方法(Zhang，1984)对边缘检测后的道路进行细化，它的迭代运算次数少，运行速率高效，并且对直线段、拐角处和交叉处的定位比较精确。

(2)边缘跟踪。跟踪细化链码，标记节点和端点去除毛刺和短线段，得到道路线条。

根据分析可知，道路边缘上的点大致可以分成端点、拐点、独立点、普通点四种。端点和拐点是道路上最重要的点，端点是指周围一定范围邻域内在某方向上只有一个连接点的点，即某一条线段的开始点或者结束点。拐点即在一定范围的邻域内有多个方向的连接点，即道路的分叉处。独立点是指离散存在的点，没有与之邻近的边缘点。线段上剩下的点即是普通点，起着连接过渡作用。拐点和普通点统称为节点，即道路上的除端点之外的点。在跟踪过程中，设置一个阈值 T_{del} ，计算跟踪的像素个数是否满足 T_{del} 来剔除细化后道路上的毛刺和短线，具体跟踪步骤如下：

①将某端点(x_0，y_0)设置为当前点；

②搜索当前像素点的八邻域范围内是否含有节点或者端点，若搜索不到，则转到步骤④；

③若搜索到，则某一方向点为当前点，进行八邻域搜索，转到步骤②，并把当前点记为已使用状态；

④跟踪结束。计算跟踪的道路线段的像素点的总数目，如果超过 T_{del} 则保留，如果小于 T_{del} ，就进行剔除。并从下一个端点开始，转到步骤②，将此端点记为已使用状态，直至遍历完所有端点。

为了减少计算量，首先对边缘点进行类别分析，在对边缘进行跟踪操作前，对影像进行遍历，对边缘点的类型进行标识。针对细化后的环路情形，由于上述方法找不到端点，从而导致跟踪失败，针对这种情况在环状道路左上端删除几个点，进而进行跟踪。

(3)矢量压缩。对矢量数据进行压缩是为了减少数据冗余，减小数据贮存量，节约贮存空间，提高后面的处理效率。本节选用道格拉斯-普克法(Douglas-Peucker)进行矢量压缩(图 5-23)。

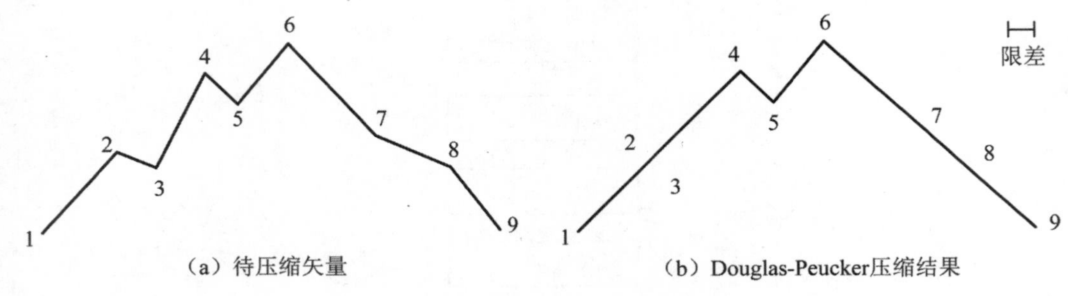

图 5-23　道格拉斯-普克法示意图

(4)道路缓冲区内边缘筛选。对提取出来的道路边缘用种子点数据生成的缓冲区进行过滤。将落在缓冲区内的道路边缘作为候选道路基元，以方便在后面更高层次的编组中进行连接处理，减少冗余信息。

5.4.3　道路损毁提取

Gestalt 心理学认为：视觉具有主动性和自组织性，总是以简单且有意义的方式把离散元素有选择地组织为符合语义特征的整体，而不是孤立地看待离散的个体(Iqbal et al.，2002)。图像成像过程中受各种因素(如噪声、遮挡等因素)影响，使得检测到的道路基元通常表现为零散的图像符号，需要在有关道路特征知识和 Gestalt 规则的支持下，将零散的道路基元编组成为有意义的完整对象。基元的组合与连接，即通过特征的分析、选择和综合对道路基元进行连接，将道路基元扩展成道路片段(Hu et al.，2007)。基元的组合与连接需要人工预先定义相关准则，通过寻找基元之间的最佳模式来形成道路片段。现有的编组方法多是基于格式塔心理学理论的感知编组，以不同的形式利用特征对象的邻近性、共线性等特征。前面的预处理相当于是低层次上进行的边缘提取，获取候选道路基元，在本节利用感知编组和道路特征进行高层次的道路损毁提取。

5.4.3.1　局部感知编组连接

预处理阶段所提取的道路候选基元是道路最基本的组成，但是还没有形成道路，在局部范围内，由于道路边线是连续的，同时方向也遵循曲率原则，道路候选基元方向是保持一致的。基于此，可以根据感知编组理论中的连续性、邻近性两个特征将其断开部分进行连接，另外，由于边缘的长度也是一个重要的信息，因此本章引入长度规则进一步约束。

设两条候选直线为 L_1(由端点 A、B 来确定)、L_2(由端点 C、D 来确定)。则邻近性、连续性的表示如下：

(1) 邻近性：用 L_1 的终点作为圆心，用 r 作为半径生成一个圆形范围，则这个范围就是可连接的邻近范围，如图 5-24 所示。如果矢量线 L_2 的端点 C 落在感知范围内，表示矢量满足邻近法则。

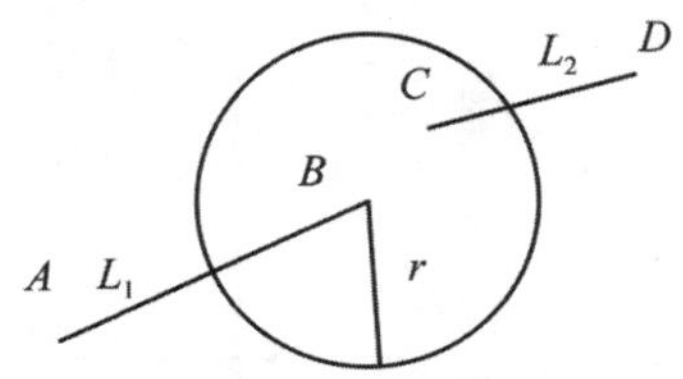

图 5-24　邻近性示意图

(2) 连续性：道路通常是连通连续的，基元之间存在间隙的一般都存在连接的可能，连续性用共线角度差和连接角度差两个参数表示，共线角度差表示相连道路的曲率，用线段 L_1 和线段 L_1 的夹角 β 表示；连接角度差表示道路曲率变化，用线段 L_1 和两线段之间连线的夹角 α 表示。当 β 小于阈值 T_θ，则认为候选道路段满足连续条件，方便进行道路的延长。同等条件下，α 越小表示此被连接道路在道路延长线上的概率越大，如图 5-25 所示。

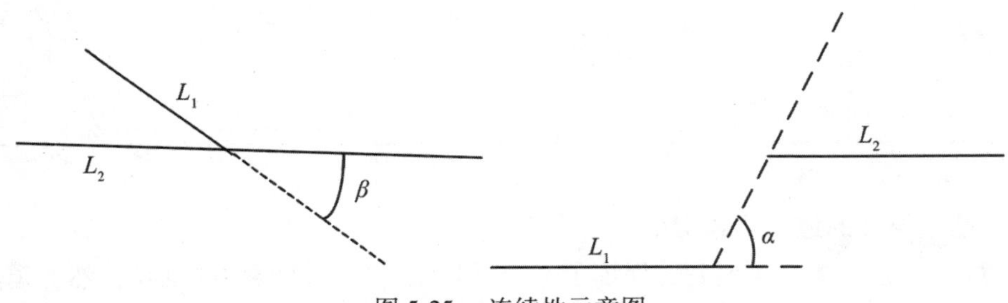

图 5-25　连续性示意图

(3) 长度原则：将待连接矢量的长度 l 也作为感知编组连接的判断原则之一。待连接矢量的 l 越长，被连接的可能性也越大，赋予的长度的权值则越大。

当端点 C 落入圆内时，并且两条矢量线的共线角度满足阈值时，不但保证了道路基元的相近性，同时保证了道路的切线方向重叠率不至于过高，在法线方向上的距离也不会太远，从而使得同一条道路线得到了延长。排除了表 5-2 中的非连接情况：

利用上述四个因素来判断两线段之间可连接的概率值。不同的因子按照不同的权重进行归一化加权计算，选择可能最大的进行连接，保证了道路的连续性。当编组结果与道路主方向偏差较大时，则进行回退处理，重新选择次优的基元进行编组连接，这是一个迭代试错的机制，保证编组处理取到合理并且最优的结果。流程如图 5-26 所示。

表 5-2　**感知编组非连接情形**

排除因素	描述	图示
共线侧向距离	侧距相差大于一定距离	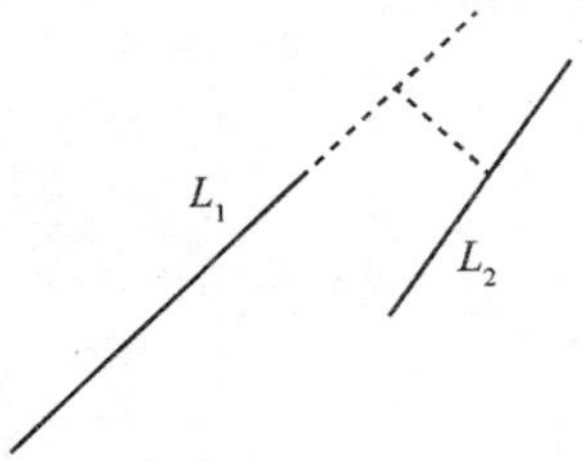 L_1　L_2
重叠度	相重合大于一定长度	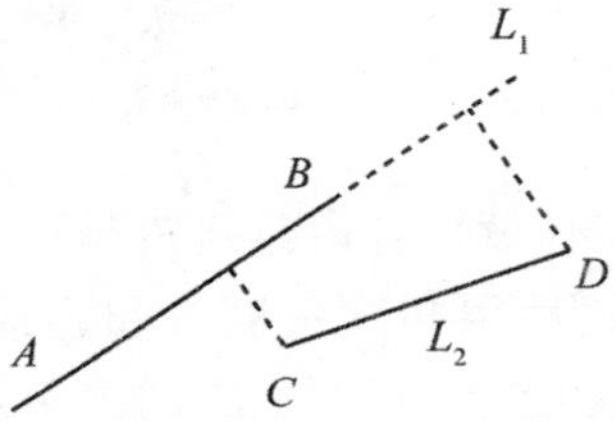 L_1　B　D　L_2　A　C
端点距离	端点间距离太远	 距离S
共线方向差	大于一定曲率	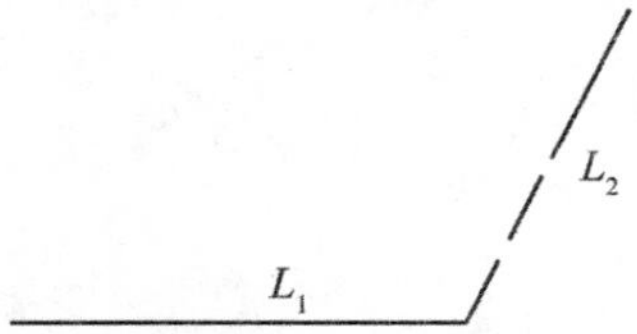 L_2　L_1

5.4.3.2　基于统计的道路损毁提取

在进行局部边缘编组连接后，保证了对道路切线方向上连续性的延长，然而道路法线和切线方向仍然受到一些干扰因素的影响，需要筛选边线，然后根据道路的断裂进行损毁路段提取，并进行道路损毁实物量计算。本节将道路边线的连续和平行性遭到破坏的类别按照道路的方向分为切线方向和法线方向两类。

1) 切线方向

(1) 在道路表面的物体如阴影、汽车和道路两侧的植被等噪声的作用下，导致道路的灰度会在局部范围内发生变化，同时也影响了道路的几何性，道路的宽度、平行性被破坏。

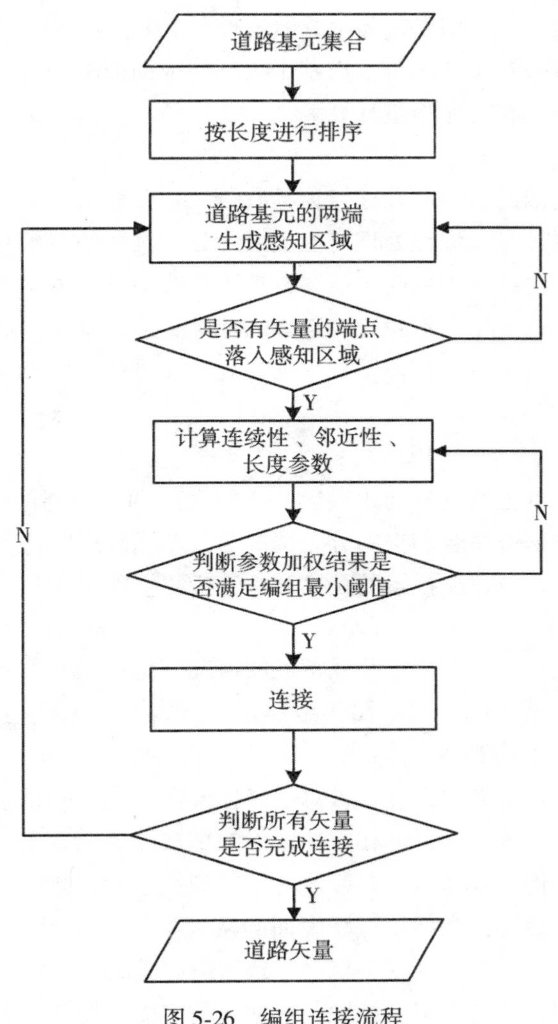

图 5-26 编组连接流程

(2)道路周边的房屋等地物与道路灰度特征相近时，会造成道路边缘的中断。

2)法线方向

(1)由于道路邻近的地物与道路有相似的灰度特征，造成道路的边界模糊，中间形成了暗区域，因此在很近的距离范围内会出现近似平行的双边缘情况。

(2)建筑物的边缘在影像中由于道路矢量的方向特征约束法线方向边缘得以过滤，但是切线方向的边缘形成一定长度，影响道路边线的判定。

(3)车辆的影响：车辆沿道路切线的边缘与道路真正的边缘形成一定的平行性线段。但是由于车辆长度有限，因此形成的短小的孤立的平行线段可以很容易地剔除。

综上所述，虽然道路的局部根据编组连接会形成较长的路段，但是由于损毁路段和干扰因素的影响，道路的边线会发生断裂，并且道路边线的法线方向可能存在由于以上分析的干扰因素而产生短小的线段，因此需要进行道路边线的筛选和非道路路段的剔除。道路的边缘虽然在局部会被破坏，但是整体上是具有统计特征的。边线是边缘最明显的地方，也是边缘最聚集的地方。基于此本节提出基于统计特征的道路损毁提取方法，主要包括边线统计定位、损毁路段连接和实物量计算。

(1)边线统计定位。

基元编组过程将离散的道路基元连接为具有语义特征的对象，然而，由于场景的复杂性和编组过程的敏感性，基元编组处理可能生成部分无意义的结果对象，因此，需要一条最可靠的线段作为道路边线。根据前文所述，道路边线要忠于道路的实际情况。本节将编组对象中边缘基元累加长度作为道路边线选择的标准，边缘基元累加长度越长，则表明该编组对象得到了更多有效边缘的支撑。在累加长度计算过程中顾及方向误差，本节采用微小距离 d 进行归类。

(2)道路损毁连接和实物量计算。

根据上述方法定位到道路两侧的边线后，将断裂的两个相邻的线段连接并记录下来，最终得到疑似道路损毁路段集合和空间分布情况，并使用相应的符号进行表达。然后进行道路损毁实物量计算，计算道路损毁的长度和估算道路损毁的面积，并进行统计。

5.4.3.3　道路损毁验证

基于上述道路损毁区域的局部道路连接后的情况分析可知，由于受到植被、房屋等干扰，可能会造成道路断裂，即疑似道路损毁路段属于误检。因此还需对损毁路段进行验证。本节的验证流程如图 5-27 所示。

由于震区公路周边多植被，因此植被对道路损毁造成误检的概率最大。首先在损毁路段的缓冲区内进行植被检测，如果落在缓冲区内的植被图像像素大于一定阈值就认为此区域为植被影像道路，为伪损毁区域，并修改此路段的符号，将此路段标记为道路。其次在光学影像上，房屋阴影的遮挡会导致道路表面的灰度降低，从而导致边缘中断，类似地，由于道路与房屋连接处灰度差异比较小也会导致边缘的丢失，从而造成误检，但是道路两侧的灰度依然会保持比较均匀稳定的特性。根据之前的损毁特征分析可知，道路损毁处由于受到滑坡、泥石流的冲刷，道路边线损毁处两侧的纹理和灰度会比较粗糙。因此，基于此特点，本节在道路边线两侧建立一定的缓冲区，从而检测道路两边的灰度方差是否大于阈值，进行伪损毁路段的剔除。

5.4.4　弯曲道路损毁提取策略

当种子点连线之间曲率变化较大时需要进行分段处理，本节采用道路段方向偏差和方向累加偏差值来对道路的分段进行标记。道路的方向偏差，表示道路前一个线段与后一个线段的方向夹角，道路的方向累加偏差，表示道路的初始方向线段与当前线段的方向偏差累加量，如图 5-28 表示。当方向偏差小于一定的阈值时认为前后两个相邻线段处不需要打断标记。当累加差积累到超过累加偏差阈值时，认为此时道路曲率比较大，需要进行分段处理，将线段在此打断，并进行标记，以此线段作为新的线段进行标记。打断后的每段

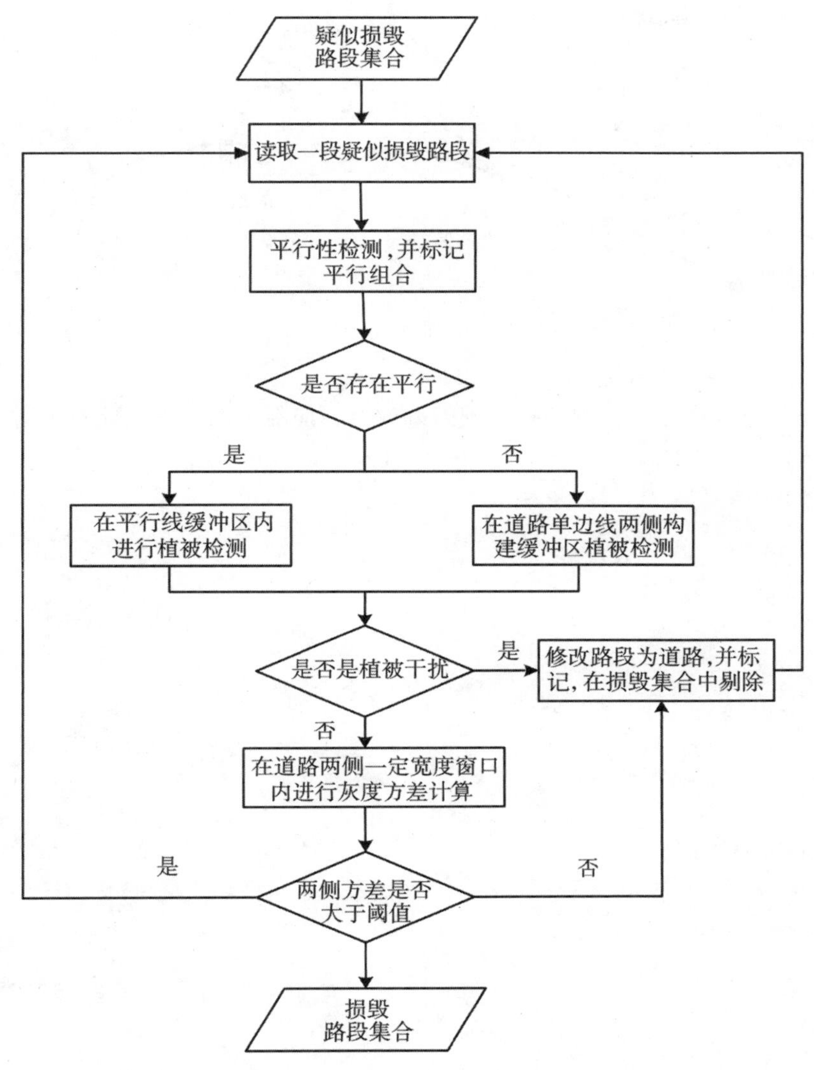

图 5-27　疑似损毁验证流程

线段在局部都保持一定的直线特征，可以对每个子路段执行上几节的道路损毁提取策略，在每个子路段内分别进行道路损毁提取。

同时，当种子点之间的曲率变化非常大时可能会导致缓冲区无法覆盖道路区域的情况，此时就要通过曲线拟合的方式对种子点进行加密，曲线拟合是用连续曲线近似地比拟或刻画平面上离散点函数关系的一种数据处理方法。高分辨率遥感影像城区弯曲主干道提取中的难点就是建立道路弯曲模型。三次 *B* 样条曲线拟合方法可以较好地拟合出弯曲道路的形状。因此，通过给定的道路种子点，采用三次 *B* 样条曲线拟合方法拟合出道路大致的形态。在种子点选取时，最好将道路种子点选取在道路上，并且选取的道路种子点要

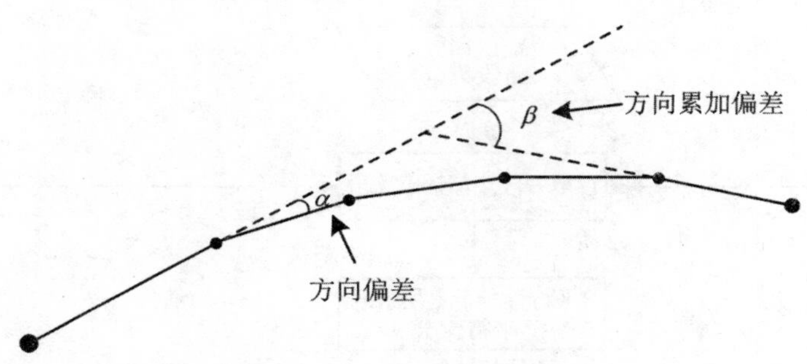

图 5-28　弯曲道路提取策略

能够反映道路的方向变化。为保证提取损毁的效果，应在道路曲率变化较大时，适当增加种子点数目。

第 6 章　遥感影像洪水范围提取技术

虽说实地调查可以直接提供灾害信息，但是在时间上和空间上却非常有限。如今，利用遥感技术进行大范围监测已经成为非常重要的手段，利用光学图像和近红外来检测水体已是非常成熟的技术。但是，它们使用的时间和天气条件限制了其在洪灾期间的应用。洪灾期间常常伴有大片的云层，这会对可见光和近红外的检测造成不便。因此，为了能更及时地进行灾害检测，利用全天候、全气象、高分辨率的 SAR 影像是非常有必要的。

6.1　基于多尺度水平集分割的光学影像水体信息提取

6.1.1　水平集基本理论

水平集方法最初由 Osher 和 Sethian (1988) 提出，是一种将曲线(或曲面)隐藏在更高一维连续曲面的零水平集中隐式地完成曲线演化的方法。在图像分割领域，水平集方法用于主动轮廓模型的求解，核心思想是把 n 维曲面描述视为高一维 $n+1$ 维超曲面(称为水平集函数)的水平集。在求解主动轮廓模型时，水平集方法将平面闭合曲线隐含地表达为三维连续曲面 $\phi(x, y, t)$ 的具有相同函数值的同值曲线，通常取 $\phi=0$ 为零水平集，$\phi(x, y, t)$ 为水平集函数。水平集方法通过不断更新水平集函数，从而达到演化隐含在水平集函数中的闭合曲线的目的。即使闭合曲线的拓扑结构发生了改变，水平集函数仍保持为一个有效的函数。平面上一个圆的水平集函数如图 6-1 所示。

水平集方法的数学表达可描述如下：定义一个连续函数 $\phi(x, y, t)$：$\phi \rightarrow R$ 隐含表达曲线 C，且令函数 ϕ 为符号距离函数，则曲线 C 的变化可归结为由于函数 ϕ 发生了某种相应的变化所致。因此，可将随时间变化的闭合曲线表示为水平集函数 ϕ 随时间的变化，即

$$\begin{cases} C(0)=\{(x, y) \mid \phi(x, y, 0)=0\} \\ C(t)=\{(x, y) \mid \phi(x, y, t)=0\} \end{cases} \tag{6-1}$$

其中，闭合曲线 C 用函数 ϕ 的零水平集表示，把对曲线的演化转换为对水平集函数 ϕ 的演化。

利用式(6-1) 中的水平集函数 ϕ 对时间 t 求全导数，可得式(6-2)，即

$$\frac{\mathrm{d}\phi}{\mathrm{d}t}=\frac{\partial \phi}{\partial t}+\nabla \phi \frac{\partial C}{\partial t}=0 \tag{6-2}$$

其中，$\nabla \phi$ 为 ϕ 的梯度。

结合式(6-2)，可以推导出水平集函数的偏微分形式，即

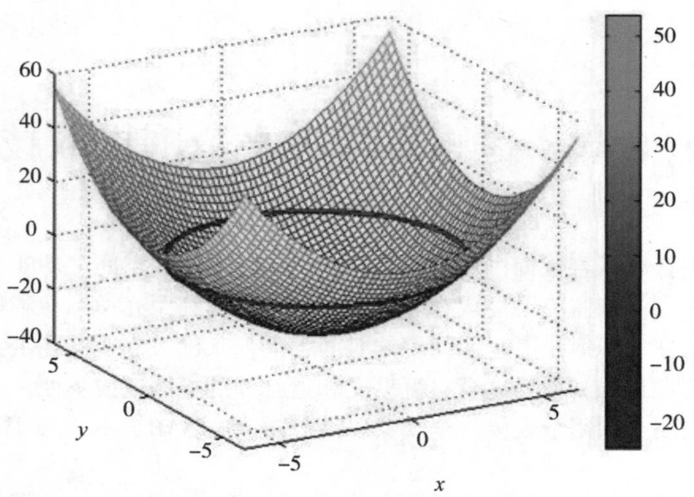

图 6-1　圆的水平集函数

$$\frac{\partial\phi}{\partial t}=-\nabla\phi\cdot F(k,I)N=\nabla\phi\cdot F(k,I)\frac{\nabla\phi}{|\nabla\phi|}=F(k,I)|\nabla\phi| \tag{6-3}$$

由此可知，水平集方法的实质就是求解一个随时间变化的偏微分方程，该演化方程属于 Hamilton-Jacobi 方程(Osher， 1988)，可以通过分离变量法求出 Hamilton-Jacobi 方程的全积分，即按照对时间项 Δt 和空间项(将图像按像素进行网格化) 分开处理的方法对此类方程进行数值求解。在二维图像空间中，假设离散网格的网格间隔为 h，时间步长为 Δt，则在经过 $n\Delta t$ 时刻在图像网格点(i, j) 处的水平集函数可以表示为 $\phi(ih, jh, n\Delta t)$，演化方程可以离散为

$$\frac{\phi_{i,j}^{n+1}-\phi_{i,j}^{n}}{\Delta t}=F_{i,j}^{n}|\nabla_{i,j}\phi_{i,j}^{n}| \tag{6-4}$$

其中，$F_{i,j}^{n}$ 表示 n 时刻扩展速度函数位于网格点(i, j) 处的值。

求解方程式(6-4) 的解，可以采用逆向有限差分法(upwind finite difference)。首先定义六个一阶差分，即

$$\begin{aligned}&\phi_x^0=\frac{1}{2h}(\phi_{i+1,j}-\phi_{i-1,j}),\ \phi_y^0=\frac{1}{2h}(\phi_{i,j+1}-\phi_{i,j-1})\\&\phi_x^+=\frac{1}{h}(\phi_{i+1,j}-\phi_{i,j}),\ \phi_y^+=\frac{1}{h}(\phi_{i,j+1}-\phi_{i,j})\\&\phi_x^-=\frac{1}{h}(\phi_{i,j}-\phi_{i-1,j}),\ \phi_y^-=\frac{1}{h}(\phi_{i,j}-\phi_{i,j-1})\end{aligned} \tag{6-5}$$

则式(6-5) 可改写为

$$\phi_{i,j}^{n+1}=\phi_{i,j}^{n}+\Delta t[\max(F_{i,j}^{n},0)\nabla^{+}+\min(F_{i,j}^{n},0)\nabla^{-}] \tag{6-6}$$

其中，∇^+和∇^-分别定义为

$$\begin{aligned}\nabla^{+} &= [\max(\phi_x^{-},\ 0)^2 + \min(\phi_x^{+},\ 0)^2 + \max(\phi_y^{-},\ 0)^2 + \min(\phi_y^{+},\ 0)]^{1/2} \\ \nabla^{-} &= [\max(\phi_x^{+},\ 0)^2 + \min(\phi_x^{-},\ 0)^2 + \max(\phi_y^{+},\ 0)^2 + \min(\phi_y^{-},\ 0)^2]^{1/2}\end{aligned} \tag{6-7}$$

因此，可以通过差分方程(6-7)不断迭代来更新水平集函数，提取更新后的水平集函数的零水平集，即可得到每次更新后的轮廓曲线。由于使用的是有限差分法，因此需要注意的是时间步长 Δt 的选择，也就是在给定网格间隔 h 的情况下，要满足如下CFL(Courant-Friedrichs-Levy)条件，即

$$\Delta t \max(F_{ij}) < h \tag{6-8}$$

为了保证演化的稳定性和收敛性，CFL条件对于时间步长 Δt 和速度 F 给出了一个上限。

6.1.2　基于多尺度CV模型的水体提取方法

基于经典水平集模型的光学影像分割方法相对来说比较成熟，且能取得较好的分割效果。因此，这里不对光学影像分割模型进行改进，对于将影像分割成2类区域的情况，采用经典的CV模型进行分割，对于将影像分割成多类的情况，采用Chung和Vese提出的经典的多层水平集的分割模型。同时，为了进一步提高影像分割的精度，消除噪声的影响，在光学影像分割时也考虑了多尺度分割策略，具体思路如下：通过金字塔下采样将原始影像分解为多尺度序列影像 $S_K(0<K<L)$，其中 S_0 代表原始影像即最细尺度影像，S_L 代表多尺度分解后得到的最粗尺度影像。假设 Y_k 和 X_k 分别表示 S_k 尺度影像对应的灰度值和分割区域标记号，这里首先获取 S_L 尺度影像的分割结果 X_L，根据金字塔向上采样可分别得到 S_{L-1} 尺度影像到 S_0 尺度影像的分割结果。通过金字塔向上采样获取 S_{L-1} 尺度影像的初始分割结果 X_{L-1}，X_{L-1} 仅依赖于 X_L，但是 X_L 的结果会存在误差，因此对 S_{L-1} 尺度影像进行水平集分割，获得精确的分割结果 X_{L-1}。以分解2层为例，详细的多尺度分解策略如图6-2所示。

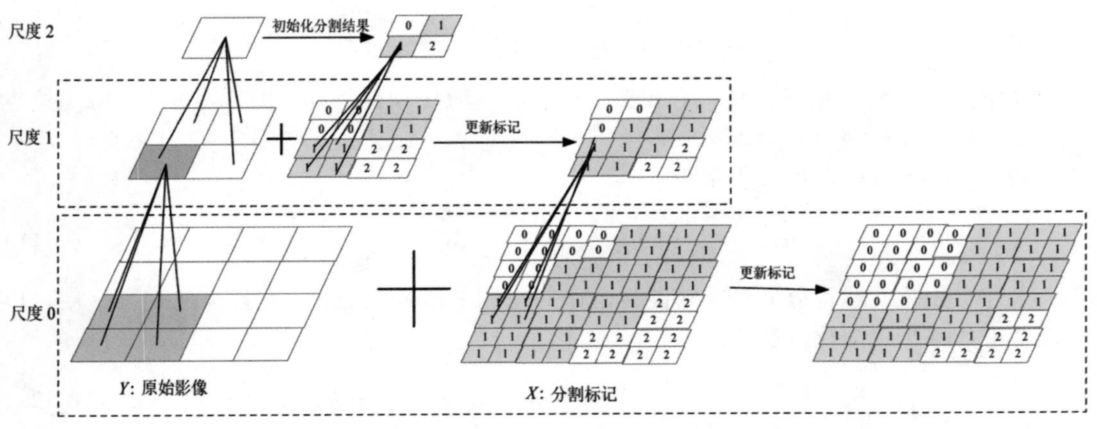

图6-2　多尺度分割模型

所谓单水平集分割模型即使用一个水平集函数将图像划分为目标和背景两类区域。其

中，Mumford(1989)提出的 Mumford-Shah 模型及 Chan 和 Vese(2001)提出的 Chan-Vese(CV)模型最为著名。Mumford-Shah 模型是种自由不连续问题，对图像边缘采用几何测度来进行控制，这使得数值求解过程比较困难，特别是对于分割具有复杂边界的图像，曲线长度项 Length(C)计算不易。如果将 Mumford-Shah 模型解的 u 简化为一个分段的常值函数，即在每个目标区域中，μ 为一个常数，就可以得到 Chan-Vese(CV)模型，其能量泛函可以表示为

$$E^{\mathrm{CV}}(c_1, c_2, C) = \mu \cdot \mathrm{Length}(C) + v \cdot S_0(C) + \lambda_1 \int_{\mathrm{inside}(C)} |u_0(x, y) - c_1|^2 \mathrm{d}x\mathrm{d}y + \lambda_2 \int_{\mathrm{outside}(C)} |u_0(x, y) - c_2|^2 \mathrm{d}x\mathrm{d}y \tag{6-9}$$

其中，Length(C) 表示曲线 C 的长度；$S_0(C)$ 表示曲线 C 的内部区域面积；μ，λ_1，λ_2 为正常数；v 通常取值为 0；c_1 和 c_2 分别为曲线内部和外部的区域均值。

上述能量函数的前两项称为“光滑项”，后两项称为“拟合项”。

为了求得能量 $E^{\mathrm{CV}}(c_1, c_2, c)$ 的最小值，可以使用水平集的思想，即将未知的演化曲线 C 用水平集函数 $\phi(x, y)$ 来代替，并且设定如果点(x, y) 在曲线 C 的内部，则水平集函数 $\phi(x, y) > 0$；如果点(x, y) 在曲线 C 的外部，则水平集函数 $\phi(x, y) < 0$；当点(x, y) 恰好在曲线 C 上面时，则 $\phi(x, y) = 0$。通过引入水平集函数 $\phi(x, y)$，能量函数 E^{CV} 可以改写为如下形式，即

$$\begin{aligned} E_\varepsilon^{\mathrm{CV}}(c_1, c_2, \phi) = & \mu\int_\Omega \delta_\varepsilon(\phi(x, y))\,|\nabla\phi(x, y)|\,\mathrm{d}x\mathrm{d}y \\ & + v\int_\Omega H_\varepsilon(\phi(x, y))\,\mathrm{d}x\mathrm{d}y \\ & + \lambda_1\int_\Omega |u_0(x, y) - c_1|^2 H_\varepsilon(\phi(x, y))\,\mathrm{d}x\mathrm{d}y \\ & + \lambda_2\int_\Omega |u_0(x, y) - c_2|^2 (1 - H_\varepsilon(\phi(x, y)))\,\mathrm{d}x\mathrm{d}y \end{aligned} \tag{6-10}$$

其中，Ω 代表图像域；$H_\varepsilon(z)$ 和$\delta_\varepsilon(z)$ 分别是海氏(Heaviside) 函数 $H(z)$ 和狄拉克(Dirac) 函数 $\delta(z)$ 的正则化形式。

$H(z)$ 和 $\delta(z)$ 函数可以表示为

$$H(z) = \begin{cases} 1, & \text{if } z \geqslant 0, \\ 0, & \text{if } z < 0, \end{cases} \qquad \delta(z) = \frac{\mathrm{d}}{\mathrm{d}z}H(z) \tag{6-11}$$

上述最小化问题可以通过求解能量泛函对应的 Euler-Lagrange 方程来实现，最后可以得到如下的水平集演化方程，即

$$\frac{\partial\phi}{\partial t} = \delta_\varepsilon(\phi)\left[\mu\mathrm{div}\left(\frac{\nabla\phi}{|\nabla\phi|}\right) - v - \lambda_1(u_0 - c_1)^2 + \lambda_2(u_0 - c_2)^2\right] \tag{6-12a}$$

$$\mu\phi(0,x,y) = \phi_0(x,y) \text{ in } \Omega \tag{6-12b}$$

$$\frac{\delta_\varepsilon(\phi)}{|\nabla\phi|}\frac{\partial\phi}{\partial\vec{n}} = 0 \text{ on } \partial\Omega \tag{6-12c}$$

其中，式(6-12b)为初始条件；式(6-12c)为边界条件；式(6-12a)中灰度均值 c_1 和 c_2 可分别在每次迭代中采用如下方式进行更新，即

$$c_1(\phi)=\frac{\int_\Omega u_0(x,\ y)H_\varepsilon(\phi(x,\ y))\mathrm{d}x\mathrm{d}y}{\int_\Omega H(\phi(x,\ y))\mathrm{d}x\mathrm{d}y},\quad c_2(\phi)=\frac{\int_\Omega u_0(x,\ y)(1-H_\varepsilon(\phi(x,\ y)))\mathrm{d}x\mathrm{d}y}{\int_\Omega (1-H_\varepsilon(\phi(x,\ y)))\mathrm{d}x\mathrm{d}y} \tag{6-13}$$

式(6-13)中 ϕ 的解即为光学影像分割结果。

6.2　基于多尺度统计模型的单极化 SAR 影像水体精确提取

如图 6-3 所示为多尺度水平集分割的基本框架图。由于 Gamma 分布能很好地描述均匀 SAR 影像的统计分布特征，因此，本节利用 Gamma 统计分布来定义水平集的能量函数，并且对于分解后的尺度影像，通过对视数 V 的调节也可满足 Gamma 分布。

主要流程如下：

(1)将原始 SAR 影像通过金字塔分解为 L 个尺度影像，令 $K=L$；

(2)利用 OTSU 算法初始化 L 尺度影像的零水平集函数，利用 Gamma 模型定义水平集能量函数，并获得 L 尺度影像的水平集分割结果；

(3)利用 L 尺度影像的分割结果初始化 K 尺度影像的零水平集函数，结合对应的系列尺度影像得到 K 尺度影像水平集分割结果；

(4)令 $K=K-1$；

(5)如果 $K>0$，返回步骤(3)，否则，结束。

6.2.1　基于 Gamma 分布的水平集分割模型

令 $I(x,\ y)$：$\Omega\to R$，$\Omega\subset R^2$ 表示一个灰度图像，其中 $I(x,\ y)$ 为灰度值，Ω 为图像的定义域，ϕ：$\Omega\to R$ 为 Lipschitz 连续的水平集函数，边界曲线 $C\subset\Omega$ 将图像 $I(x,\ y)$ 分为曲线内部 Ω_1 和曲线外部 Ω_2 两部分，并通过最小化关于曲线 C 的能量泛函 $F(C)$ 演化边界曲线实现分割。传统的基于 CV 模型的能量泛函为：

$$\begin{aligned}F(c_1,\ c_2,\ \phi)=&\mu\int_\Omega\delta(\phi(x,\ y))\,|\nabla\phi(x,\ y)|\,\mathrm{d}x\mathrm{d}y\\&+v\int_\Omega H_\varepsilon(\phi(x,\ y))\mathrm{d}x\mathrm{d}y\\&+\lambda_1\int_\Omega|u_0(x,\ y)-c_1|^2H(\phi(x,\ y))\mathrm{d}x\mathrm{d}y\\&+\lambda_2\int_\Omega|u_0(x,\ y)-c_2|^2(1-H(\phi(x,\ y)))\mathrm{d}x\mathrm{d}y\end{aligned} \tag{6-14}$$

式中，H 为 Heaviside 函数，$H(z)=\begin{cases}1, & \text{if } z\geqslant 0,\\0, & \text{if } z<0,\end{cases}$ $\delta(z)$ 为一维的 Dirac 函数，$\delta_0(z)=\frac{\mathrm{d}}{\mathrm{d}z}H(z)$，$\mu\geqslant 0$，$\nu\geqslant 0$，$\lambda_1\geqslant 0$，$\lambda_2\geqslant 0$ 为固定系数，c_1 和 c_2 分别表示曲线 C 内外的平均

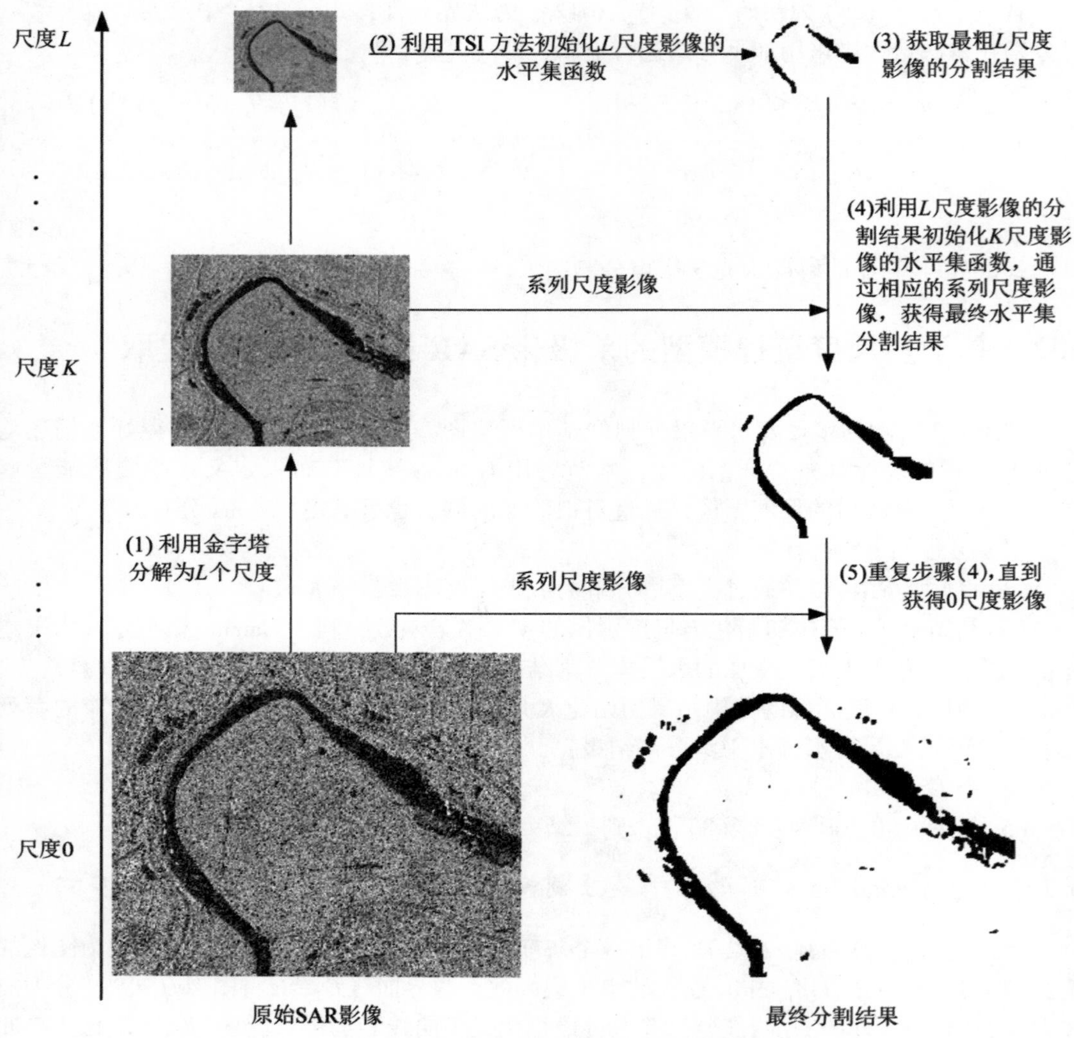

图 6-3 多尺度水平集分割框架

灰度。水平集函数 $\phi(x, y)$ 表示分割区域$\{\Omega_1, \phi > 0\}$和分割区域$\{\Omega_2, \phi < 0\}$。

本节考虑到相干斑噪声影响，将 SAR 影像分割区域$\{\Omega_i, i = 1, 2\}$内的概率密度函数表示为均值为 u_i，有效视数为 L 的 Gamma 分布模型：

$$P(u_0(x)) = \frac{L^L}{u_i \Gamma(L)} \left(\frac{u_0(x)}{u_i} \right)^{L-1} \mathrm{e}^{-\frac{L \cdot u_0(x)}{u_i}} \tag{6-15}$$

对于多尺度分解后的尺度影像，其分割区域内的概率密度函数也满足 Gamma 分布，具体推导过程如下：

对于统一规则格网，金字塔多尺度分解是取相邻的 4 个像素的均值。对于给定的影像 $I_0(X)$，$X = (x, y)$，假设多尺度分解后的尺度影像为 $I(\tilde{X})$，$\forall \tilde{X} \in I$，则 $I(\tilde{X}) =$

$\frac{1}{4}\sum_{i=1}^{4} I_0(X_i)$，$X_i \in I_0$。

假设对于随机变量 Y，定义矩母函数为：$\phi_Y(t) = E(e^{tY}) = \int e^{tY}dF(Y)$，$t \in \mathbf{R}$，对于 Gamma 分布 $\Gamma(\mu, L)$，$P_{\mu, L}(y) = \frac{L^L}{\mu\Gamma(L)}\left(\frac{y}{\mu}\right)^{L-1} e^{-\frac{L_y}{\mu}}$ 而言，矩母函数可以改写为 $\phi_Y(t) = \left(\frac{1}{1-\frac{\mu}{L}t}\right)^L$。通过上述描述，金字塔多尺度分解后像素值为 $\tilde{Y} = \frac{1}{4}\sum_{i=1}^{4} Y_i$，其中 Y_i 为原始影像的像素值，$\tilde{Y}$ 为分解后影像的像素值。假设 Y_i 为独立同分布，则我们可以获得 $\tilde{Y}$ 的矩母函数。

令 $Y' = \sum_{i=1}^{4} Y_i$，$\phi_{Y'}(t) = \prod_{i=1}^{4}\phi_{Y_i}(t) = \left(\frac{1}{1-\frac{\mu}{L}t}\right)^{4L}$，则 $\tilde{Y} = \frac{1}{4}Y'$，$\phi_{\tilde{Y}}(t) = \phi_{Y'}\left(\frac{1}{4}t\right) = \left(\frac{1}{1-\frac{\mu}{4L}t}\right)^{4L}$。矩母函数具有如下特性：如果两个分布具有相同的矩母函数，则每个随机点都是同一的。因为 $\Gamma(\mu, 4L)$ 的矩母函数为 $\left(\frac{1}{1-\frac{\mu}{4L}t}\right)^{4L}$，则 $\tilde{Y} \sim \Gamma(\mu, 4L)$，即尺度影像 $\tilde{Y}$ 满足有效视数为 $4L$ 的 Gamma 分布。

因此，对于 SAR 影像，结合公式(6-15)，相应的水平集能量泛函可以转化为：

$$
\begin{aligned}
F(\phi, p_1, p_2) = \ & \mu\int_\Omega \nabla H(\phi)\mathrm{d}x\mathrm{d}y + \nu\int_\Omega H(\phi)\mathrm{d}x\mathrm{d}y \\
& - \lambda_1\int_\Omega H(\phi)\lg p_1\mathrm{d}x\mathrm{d}y \\
& - \lambda_2\int_\Omega (1 - H(\phi))\lg p_2\mathrm{d}x\mathrm{d}y
\end{aligned} \tag{6-16}
$$

对能量函数(6-16) 求一阶变分，可以导出如下 Euler-Lagrange 方程：

$$
\frac{\partial\phi}{\partial t} = \delta_\varepsilon(\phi)\left[\mu\mathrm{div}\left(\frac{\nabla\phi}{|\nabla\phi|}\right) - v - \lambda_1\lg p_1(y \mid \theta_1) + \lambda_2\lg p_2(y \mid \theta_2)\right] \tag{6-17}
$$

上式中 ϕ 的解即为图像分割结果。

接下来是估计 Gamma 分布的参数 $\theta = \{u_i\}$。本节采用最大似然估计算法 $\theta_* = \arg\max \lg p(y \mid \theta)$。假设，对于每个目标区域，样本 y_j，$j = 1$，…，N 满足独立同分布，最大似然的对数形式为 $\lg p(y \mid \theta) = \lg\prod_{j=1}^{N} p(y_j \mid \theta) = \sum_{j=1}^{N}\lg p(y_j \mid \theta)$，利用 $\lg p(y \mid \theta)$ 来对 $\theta = \{u_i\}$ 进行估计，则：

$$
u_i = \frac{\sum_{j=1}^{N_j} y_j}{N_i} \tag{6-18}
$$

式中，N_i 为区域 Ω_i 内的像素个数。

6.2.2 改进的零水平集函数

经典的 CV 模型水平集方法采用符号距离函数(SDF)来初始化零水平集函数，而通常的符号距离函数收敛很慢，且容易收敛到局部极小值。利用 SDF 来初始化零水平集(通常为圆或者矩形)，如果某点像素远离初始化的圆或者矩形边缘时，则该点难以演化至边缘，反之亦然，该方法完全取决于空间位置关系，没有考虑图像本身的灰度信息。更好的初始化可以使用其他方法获得的粗略目标轮廓来初始化水平集函数。

OTSU 算法(1979)是一种非参数化的自动阈值分割方法，它是一种经典的光学影像分割方法，但是对于高分 SAR 影像来说，由于强烈的相干斑噪声影响，该算法难以直接用于 SAR 影像分割。考虑到粗尺度影像上分辨率降低，噪声干扰减弱，本节将 OTSU 算法用于多尺度分解后的最粗尺度影像，用来初始化零水平集函数。假设 t^* 为通过 OTSU 算法计算出来的分割阈值，I_L 为多尺度分解后的最粗尺度影像，则可以通过式(6-19)来初始化零水平集函数 ϕ(如图 6-4 所示)：

$$\phi = I_L - t^* \tag{6-19}$$

则可以得到零水平集函数 $\phi = 0$，为影像上满足 $I_L = t^*$ 的点集。

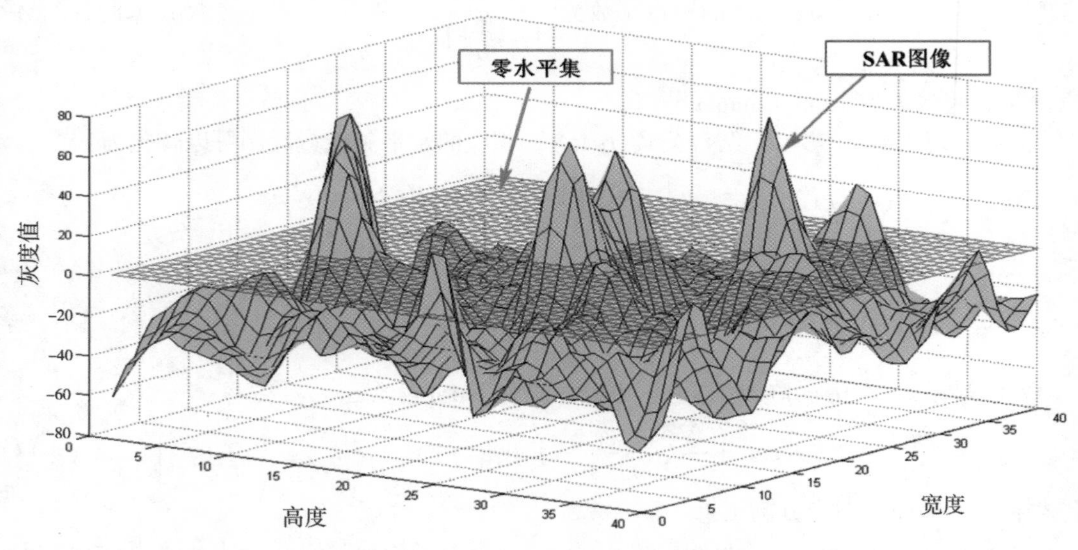

图 6-4　零水平集函数初始化

具体思路如下：将二维图像灰度值看作定义域为其像素点的二元函数，从演化结果来看，也可看作用水平集函数对原始图像的逼近，泛函表示逼近的误差。则水平集函数 ϕ 的值为图像灰度值与零水平集的差值。当水平集函数演化时，如果图像某点灰度值与 OTSU 阈值相差较大时，则该点难以演化，反之，容易演化到边缘。

本小节选取了三组 SAR 影像进行了基于多尺度统计模型的 SAR 影像水体提取实验，

实验数据的具体情况见表 6-1。

表 6-1 **SAR 影像水体精确提取实验数据**

水体区域	淮河	汉江	长江
传感器	Radarsat-2 (VV 极化)	TerraSAR-X(VV 极化)	TerraSAR-X(VV 极化)
轨道	降轨	升轨	升轨
模式	精细模式	聚束模式	聚束模式
时间	2009 年 12 月 7 日	2008 年 10 月 9 日	2008 年 10 月 9 日
分辨率	3 m	1 m	1 m
图像大小(像素)	3024×2263	7153×1948	15540×14550

为了验证本节方法的优越性，与以下方法进行了对比：

方法一：一种基于 MRF 分类的水体提取方法(Picco et al.，2011)；

方法二：一种基于 log-normal 水平集模型的水体分割方法(Silveira et al.，2009)。

本节实验图像都未进行滤波处理，多尺度分解到 2 层，采用的平滑因子 WS=2，如果分割出的对象平滑因子小于 2，则被剔除。中央周边差的权重因子 ω 为 0.1。图 6-5(a)所示为淮河区域原始 SAR 影像，该影像为 2009 年 Radarsat-2 传感器获取的 VV 极化单视 SAR 影像，影像分辨率为 3m，影像大小为 3024×2263 像素。图 6-5 为淮河水体精确提取结果比较。图 6-5(a)为原始影像，图 6-5(b)为人工标记水体影像，图 6-5(c)~(e)为上述各方法提取的水体结果图。实验结果表明，本节方法图 6-5(e)不仅可以得到完整准确的水体提取结果，也消除了部分道路、农田、阴影等暗目标的干扰。

图 6-6 所示为汉江水体提取结果。图 6-6(a)为长江流域分支汉江的 TSX-1 SAR 影像，拍摄于 2008 年，VV 极化方式，分辨率为 1m，影像大小为 7153×1948 像素。图 6-6(b)为人工标记水体范围，图 6-6(c)~(e)分别为基于方法一、方法二和本节方法得到的水体提取结果。从实验结果来看，本节方法提取的水体范围比较完整和精确。

为了验证方法的有效性，本节采用整体精度和 Kappa 系数来定量描述水体提取的精度，并计算了各个方法的时间效率，具体结果见表 6-2。

假设 SAR 影像大小为 $M \times N$ 像素，$\widehat{X}$ 为水体提取结果，R 为人工提取结果，错误分类结果可以定义为 $E = \widehat{X} - R$，则分类正确率可以表示为：

$$\mathrm{OA} = 1 - \frac{l}{M \times N} \times 100\% \tag{6-20}$$

其中，l 为 E 中非零的像素个数。

Kappa 系数计算公式如下：

$$\mathrm{Kappa} = \frac{(M \times N) \sum_{i}^{r} x_{ii} - \sum (x_{i+} x_{+i})}{(M \times N)^2 - \sum (x_{i+} x_{+i})} \tag{6-21}$$

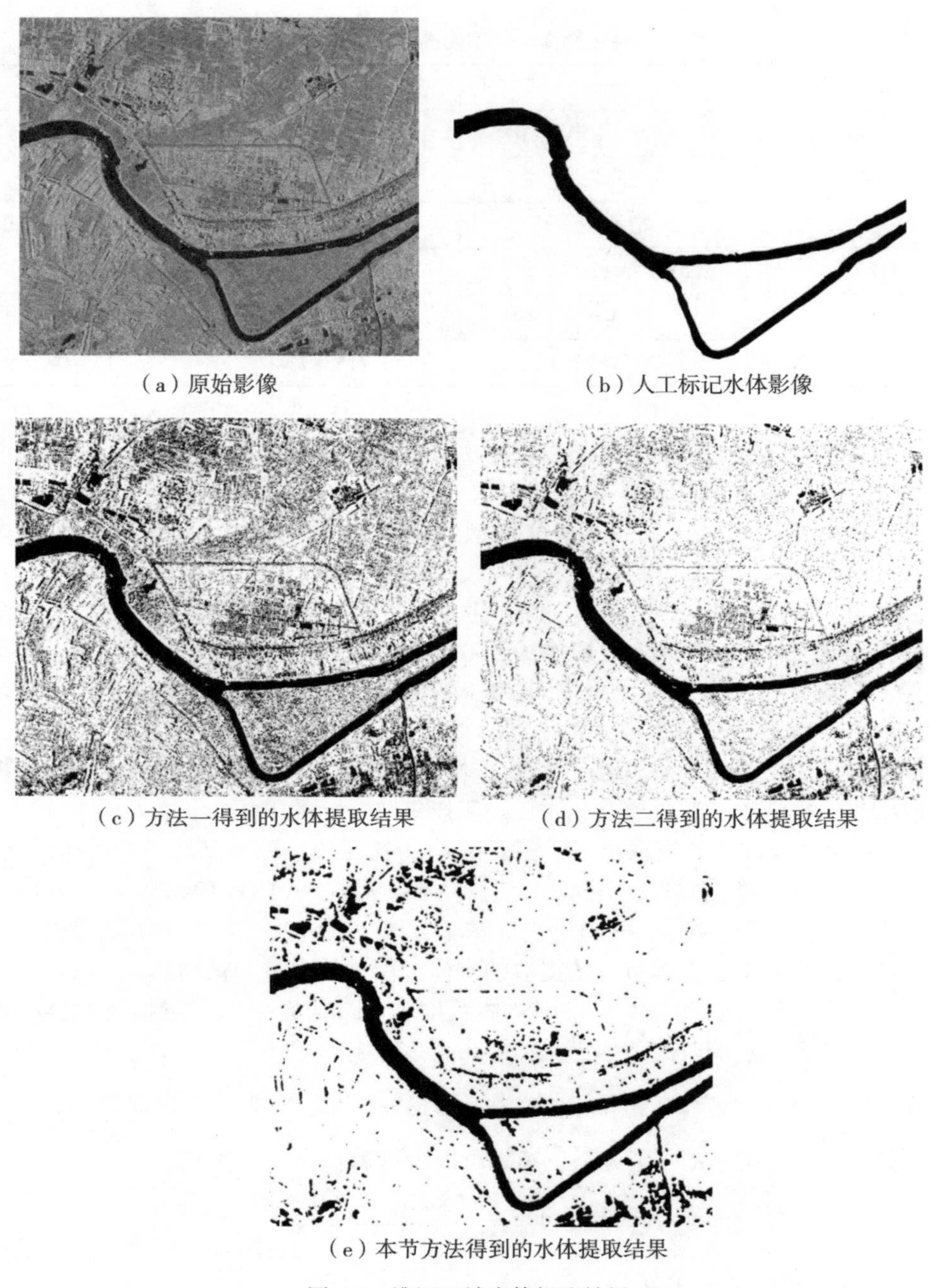

（a）原始影像　　（b）人工标记水体影像

（c）方法一得到的水体提取结果　　（d）方法二得到的水体提取结果

（e）本节方法得到的水体提取结果

图 6-5　淮河区域水体提取结果

其中，r 为混淆矩阵行数，x_{ii} 为主对角线的值，x_{i+} 和 x_{+i} 分别为 i 行和 i 列的数值总和。

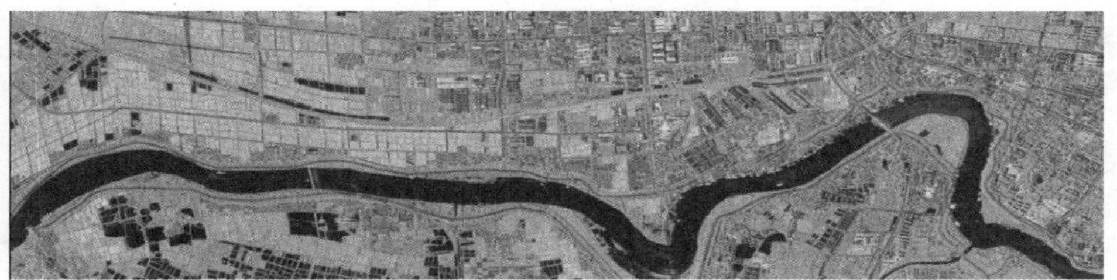

(a)疑似水体区域

(b)人工标记水体影像

(c)方法一水体提取结果

(d)方法二水体提取结果

(e)本节方法水体提取结果

图 6-6 汉江水体提取结果

表 6-2　　精度与效率对比

方法		整体精度	Kappa 系数	时间效率(s)
Radarsat-2 淮河影像	方法一	79.22	0.262	160.778
	方法二	92.39	0.530	70.576
	本方法	**93.38**	**0.711**	**60.884**
TerraSAR-X 汉江影像	方法一	81.80	0.434	318.364
	方法二	88.71	0.577	176.319
	本方法	**94.17**	**0.731**	**180.984**

从表 6-2 可以看出，本节提出的方法无论是提取精度还是计算效率都优于现有的水体提取方法。

6.3　基于极化水平集函数的全极化 SAR 影像水体信息提取

极化 SAR 影像不同于传统 SAR 影像，其能够通过四种不同的极化方式对地物进行分别成像，多角度探测地物的散射特性，从而为区分水体与其他弱散射地物提供了可能，利用极化 SAR 影像进行水体提取是国际上公认的有效方法。但由于弱散射地物的散射特征相似，并且由于相干斑噪声和雷达视数的影响，因而利用极化 SAR 影像进行水体提取仍然面临着如何充分挖掘有效的散射特征和构造有效模型来描述水体与其他弱散射地物在分布上的差异等挑战。

目前基于极化 SAR 影像的水体提取方法主要分为基于分类与基于分割的水体提取。基于分类的水体提取方法可分为监督分类和非监督聚类方法，前者通过选取训练样本，利用各种分类器，例如最大似然、神经网络以及支持向量机等进行水体提取。监督分类的方法虽然可以在一定程度上区分水体与其他弱散射地物，但是需要大量地选取图像场景内不同类别的样本，并且分类器训练和参数优化都需要较长的时间，因而存在一定弊端。后者通过图像场景内地物散射特征进行聚类，最常用的经典方法包括 H-alpha-Wishart 以及 H-alpha-A-Wishart 聚类，聚类方法可以对地物类别进行大致区分，由于得到该方法根据不同像素点与地物类别中心距离进行判别类别属性，但是弱散射地物和其他地物差异太大，因而会出现水体等和其他弱散射地物分为一类的情况。基于分割的水体提取方法主要利用极化 SAR 影像的极化通道特征、相干通道特征、极化分解特征以及图像的纹理特征和几何特征等构建水体与其他弱散射地物的差异，进行分割提取。该种方法主要通过分析对比不同特征组合和构建过程中，统计分析水体与其他弱散射地物特征差异，利用差异以及其他辅助数据，例如 DEM(数字高程模型)数据以及 GIS(地理信息系统)矢量数据等基础地理信息数据进行阈值分割，从而实现水体提取。

基于水平集曲线演化的分割算法能够对拓扑改变区域做出灵活调整，从而能够有效提取图像中的孤立区域，并且该算法允许通过图像特性构建不同的能量函数来驱动水平集函数进行曲线演化，较为准确地逼近水体边界。基于以上考虑，本节提出了一种地理信息数据辅助下的极化SAR影像水体精确提取方法。该方法的主要创新点在于：

(1)提出了一种结合Wishart分布和坡度信息的水平集分割模型，在水平集框架中，基于极化SAR数据模型以及其服从的概率分布，利用中低分辨率的DEM中生成的坡度作为额外的约束力，在分割图像得到水体的同时去除PolSAR图像中的阴影。

(2)利用先验的水体矢量信息初始化零水平集曲线，保证水平集边界演化的高效性与准确性。

(3)利用极化散射特性圆极化相关系数，对提取结果进行精细化处理。

图6-7所示为此方法的基本流程图：

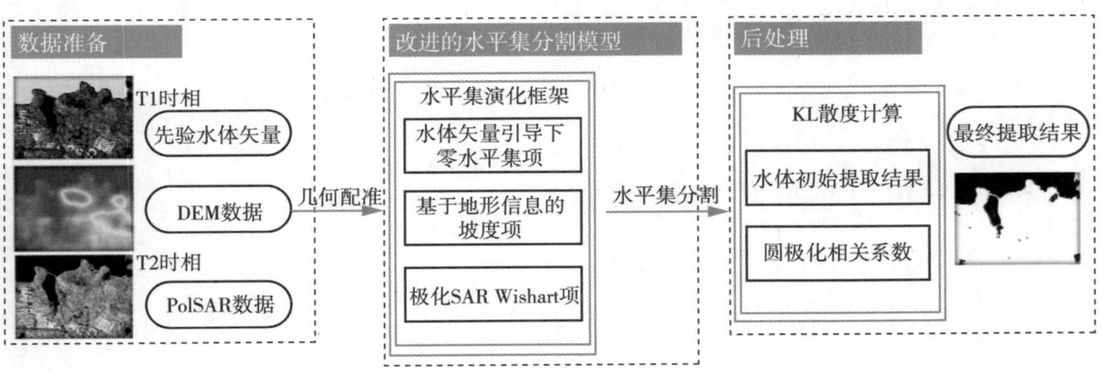

图6-7 基于水平集函数的极化SAR影像水体精确提取流程

6.3.1 基于Wishart分布和坡度信息的全极化SAR水平集水体分割模型

假设Ω为全极化影像的图像域，曲线C将其划分为Ω_1和Ω_2两个子域，$P(D(X)\mid\Omega_i)(i=1,2)$为图像$\Omega$的概率密度函数，$X$为图像$\Omega$上任意位置的像素，$D(X)$为一个该位置的$3\times3$的Hermitian正定的$C3$矩阵，图像上每一个$X$均可用$D(X)$表达。

$D(X)$满足如下Wishart分布：

$$P(D(X)\mid\Omega_i)=\frac{\det(D(X))^{L-q}\exp\{-L\mathrm{tr}(\Sigma_{\Omega_i}^{-1}D(X))\}}{K(L,q)(\det\Sigma_{\Omega_i})^{L}}\tag{6-22}$$

其中，Σ_{Ω_i}表示子图像域Ω_i的平均协方差，tr表示矩阵的迹。函数$K(L,q)=\pi^{n(n-1)/2}\Gamma(L)\cdots\Gamma(L-n+1)$中，$L$为SAR影像视数，$n$为复数散射矢量的维数。

基于Wishart分布的能量函数表达式如下：

$$E(\Omega_1, \Omega_2, D(X)) = -\ln\left\{\sum_{i=1}^{2}\lambda_i\int_{\Omega_i}P(D(X)\mid\Omega_i)\mathrm{d}\Omega\right\} + \mu\oint g(X)\mathrm{d}s \tag{6-23}$$

其中，λ_i 和 μ 为常数，$g(X)$ 为文献(Chan et al.，2001)中提到的边缘检测函数。

为了剔除阴影的影响，将地形数据中的坡度信息加入上述能量函数中，相应的能量函数转变为：

$$E(\Omega_1, \Omega_2, D(X), S(X)) = -\ln\left\{\sum_{i=1}^{2}\lambda_i\int_{\Omega_i}P(D(X)\mid\Omega_i)\mathrm{d}\Omega + \omega_i\int_{\Omega_i}S(X\mid\Omega_i)\mathrm{d}\Omega\right\} + \mu\oint g(X)\mathrm{d}s \tag{6-24}$$

其中，$S(X\mid\Omega_i)$ 为图像 Ω_i 中坡度信息的均值，ω_i 为一系数常量。因为山区阴影的坡度值要大于水体的坡度值，因此在水平集演化函数中加入地形数据使得水体提取结果更为精确。

通过引入水平集函数 $\phi(x, y)$，上述能量函数可改写为如下形式：

$$\begin{aligned}
&E(R_1, R_2, \phi(x,y), S(x,y)) \\
&= \int_{\Omega}(\ln\mid R_1\mid + \mathrm{tr}(R_1^{-1}D(x,y)) \\
&\quad + \mid S(x,y) - S_1(x,y)\mid^2)\cdot H(\phi(x,y))\mathrm{d}x\mathrm{d}y \\
&\quad + \int_{\Omega}(\ln\mid R_2\mid + \mathrm{tr}(R_2^{-1}D(x,y)) + \mid S(x,y) - S_2(x,y)\mid^2)\cdot(1 - H(\phi(x,y)))\mathrm{d}x\mathrm{d}y) \\
&\quad + \mu\int_{\Omega}(\delta(\phi(x,y))g(x,y)\mid\nabla\phi(x,y)\mid\mathrm{d}x\mathrm{d}y
\end{aligned} \tag{6-25}$$

其中，H 和 δ 分别是海氏(Heaviside)函数 $H(z)$ 和狄拉克(Dirac)函数 $\delta(z)$ 的正则化形式。$H(z)$ 和 $\delta(z)$ 函数的公式如式(6-26)所示：

$$H(z) = \begin{cases}1, & \text{if } z \geqslant 0 \\ 0, & \text{if } z < 0\end{cases}, \quad \delta(z) = \frac{\mathrm{d}}{\mathrm{d}z}H(z) \tag{6-26}$$

上述最小化问题可以通过求解能量泛函对应的 Euler-Lagrange 方程来实现，最后可以得到如下的水平集演化方程：

$$\frac{\partial\phi}{\partial t} = \delta(\phi)\times\begin{pmatrix}\mu\mathrm{div}\left(g\dfrac{\nabla\phi}{\mid\nabla\phi\mid}\right) \\ -((\ln\mid R_1\mid + \mathrm{tr}(R_1^{-1}D)) + \omega_1(S_0 - S_1)^2) \\ +((\ln\mid R_2\mid + \mathrm{tr}(R_2^{-1}D)) + \omega_2(S_0 - S_2)^2)\end{pmatrix} \tag{6-27}$$

上式中 ϕ 的解即为极化 SAR 影像水体分割结果。

6.3.2　基于GIS矢量信息的零水平集初始化方法

合适的初始曲线位置可以使水平集曲线演化更加精确和有效。不同于6.2小节中所采用的OSTU分割结果来表示初始曲线，在初始化零水平集曲线时，我们关注的是与现有的已经存在的永久水体的空间关系。灾前收集的矢量数据，可以作为初始数据。此外，为了使水平集曲线初始化策略更适合于水体提取场景，我们定义了永久水体的缓冲范围辅助确定零水平集曲线的初始位置。

$$\phi_0(\mu(x,\ y)) = \mathrm{Span}(\mu(x,\ y)) - \delta(BD(\mu(x,\ y),\ \mu_0(x_0,\ y_0))) \tag{6-28}$$

其中，Span为极化SAR总功率，δ为狄利克雷函数，$BD(\mu(x,\ y),\ \mu_0(x_0,\ y_0))$表示图像中$\mu(x,\ y)$点到零水平集曲线位置$\mu_0(x_0,\ y_0)$的缓冲区距离。

6.3.3　基于散射特性的水体提取优化处理

利用极化SAR图像的散射特性，可以在一定程度上区分出其他低背向散射物体(Shi et al.，2012)。表面粗糙度是弱散射地物最明显的特征，尤其是圆极化散射系数常用来表示被区分水体与其他弱散射地物等。因此，我们提出了一种通过计算kullback-leibler散度来优化结果的方法。假设圆极化散射系数服从高斯分布，水体检测结果可以用以下方法进行后处理：

$$KL_{\rho_{\mathrm{RRLL}}}(p,\ p_i) = \frac{1}{2}\left(\lg\frac{\sigma_i^2}{\sigma^2} + \left(\frac{\sigma^2}{\sigma_i^2} - 1\right) + \frac{(\mu - \mu_i)^2}{\sigma_i^2}\right)(i = 1,\ 2) \tag{6-29}$$

式中，$i=1$表示真实水体，$i=2$表示其他易混淆的弱散射地物。p_1代表真实水体的概率密度函数，p_2代表其他非水体弱散射地物的概率密度函数，μ和σ^2分别表示均值和方差，通过计算并比较$\mathrm{KL}_{\rho_{\mathrm{RRLL}}}(p,\ p_1)$与$KL_{\rho_{\mathrm{RRLL}}}(p,\ p_1)$确定最终的结果。

本小节采用三组极化SAR影像数据来验证本节方法的有效性。前两组数据为武汉市湖区的Radarsat-2极化SAR数据，拍摄时间是2016年7月6日。第三组数据是2017年7月12日拍摄的吉林省松花江流域的高分3号极化SAR数据。这三组数据都是精细四极化模式，8m分辨率。DEM数据来自ASTER GDEM，垂直精度为20m，水平精度为30m。

为了验证本节方法的优越性，与以下方法进行了对比：

方法一：一种基于多尺度水平集分割的水体提取方法(Sui et al.，2012)；

方法二：一种基于精细区域生长算法的水体提取方法(Laura et al.，2013)。

图6-8和图6-9所示分别为武汉市严西湖和严东湖的极化SAR水体提取比较结果，图像大小分别为330×470像素和230×340像素。

图6-10所示为吉林省松花江全极化SAR影像水体提取结果比较，图像大小为944×658像素。

为了验证本方法的提取精度，采用虚景率(P_{FA})、漏检率(P_{MD})、Kappa系数(KC)和正确检测率(PCC)等指标来描述。

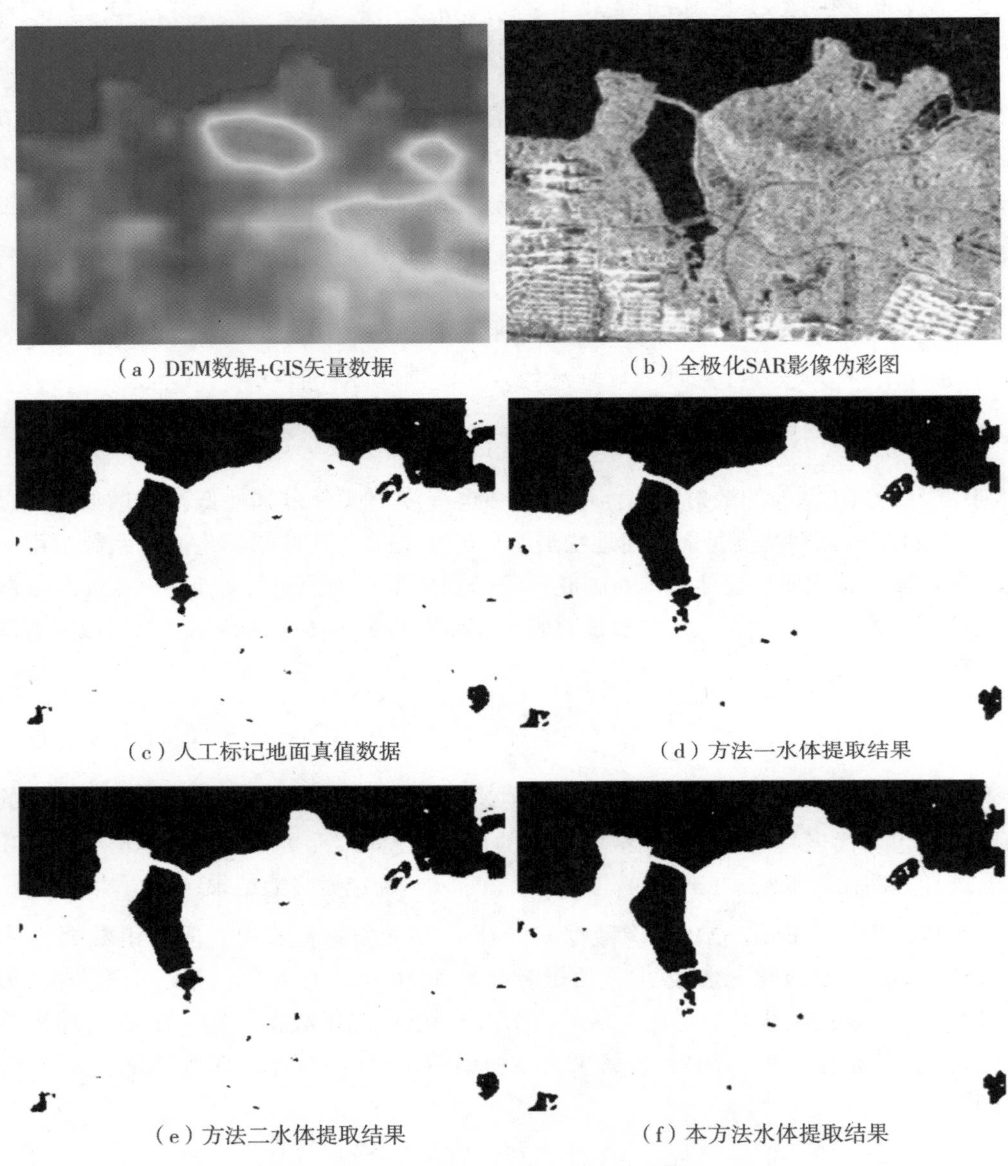

（a）DEM数据+GIS矢量数据　　（b）全极化SAR影像伪彩图

（c）人工标记地面真值数据　　（d）方法一水体提取结果

（e）方法二水体提取结果　　（f）本方法水体提取结果

图 6-8　严西湖全极化 SAR 影像水体提取结果比较

$$P_{FA} = FP/(FP+TP)\times 100\%$$

$$P_{MD} = FN/(FN+TP)\times 100\%$$

$$PCC = (TN+TP)/(FP+FN+TN+TP)\times 100\%$$

其中，FP 表示将非水体的目标检测为水体的情况，FN 表示将真实水体检测为非水体的情况，TN 表示将非水体的目标检测为非水体的情况，TP 表示将水体目标检测为水体的情况。

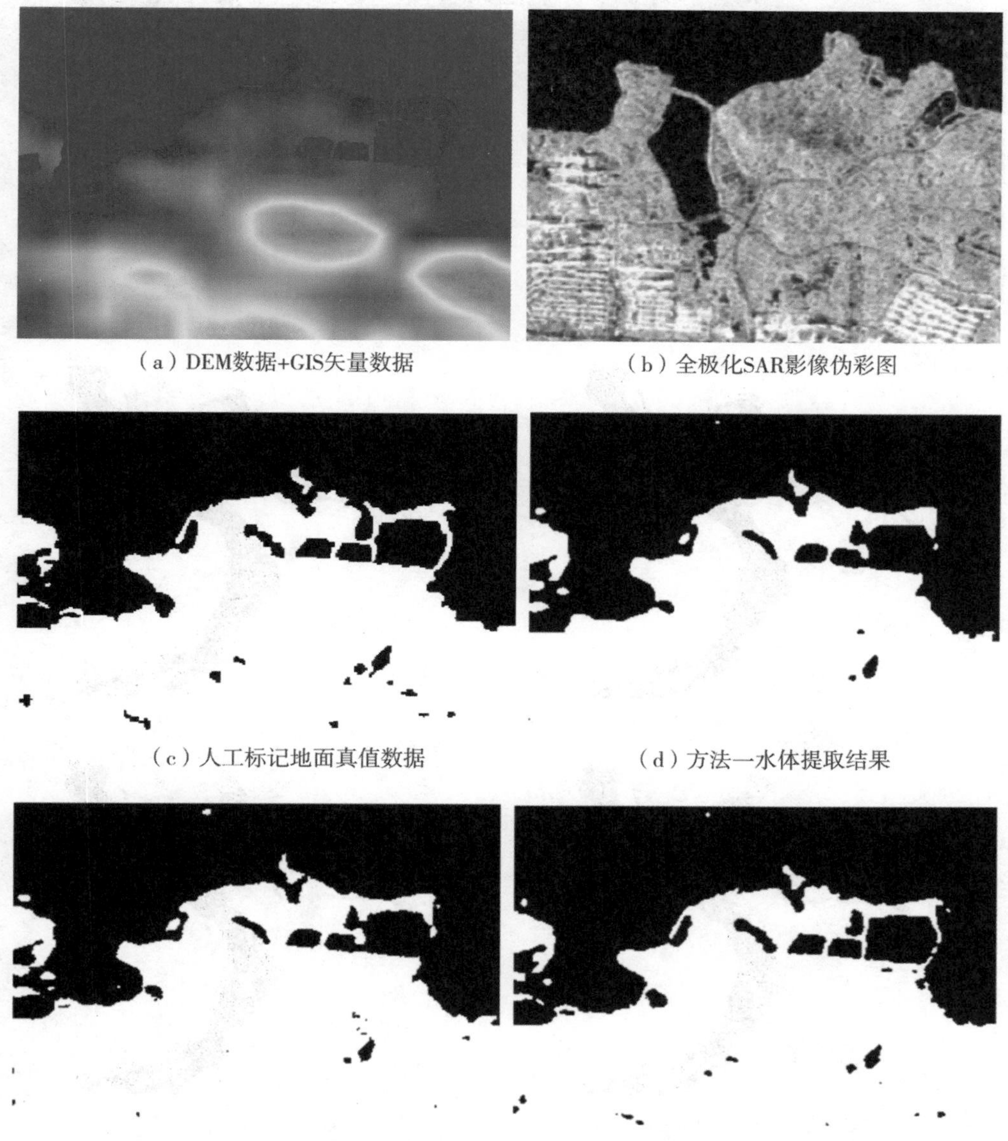

（a）DEM数据+GIS矢量数据　（b）全极化SAR影像伪彩图

（c）人工标记地面真值数据　（d）方法一水体提取结果

（e）方法二水体提取结果　（f）本方法水体提取结果

图 6-9　严东湖全极化 SAR 影像水体提取结果比较

从上述实验结果和精度定量分析表 6-3 中可以看出，本节提出的方法得到的虚景率和漏景率最低，水体提取的准确率和 Kappa 系数最高。从实验结果目视可以看出本节方法在水平集能量函数中引入坡度项后，可以有效地消除陆地上山体部分的阴影。基于极化特性的后处理方法相比于其他两种方法，影像上裸地和道路也剔除得更为精确。

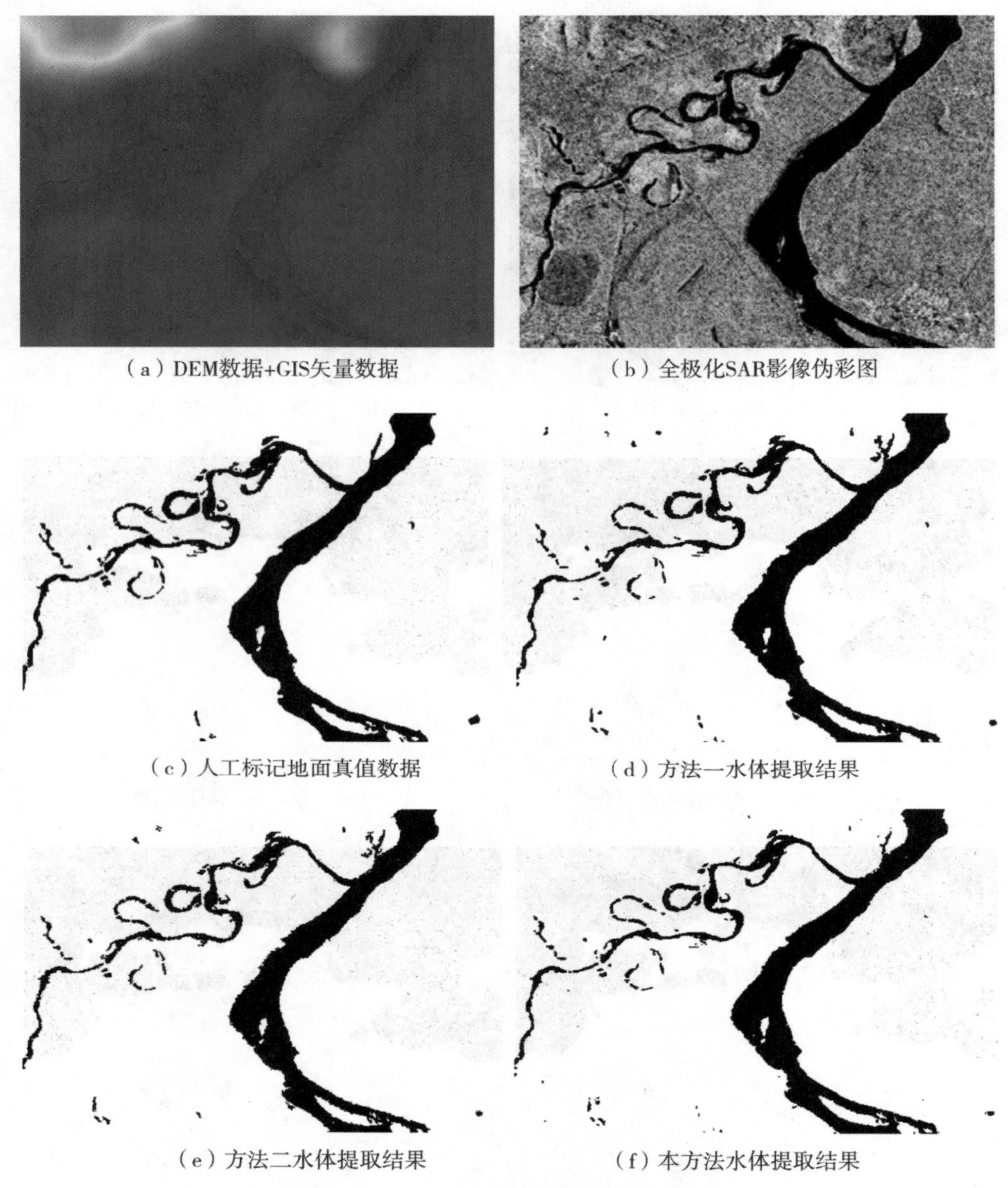

（a）DEM数据+GIS矢量数据　（b）全极化SAR影像伪彩图

（c）人工标记地面真值数据　（d）方法一水体提取结果

（e）方法二水体提取结果　（f）本方法水体提取结果

图 6-10 松花江全极化 SAR 影像水体提取结果比较

表 6-3 **全极化 SAR 影像水体提取精度定量分析表精度与效率对比**

实验方法	严西湖实验数据			
	P_{FA}(%)	P_{MD}(%)	PCC(%)	KC(%)
方法一	3.25	4.06	98.03	92.37
方法二	1.74	7.00	97.75	92.03

续表

实验方法	严西湖实验数据			
	P_{FA}(%)	P_{MD}(%)	PCC(%)	KC(%)
本方法	**1.90**	**3.28**	**98.63**	**92.49**
严东湖实验数据				
方法一	1.28	4.85	97.14	92.37
方法二	1.05	5.44	96.97	92.03
本方法	**1.00**	**2.91**	**98.16**	**92.49**
松花江实验数据				
方法一	7.62	5.80	98.39	92.37
方法二	9.27	4.69	98.34	92.03
本方法	**10.54**	**2.39**	**98.46**	**92.49**

6.4 SAR 影像洪水信息提取与配准一体化方法

6.4.1 基于光学和 SAR 影像分割的洪水范围提取

利用 6.1 和 6.2 小节分别获取灾前光学和灾后 SAR 影像的水体分割结果，并对分割结果进行分类比较。在分类比较法中，如果两时相图像对应位置两像素具有相同的类别信息，则不是变化像素；否则，为变化像素。通过比较分类结果可得变化图像，即洪水范围。

$$B_{ij}=\begin{Bmatrix}1, & \text{if}(\Omega_{ij}^1\neq\Omega_{ij}^2)\\0, & \text{else}\end{Bmatrix}\tag{6-30}$$

其中，Ω_{ij}^1 表示光学影像水体分割结果，Ω_{ij}^2 表示 SAR 影像水体分割结果。

6.4.2 GIS 信息辅助下的洪水提取与配准一体化方法

洪水发生时，由于风浪的影响，会造成 SAR 图像上水体表面出现一系列亮条纹，影响水体提取的均匀性。基于此，在水系 GIS 数据的辅助下，提出一种基于水平集迭代演化和三角网优化匹配相结合的水体提取与配准一体化方法，核心思路是分割、配准、变化检测和提取的一体化。通过基于 GIS 矢量信息的水平集迭代演化分割方法和基于全局约束的三角网优化匹配方法实现水体 SAR 图像与 GIS 矢量的自动配准，同时获得配准和水体分割结果，配准成功的水体可作为未变化的水体，未配准的水体可基于 GIS 矢量利用水平集演化得到精确水体边界。

图 6-11 为本节洪水信息提取与配准一体化方法的基本思路。基于水体对象在影像上的显著性，首先，采用视觉注意模型定位影像中的特征显著区域，也即疑似水体区域，利

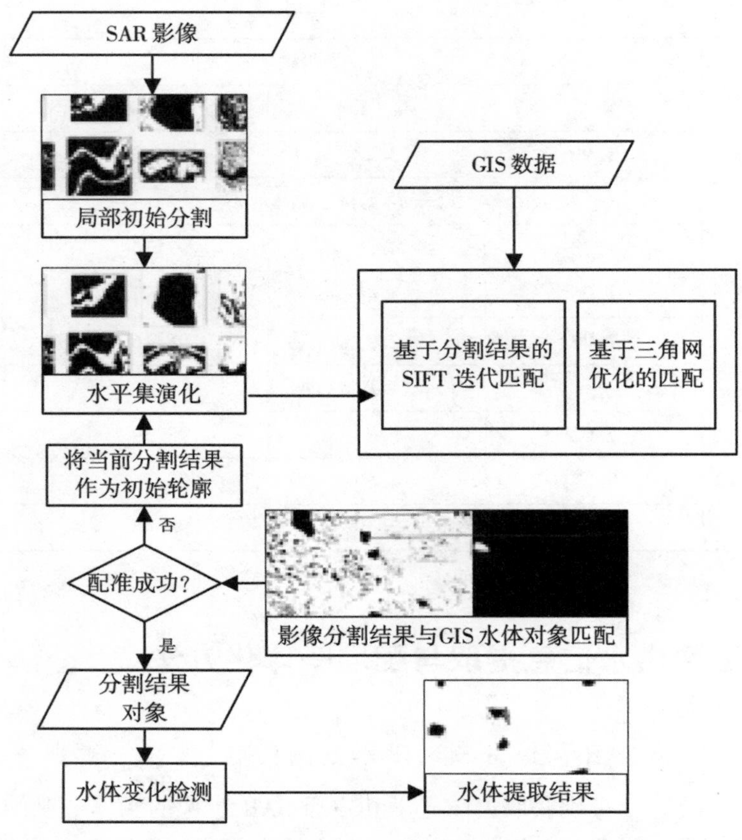

图 6-11　洪水信息提取与配准一体化方法基本思路

用 OTSU 阈值分割方法在显著区域执行初始分割；然后利用水平集方法优化分割结果，同时根据分割对象与 GIS 水体对象的质心进行构网，进而利用三角网进行优化匹配，如果匹配失败，则返回到水平集分割阶段，利用上一次的分割结果初始化水平集模型并执行进一步的分割，直到影像与 GIS 数据成功配准。最终，对分割结果与 GIS 数据执行基于缓冲区的变化检测，同时确定分割对象的水体身份，剔除非水体对象。

配准完成后，影像分割结果能够与 GIS 数据叠加套合。通过执行基于缓冲区的变化检测，分割结果被标识为未变化和变化两类水体对象。分割结果对象在空间位置上没有与 GIS 水体对象叠合的则被认为是待确认对象。水体对象识别是遥感解译领域的难题，基于有限数据难以区分水体与非水体对象。本节旨在借助已有数据尽可能过滤非水体对象，从而提高水体的提取精度。利用已确认水体对象的散射特征作为先验知识可以过滤待确认对象中部分非水体对象，具体步骤为：利用 DBSCAN 方法将已知水体对应像素聚类成簇，然后将待确认对象像素集作为新的样本加入聚类处理，若像素在已有簇的邻域范围内，则并入该簇且认为当前像素为水体像素；统计每个对象中水体像素占像素总数的比例，超过阈值则认为对象为新增水体对象，反之为非水体对象。DBSCAN 的实现细节可参看文献(Ester et al., 1996)。

6.4.3　实验验证

利用武汉水体矢量数据与 2016 年武汉特大洪涝时期获取的 Radarsat-2 数据，进行水体异常信息提取实验。首先利用顾及 GIS 先验信息的 SAR 图像特征提取方法进行矢量数据与 Radarsat-2 数据的配准，配准前后矢量与影像的叠加显示结果如图 6-12 所示：

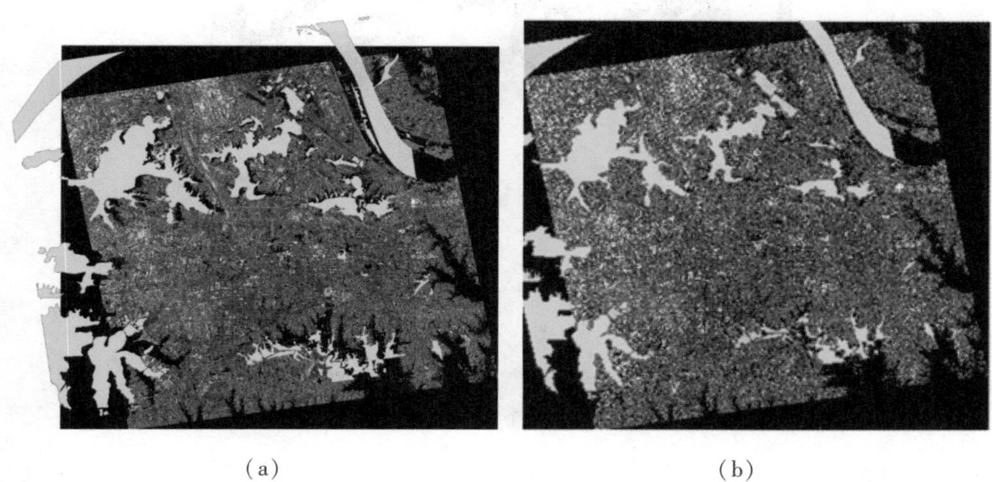

(a)　　　　(b)

图 6-12　水体矢量与 SAR 影像配准前(a)和配准后(b)的叠加显示

在水体矢量数据的辅助下，顾及多特征提取出来的武汉洪涝时期的水体信息如图 6-13 所示：

图 6-13　基于 GIS 的水体信息提取结果

采用水体形状约束后处理得到的水体提取结果如图 6-14 所示：

图 6-14　基于 GIS 的水体信息提取后处理结果

根据 2016 年武汉洪涝时期 Radarsat-2 数据提取出来的水体信息，与灾前的水体矢量信息进行变化检测，提取出水体的异常信息如图 6-15 所示，其中白色部分为变化水体。

图 6-15　基于灾前水体矢量的水体异常信息提取结果

由图 6-15 可以得知，在长江干流和湖泊周边均发生了不同程度的洪涝渍水现象，尤其是长江干流的龙王庙区域和梁子湖北部区域。

第 7 章　重大自然灾害遥感监测与评估应用

7.1　自然灾害遥感监测与评估系统

自然灾害遥感监测与评估系统是一个以 CS 客户端为主的业务化作业系统，在灾情评估指标产品体系、灾害目标分类体系的支撑下，利用数据资源管理平台提供的数据信息，在人机交互的操作下，实现灾区数据制备、灾害过程模拟仿真、灾害范围监测，房屋、道路、电力线塔等灾害目标的精确实物量评估，灾害救助与恢复重建，从而辅助救灾决策以及灾后重建工作的开展。自然灾害遥感监测与评估系统技术流程如图 7-1 所示。

自然灾害遥感监测与评估系统主要由灾害监测和灾情评估两个子系统组成，如图 7-2 所示。

1. 灾区多源数据快速制备模块

在高分应用统一的数据基准的支持下，综合考虑卫星姿态、成像模式、灾区环境等因素影响，通过软硬件加速等技术手段，建立软硬件一体化的灾区数据快速处理工具，快速制作符合灾害监测评估要求的数据产品，并实现与时间序列的灾害历史案例等多源遥感数据进行自动快速配准、拼接，如图 7-3 所示。

2. 灾害过程模拟仿真模块

在对灾害体、灾害场景建模的基础上，通过实时接入高分卫星观测数据、持续校正模拟模型参数，以动态适应各种灾害环境变化，有效提高灾害过程模拟的精度，并利用灾害链驱动多种灾害过程模拟，模拟多灾种灾害的链式效应和叠加效应，其输出的灾害范围、强度时间序列数据、灾害趋势分析结果为灾情预评估提供了真实可靠的信息来源，如图 7-4 所示。

3. 孕灾环境与灾害范围监测模块

以高分多平台多载荷数据为主，特别是利用 GF-4 号卫星高时间分辨率全色、多光谱、红外等数据，对台风/暴雨、干旱、寒潮、地震四种灾害链所涉及的主要自然灾害的植被、土壤、水文等孕灾环境进行定期、持续、动态监测，并基于区域灾害系统理论，构建洪涝、滑坡泥石流、火灾、旱灾、雪灾等主要自然灾害的灾害指数计算方法，利用信息提取技术、时间序列分析技术、变化分析技术等，研究洪涝、火灾、旱灾、雪灾等灾害范围监测方法和模型，并对其时空特征进行动态分析，形成时间序列灾害动态监测产品，如图 7-5 所示。

4. 灾后救助与恢复重建监测模块

以 GF-1、GF-2、GF-3 号等高空间分辨率卫星遥感数据为主，结合其他高分数据、灾

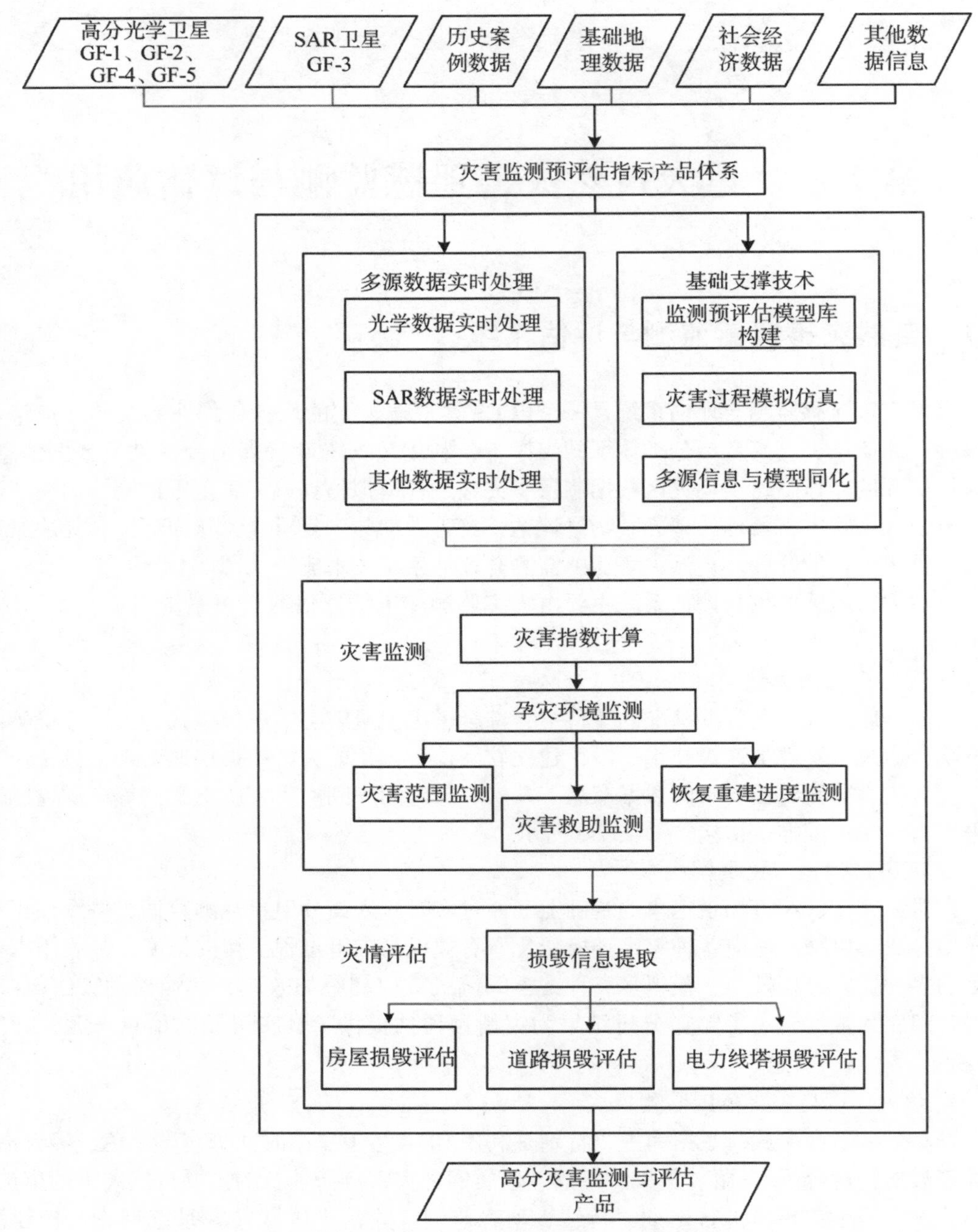

图 7-1　自然灾害遥感监测与评估系统流程图

情上报数据、基础地理数据、社会经济数据以及其他辅助数据，根据自然灾害应急救助需求，分析实现自然灾害应急响应期间灾民转移安置选址、救灾物资调度和分发点选址，动态监测灾民安置区及救灾帐篷安置情况，并根据自然灾害恢复重建业务需求，对房屋、道路等重要设施的恢复重建进度进行监测，从而为救灾决策提供信息支持，如图 7-6 所示。

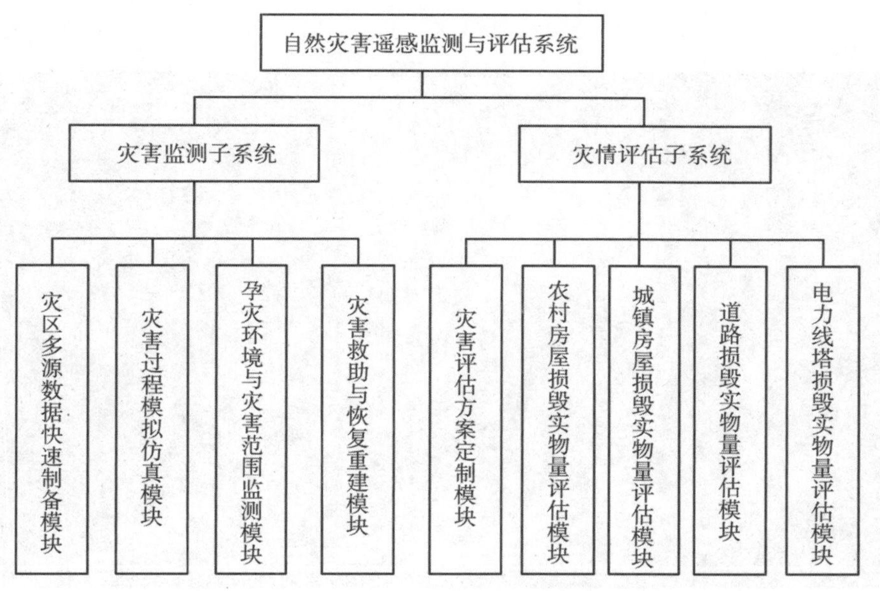

图 7-2　自然灾害遥感监测与评估系统组成图

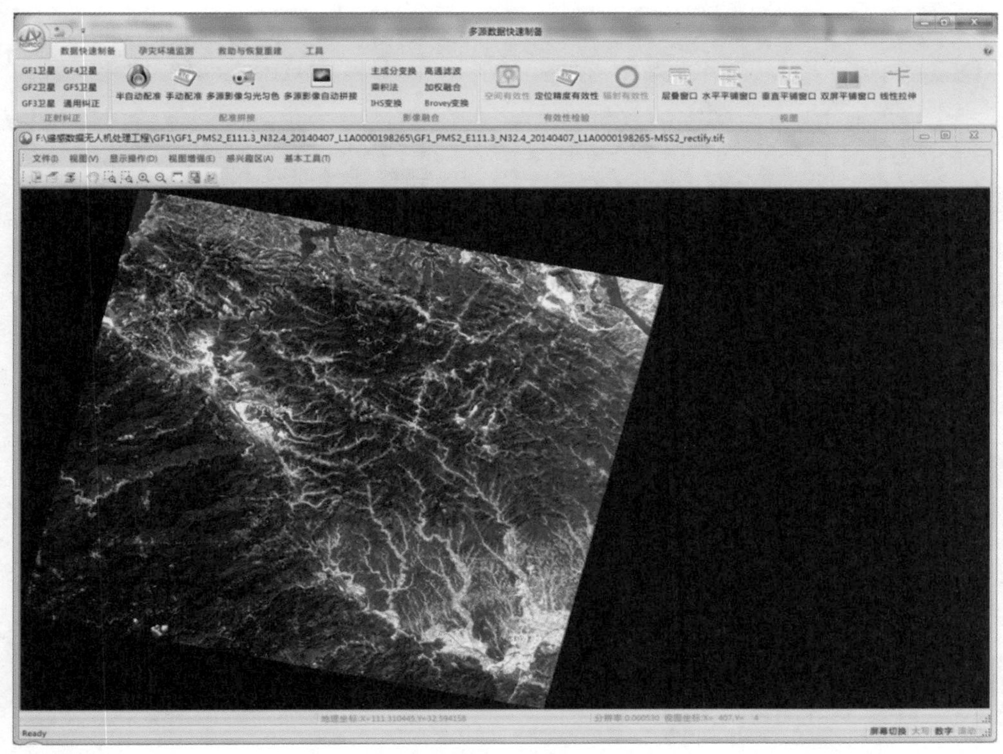

图 7-3　灾区多源数据快速制备模块界面

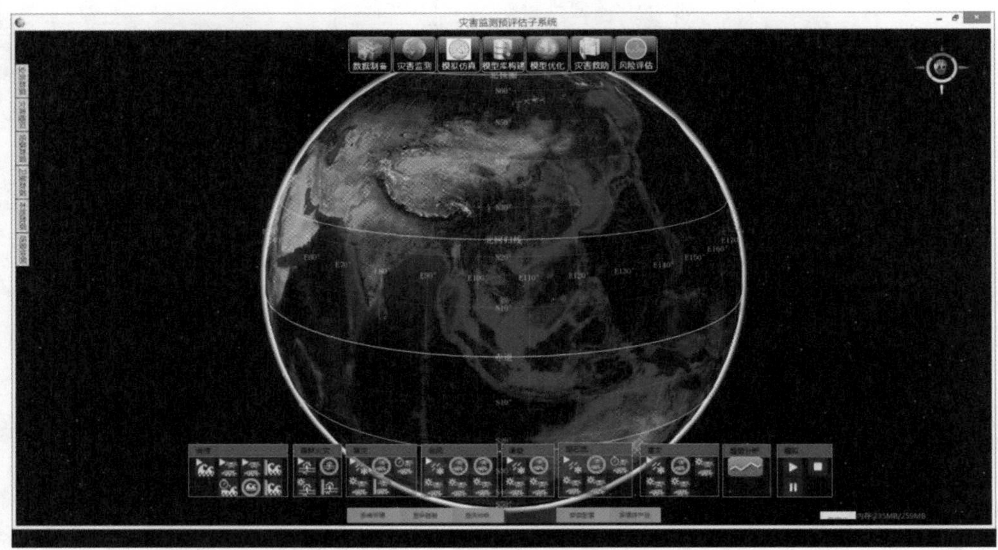

图 7-4　灾害过程模拟仿真界面

图 7-5　孕灾环境与灾害范围监测模块界面图

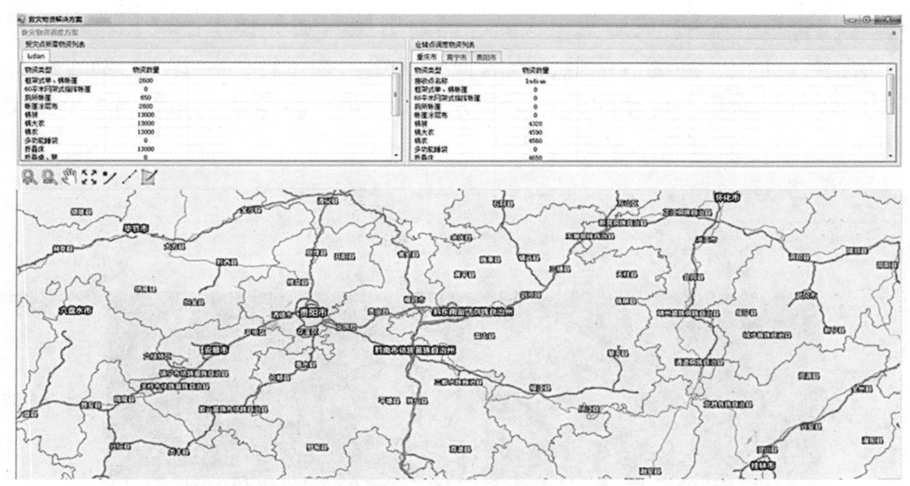

图 7-6 灾害救助与恢复重建模块

5. 灾害评估方案定制模块

该模块负责实现对评估方案的定制和修改，存储和管理，对次生灾害关联、灾情评估内容、目标识别与信息提取工具调用等进行配置。灾情评估系统中，根据地震、台风暴雨、寒潮及干旱灾害链，结合不同尺度和空间分辨率高分遥感影像目标识别能力及灾害目标分类体系，建立灾情评估总体解决方案，对用户提交的任务按预定方案进行解析，根据任务信息实现对评估方案的定制和修改，存储和管理，如图 7-7 所示。

图 7-7 灾害评估方案定制模块界面

6. 农村房屋损毁实物量评估模块

主要利用灾后高分遥感影像，结合其他遥感数据，在农村房屋损毁特征库支持下，通过高分影像房屋提取、灾前/灾后变化检测、损毁房屋判别等技术手段，获取灾后损毁房屋的位置、范围、面积、高度等信息，同时根据房屋实物量评估模型，计算、统计受灾地区受损房屋的数量、面积、房屋间数、空间分布、受灾户数等信息，如图 7-8 所示。

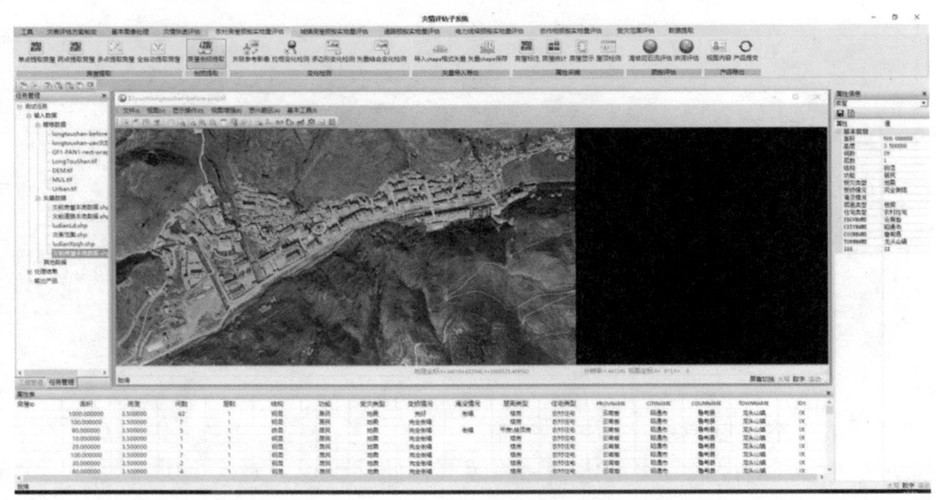

图 7-8　农村房屋损毁实物量评估界面

7. 城镇房屋损毁实物量评估模块

负责评估城镇房屋损坏程度，并录入灾害目标库。本模块主要利用灾后高分遥感影像，结合其他遥感数据，在城镇房屋损毁特征库支持下，通过高分影像房屋提取、灾前/灾后变化检测、损毁房屋判别等技术手段，获取灾后损毁房屋的位置、范围、面积、高度等信息，从而获取房屋的准确损毁信息，如图 7-9 所示。

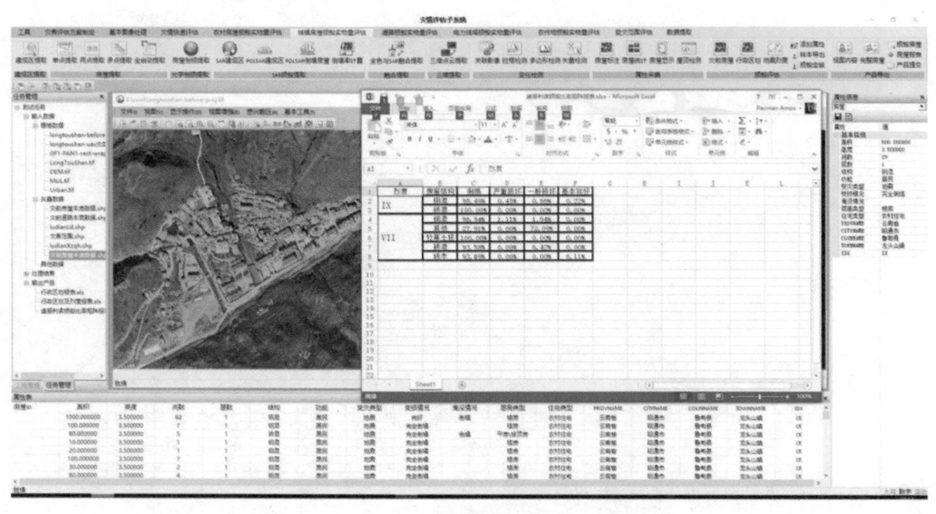

图 7-9　城镇房屋损毁实物量评估界面

8. 道路损毁实物量评估模块

利用高分遥感影像，结合其他遥感数据及地面导航/GIS 数据，通过灾后图像道路提取、灾前灾后图像/矢量变化检测等提取技术手段，准确提取损毁的道路位置、长度、堆积体积等信息，如图 7-10 所示。

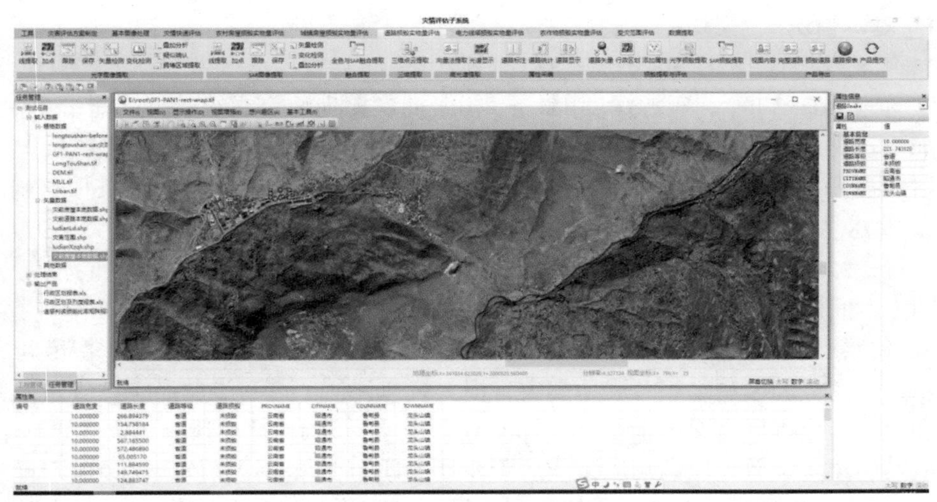

图 7-10　道路损毁实物量评估界面

9. 电力线塔损毁实物量评估模块

根据电力线塔损毁等级评估模型，对发射台站、铁塔等倒塌损毁状况进行实物量评估，即结合相关电力线网数据，计算、统计受灾地区的电力线网受损的范围、通信能力等信息，如图 7-11 所示。

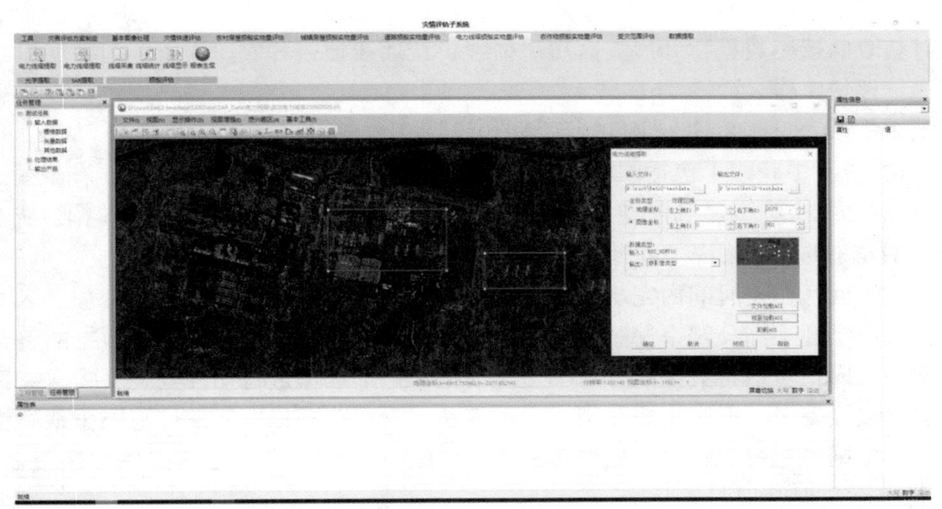

图 7-11　电力线塔损毁实物量评估界面

7.2　典型应用案例

7.2.1　云南省鲁甸县地震灾害应用

7.2.1.1　基本情况

2014 年 8 月 3 日 16 时 30 分，云南省昭通市鲁甸县发生 6.5 级地震(震中位于北纬 27.1 度，东经 103.3 度)，震源深度 12km。由于此次鲁甸地震震级较大、能量集中释放、余震叠加，且灾区自然条件恶劣、社会经济发展水平较低，地震给灾区带来了巨大的人员伤亡和财产损失，截至 2014 年 8 月 8 日 15 时，地震共造成 617 人死亡，其中鲁甸县 526 人、巧家县 78 人、昭阳区 1 人、会泽县 12 人，112 人失踪，3143 人受伤，22.97 万人紧急转移安置，2.58 万户 8.09 万间房屋倒塌，4.06 万户 12.91 万间房屋严重损坏，15.12 万户 46.61 万间房屋一般损坏。

国家应急管理部迅速与云南省地震灾区应急管理部门取得联系，了解掌握最新灾情和灾区需求，利用经验模型组织开展地震灾害损失快速评估。进一步加强应急值守，有序做好灾情和救灾工作进展情况的上报和发布工作。8 月 3 日 18 时，国家减灾委、应急管理部紧急启动国家Ⅲ级救灾应急响应，随后于 8 月 4 日 11 时根据灾情发展和《国家自然灾害救助应急预案》，按照国务院领导同志指示，国家减灾委将国家救灾应急响应等级提升至Ⅰ级，进一步支持地震灾区做好救灾工作。

7.2.1.2　灾区遥感数据获取与管理

卫星遥感评估是此次鲁甸地震综合评估的有力技术支撑手段，地震发生后，根据国家减灾委、应急管理部救灾应急响应启动情况，应急管理部国家减灾中心(卫星减灾应用中心)立即启动《应对突发性自然灾害空间技术响应工作规程》一级响应，实行 24 小时业务值班制度，启动“国家重大自然灾害无人机应急合作机制”“空间与重大灾害国际宪章”(CHARTER)机制等，协调国内外有关单位、机构及时获取灾区卫星、航空遥感监测数据。通过获取的遥感数据，开展灾区房屋损毁、交通线损毁和农田损毁、滑坡崩塌次生灾害等实物量评估工作。

截至 2014 年 8 月 28 日，应急管理部国家减灾中心(卫星减灾应用中心)从 17 家国内外遥感机构/机制中获取了包括国内环境减灾卫星在内的共计 6 个国家、25 颗卫星、2 个航空遥感机构的 21 类卫星和航空数据。影像共 524 幅(带)，其中灾前 245 幅，灾后 279 幅(带)。数据获取统计如表 7-1 所示。

地震发生后，在短时间内完成了此次地震获取的海量多元异构数据的处理、入库和应用工作，快速实现了高分辨率遥感数据、航拍数据、地形数据、灾区矢量数据的整合、分类、处理和入库，包括将灾区高分辨率遥感数据和地形数据进行切片处理，完成灾区房屋存量、房屋损毁等级、灾区主要路网、受损道路、滑坡范围提取、滑坡范围土地类型等整理及入库，数据量超过 100GB。如图 7-12 所示为云南鲁甸 6.5 级地震遥感数据覆盖范围。图 7-13 为空间数据管理服务。

表 7-1 **云南鲁甸应急期间数据获取统计**

遥感平台	国别	获取渠道	数量(幅)		
			灾前	灾后	小计
Radarsat-2	加拿大	CHARTER	1	4	5
ISS	美国	CHARTER	1	0	1
Cartosat-2	印度	CHARTER	0	4	4
遥感卫星	中国		0	4	4
HJ-1A	中国	应急管理部国家减灾中心	0	1	1
		CHARTER	1	1	2
HJ-1C	中国	CHARTER	1	0	1
ZY-02C	中国	CHARTER	3	3	6
ZY-3	中国	CHARTER	4	4	8
快舟一号	中国	科技部国家遥感中心	0	87	87
TG-1	中国	中国科学院空间应用工程与技术中心	6	30	36
GF-1	中国	CHARTER	4	36	40
		二十一世纪公司	18	0	18
Pleiades	法国	CHARTER	0	3	3
TerraSAR-X	德国	CHARTER	0	1	1
Landsat8	美国	CHARTER	4	2	6
Landsat7	美国	CHARTER	0	2	2
ASTER	美国	CHARTER	0	1	1
DMCii	美国	CHARTER	2	2	4
WorldView-01	美国	CHARTER	16	0	16
WorldView-02	美国	CHARTER	34	42	76
		UNSPIDER/四维视景	8	0	8
RESURS-DK1	俄罗斯	CHARTER	1	2	3
KANOPUS-V	俄罗斯	CHARTER	4	6	10
Sentinel-1	欧洲航天局	CHARTER	0	2	2
无人机遥感	中国	国家测绘地理信息局	1	42	43
航空遥感	中国	自然资源部	136	0	136
合计			**245**	**279**	**524**

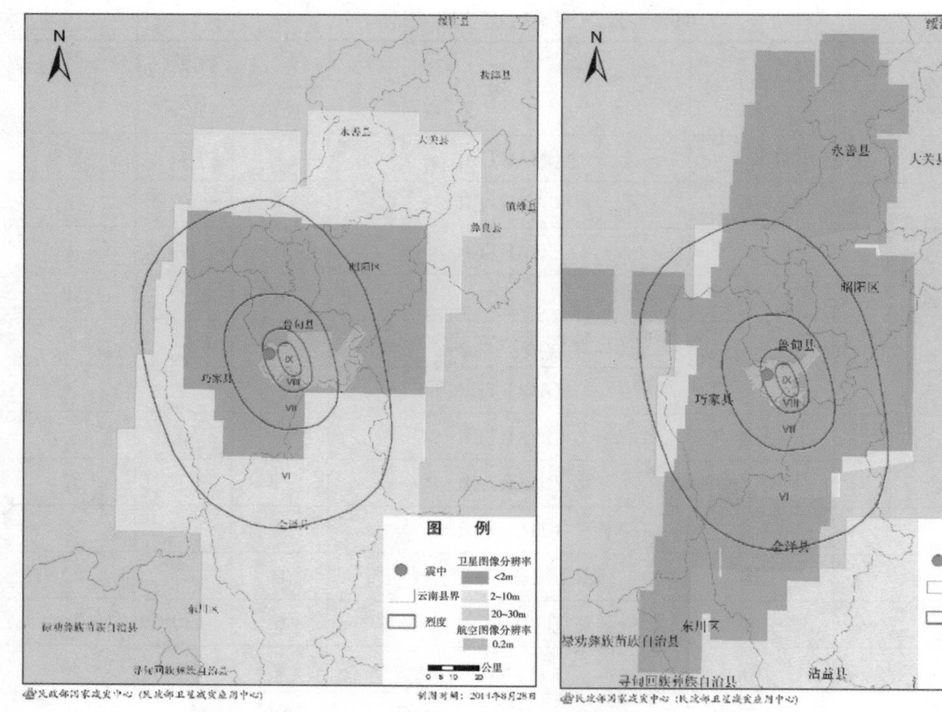

（a）云南省鲁甸县6.5级地震灾前遥感数据覆盖图　　（b）云南省鲁甸县6.5级地震灾后遥感数据覆盖图

图 7-12　云南省鲁甸县 6. 5 级地震遥感数据覆盖范围

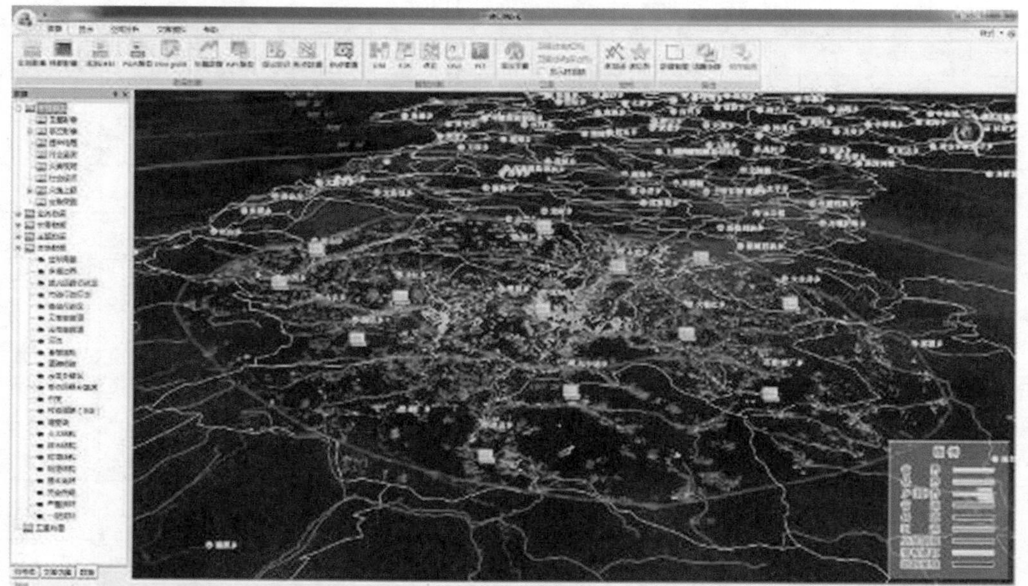

图 7-13　空间数据管理服务

7.2.1.3 遥感灾害监测与评估

以获取的遥感数据为主，结合基础地理数据、社会经济数据等，利用研发的自然灾害遥感监测与评估系统开展灾区房屋存量、倒损评估、交通线损毁等次生灾害监测，有力支持了此次灾害损失实物量评估工作。

1)房屋存量

利用灾前航空影像(2013 年)和 0.5m WorldView 影像(2011 年)，结合统计数据和现场调查数据，开展 7 度烈度以上灾区房屋存量信息提取，得出研究区房屋约 10.7 万栋，其中钢混、砖混、砖木和土木结构分别占 1.47%、15.25%、6.13%和 77.15%。灾区房屋存量情况如图 7-14 所示。

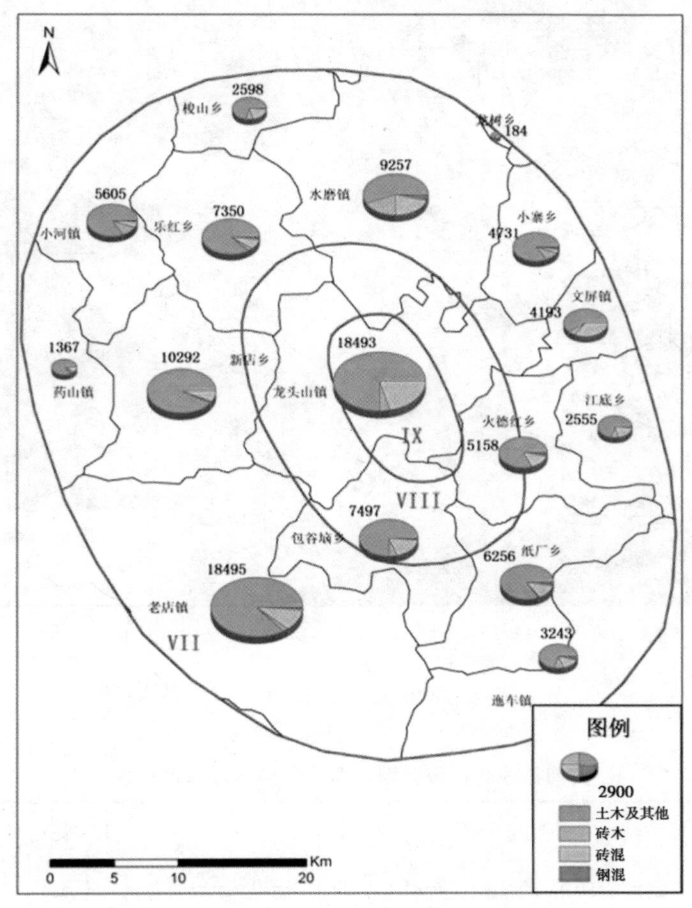

图 7-14　灾区房屋存量情况

2)房屋损毁评估

利用灾后获取的卫星遥感数据、无人机立体像对数据、倾斜相机数据，建立遥感房屋损毁评估解译标准，开展房屋损毁精细评估。经评估分析，灾区房屋倒塌 7.44%，严重损坏 19.54%，一般损坏 39.98%；因灾倒损住房总建筑面积为 797.45 万平方米，26.58 万间。

利用高分二号全色影像数据，经过几何校正和配准，通过灾情评估子系统-城镇房屋实物量评估模块进行单点提取、两点提取、复杂房屋类型提取，进行房屋矢量数据的制备，然后基于统计学习算法进行房屋损毁属性判定，得到最终房屋损毁评价图与统计表。如图 7-15～图 7-17，表 7-2～表 7-4 所示。

云南省鲁甸县 6.5 级地震龙头山遥感影像房屋损毁提取图

图 7-15　龙头山镇房屋损毁实物量评估图

表 7-2　**鲁甸县地震行政区划与房屋结构损毁统计报表**

县	乡镇	数量(栋)					比例(%)				
		钢混	砖混	砖木	土木	小计	钢混	砖混	砖木	土木	小计
鲁甸县	龙头山镇	465	2	0	0	467	99.57%	0.43%	0.00%	0.00%	100.00%
	小寨乡	299	88	64	0	451	66.30%	19.51%	14.19%	0.00%	100.00%
巧家县	新店乡	61	21	67	0	149	40.94%	14.09%	44.97%	0.00%	100.00%

云南省鲁甸县 6.5 级地震小寨乡遥感影像房屋损毁提取图

民政部国家减灾中心 民政部卫星减灾应用中心

图 7-16 小寨乡房屋损毁实物量评估图

表 7-3 **鲁甸县地震烈度与房屋结构损毁统计报表**

县	乡镇	IX 度/面积(m²)					VII 度/面积(m²)				
		钢混	砖混	砖木	土木	小计	钢混	砖混	砖木	土木	小计
鲁甸县	龙头山镇	60080	110	0	0	60190	0	0	0	0	0
	小寨乡	0	0	0	0	0	42778	5350	5170	0	48192.18
巧家县	新店乡	0	0	0	0	0	4210	630	6030	0	4907

表 7-4 **鲁甸县地震遥感判读损毁比例矩阵报表**

烈度	房屋结构	倒塌	严重损坏	一般损坏	基本完好
IX	钢混	98.49%	0.43%	0.86%	0.22%
	砖混	100.00%	0.00%	0.00%	0.00%
VII	钢混	96.94%	1.11%	1.94%	0.00%
	其他	27.91%	0.00%	72.09%	0.00%
	竹草土坯	100.00%	0.00%	0.00%	0.00%
	砖混	93.58%	0.00%	6.42%	0.00%
	砖木	93.89%	0.00%	0.00%	6.11%

图 7-17　新店乡房屋损毁实物量评估图

从以上损毁房屋的分布图和统计报表可以看出，震中区域烈度大，房屋损毁情况严重，房屋倒塌比例较大。

3) 道路损毁评估

开展遥感影像覆盖范围内损毁道路评估工作(图 7-18)，结果显示昭通市鲁甸县、巧家县共计损毁道路 31197m，其中严重损毁不可通行道路 5373m、中度损坏通行受一定程度影响道路 7540m、一般损坏通行未受明显影响道路 18284m。

利用灾前灾后高分 1 号全色影像数据，经过几何校正和配准，通过灾情评估子系统-道路实物量评估模块进行基于点和基于线提取制备道路矢量数据，然后基于与灾害范围的叠加分析，得到最终道路损毁评价图(图 7-19)与统计表(表 7-5)。

7.2.2　青海省玉树县地震应用

7.2.2.1　基本情况

2010 年 4 月 14 日 7 时 49 分，青海省玉树藏族自治州玉树县发生里氏 7.1 级地震，震中位于北纬 33.2°、东经 96.6°，震源深度 14km，是我国近 20 年来除汶川大地震外破坏性最强、救灾难度最大的一次地震。主要特征表现为：一是地震烈度高，震级达里氏 7.1

云南省鲁甸县6.5级地震震区受滑坡影响主要道路分布图

图 7-18　灾区道路损毁评估

级，最大烈度达9度；二是灾害损失重，地震造成玉树藏族自治州府所在地结古镇及周边地区的巨大人员和财产损失，截至2010年4月25日17时，已造成2220人死亡、70人失踪、12135人受伤；三是余震频发，最大一次余震达到6.3级；四是救灾难度大，重灾区结古镇海拔高、交通不便、天气寒冷，救灾工作开展十分困难。

云南省鲁甸县6.5级地震遥感影像道路损毁评估图

图 7-19　云南省鲁甸县道路损毁实物量评估图

表 7-5　　**鲁甸县地震道路损毁实物量评估统计报表**

县	乡镇	损毁(m)	完好(m)
鲁甸县	龙头山镇	254.5682	4523.8944
	小寨乡	127.8541	6714.7338
巧家县	新店乡	186.2541	1535.9976
合计		568.6764	12774.6258

地震发生后，根据国家减灾委、应急管理部救灾应急响应启动情况和救灾总指挥部的统一部署，应急管理部卫星减灾应用中心(应急管理部国家减灾中心)结合此次地震的特点，立即启动《应对突发性自然灾害空间技术响应工作规程》，实行 24h 业务值班制度，持续开展灾害损失监测与评估工作。

7.2.2.2　灾区遥感数据获取与管理

应急管理部卫星减灾应用中心启动环境减灾卫星应急监测计划，并于 2010 年 14 日 12 时 19 分获取地震灾区第一景环境减灾卫星数据，这是地震发生后获取的第一景灾区监测数据，为救灾部门及时掌握了解灾区损失情况提供了十分重要的决策依据。同时，作为国际减灾宪章(CHARTER)机制中国授权用户，地震发生后，应急管理部卫星减灾应用中心紧急启动国际减灾合作宪章机制和国内卫星数据减灾应用协调机制，向有关机构提出卫星遥感特别是高分辨率卫星数据申请。截至 2010 年 5 月 4 日 18 时，共获取来自 7 个国家的 15 类卫星资源，以及航空遥感、无人机等各类数据 1178 景，数据量达 405GB，见表 7-6。

表 7-6　　青海省玉树县应急期间数据获取统计

遥感平台	国别	获取渠道	数量(幅)		
			灾前	灾后	小计
环境减灾-1A、1B 卫星	中国	国家减灾中心		4	4
航空遥感		对地观测中心		464	464
		自然资源部		30	30
无人机				583	583
遥感系列卫星		国内代理商	10	10	20
北京一号卫星			2	1	3
EROS-B 卫星	以色列		1		1
EROS-A 卫星				4	4
Quickbird 卫星	美国		2	12	14
GeoEye-1 卫星				1	1
Landsat-5 TM 卫星			2		2
SPOT 卫星	法国		2		2
ENVISAT 卫星 ASAR		CHARTER	2	1	3
ALOS 卫星 ALPSMW	日本		3		3
ASTER 卫星			2	2	4
Quickbird 卫星	美国			8	8
IKONOS 卫星 NTF				4	4
WorldView 卫星 NTF			6	3	9
			9	8	17
GeoEye-1 卫星				1	1
Radarsat-2 卫星	加拿大	CHARTER		2	2
TerraSAR 卫星	德国	德国航天局	1	2	3
合计	7		42	1136	1178

注：2010 年 14 日 12 时 19 分的环境减灾-1A、1B 卫星数据为震后获取的第一景卫星数据。

7.2.2.3　遥感灾害监测与评估

地震应对期间，以高分辨率卫星和航空遥感数据为主，开展灾害监测与评估工作，先后完成房屋倒损、交通线路堵塞、次生灾害监测等灾情监测，并完成灾民安置区规划和灾民安置点监测等，为开展应急救灾和灾害损失全面评估提供了重要的依据，有效地支撑了救灾应急决策。

1）房屋倒损面积

根据遥感解译计算，结古镇城区因灾房屋倒损总建筑面积为 432. 6 万平方米，其中：平房倒损建筑面积 293. 7 万平方米，楼房倒损建筑面积 138. 9 万平方米，分别占倒损总建筑面积的 68%和 32%，详见图 7-20。

图 7-20　结古镇房屋倒损评估图

图 7-21 所示为青海省玉树县城灾后 Radarsat-2 全极化数据的 Pauli 伪彩图（R：|SHH−SVV|，G：|SHV|，B：|SHH+SVV|），分辨率为 8m，大小为 1026×681 像素。

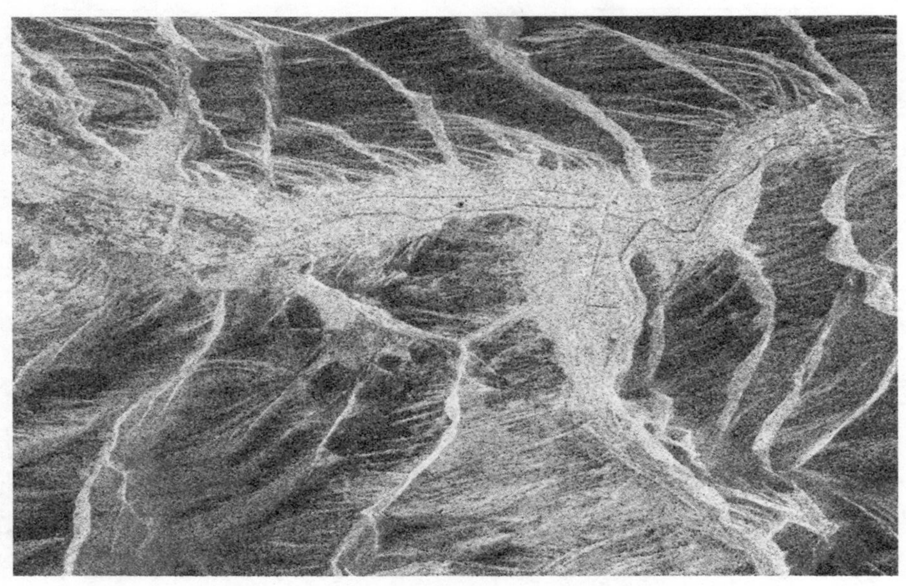

图 7-21　玉树县城 Radarsat-2 全极化数据 Pauli 伪彩图

基于青海省玉树县城灾后 Radarsat-2 全极化数据，利用 4.4 节提出的全极化 SAR 倒塌房屋提取方法，得到的提取结果如图 7-22 所示。

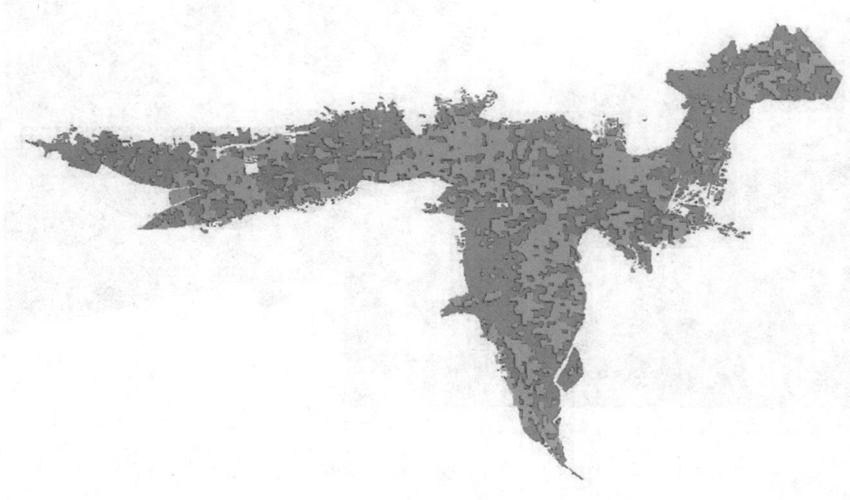

图 7-22 建成区损毁信息提取结果

按照玉树县城主要的道路及河流将玉树县城划分为多个街区，根据倒塌房屋提取的结果和城市街区，计算每个街区的倒塌率，得到如图 7-23 所示的震害等级分布图。

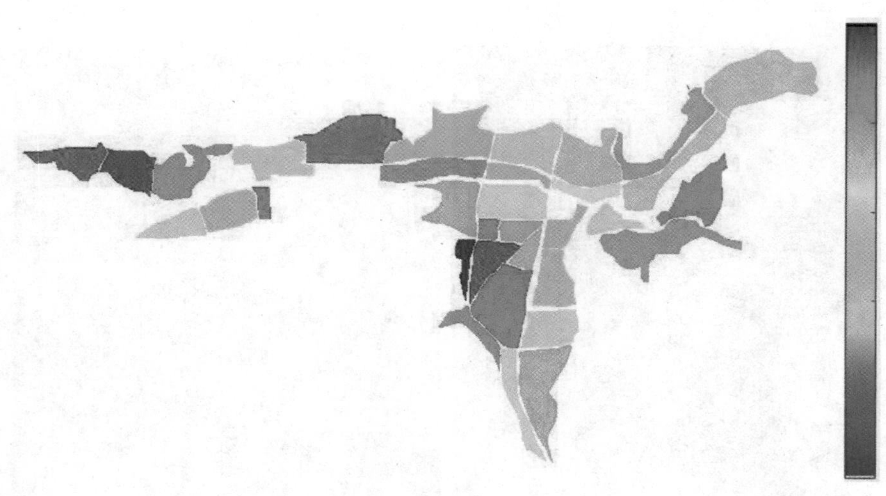

图 7-23 震害等级分布图

2)灾民安置区规划

结古镇灾民可安置区主要在跑马场周边、若娘德来、新村，市区玉树州体育馆、前进村附近公园、格萨尔广场，东部团结村、琼龙路沿线、跃进村等地。经过监测计算，结古镇城区及郊区可安置帐篷 5.3 万顶，其中适宜安置帐篷 2.3 万顶。安置区规划见图 7-24。

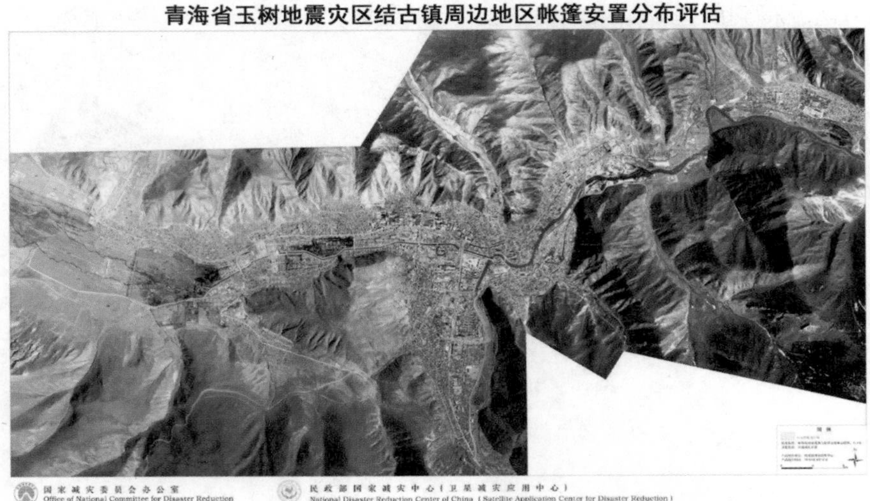

图 7-24　结古镇灾民安置区规划

3) 次生灾害和道路堵塞

结古镇城区及周边地区共发现 26 处滑坡点。其中，5 处位于城区南部 214 国道结古镇至禅古水电站段，造成 214 国道部分堵塞，其他 21 处滑坡体主要位于山区，未对道路交通造成影响，见图 7-25。

图 7-25　结古镇次生灾害及交通堵塞监测

4）结古镇灾后重建情况监测

2012 年 10 月，应急管理部国家减灾中心调用重大自然灾害无人机合作机制，对玉树地震后结古镇重建情况进行遥感监测分析，如图 7-26、图 7-27 所示。结果表明，结古镇前进村、胜利村等地的大部分房屋等都采取了原址重建。大部分原址重建房屋都已竣工完成，其中已建成、在建房屋占地面积各为 402.0 万平方米、73.8 万平方米，各自占比 84.5%、15.5%。相关结果为国家制定恢复重建政策提供了一定依据。

图 7-26 结古镇恢复重建无人机监测图

7.2.3 2020 年王家坝汛期洪灾应用

7.2.3.1 灾情简介

王家坝闸，全称淮河蒙洼蓄洪区王家坝进水闸，位于淮河中上游分界处左岸安徽省阜南县境内淮河蒙洼蓄洪工程入口，地处河南与安徽两省三县三河交汇处，作为淮河防汛的“晴雨表”、淮河灾情的“风向标”，王家坝闸有着千里淮河“第一闸”的称号。受持续降雨的影响，安徽省从 6 月 23 日起启动防汛应急 IV 级响应，并于 7 月 12 日提升至 II 级响应。随着淮河干支流水位全面上涨，7 月 17 日 22 时，王家坝水文站涨至警戒水位 27.5m，淮河发生 2020 年 1 日洪水。7 月 18 日 15 时，淮河干流王家坝站水位涨至 28.00m，超警戒水位 0.5m，且继续上涨。与此同时，安徽省将防汛应急响应提升至 I 级。7 月 19 日夜间到 20 日凌晨，为保证闸东北部蒙洼蓄洪区内人民生命财产安全，蓄洪区内 2000 多人连夜进行转移。7 月 20 日 2 时，王家坝水位涨至 29.3m，淮河挂起洪水红色预警信号，8 点 30

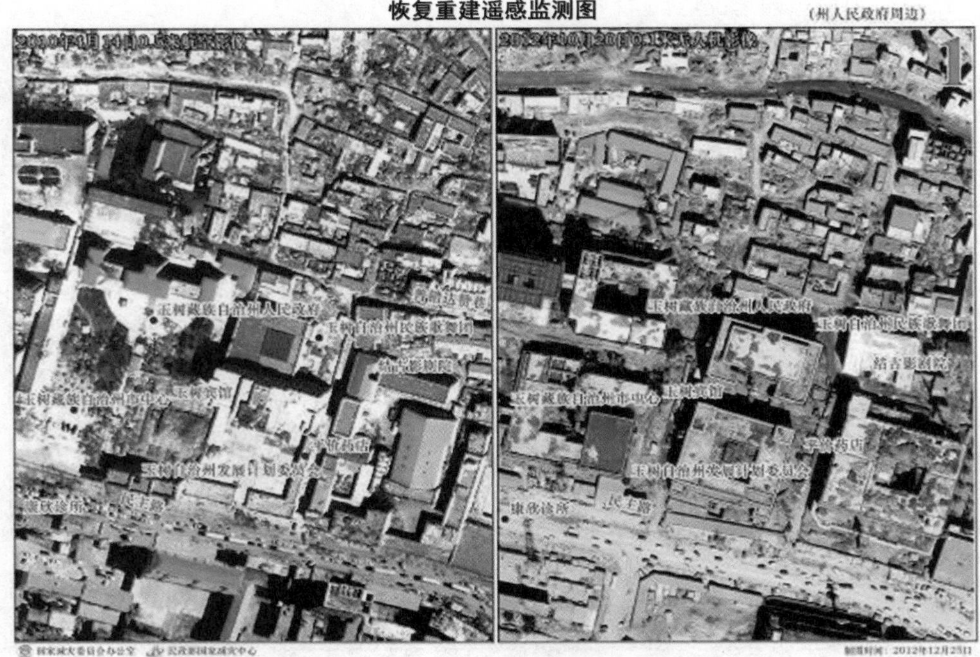

图 7-27　结古镇恢复重建无人机监测图(放大版)

分左右，王家坝闸水位已达 29.75m，超保证水位 0.45m，接国家防总命令，王家坝闸开闸泄洪，蒙洼蓄滞洪区启用，这是时隔 13 年之后再一次开闸泄洪。7 月 23 日 13 时，王家坝关闸，停止向蒙洼蓄洪区分洪，至此，蒙洼分蓄洪水历时 76.5 小时，累计蓄洪量 3.75 亿立方米，降低了淮河上中游干流洪峰水位 0.20～0.40m，有利于洪水下泄，减轻了干流堤防的防守压力，为防汛发挥了显著作用。

7.2.3.2　王家坝蒙洼蓄洪区水体范围监测

利用 7 月 13 日，20 日，21 日高分 3 号卫星影像以及 7 月 24 日 Radarsat-2 影像数据，对王家坝及附近水域进行监测，如图 7-28～图 7-32 所示。

7.2.3.3　王家坝蒙洼蓄洪区受灾要素提取

1) 灾前光学底图制作及要素提取

利用 2020 年 5 月 3 日，4 景 GF-2 号 PMS1 光学数据，分辨率 3.2m，经过辐射校正、正射校正、拼接、配准等操作，制作形成覆盖王家坝蓄洪区的灾前光学底图，并对王家坝蓄洪区水体、道路、建筑物进行提取，如图 7-33～图 7-36 所示。

2) 王家坝蒙洼蓄洪区受灾建筑物、道路信息提取

基于洪涝灾害发生后 2020 年 7 月 21 日高分三号卫星数据、7 月 24 日 Radarsat-2 卫星数据所提取的水体信息，结合基于洪涝灾害发生前 2020 年 5 月 3 日的高分二号卫星影像所提取的蒙洼蓄洪区建筑物、道路要素信息与受灾前的水体要素信息，实现王家坝蒙洼蓄洪区受灾建筑物、受灾道路信息提取。如图 7-37～图 7-40 所示。

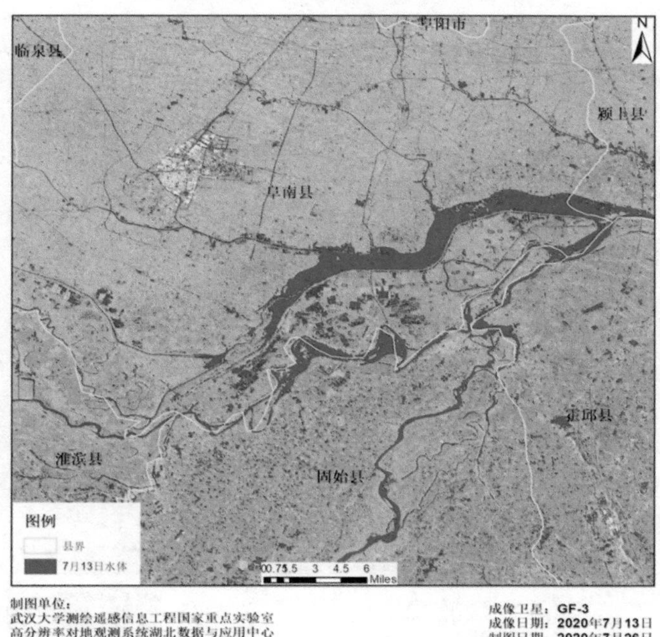

图 7-28　2020 年 7 月 13 日王家坝及附近区域水体监测结果

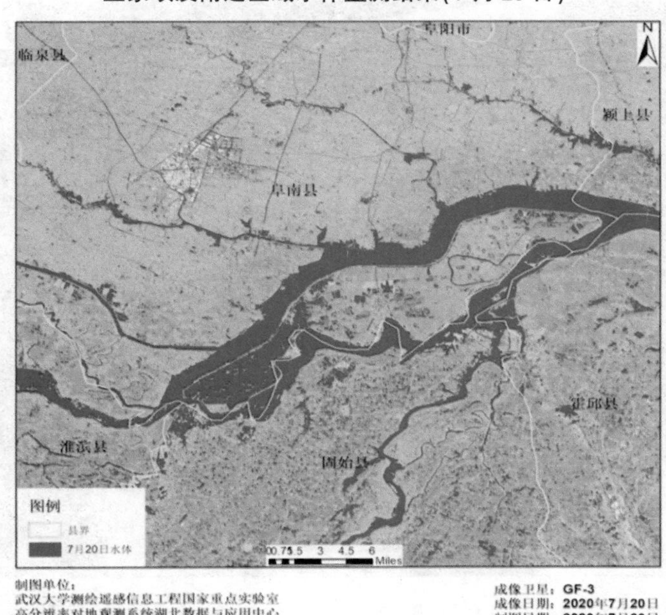

图 7-29　2020 年 7 月 20 日王家坝及附近区域水体监测结果

王家坝及附近区域水体监测结果(7 月 21 日)

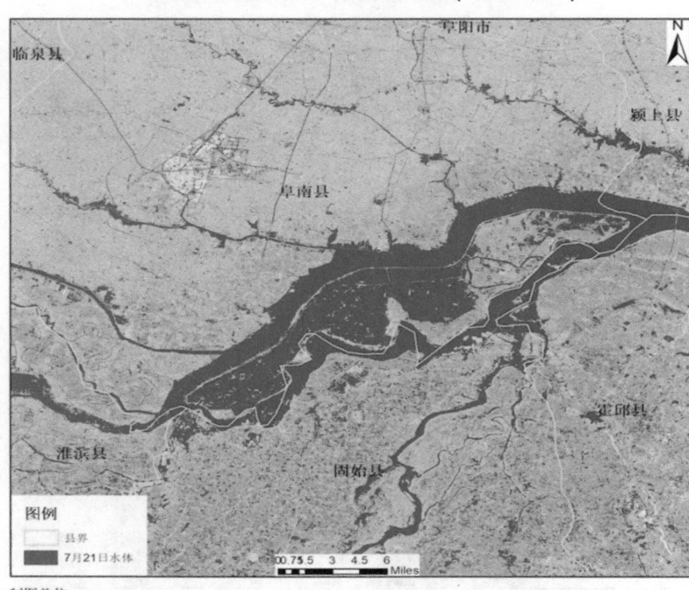

制图单位：
武汉大学测绘遥感信息工程国家重点实验室
高分辨率对地观测系统湖北数据与应用中心
高分辨率对地观测系统安徽数据与应用中心

成像卫星：GF-3
成像日期：2020年7月21日
制图日期：2020年7月26日

图 7-30　2020 年 7 月 21 日王家坝及附近区域水体监测结果

王家坝及附近区域水体监测结果(7 月 24 日)

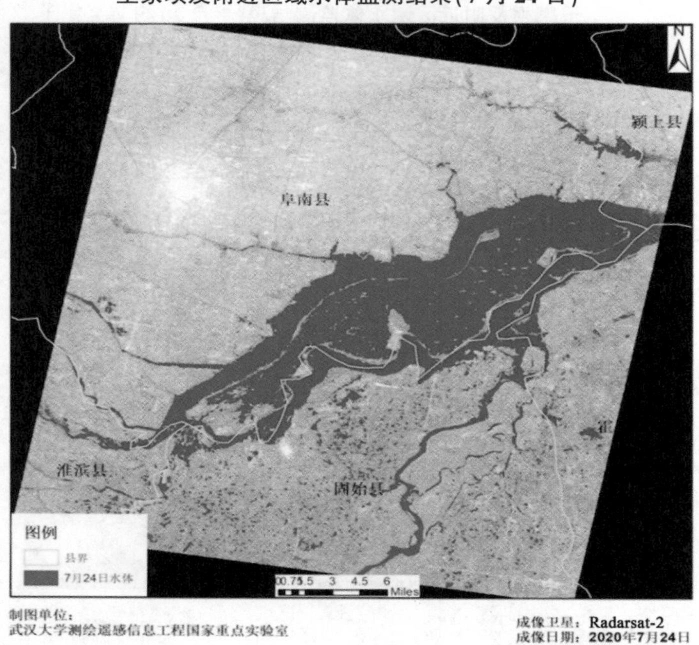

制图单位：
武汉大学测绘遥感信息工程国家重点实验室

成像卫星：Radarsat-2
成像日期：2020年7月24日
制图日期：2020年7月26日

图 7-31　2020 年 7 月 24 日王家坝及附近区域水体监测结果

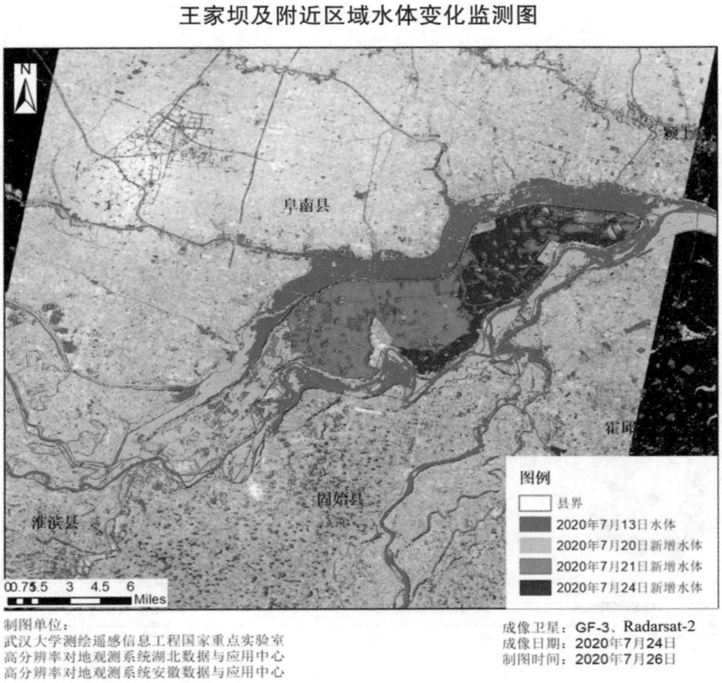

王家坝及附近区域水体变化监测图

N

颍上

阜南县

霍邱

淮滨县

固始县

图例

县界

2020年7月13日水体

2020年7月20日新增水体

2020年7月21日新增水体

2020年7月24日新增水体

0 0.75 1.5 3 4.5 6 Miles

制图单位：
武汉大学测绘遥感信息工程国家重点实验室
高分辨率对地观测系统湖北数据与应用中心
高分辨率对地观测系统安徽数据与应用中心

成像卫星：GF-3、Radarsat-2
成像日期：2020年7月24日
制图时间：2020年7月26日

图 7-32　2020 年 7 月 13 日—7 月 24 日王家坝及附近区域水体变化监测结果

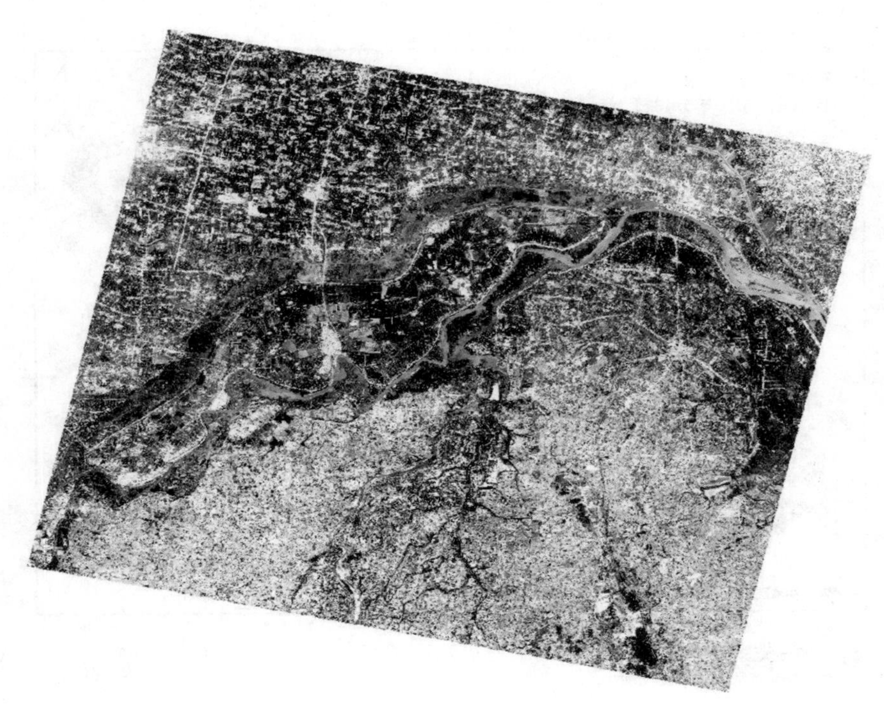

图 7-33　GF-2 号 2020 年 5 月 3 日光学影像

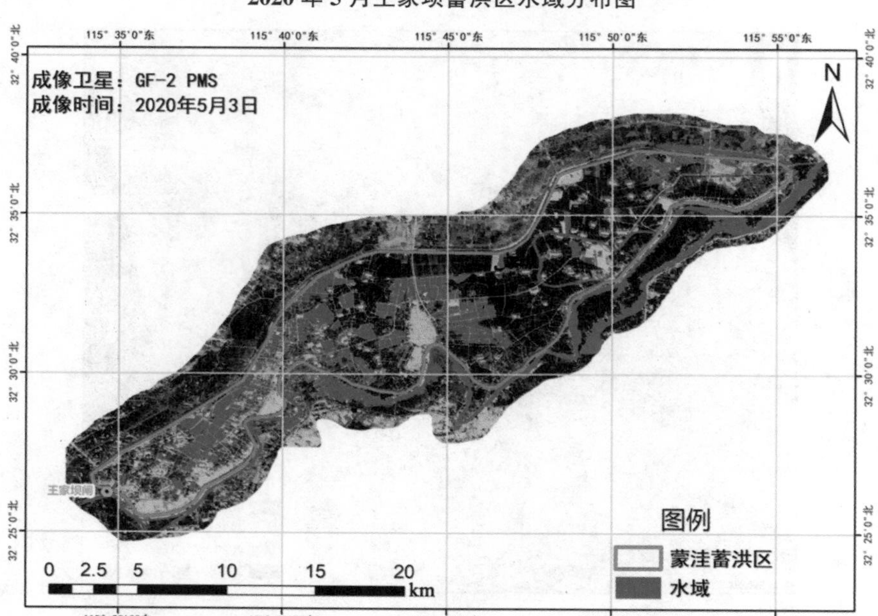

图 7-34　2020 年 5 月 3 日王家坝蓄洪区水体分布情况

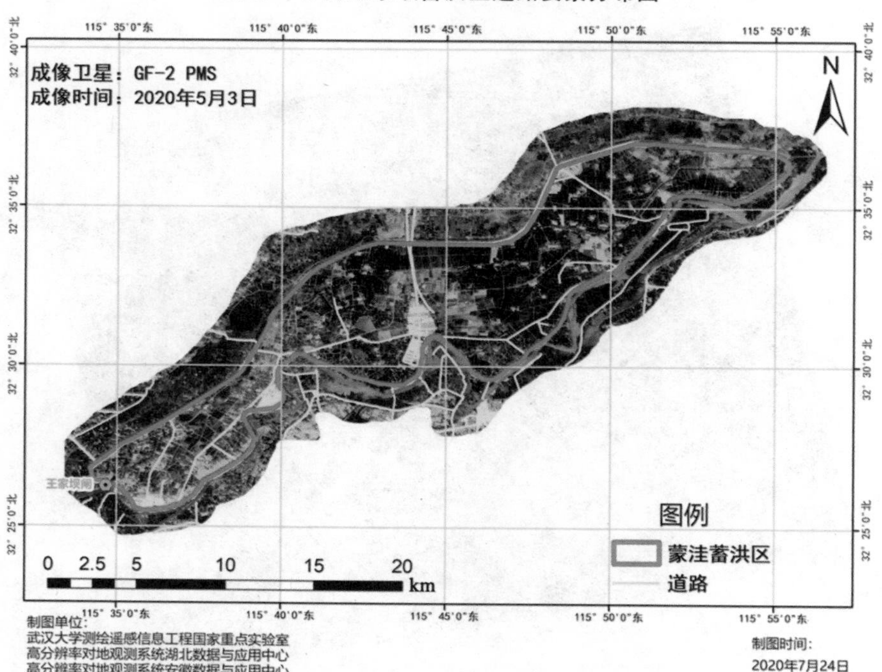

图 7-35　王家坝蓄洪区道路要素提取

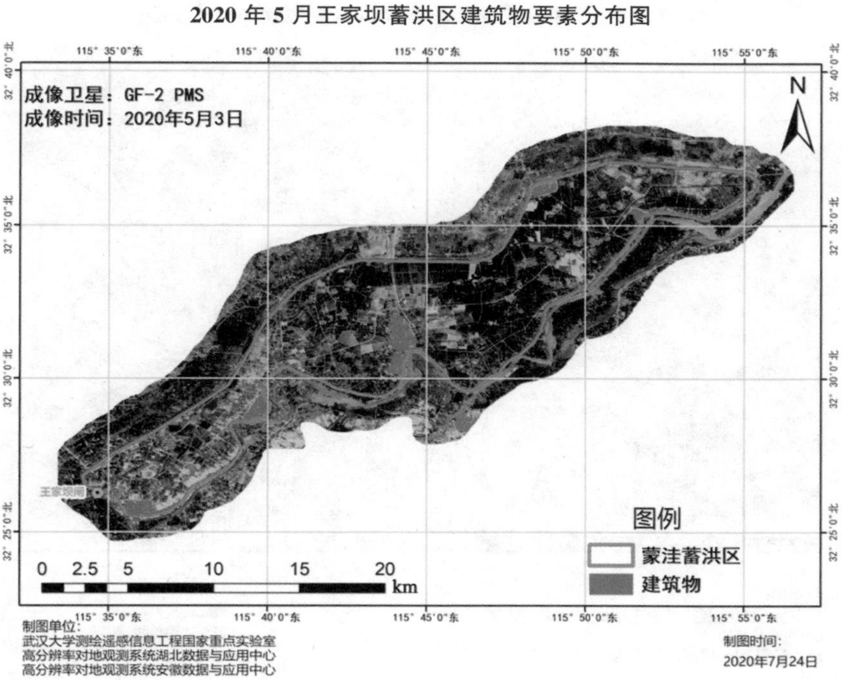
2020年5月王家坝蓄洪区建筑物要素分布图
成像卫星：GF-2 PMS
成像时间：2020年5月3日
N
王家坝闸
图例
蒙洼蓄洪区
建筑物
0 2.5 5 10 15 20
km
115° 35'0"东
115° 40'0"东
115° 45'0"东
115° 50'0"东
115° 55'0"东
32° 40'0"北
32° 35'0"北
32° 30'0"北
32° 25'0"北
制图单位：
武汉大学测绘遥感信息工程国家重点实验室
高分辨率对地观测系统湖北数据与应用中心
高分辨率对地观测系统安徽数据与应用中心
制图时间：
2020年7月24日

图 7-36　王家坝蓄洪区建筑物要素提取

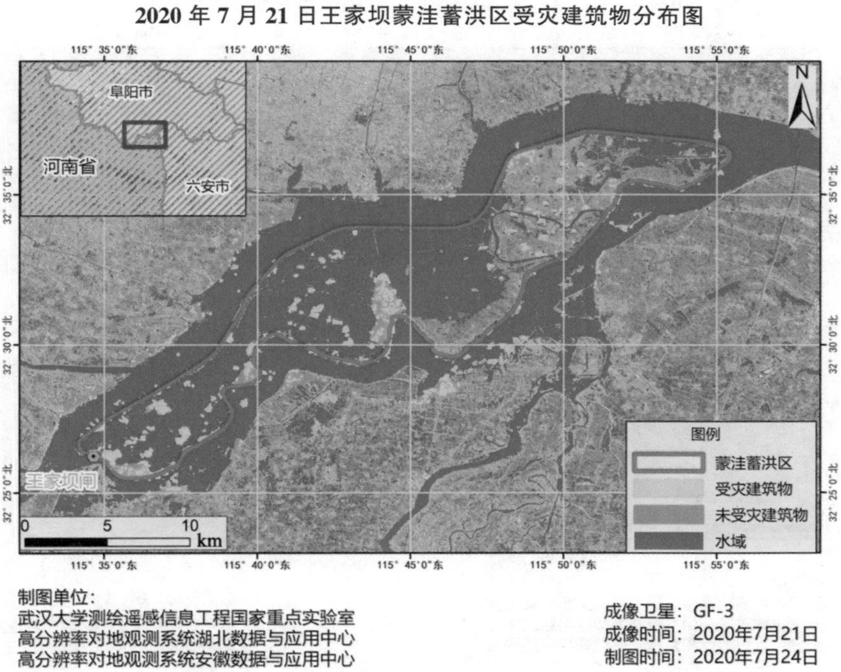
2020年7月21日王家坝蒙洼蓄洪区受灾建筑物分布图
阜阳市
河南省
六安市
N
王家坝闸
图例
蒙洼蓄洪区
受灾建筑物
未受灾建筑物
水域
0 5 10
km
115° 35'0"东
115° 40'0"东
115° 45'0"东
115° 50'0"东
115° 55'0"东
32° 35'0"北
32° 30'0"北
32° 25'0"北
制图单位：
武汉大学测绘遥感信息工程国家重点实验室
高分辨率对地观测系统湖北数据与应用中心
高分辨率对地观测系统安徽数据与应用中心
成像卫星：GF-3
成像时间：2020年7月21日
制图时间：2020年7月24日

图 7-37　2020 年 7 月 21 日王家坝蒙洼蓄洪区受灾建筑物分布图

2020 年 7 月 24 日王家坝蒙洼蓄洪区受灾建筑物分布图

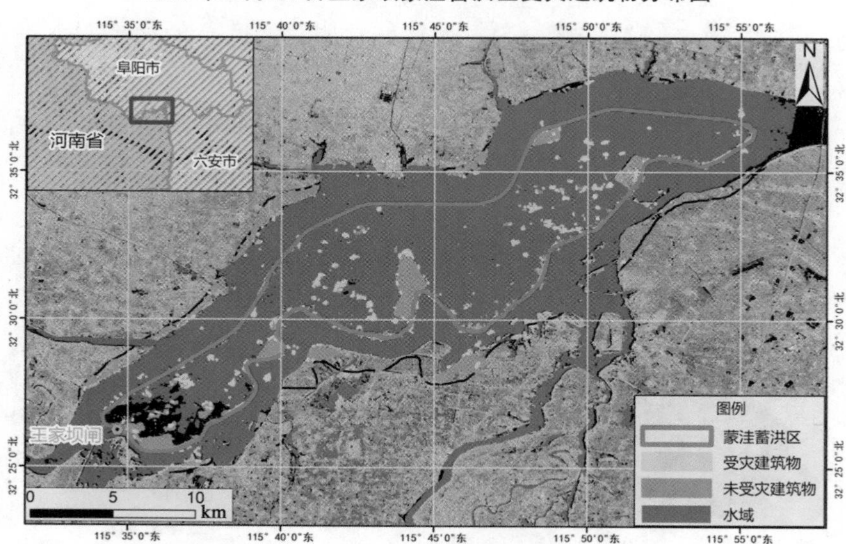

制图单位：
武汉大学测绘遥感信息工程国家重点实验室
数据提供单位：
北京环球星云遥感科技有限公司&MDA

成像卫星：Radarsat-2
成像时间：2020年7月24日
制图时间：2020年7月26日

图 7-38　2020 年 7 月 24 日王家坝蒙洼蓄洪区受灾建筑物分布图

2020 年 7 月 21 日王家坝蒙洼蓄洪区受灾道路分布图

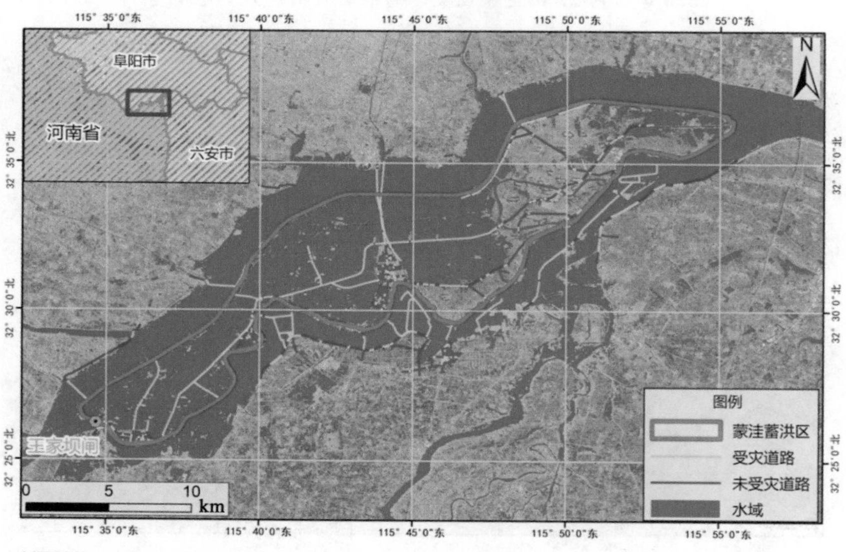

制图单位：
武汉大学测绘遥感信息工程国家重点实验室
高分辨率对地观测系统湖北数据与应用中心
高分辨率对地观测系统安徽数据与应用中心

成像卫星：GF-3
成像时间：2020年7月21日
制图时间：2020年7月24日

图 7-39　2020 年 7 月 21 日王家坝蒙洼蓄洪区受灾道路分布图

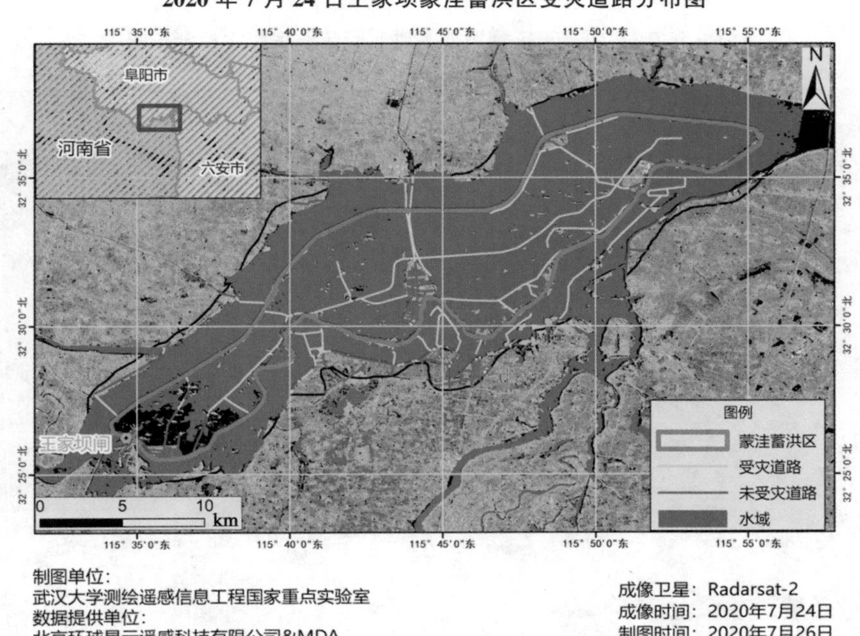

图 7-40 2020 年 7 月 24 日王家坝蒙洼蓄洪区受灾道路分布图

3)王家坝蒙洼蓄洪区受灾医院和学校信息提取

基于洪涝灾害发生后 2020 年 7 月 21 日高分三号卫星数据、7 月 24 日 Radarsat-2 卫星数据所提取的水体信息与高德地图获取的受灾区医院与学校的 POI 数据，实现王家坝蒙洼蓄洪区受灾医院与学校信息提取。如图 7-41、图 7-42 所示。

7.2.3.4 王家坝蒙洼蓄洪区受灾范围统计及要素评估

1)王家坝蒙洼蓄洪区受灾范围统计

王家坝蒙洼蓄洪区总面积约为 190km^2，蓄洪区内涉及四个乡镇区域。其中，王家坝镇面积约为 24km^2，部台乡面积约为 66km^2，曹集镇面积约为 79km^2，老观乡面积约为 21km^2。基于行政区划数据分别与 2020 年 7 月 13 日、7 月 20 日、7 月 21 日以及 7 月 24 日 Radarsat-2 数据提取的水域信息叠加并统计得到表 7-7 中的信息。

表 7-7 王家坝蒙洼蓄洪区部分乡镇水体覆盖面积情况 （单位：km^2）

地区 时间	王家坝镇	部台乡	曹集镇	老观乡	合计
2020 年 7 月 13 日	2.428	5.428	8.185	2.684	18.726
2020 年 7 月 20 日	17.875	7.428	10.134	13.642	49.079
2020 年 7 月 21 日	18.968	18.771	59.075	15.638	112.452
2020 年 7 月 24 日	19.119	58.672	68.947	15.846	162.584

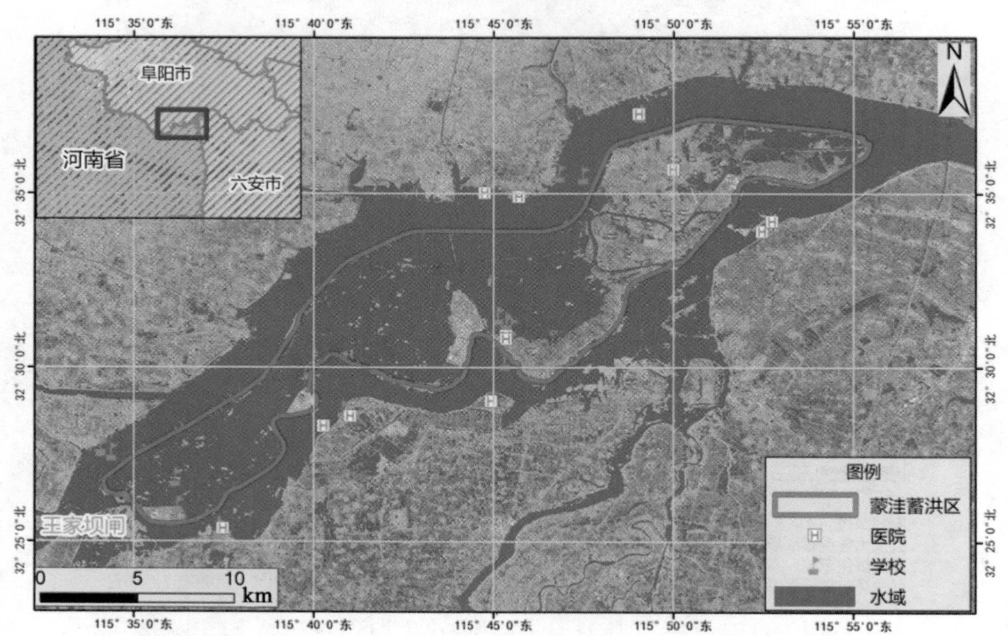

图 7-41　2020 年 7 月 21 日王家坝蒙洼蓄洪区受灾医院和学校分布图

2）王家坝蒙洼蓄洪区受灾要素统计

（1）受灾道路统计

王家坝蒙洼蓄洪区全区域道路总长度 207.531km，其中王家坝镇道路长度 37.839km，占该乡总道路长度的 18.23%，部台乡道路长度 50.72km，占比 24.44%，老观乡道路长度 35.56km，占比 17.14%，曹集镇道路长度 83.41km，占比 40.19%。王家坝蒙洼蓄洪区部分乡镇道路淹没情况如表 7-8 所示。

表 7-8　**王家坝蒙洼蓄洪区部分乡镇道路淹没情况**　（单位：km）

时间＼地区	王家坝镇	部台乡	曹集镇	老观乡	合计
2020 年 7 月 21 日	12.76	10.44	25.35	9.12	57.67
2020 年 7 月 24 日	14.87	36.26	37.08	18.95	107.16

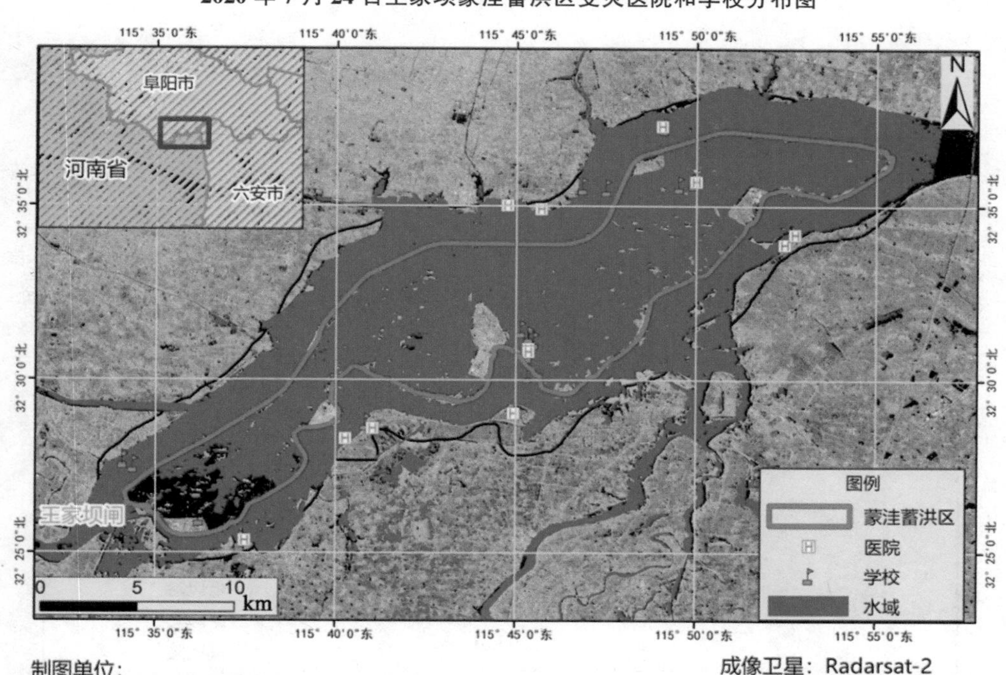

图 7-42 2020 年 7 月 24 日王家坝蒙洼蓄洪区受灾医院和学校分布图

(2)受灾建筑物统计

王家坝蓄洪区内原建设用地面积达到 12.09km²，2020 年 7 月 21 日，受洪水淹没影响区域达到 1.79km²，7 月 24 日，受洪水淹没影响总面积达到 1.71km²。具体情况见表 7-9。

表 7-9 **王家坝蒙洼蓄洪区部分乡镇建筑物淹没情况** (单位：km²)

时间 \ 地区	王家坝镇	部台乡	曹集镇	老观乡	合计
2020 年 7 月 21 日	0.72	0.34	0.45	0.28	1.79
2020 年 7 月 24 日	0.86	0.95	0.47	0.33	2.61

3)王家坝地区洪涝灾害风险评估

参考 2020 年 7 月 21 日 GF-3 影像的水体边界提取结果，并考虑王家坝地区水域地形起伏、坡度、建筑物分布、道路分布等因素，结合短期降雨信息，制作洪涝灾害风险评估图(图 7-43)。结果表明：洪涝淹没高风险区主要位于沿水系分布的地势低洼区域，蓄洪区域属中风险区。受限于可获取的数据类别和精度，风险评估结果精度还有待进一步验证和提高。

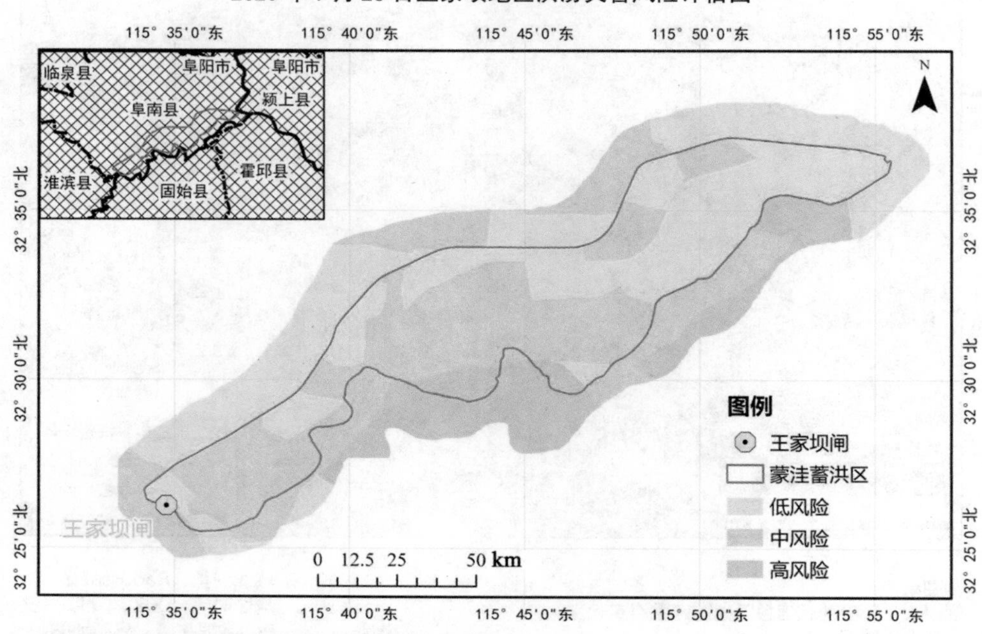

图 7-43　2020 年 7 月 26 日王家坝地区洪涝灾害风险评估图

参 考 文 献

[1]毕京佳．基于遥感和 GIS 的洪水淹没范围估测与模拟研究[D]．青岛：中国科学院研究生院（海洋研究所），2016.

[2]曹凯，江南，吕恒，等．面向对象的 SPOT5 影像城区水体信息提取研究[J]．国土资源遥感，2007，2：27-30.

[3]陈德清，杨存建．应用 GIS 方法反演洪水最大淹没水深的空间分布研究[J]．灾害学，2002，17(2)：1-6.

[4]陈静波，刘顺喜，汪承义，等．基于知识决策树的城市水体提取方法研究[J]．遥感信息，2013(01)：29-33.

[5]陈启浩，聂宇靓，李林林，等．极化分解后多纹理特征的建筑物损毁评估[J]．遥感学报，2017(06)：135-145.

[6]陈秀万．遥感与 GIS 在洪水灾情分析中的应用[J]．水利学报，1997(3)：70-73.

[7]程希萌，沈占锋，邢廷炎，等．基于高分遥感影像的地震受灾建筑物提取与倒损情况快速评估[J]．自然灾害学报，2016，25(03)：22-31.

[8]邓战涛，胡谷雨，潘志松，等．基于核稀疏表示的特征选择算法[J]．计算机应用研究，2012，29(4)：1282-1284.

[9]丁丽霞，周斌，王人潮．遥感监测中 5 种相对辐射校正方法研究[J]．浙江大学学报(农业与生命科学版)，2005(03)：269-276.

[10]董卫军．基于小波变换的图像处理技术研究[D]．西安：西北大学，2006.

[11]董燕生，陈洪萍，潘耀忠，等．基于震后高分辨率卫星遥感影像的建筑物瓦砾快速提取方法[J]．应用基础与工程科学学报，2014，22(06)：1079-1088.

[12]范一大，张宝军．中国北斗卫星导航系统减灾应用概述与展望[J]．中国航天，2010(2)：7-9.

[13]伏晨荣．基于 SAR 图像的道路损毁信息提取技术研究[D]．成都：电子科技大学，2015.

[14]何海清，杜敬，陈婷，等．结合水体指数与卷积神经网络的遥感水体提取[J]．遥感信息，2017，032(005)：82-86.

[15]何美章，朱庆，杜志强，等．从灾后机载激光点云自动检测损毁房屋的等高线簇分析方法[J]．测绘学报，2015(4)：407-413.

[16]何智勇，章孝灿，黄智才，等．一种高分辨率遥感影像水体提取技术[J]．浙江大学学报(理学版)，2004，31(006)：701.

[17]胡本刚．基于 LiDAR 点云与高分影像的面向对象的损毁建筑物提取方法研究[D].

成都：西南交通大学，2013.

[18]胡晓东，骆剑承，夏列钢，等．图谱迭代反馈的自适应水体信息提取方法[J]．测绘学报，2011，40(005)：544-550.

[19]黄敏儿．多视角倾斜影像关联的房屋立面提取技术[D]．武汉：武汉大学，2015.

[20]金鼎坚，王晓青，窦爱霞，等．雷达遥感建筑物震害信息提取方法综述[J]．遥感技术与应用，2012，27(3)：449-457.

[21]李宝．三维点云法向量估计综述[J]．计算机工程与应用，2010，46(23)：1-7.

[22]李德仁，姚远，邵振峰．Big Data in Smart City[J]．武汉大学学报(信息科学版)，2014，039(006)：631-640.

[23]李德仁，沈欣，李迪龙，等．论军民融合的卫星通信、遥感、导航一体天基信息实时服务系统[J]．武汉大学学报(信息科学版)，2017，42(11)：1501-1505.

[24]李发文，张行南，费良军．基于 MATLAB 的 BP 网络预测膜孔直径对膜孔交汇入渗的影响[J]．中国农村水利水电，2004(2)：31-32.

[25]李辉，代侦勇，张利华，等．利用数学形态学的遥感影像水系提取方法[J]．武汉大学学报(信息科学版)，2011(08)：78-81.

[26]李坤，杨然，王雷光，等．基于敏感特征向量的 SAR 图像灾害变化检测技术[J]．计算机工程与应用，2012，48(3)：24-28.

[27]李强，陶超，梁浩，等．基于局部拉普拉斯算子的灾后建筑物损毁检测[J]．测绘与空间地理信息，2018，41(229)：31-34.

[28]李强，张景发．不同特征融合的震后损毁建筑物识别研究[J]．地震研究，2016(3)：486-493.

[29]刘金玉，张景发，刘国林．基于高分辨率 SAR 图像成像机理的震害信息分析[J]．国土资源遥感，2013，25(3)：61-65.

[30]刘明众，张景发，李成龙，等．高分辨率遥感影像道路震害信息提取[J]．测绘通报，2014(001)：63-66.

[31]刘妍．基于点特征的 SAR 图像配准方法研究[D]．武汉：武汉大学，2017.

[32]刘耀龙，许世远，王军，等．国内外灾害数据信息共享现状研究[J]．灾害学，2008，23(003)：109-113.

[33]刘云华，屈春燕，单新建，等．SAR 遥感图像在汶川地震灾害识别中的应用[J]．地震学报，2010，32(2)：214-223.

[34]刘志青，郭海涛，张保明，等．一种基于直线特征的遥感影像和 GIS 数据自动整体配准方法[J]．测绘科学技术学报，2011，28(2)：129-133.

[35]陆和平，高磊．基于互相关的多源遥感图像匹配的改进算法[J]．航天控制，2009，27(2)：18-21.

[36]马海建，陆楠，李晓璇．基于边线的遥感影像道路震害快速提取方法研究[J]．地震，2013，33(2)：71-78.

[37]秦军，曹云刚，耿娟．汶川地震灾区道路损毁度遥感评估模型[J]．西南交通大学学报，2010，45(005)：768-774.

[38]秦其明，马海建，李军．基于灾后高分辨率遥感影像检测道路损毁的方法：中国，CN101614822 B[P]．2009.

[39]任玉环，刘亚岚，魏成阶．汶川地震道路震害高分辨率遥感信息提取方法探讨[J]．遥感技术与应用，2009，24(1)：52-55.

[40]邵芸，宫华泽，王世昂，等．多源雷达遥感数据汶川地震灾情应急监测与评价[J]．遥感学报，2008，12(6)：865-870.

[41]史培军．地理环境演变研究的理论与实践[M]．北京：科学出版社，1991.

[42]苏煜，山世光，陈熙霖，等．基于全局和局部特征集成的人脸识别[J]．软件学报，2010，21(8)：1849-1862.

[43]眭海刚，刘超贤，黄立洪，等．遥感技术在震后建筑物损毁检测中的应用[J]．武汉大学学报(信息科学版)，2019，044(007)：1008-1019.

[44]眭海刚，刘超贤，刘俊怡，等．典型自然灾害遥感快速应急响应的思考与实践[J]．武汉大学学报(信息科学版)，2020，45(08)：1137-1145.

[45]孙家抦，舒宁．遥感原理、方法和应用[M]．北京：测绘出版社，1997.

[46]田新光．面向对象高分辨率遥感影像信息提取[D]．北京：中国测绘科学研究院，2007.

[47]汪汉云，王程，李鹏，等．多源遥感图像配准技术综述[J]．计算机工程，2011，37(19)：17-21.

[48]王春瑶，陈俊风，李巧．超像素分割算法研究综述[J]．计算机应用研究，2014(01)：6-12.

[49]王树良，丁刚毅，钟鸣．大数据下的空间数据挖掘思考[J]．中国电子科学研究院学报，2013，008(001)：8-17.

[50]王天临，金亚秋．地面建筑物破坏状态检测的多类互信息量评估——震前光学图像与震后 SAR 图像的融合[J]．遥感学报，2012，2：004.

[51]王文龙．重大公路灾害遥感监测与评估技术研究[D]．武汉：武汉大学，2010.

[52]王艳萍，姜纪沂，林玲玲．高分辨率遥感影像中道路震害信息的识别方法[J]．计算机工程与应用，2012，48(3)：173-175.

[53]魏宇峰．高分辨率遥感影像道路信息提取关键技术研究与实现[D]．北京：北京理工大学，2016.

[54]温晓阳，张红，王超．地震损毁建筑物的高分辨率 SAR 图像模拟与分析[J]．遥感学报，2009，13(01)：169-176.

[55]吴剑．基于面向对象技术的遥感震害信息提取与评价方法研究[D]．武汉：武汉大学，2010.

[56]吴健辉，杨坤涛．数字图像处理中边缘检测算法的实验对比研究[J]．湖南理工学院学报(自然科学版)，2007(02)：25-27.

[57]吴锐，黄剑华，唐降龙，等．基于灰度直方图和谱聚类的文本图像二值化方法[J]．电子与信息学报，2009，31(010)：2460-2464.

[58]武雪玲，任福，牛瑞卿．多源数据支持下的三峡库区滑坡灾害空间智能预测[J]．武

汉大学学报(信息科学版), 2013, 38(008): 963-968.

[59]夏德深, 李华. 国外灾害遥感应用研究现状[J]. 国土资源遥感, 1996, 000(003): 1-8.

[60]徐涵秋. 基于谱间特征和归一化指数分析的城市建筑用地信息提取[J]. 地理研究, 2005, 24(2): 311-320.

[61]叶昕, 秦其明, 王俊, 等. 利用高分辨率光学遥感图像检测震害损毁建筑物[J]. 武汉大学学报(信息科学版), 2019, 44(1): 125-131.

[62]叶昕, 王俊, 秦其明. 基于高分一号卫星遥感图像的建筑物震害损毁检测研究——以2015年尼泊尔 M_ S8.1 地震为例[J]. 地震学报, 2016, 38(3): 477-485.

[63]叶沅鑫, 郝思媛, 曹云刚. 基于几何结构属性的光学和 SAR 影像自动配准[J]. 红外与毫米波学报, 2017, 36(6): 720-726.

[64]张继贤, 黄国满, 刘纪平. 玉树地震灾情 SAR 遥感监测与信息服务系统[J]. 遥感学报, 2010, 14 (5): 1038-1052.

[65]张露, 郭华东, 李新武. 利用 POLSAR 数据探索极化相关系数在居民地提取中的作用[J]. 遥感技术与应用, 2010, 25(4): 474-479.

[66]张玺锐. 基于 SAR 图像的道路损毁信息提取方法研究[D]. 成都: 电子科技大学, 2013.

[67]赵妍, 张景发, 姚磊华. 基于面向对象的高分辨率遥感建筑物震害信息提取与评估[J]. 地震学报, 2016, 38(06): 942-951.

[68]钟家强, 王润生. 基于互信息相似性度量的多时相遥感图像配准[J]. 宇航学报, 2006(04): 690-694.

[69]周成虎, 骆剑承, 杨晓梅. 遥感影像地学理解与分析[M]. 北京: 科学出版社, 1999.

[70]ACHANTA R, SHAJI A, SMITH K, et al. SLIC Superpixels compared to state-of-the-art superpixel methods[J]. IEEE Transactions on Pattern Analysis and Machine Intelligence, 2012, 34(11): 2274-2282.

[71]ADAMS B J, MANSOURI B, HUYCK C K. Streamlining post-earthquake data collection and damage assessment for the 2003 Bam, Iran, earthquake using VIEWS (visualizing impacts of earthquakes with satellites) [J]. Earthquake Spectra, 2012, 21 (S1): S213-S218.

[72]AINSWORTH T L, SCHULER D L, LEE J S. Polarimetric SAR characterization of man-made structures in urban areas using normalized circular-pol correlation coefficients [J]. Remote Sensing of Environment, 2008, 112(6): 2876-2885.

[73]ALZATE C, SUYKENS J A K. Multiway spectral clustering with out-of-sample extensions through weighted kernel PCA [J]. IEEE Transactions on Pattern Analysis and Machine Intelligence, 2008, 32(2): 335-347.

[74]AUSTIN C, YANG S.Detection of urban damage using remote sensing and machine learning algorithms: Revisiting the 2010 Haiti earthquake[J]. Remote Sensing, 2016, 8(10): 868.

[75]BALZ T, LIAO M. Building-damage detection using post-seismic high-resolution SAR

satellite data[J]. International Journal of Remote Sensing, 2010, 31(13): 3369-3391.

[76] BAMBERGER R H, SMITH M J T . A filter bank for the directional decomposition of images: theory and design[J]. Signal Processing IEEE Transactions on, 1992, 40(4): 882-893.

[77] BARLA A, ODONE F, VERRI A. Histogram intersection kernel for image classification [C]//Proceedings 2003 international conference on image processing (Cat. No. 03CH 37429). IEEE, 2003, 3: III-513.

[78] BARTON G. Elements of Green's functions and propagation: potentials, diffusion, and waves[M]. Oxford: Oxford University Press, 1989.

[79] BORKULO E, BARBOSA A. Services for an emergency response systems in the Netherlands [J]. 2006.

[80] BRIVIO P A, COLOMBO R, MAGGI M, et al. Integration of remote sensing data and GIS for accurate mapping of flooded areas [J]. International Journal of Remote Sensing, 2002, 23(3): 429-441.

[81] BRUNNER D, LEMOINE G, BRUZZONE L. Earthquake damage assessment of buildings using VHR optical and SAR imagery [J]. Geoscience and Remote Sensing, IEEE Transactions on, 2010, 48(5): 2403-2420.

[82] BRUNNER D, LEMOINE G, BRUZZONE L. Earthquake damage assessment of buildings using VHR optical and SAR imagery[J]. IEEE Transactions on Geoscience and Remote Sensing, 2010, 48(5): 2403-2420.

[83] CANNY J . A computational approach to edge detection[J]. IEEE Transactions on Pattern Analysis and Machine Intelligence, 1986, PAMI-8(6): 679-698.

[84] CHAN T F, VESE L A. A level set algorithm for minimizing the Mumford-Shah functional in image processing[C]//Proceedings IEEE Workshop on Variational and Level Set Methods in Computer Vision. IEEE, 2001: 161-168.

[85] CHANG C C, LIN C J. LIBSVM: A library for support vector machines [J]. ACM Transactions on Intelligent Systems and Technology (TIST), 2011, 2(3): 1-27.

[86] CHEN Z, ZHOU J, CHEN Y, et al. 3D texture mapping in multi-view reconstruction[C]// International Symposium on Visual Computing. Springer, Berlin, Heidelberg, 2012: 359-371.

[87] DALAL N, TRIGGS B . Histograms of oriented gradients for human detection[C]// IEEE Computer Society Conference on Computer Vision & Pattern Recognition. IEEE, 2005.

[88] DEKKER R J. High-resolution radar damage assessment after the earthquake in Haiti on 12 january 2010 [J]. IEEE Journal of Selected Topics in Applied Earth Observations and Remote Sensing, 2011, 4(4): 960-970.

[89] DING Y, CHRISTOPHER D E. Comparison of relative radiometric normalization techniques [J]. Isprs Journal of Photogrammetry & Remote Sensing, 1996, 51(3): 117-126.

[90] DONG Y, LI Q, DOU A, et al. Extracting damages caused by the 2008 Ms 8.0 Wenchuan

earthquake from SAR remote sensing data[J]. Journal of Asian Earth Sciences, 2011, 40(4): 907-914.

[91] DOWMAN I, REUTER H I. Global geospatial data from Earth observation: status and issues[J]. International Journal of Digital Earth, 2016: 1-14.

[92] DRUCKMAN A, JACKSON T. Measuring resource inequalities: the concepts and methodology for an area-based Gini coefficient[J]. Ecological Economics, 2008, 65(2): 242-252.

[93] ESTER M, KRIEGEL H P, SANDER J, et al. A density-based algorithm for discovering clusters in large spatial databases with noise[C]//Kdd. 1996, 96(34): 226-231.

[94] FELDMAN J A, BALLARD D H. Connectionist models and their properties[J]. Cognitive Science, 1982, 6(3): 205-254.

[95] FERRO-FAMIL L, POTTIER E. Urban area remote sensing from L-band PolSAR data using Time-Frequency techniques[C]//Urban Remote Sensing Joint Event, 2007. IEEE, 2007: 1-6.

[96] FRANCESCHETTI G, IODICE A, RICCIO D. A canonical problem in electromagnetic backscattering from buildings[J]. Geoscience and Remote Sensing, IEEE Transactions on, Geoscience & Remote Sensing, 2002, 40(8): 1787-1801.

[97] FREY D, BUTENUTH M, STRAUB D. Probabilistic graphical models for flood state detection of roads combining imagery and DEM[J]. IEEE Geoscience and Remote Sensing Letters, 2012, 9(6): 1051-1055.

[98] FRUEH C, SAMMON R, ZAKHOR A. Automated texture mapping of 3D city models with oblique aerial imagery [C]//Proceedings. 2nd International Symposium on 3D Data Processing, Visualization and Transmission, 2004. 3DPVT 2004. IEEE, 2004: 396-403.

[99] FURUKAWA Y, PONCE J. Accurate, dense, and robust multiview stereopsis[J]. IEEE Transactions on Pattern Analysis and Machine Intelligence, 2009, 32(8): 1362-1376.

[100] GAMBA P, DELL'ACQUA F, LISINI G. Change detection of multitemporal SAR data in urban areas combining feature-based and pixel-based techniques [J]. Geoscience and Remote Sensing, IEEE Transactions on, 2006, 44(10): 2820-2827.

[101] GAMBA P, DELL'ACQUA F, TRIANNI G. Rapid damage detection in the Bam area using multitemporal SAR and exploiting ancillary data[J]. Geoscience and Remote Sensing, IEEE Transactions on, 2007, 45(6): 1582-1589.

[102] GERKE M, KERLE N. Automatic structural seismic damage assessment with airborne oblique Pictometry © imagery [J]. Photogrammetric Engineering & Remote Sensing, 2011, 77(9): 885-898.

[103] GIUSTARINI L, HOSTACHE R, MATGEN P, et al. A change detection approach to flood mapping in urban areas using TerraSAR-X [J]. IEEE Transactions on Geoscience and Remote Sensing, 2013, 51(4): 2417-2430.

[104] GIUSTARINI L, MATGEN P, HOSTACHE R, et al. From SAR-based flood mapping to

water level data assimilation into hydraulic models[C]// Remote Sensing for Agriculture, Ecosystems, and Hydrology XIV. International Society for Optics and Photonics, 2012.

[105] GNMTHAL G. European Macroseismic Scale 1998 (EMS-98). Luxembourg[S], U. K.: European Macroseismic Scale 1998.

[106] GROLINGER K, CAPRETZ M, MEZGHANI E, et al. Knowledge as a Service Framework for Disaster Data Management[J]. IEEE International Workshops on Enabling Technologies: Infrastructure; for Collaborative Enterprises Proceedings, 2013, 42(6): 313-318.

[107] GUEGUEN L, HAMID R. Large-scale damage detection using satellite imagery[C]// 2015 IEEE Conference on Computer Vision and Pattern Recognition (CVPR). IEEE, 2015: 1321-1328.

[108] GUILLASO S, FERRO-FAMIL L, REIGBER A, et al. Analysis of built-up areas from polarimetric interferometric SAR images [C]//International Geoscience and Remote Sensing Symposium, 2003, 3: III: 1727-1729.

[109] GUILLASO S, FERRO-FAMIL L, REIGBER A, et al. Building characterization using L-band polarimetric interferometric SAR data[J]. Geoscience and Remote Sensing Letters, IEEE, 2005, 2(3): 347-351.

[110] GUO H D, LU L L, MA J W, et al. An improved automatic detection method for earthquake-collapsed buildings from ADS40 image[J]. Chinese Science Bulletin, 2009, 54(18): 3303-3307.

[111] GUO H D, ZHANG B, LEI L P, et al. Spatial distribution and inducement of collapsed buildings in Yushu earthquake based on remote sensing analysis[J]. Science China Earth Sciences, 2010, 53(6): 794-796.

[112] GUO Z, ZHANG L, ZHANG D. A completed modeling of local binary pattern operator for texture classification [J]. IEEE Transactions on Image Processing, 2010, 19(6): 1657-1663.

[113] HAGHIGHATTALAB A, MOHAMMADZADEH A, VALADAN ZOEJ M J, et al. Post-earthquake road damage assessment using region-based algorithms from high-resolution satellite images [J]. Proceedings of SPIE—The International Society for Optical Engineering, 2010, 7830: 4993-4998.

[114] HALL, RANDALL W. Path integral studies of the 2D Hubbard model using a new projection operator[J]. Journal of Chemical Physics, 1991, 94(2): 1312-1316.

[115] HARALICK R M, SHANMUGAM K, DINSTEIN I H. Textural features for image classification[J]. IEEE Transactions on Systems, Man, and Cybernetics, 1973 (6): 610-621.

[116] HAUAGGE D C, FAND S N. Image matching using local symmetry features [C]. In Processings of the IEEE Computer Society Conference on Computer Visio and Pattern Recognition, 2012: 206-213.

[117] HIRSCHMULLER H. Stereo processing by semiglobal matching and mutual information[J].

IEEE Transactions on Pattern Analysis and Machine Intelligence, 2007, 30(2): 328-341.

[118] HÖPPNER F, KLAWONN F. Improved fuzzy partitions for fuzzy regression models[J]. International Journal of Approximate Reasoning, 2003, 32(2-3): 85-102.

[119] HORRITT M S, MASON D C, LUCKMAN A J. Flood boundary delineation from synthetic aperture radar imagery using a statistical active contour model [J]. International Journal of Remote Sensing, 2010, 22(13): 2489-2507.

[120] HOSOKAWA M, JEONG B. Earthquake damage detection using remote sensing data[C]// Geoscience and Remote Sensing Symposium, 2007. IGARSS 2007. IEEE International. IEEE, 2007: 2989-2991.

[121] HOSOKAWA M, JEONG B, TAKIZAWA O. Earthquake intensity estimation and damage detection using remote sensing data for global rescue operations[C]//Geoscience and Remote Sensing Symposium, 2009 IEEE International, IGARSS 2009. IEEE, 2009, 2: II-420-II-423.

[122] HURLEY N, RICKARD S . Comparing measures of sparsity[J]. IEEE Transactions on Information Theory, 2009, 55(10): 4723-4741.

[123] HUSSIN Y A. Effect of polarization and incidence angle on radar return from urban features using L-band aircraft radar data [C]//Geoscience and Remote Sensing Symposium, 1995. IGARSS'95. 'Quantitative Remote Sensing for Science and Applications', International. IEEE, 1995, 1: 178-180.

[124] HUTTENLOCHER D P, KLANDERMAN G A, RUCKLIDGE W J. Comparing images using the Hausdorff distance[J]. IEEE Transactions on Pattern Analysis and Machine Intelligence, 1993, 15(9): 850-863.

[125] IQBAL Q, AGGARWAL J K. Retrieval by classification of images containing large manmade objects using perceptual grouping[J]. Pattern Recognition, 2002, 35(7): 1463-1479.

[126] ITO Y, HOSOKAWA M. A degree of damage estimation model of earthquake damage using interferometric SAR data[J]. Electrical Engineering in Japan, 2003, 143(3): 49-57.

[127] ITTI L, KOCH C . Computational modelling of visual attention[J]. Nature Reviews Neuroence, 2001, 2(3): 194-203.

[128] ITTI L, KOCH C, NIEBUR E. A model of saliency-based visual attention for rapid scene analysis[J]. IEEE Transactions on Pattern Analysis and Machine Intelligence, 1998, 20(11): 1254-1259.

[129] IWASZCZUK D, HOEGNER L, STILLA U. Matching of 3D building models with IR images for texture extraction[C]//2011 Joint Urban Remote Sensing Event. IEEE, 2011: 25-28.

[130] JÉGOU H, DOUZE M, SCHMID C. Packing bag-of-features[C]//2009 IEEE 12th International Conference on Computer Vision. IEEE, 2009: 2357-2364.

[131] JENATTON R, GRAMFORT A, MICHEL V, et al. Multiscale mining of fMRI data with

hierarchical structured sparsity[J]. SIAM Journal on Imaging Sciences, 2012, 5(3): 835-856.

[132] KAKOOEI M, BALEGHI Y. Fusion of satellite, aircraft, and UAV data for automatic disaster damage assessment[J]. International Journal of Remote Sensing, 2017, 38(8-10): 2511-2534.

[133] KATARINA G, MIRIAM A M. CAPRETZ, et al. Knowledge as a service framework for disaster data management[J]. IEEE International Workshops on Enabling Technologies: Infrastructure for Collaborative Enterprises Proceedings, 2013, 42(6): 313-318.

[134] KLEMENJAK S, WASKE B, VALERO S, et al. Automatic detection of rivers in high-resolution SAR data [J]. IEEE Journal of Selected Topics in Applied Earth Observations and Remote Sensing, 2012, 5(5): 1364-1372.

[135] KOCH U, FOJTIK A, WELLER H, et al. Photochemistry of semiconductor colloids. Preparation of extremely small ZnO particles, fluorescence phenomena and size quantization effects[J]. Chemical Physics Letters, 1985, 122(5): 507-510.

[136] LAZEBNIK S, SCHMID C, PONCE J. Beyond bags of features: spatial pyramid matching for recognizing natural scene categories[C]//2006 IEEE Computer Society Conference on Computer Vision and Pattern Recognition (CVPR'06). IEEE, 2006, 2: 2169-2178.

[137] LEE J S, GRUNES M R, AINSWORTH T L, et al. Unsupervised classification using polarimetric decomposition and the complex Wishart classifier[J]. Geoscience and Remote Sensing, IEEE Transactions on, 1999, 37(5): 2249-2258.

[138] LEE J S, GRUNES M R, POTTIER E, et al. Unsupervised terrain classification preserving polarimetric scattering characteristics [J]. Geoscience and Remote Sensing, IEEE Transactions on, 2004, 42(4): 722-731.

[139] LEI L, LIU L . Assessment and analysis of collapsing houses by aerial images in the Wenchuan earthquake[J]. Journal of Remote Sensing, 2010, 14(2): 333-344.

[140] LI M C, CHENG L, GONG J Y, et al. Post-earthquake assessment of building damage degree using LiDAR data and imagery[J]. Science in China Series E: Technological Sciences, 2008, 51(2): 133-143.

[141] LI S, TANG H, HE S, et al. Unsupervised detection of earthquake-triggered roof-holes from UAV images using joint color and shape features[J]. IEEE Geoscience and Remote Sensing Letters, 2015, 12(9): 1823-1827.

[142] LI X, GUO H, ZHANG L, et al. A new approach to collapsed building extraction using RADARSAT-2 polarimetric SAR Imagery[J]. Geoscience and Remote Sensing Letters, IEEE, 2012, 9(4): 677-681.

[143] LIU H, JEZEK K. C. Automated extraction of coastline from satellite imagery by integrating Canny edge detection and locally adaptive thresholding method [J]. International Journal of Remote Sensing, 2004, 25(5): 937-958.

[144] LIU W, YAMAZAKI F, GOKON H, et al. Extraction of damaged buildings due to the

2011 Tohoku, Japan earthquake tsunami[C]//2012 IEEE International Geoscience and Remote Sensing Symposium. IEEE, 2012, 4038-4041.

[145] LIU Y, HELOR H, KAPLAN C S. Computational symmetry in computer vision and computer graphics[M]. Boston: Now publishers Inc., 2010.

[146] LOWE D G. Distinctive image features from scale-invariant keypoints[J]. International Journal of Computer Vision, 2004, 60(2): 91-110.

[147] MANSOURI B, SHINOZUKA M, HUYCK C, et al. Earthquake-induced change detection in the 2003 Bam, Iran, earthquake by complex analysis using Envisat ASAR data[J]. Earthquake Spectra, 2005, 21(S1): 275-284.

[148] MARTINIS S, TWELE A, VOIGT S. Towards operational near real-time flood detection using a split-based automatic thresholding procedure on high resolution TerraSAR-X data [J]. Natural Hazards Earth System Science, 2009, 9(2): 303-314.

[149] MASON D C, SPECK R, DEVEREUX B, et al. Flood detection in urban areas using TerraSAR-X [J]. IEEE Transactions on Geoscience and Remote Sensing, 2010, 48(2): 882-894.

[150] MATSUOKA M, YAMAZAKI F, OHKURA H. Damage mapping for the 2004 Niigata-ken Chuetsu earthquake using Radarsat images [C]//Urban Remote Sensing Joint Event, 2007. IEEE, 2007: 1-5.

[151] MATSUOKA M, YAMAZAKI F. Building damage mapping of the 2003 Bam, Iran, earthquake using Envisat/ASAR intensity imagery[J]. Earthquake Spectra, 2005, 21 (S1): 285-294.

[152] MATSUOKA M, YAMAZAKI F. Use of satellite SAR intensity imagery for detecting building areas damaged due to earthquakes[J]. Earthquake Spectra, 2004, 20(3): 975-994.

[153] MIKOLAJCZYK K, SCHMID C. A performance evaluation of local descriptors[J]. IEEE Transactions on Pattern Analysis and Machine Intelligence, 2005, 27(10): 1615-1630.

[154] MORIYAMA T, URATSUKA S, UMEHARA T, et al. A study on extraction of urban areas from polarimetric synthetic aperture radar image[C]//Geoscience and Remote Sensing Symposium, 2004. IGARSS'04. Proceedings. 2004 IEEE International. IEEE, 2004, 1.

[155] MUMFORD D, SHAH J. Optimal approximations by piecewise smooth functions and associated variational problems[J]. Communications on Pure & Applied Mathematics, 1989, 42(5): 577-685.

[156] NATIVI S, MAZZETTI P, SANTORO M, et al. Big data challenges in building the global earth observation system of systems[J]. Environmental Modelling & Software, 2015, 68: 1-26.

[157] NIEDERMEIER A, ROMANEEBEN E, AND LEHNER S. Detection of coastlines in SAR images using wavelet method [J]. IEEE Transactions on Geoscience and Remote Sensing, 2000, 38(5): 2270-2281.

[158] OSHER S, SETHIAN J A. Fronts propagating with curvature-dependent speed: algorithms based on Hamilton-Jacobi formulations[J]. Journal of Computational Physics, 1988, 79(1): 12-49.

[159] OTSU N. A threshold selection method from gray-level histograms[J]. IEEE Transactions on Systems, Man, and Cybernetics, 1979, 9(1): 62-66.

[160] PICCO M, PALACIO G. Unsupervised classification of SAR images using markov random fields and $ { \ cal G}_ {I}^{0} $ model[J]. IEEE Geoscience and Remote Sensing Letters, 2010, 8(2): 350-353.

[161] SALVAGGIO, SALVINO. A synthetic theory of rationality: propositions and aporia[J]. International Studies in the Philosophy of Science, 1993, 7(1): 81-84.

[162] SCHULER D L, LEE J S, AINSWORTH T L. Polarimetric SAR detection of man-made structures using normalized circular-pol correlation coefficients [C]//Geoscience and Remote Sensing Symposium, 2006. IGARSS 2006. IEEE International Conference on. IEEE, 2006: 485-488.

[163] SCHUMANN G, HOSTACHE R, PUECH C, et al. High-resolution 3-D flood information from radar imagery for flood hazard management [J]. IEEE Transactions on Geoscience and Remote Sensing, 2007, 45(6): 1715-1725.

[164] SHI L, DENG Y K, SUN H F, et al. An improved real-coded genetic algorithm for the beam forming of spaceborne SAR[J]. IEEE Transactions on Antennas & Propagation, 2012, 60(6): 3034-3040.

[165] SILVEIRA M, HELENO S. Classification of water regions in SAR images using level sets and non-parametric density estimation[C]//2009 16th IEEE International Conference on Image Processing (ICIP). IEEE, 2009: 1685-1688.

[166] SIM D G, KWON O K, PARK R H. Object matching algorithms using robust Hausdorff distance measures[J]. IEEE Transactions on Image Processing, 1999, 8(3): 425-429.

[167] SIVIC J, ZISSERMAN A. Video Google: A text retrieval approach to object matching in videos[C]//null. IEEE, 2003: 1470.

[168] Srisuk S, Kurutach W. A new hausdorff distance-based face detection[J]. IEEE AISAT, Hobart, Australia, 2000: 203-208.

[169] SUI H, TU J, SONG Z, et al. A novel 3D building damage detection method using multiple overlapping UAV images [J]. The International Archives of Photogrammetry, Remote Sensing and Spatial Information Sciences, 2014, 40(7): 173-179.

[170] SUN Q, LIU H, MA L, et al. A novel hierarchical bag-of-words model for compact action representation[J]. Neurocomputing, 2016, 174: 722-732.

[171] SURI S, REINARTZ P. Mutual-information-based registration of TerraSAR-X and Ikonos imagery in urban areas[J]. IEEE Transactions on Geoscience and Remote Sensing, 2010, 48(2): 939-949.

[172] TAMURA H, MORI S, YAMAWAKI T. Textural features corresponding to visual

perception [J]. IEEE Transactions on Systems, Man, and Cybernetics, 1978, 8(6): 460-473.

[173]TONG X, HONG Z, LIU S, et al. Building-damage detection using pre and post-seismic high-resolution satellite stereo imagery: a case study of the May 2008 Wenchuan earthquake[J]. ISPRS Journal of Photogrammetry and Remote Sensing, 2012, 68: 13-27.

[174]TONG X, LIN X, FENG T, et al. Use of shadows for detection of earthquake-induced collapsed buildings in high-resolution satellite imagery [J]. Isprs Journal of Photogrammetry & Remote Sensing, 2013, 79: 53-67.

[175]TRIANNI G, GAMBA P. Damage detection from SAR imagery: application to the 2003 Algeria and 2007 Peru earthquakes [J]. International Journal of Navigation and Observation, 2008.

[176]TU J, SUI H, FENG W, et al. Detection of damaged rooftop areas from high-resolution aerial images based on visual bag-of-words model[J]. IEEE Geoscience and Remote Sensing Letters, 2017, 13(12): 1817-1821.

[177]TURKER M, CETINKAYA B. Automatic detection of earthquake-damaged buildings using DEMs created from pre-and post-earthquake stereo aerial photographs [J]. International Journal of Remote Sensing, 2005, 26(4): 823-832.

[178]TURKER M, SUMER E. Building-based damage detection due to earthquake using the watershed segmentation of the post-event aerial images[J]. International Journal of Remote Sensing, 2008, 29(11): 3073-3089.

[179]VAN ZYL J J. Unsupervised classification of scattering behavior using radar polarimetry data[J]. Geoscience and Remote Sensing, IEEE Transactions on, 1989, 27(1): 36-45.

[180]VETRIVEL A, GERKE M, KERLE N, et al. Identification of damage in buildings based on gaps in 3D point clouds from very high resolution oblique airborne images[J]. ISPRS Journal of Photogrammetry and Remote Sensing, 2015, 105: 61-78.

[181]WANG C, ZHANG H, WU F, et al. Disaster phenomena of Wenchuan earthquake in high resolution airborne synthetic aperture radar images [J]. Journal of Applied Remote Sensing, 2009, 3(1): 031690-031690-16.

[182]WU C, ZHANG L, ZHANG L. A scene change detection framework for multi-temporal very high resolution remote sensing images[J]. Signal Processing, 2016, 124: 184-197.

[183]XIA G S, DELON J, GOUSSEAU Y. Shape-based invariant texture indexing [J]. International Journal of Computer Vision, 2010, 88(3): 382-403.

[184]YAMAZAKI F, YANO Y, MATSUOKA M. Visual damage interpretation of buildings in bam city using quickbird images following the 2003 bam, iran, earthquake [J]. Earthquake Spectra, 2005, 21(S1): 329-336.

[185]YONEZAWA C, TOMIYAMA N, TAKEUCHI S. Urban damage detection using decorrelation of SAR interferometric data [C]. In: Proceedings of IEEE International Geoscience and Remote Sensing Symposium (IGARSS), Toronto, Canada, June 24-28,

2002：2051-2053.

[186]ZHU Q，ZHONG Y，ZHAO B，et al. Bag-of-visual-words scene classifier with local and global features for high spatial resolution remote sensing imagery[J]. IEEE Geoscience and Remote Sensing Letters，2016，13(6)：747-751.